183	開明高	(大阪市城東区)	93
186	香ヶ丘リベルテ高	(堺市堺区)	79
226	橿原学院高	(橿原市)	51, 96
175	華頂女高	(京都市東山区)	39, 49
103	関西大倉高	(茨木市)	45
283	関西創価高	(交野市)	
281	関西大学高	(高槻市)	25, 159
135	関西大学北陽高	(大阪市東淀川区)	106, 123
129	関大第一高	(吹田市)	49, 124
191	関西福祉科学大学高	(柏原市)	
149	関西学院高	(西宮市)	
214	京都外大西高	(京都市右京区)	64
274	京都教大附高	(京都市伏見区)	125, 142
176	京都光華高	(京都市右京区)	32, 47
251	京都廣学館高	(京都府相楽郡)	7, 63
177	京都産業大附高	(京都市下京区)	57
141	京都女高	(京都市東山区)	127
287	京都翔英高	(宇治市)	
171	京都精華学園高	(京都市左京区)	24, 59
250	京都成章高	(京都市西京区)	67
174	京都先端科学大附高	(京都市右京区)	83, 169
213	京都橘高	(京都市伏見区)	4, 145
215	京都西山高	(向日市)	62, 135
170	京都文教高	(京都市左京区)	38
172	京都明徳高	(京都市西京区)	72
265	京都両洋高	(京都市中京区)	69, 140
264	近畿大泉州高	(岸和田市)	3
106	近大附高	(東大阪市)	

【サ行】

234	近大附和[illegible]	[illegible]	[illegible]
150	金蘭会高	(大阪市北区)	[illegible]
245	賢明学院高	(堺市堺区)	
109	興國高	(大阪市天王寺区)	
190	甲子園学院高	(西宮市)	
263	光泉カトリック高	(草津市)	74, 130
162	好文学園女高	(大阪市西淀川区)	
203	神戸学院大附高	(神戸市中央区)	
128	神戸弘陵学園高	(神戸市北区)	
207	神戸国際大附高	(神戸市垂水区)	
5002	神戸市立工業高専	(神戸市西区)	
202	神戸星城高	(神戸市須磨区)	
201	神戸第一高	(神戸市中央区)	
222	神戸常盤女高	(神戸市長田区)	
205	神戸野田高	(神戸市長田区)	
276	神戸山手グローバル高	(神戸市中央区)	
206	神戸龍谷高	(神戸市中央区)	5, 80
277	香里ヌヴェール学院高	(寝屋川市)	
235	金光大阪高	(高槻市)	56, 103
228	金光藤蔭高	(大阪市生野区)	
254	金光八尾高	(八尾市)	10
180	彩星工科高	(神戸市長田区)	
232	三田学園高	(三田市)	
208	三田松聖高	(三田市)	
267	滋賀学園高	(東近江市)	35
240	滋賀短期大学附高	(大津市)	46
125	四條畷学園高	(大東市)	
114	四天王寺高	(大阪市天王寺区)	

ウラ表紙側へ続く→

□この本の特長□

2023年・2024年に実施された近畿の各高校の入学試験問題・学力検査問題を分野別・単元別に分類し，出題頻度や重要度を考慮して厳選した問題を収録しました。

出題のレベルを分析して，標準内容の問題から応用・発展内容の問題へと配列してあります。特に難易度の高い問題は『**発展問題**』としてとりあげています。

別冊解答編では，難易度の高い問題を中心に，紙面の許す限り【**解説**】をつけ，学習の手助けとなるように配慮してあります。

も　く　じ

【写真協力】 DataBase Center for Life Science・アーケオプテリクス・via Wikimedia CC-BY SA
／ ピクスタ株式会社

1　光と音・力

§1．光と音

☆☆☆　標準問題　☆☆☆

1　光の進み方に関していくつかの実験を行いました。次の各問いに答えなさい。　(近畿大泉州高)

Ⅰ．図1のような装置を組み立て，凸レンズによる光の進み方の変化について調べました。AとBは凸レンズの焦点の位置です。

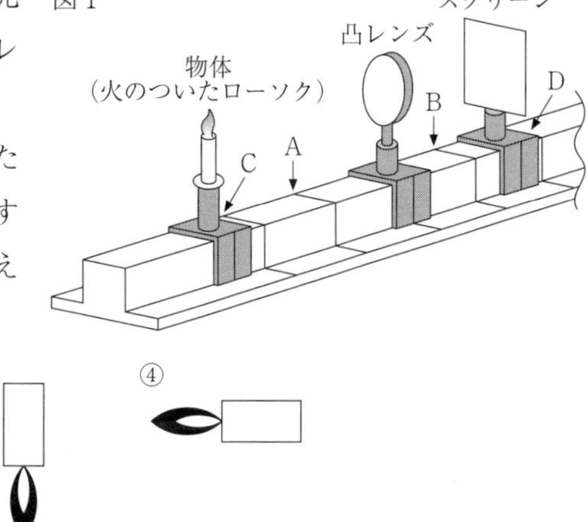

(1)　Cの位置に物体を置きます。レンズ側から見たとき，スクリーンに映る像はどのようになりますか。正しいものを次の①～④から選び番号で答えなさい。(　　　)

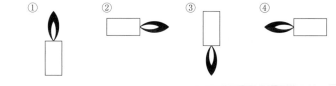

(2)　凸レンズの上半分を黒い布でおおいました。レンズ側から見たとき，スクリーンに映る像はどのようになりますか。正しいものを次の①～④から選び番号で答えなさい。(　　　)

①　像の上半分が欠ける。　②　像の下半分が欠ける。　③　像の明るさが明るくなる。
④　像の明るさが暗くなる。

(3)　凸レンズとスクリーンの位置を変化させず，物体をレールに沿ってCからAの直前まで移動させていきます。このときスクリーンに映る像の大きさはどのように変化していきますか。正しいものを次の①～③から選び番号で答えなさい。(　　　)

①　大きくなっていく。　②　小さくなっていく。　③　変化しない。

(4)　凸レンズとスクリーンの位置を変化させず，物体をAよりも凸レンズに近い位置に置きます。このとき，物体の像について述べた次の文章の｛　｝のうち，正しいものをそれぞれ記号で選び，正しい文章を完成させなさい。①(　　　)　②(　　　)

Aより凸レンズに近い位置に物体がきたとき，スクリーンには像が①｛ア　映る・イ　映らない｝。また，レンズを通して物体を見たとき，物体の大きさは元の物体の大きさより②｛ウ　大きい・エ　小さい｝。

(5)　(4)のとき，レンズを通して物体を見たときに見える像を何といいますか。漢字で答えなさい。
(　　　)

Ⅱ．図２のように，直方体のガラスに光を入射させ，光の進み方について調べました。

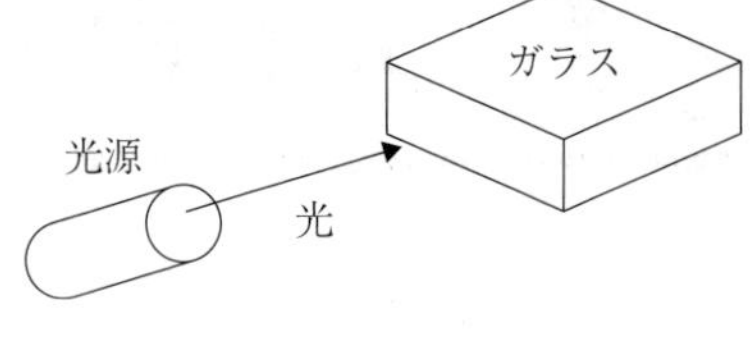

(6)　装置を真上から見たとき，光の進み方について正しいものを次の①～③から選び番号で答えなさい。ただし，矢印の向きが光の進む向きを表します。（　　　）

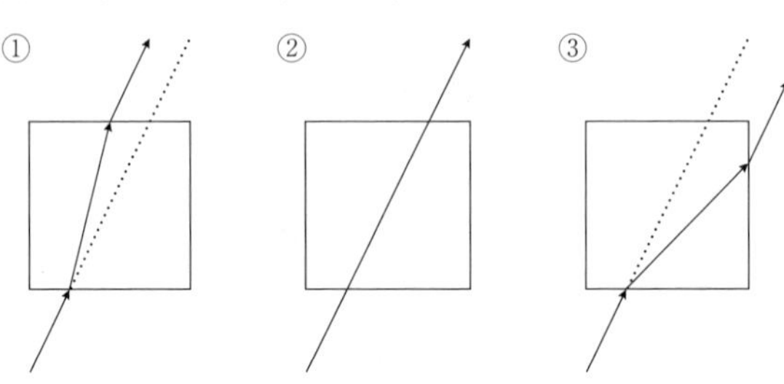

(7)　(6)のような光の進み方を何といいますか。漢字で答えなさい。（　　　）

(8)　図３のように直方体のガラスの後ろに柱を立てました。これを図４の矢印の向きから見たとき，全体はどのように見えますか。正しいものを次の①～④から選び番号で答えなさい。

（　　　）

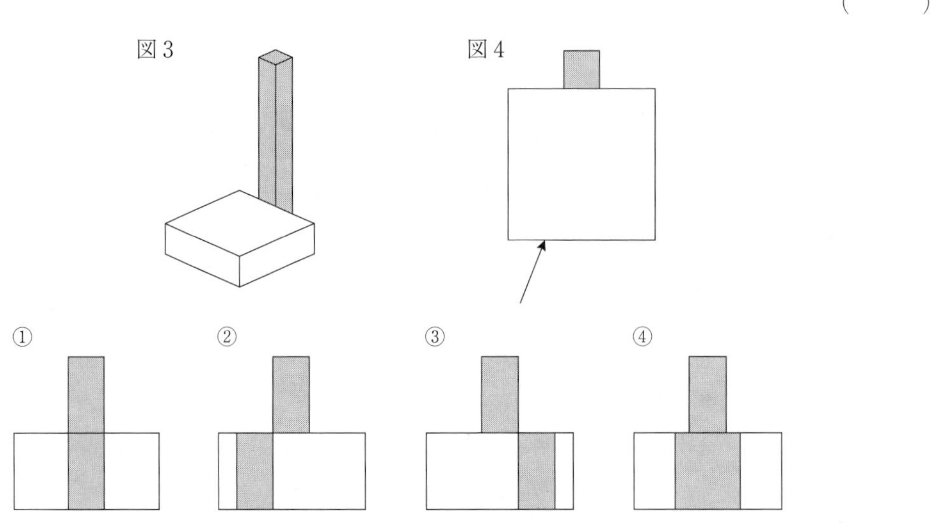

2　図１のようにモノコードを作り，弦の直径やことじの位置を変えて，ことじ間の中央をはじいた。はじいた音をオシロスコープで観測すると，図２のア～エのような波形になった。アの⟷で示した波形は，１回の振動で生じた音波を表している。オシロスコープの目盛の間隔は同じであり，横軸の１目盛りは0.001秒である。このとき，以下の問いに答えよ。　(京都橘高)

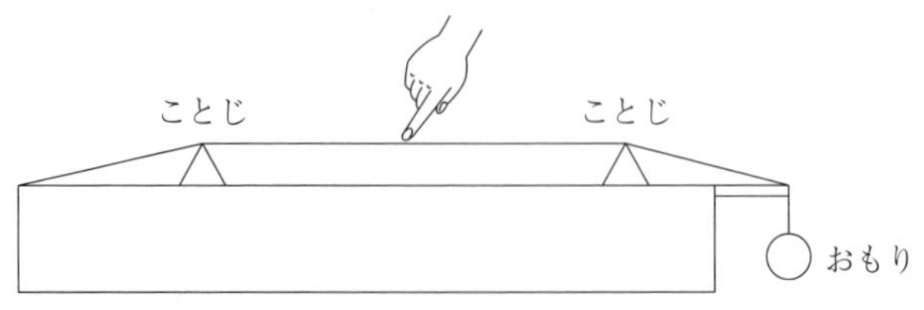

図１

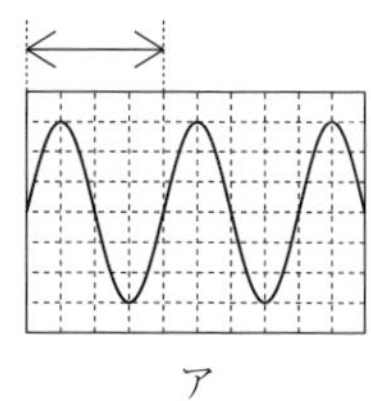
ア

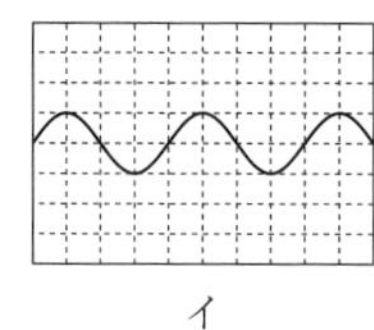
イ

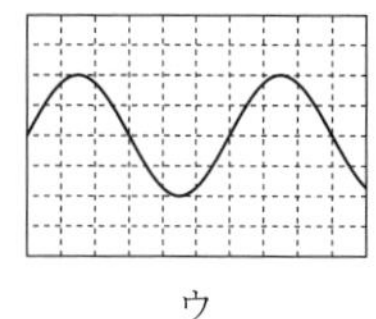
ウ

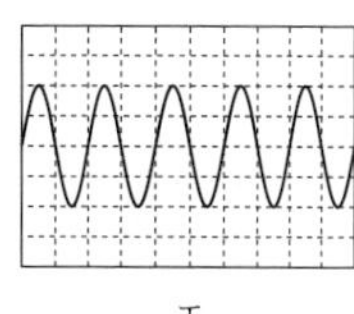
エ

図2

(1) アの音波の振動数は何Hzか求めよ。(　　　Hz)

(2) 次の文は，音を高くするためにモノコードに行う操作を説明したものである。A・Bに適する語句を，以下の選択肢からそれぞれ選び，番号で答えよ。A(　　　)　B(　　　)

モノコードの音を高くするには，弦の直径を$_A$(①　大きい・②　小さい)ものに変えるか，ことじの間隔を$_B$(①　広く・②　狭く)すればよい。

(3) 図2のアより高い音の波形はどれか。最も適当なものを図2のイ～エから選び，記号で答えよ。(　　　)

(4) 図2のア～エのなかで，最も大きな音はどれか。最も適当なものを図2のア～エから選び，記号で答えよ。(　　　)

(5) ことじの間隔を変え，同じ高さの音になるように弦につるすおもりの質量をそれぞれ変えると，右の表のような結果になった。弦につるすおもりの質量が320gのときに同じ音の高さを出すには，ことじの間隔をいくらにすればよいか求めよ。(　　　cm)

ことじの間隔〔cm〕	おもりの質量〔g〕
10	20
20	80
30	180

3 次の会話を読み，あとの問いに答えなさい。(神戸龍谷高)

反射板

太郎「自転車の後ろについている反射板って知ってる？」
花子「知ってるよ，光が当たると赤く光るものでしょ？」
太郎「反射板って，どの角度で光を当てても反射板が光って見えるんだ。不思議だと思わない？」
花子「そうだね。光の(1)の法則にあてはまってないね。」
太郎「詳しく調べるために，自転車の反射板を持ってきたよ。」
花子「構造をよく観察するために，虫メガネで見てみようか。」
太郎「虫眼鏡を近づけて見える大きな像は，前に習った(2)像だね。」
花子「虫眼鏡で拡大すると・・反射板は，それぞれ直角に組み合わせた反射材がたくさん集まってできているよ。」
太郎「反射材が直角に組み合わさっていることで，光の進み方はどうなっているんだろう。」
花子「鏡を二つ直角に組み合わせて実験してみよう！」

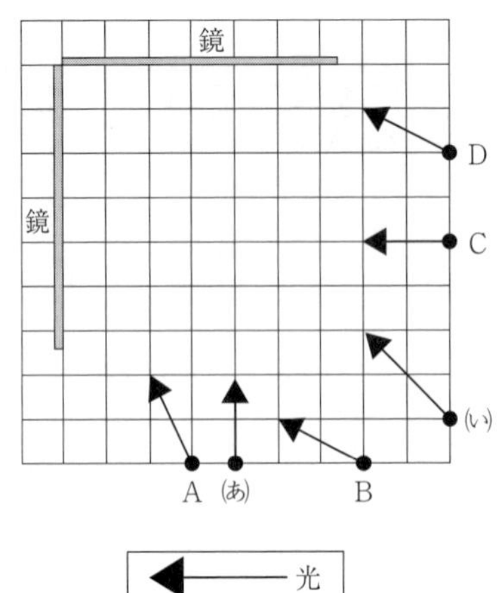

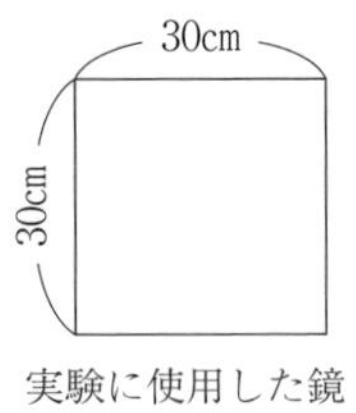

実験に使用した鏡

花子 「(あ)と(い)の位置から順に，光源装置で鏡に光を当て，光源から見ると(あ)と(い)，どちらの場合も鏡が光って見えたね。」

太郎 「異なる位置から光を当ててみよう。」

太郎 「A～Dの位置から順に，光を当てた結果，（ 3 ）のときだけ，鏡が光って見えなかったね。」

花子 「今回の実験は，二枚の鏡を使ったけど，実際の反射板は，三枚の反射材がそれぞれ直角に組み合わさった構造がたくさん集まっているから，光源の方向に光が戻りやすいんだね。」

太郎 「なるほど！・・あれ，画用紙に書いてある龍谷の「龍」の文字が鏡に映(うつ)ってるよ。これも（ 2 ）像と習ったけど・・何か，見え方が違うね。」

花子 「本当だ，不思議な見え方だね。なぜこんな見え方をしているのか，作図をして考えてみようか。」

問1　（ 1 ）（ 2 ）に当てはまる語句を答えなさい。(1)(　　　) (2)(　　　)

問2　（ 3 ）に当てはまるアルファベットを図のA～Dから一つ選び，記号で答えなさい。

(　　　)

問3　文章中の下線部について，次の図を参考に，鏡のXに映る，「龍」の文字の見え方として適切なものを，ア～エから一つ選び，記号で答えなさい。(　　　)

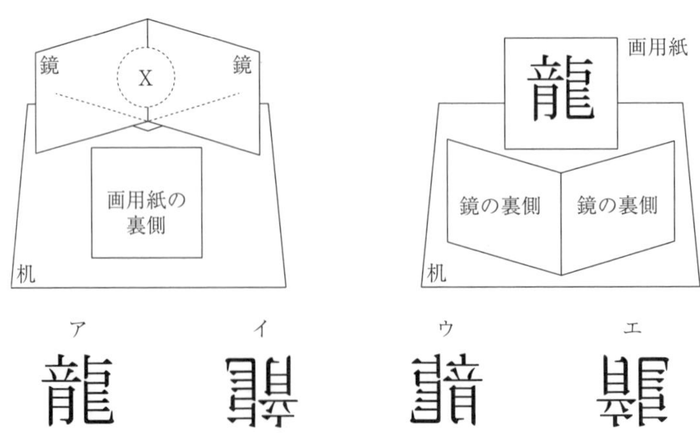

問4　花子さんは，実験に用いた鏡の一つを床から高さ160cmの位置に設置し，鏡の正面に立ち全身を映そうとした（右図）。しかし，身体の一部が映っただけで，全身を映すことができなかった。全身を鏡に映すための方法として最も適当なものを次のア～カから一つ選び，記号で答えなさい。ただし，花子さんの身長は160cmとし，目の高さは床から150cmの位置にある。（　　　）

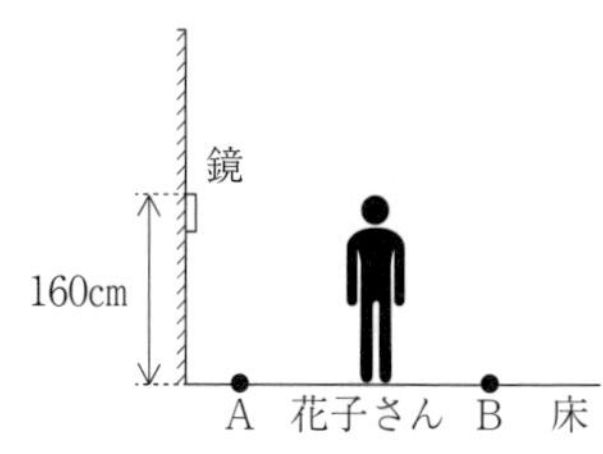

ア　Aに移動する。
イ　Bに移動する。
ウ　実験で用いた鏡をあと1枚用意して，図の鏡の下に，縦にすきまなくつなげて壁に設置する。
エ　実験で用いた鏡をあと2枚用意して，図の鏡の下に，縦に2枚すきまなくつなげて設置する。
オ　実験で用いた鏡をあと1枚用意して，図の鏡の下に，縦にすきまなくつなげて設置し，Aに移動する。
カ　実験で用いた鏡をあと1枚用意して，図の鏡の下に，縦にすきまなくつなげて設置し，Bに移動する。

4　次の文章を読んで，以下の設問に答えなさい。　（京都廣学館高）

夏休みのある雨の日，自宅にいたコウガクくんは雷雲がゴロゴロとなっていることに気付いた。そして，1学期4月頃に理科の授業「音や光の性質」で音の速さについて実験・学習したことを思い出し，稲光を見てから雷鳴が聞こえるまでの時間を測定することによって$_X$自宅から雷雲までの距離を計算で出そうと考えた。2回測定した結果，1回目は5.0秒，2回目は3.0秒であった。先の$_A$理科の授業で音の速さについて行った実験は，以下の通りである。

> 学校の校庭で，理科の先生が生徒たちから離れたところに立ち，左手に持った旗を上げると同時に口にくわえた笛を鳴らした。コウガクくんは，旗が上がったのを見たと同時にストップウォッチのスタートボタンを押し，笛の音を聞いたと同時にストップウォッチを止めた。そのときの先生とコウガクくんとの距離は85mあり，測定結果は0.25秒であった。さらに，同じ場所で$_B$笛を電子ホイッスルに替えて同様の実験を行った。電子ホイッスルは，笛よりも低く大きな音がするものであり，音の高低については低い音ほど振動数が（　a　）いことを授業で学習した。

また，別のある日に花火大会があり，コウガクくんは家族で近くの山に登り，山頂から花火を見物した。このとき，雷雲のときと同様に$_C$花火が花開いた光を見てからその音が聞こえるまでの時間を計測したところ，6.0秒であった。花火が花開いた場所と山頂の高さはほぼ同じであり，山頂とは水平距離で2,100mあった。

1．下線部Aについて，このとき空気中を音が伝わる速さは何m/sか，求めなさい。ただし，光の速さは考慮しなくてよいものとする。（　　　m/s）

2．下線部Aについて，このような結果が得られた理由として，適当なものを次のア～エから1つ選び，記号で答えなさい。（　　　）

ア　音の速さは光の速さよりも速いから。

イ　音の速さは光の速さよりも遅いから。

ウ　音は光に比べて，伝え始められるのが遅いから。

エ　音は光と異なり，直線的に伝わらないから。

3．文中の（ a ）について，適当な語句を答えなさい。（　　　）

4．下線部Bについて，実験結果として適当なものを次のア～エから1つ選び，記号で答えなさい。（　　　）

ア　電子ホイッスルは低い音のため，0.25秒より長くなった。

イ　電子ホイッスルは低い音のため，0.25秒より短くなった。

ウ　電子ホイッスルは大きな音のため，0.25秒より短くなった。

エ　音の高低，大きさによって影響を受けないため，0.25秒であった。

5．下線部Bについて，もし①真空中や②水中にて同様の実験を行った場合，どのような結果が考えられるか。ただし，光について見える場合は○，見えない場合は×を，音について聞こえる場合は○，聞こえない場合は×を①，②それぞれについて答えなさい。

①真空中 光（　　　）　音（　　　）　②水中 光（　　　）　音（　　　）

6．下線部Cについて，このとき空気中を音が伝わる速さは何m/sか，求めなさい。ただし，光の速さは考慮しなくてよいものとする。（　　　m/s）

7．1と6の結果から，コウガクくんは気温と空気中の音の速さの関係を次のように考察した。文中の（ b ）に適当な語句を答えなさい。（　　　）

空気中での音の速さは気温によってほぼ決まり，気温が高いほど音の速さは（ b ）くなると考えられる。

8．下線部Xについて，雨を降らせる雷雲が秒速6.0m/sで動いているとすると，2回目の測定から何秒後にコウガクくんの自宅付近は雨が降り始めるか，求めなさい。ただし，当日は花火大会と同じ気温であったとする。（　　　秒後）

5　次の問題Ⅰ～Ⅲに答えなさい。（上宮太子高）

Ⅰ　光が真空中，空気中，水中およびガラス中を進むとき，それぞれ速さが異なります。そのため，異なる物質中を光が進むとき，その境界面で屈折します。

問1　真空中，空気中，水中およびガラス中のうち，光の速さが最も速いものはどれですか。正しいものを，次のア～エから1つ選んで，記号で答えなさい。（　　　）

ア　真空中　　イ　空気中　　ウ　水中　　エ　ガラス中

問2　次の図1や図2の矢印のように空気とガラスの境界面に向かって細い光を入射させました。このときの光の進み方として正しいものを，図1および図2のア～オからそれぞれ1つずつ選んで，記号で答えなさい。図1（　　　）　図2（　　　）

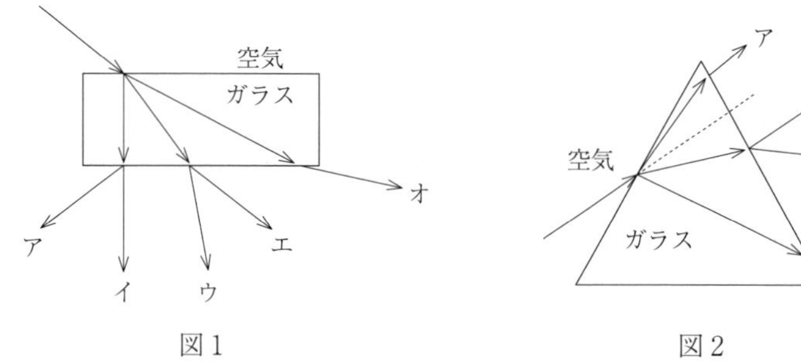

図1　　図2

問3　光の屈折と関係が深いものはどれですか。正しいものを，次のア～エからすべて選んで，記号で答えなさい。(　　　)

ア　昼間に運動場に棒を立てるとその影ができる。

イ　虫眼鏡で物を拡大して観察することができる。

ウ　真夜中にきれいな満月を見ることができる。

エ　プールの底にしずんでいる物体が浮き上がって見える。

Ⅱ　鏡は光を反射するので，物体の像をうつすことができます。

問4　図3のように，一直線上に1m間かくでアからノまで点があり，エには物体が置かれています。アにいるAさんが，サに置かれた平面鏡によってできる物体の像を見るとき，その像はどの位置に見えますか。正しい位置を，図3のア～ノから1つ選んで，記号で答えなさい。

(　　　)

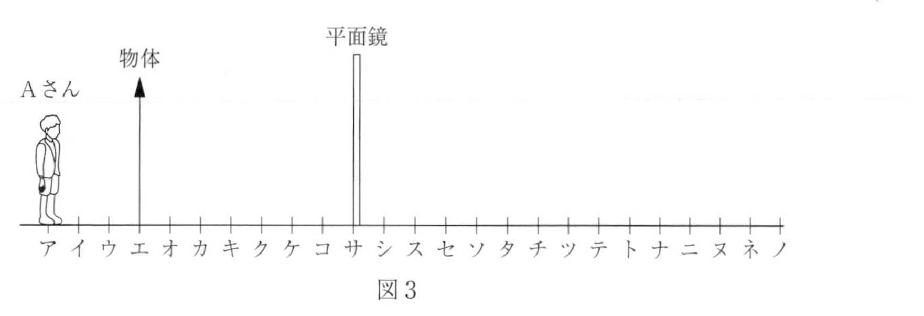

図3

問5　図3の状態から物体が右に毎秒1mで，平面鏡が左に毎秒2mで動くとき，物体の像は図3の左右どちらの方向に毎秒何mで動くように見えるか答えなさい。(　　　に毎秒　　　m)

問6　Aさんの身長が170cmであるとき，全身を鏡にうつし出すために必要な鏡の長さは何cm以上であるか答えなさい。(　　　cm)

Ⅲ　凸レンズの手前のある位置に物体を置き，反対側のある位置にスクリーンを置くとスクリーン上に物体のはっきりとした像をうつし出すことができます。

問7　図4のようにして，凸レンズによるろうそくの像のできかたを調べました。表はレンズとろうそくの距離aをいろいろ変えたとき，ついたてにはっきりとした像ができたときのレンズとついたての距離bをまとめたものです。ろうそくの長さが5cmのとき，最も大きな像がうつし出されたのは表中のア～エのどの結果であるか記号で答えなさい。また，そのときの像の大きさは何cmであるか答えなさい。記号(　　　)　像の大きさ(　　　cm)

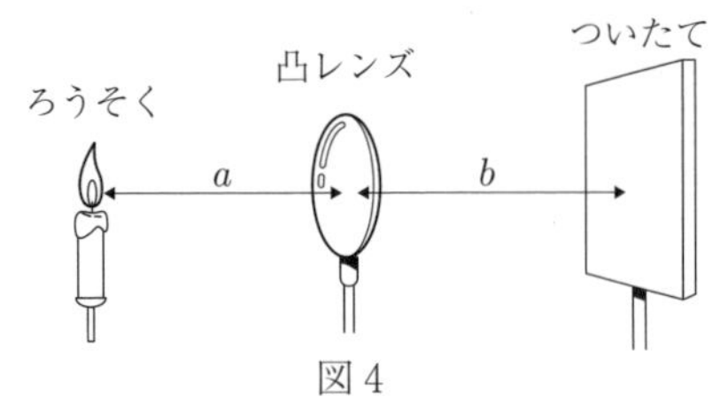

図4

	ア	イ	ウ	エ
a [cm]	10	15	20	30
b [cm]	30	15	12	10

問8　図4のついたてに像がうつっているとき，レンズからろうそくとついたてまでの距離をそのままにして，レンズの下半分を黒い紙でおおいました。このとき，ついたてにうつる像はどのようになりますか。正しいものを，次のア～エから1つ選んで，記号で答えなさい。

（　　　）

ア　ろうそくの像の下半分がうつらなくなる。
イ　ろうそくの像の上半分がうつらなくなる。
ウ　全体的に像が少しうす暗くなる。
エ　像がぼやけてはっきりうつらなくなる。

6　焦点距離が分からない凸レンズを用いて，スクリーンに像をつくる実験を行いました。次の⑴から⑽の問いに答えなさい。　（金光八尾高）

⑴　凸レンズが利用している光の現象の名称を何といいますか。漢字2文字で答えなさい。

（　　　）

⑵　図1の物体から出た矢印で表された光は，どの点を通りますか。①から⑦より1つ選び，記号で答えなさい。（　　　）

⑶　図1において，スクリーンにできる像はどのようなものですか。次のアからカより1つ選び，記号で答えなさい。

（　　　）

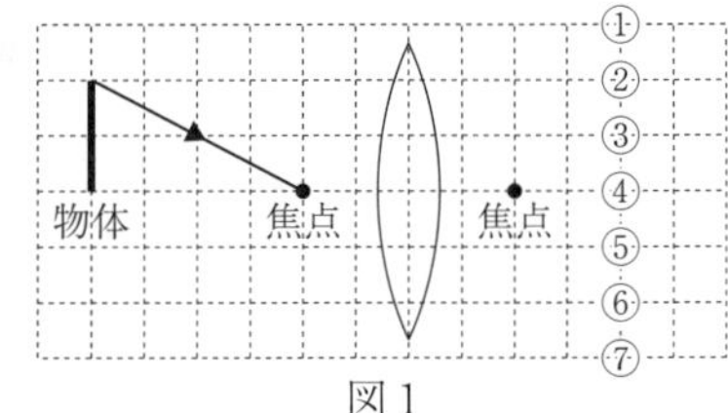

図1

ア．物体より大きな実像　　イ．物体と同じ大きさの実像
ウ．物体より小さな実像　　エ．物体より大きな虚像
オ．物体と同じ大きさの虚像　　カ．物体より小さな虚像

⑷　図2のような凸レンズと同じ大きさの光を遮る板を，凸レンズの物体側に取り付けたときの様子について正しいものを次のアからエより1つ選び，記号で答えなさい。（　　　）
ア．像の周辺が欠ける。　イ．像の中心が欠ける。　ウ．像が消える。
エ．像が暗くなる。

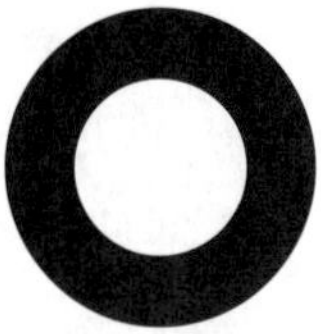
図2

物体から凸レンズまでの距離を a [cm]，凸レンズからスクリーンまでの距離を b [cm]とします。a と b を変えて像をつくる実験を繰り返しました。表は，結果をまとめたものです。

	a	b	像の大きさ
実験1	18cm	36cm	12cm
実験2	24cm	24cm	6 cm
実験3	48cm	16cm	2 cm

⑸　凸レンズの焦点距離は何cmですか。（　　　cm）

(6) 実際の物体の大きさは何cmですか。(　　　cm)

(7) 実験の結果から，像の大きさが実際の物体の大きさの何倍になるかは，aとbの値によって決まることがわかります。倍率として正しいものを次のアからオより1つ選び，記号で答えなさい。

(　　　)

ア．$a+b$倍　　イ．$a-b$の絶対値倍　　ウ．$a\times b$倍　　エ．$a\div b$倍　　オ．$b\div a$倍

(8) 実験の結果を考察すると，$\frac{1}{a}$と$\frac{1}{b}$の値には，ある関係があることがわかります。この関係について正しいものを次のアからエより1つ選び，記号で答えなさい。(　　　)

ア．$\frac{1}{a}+\frac{1}{b}$が同じである。　　イ．$\frac{1}{a}-\frac{1}{b}$が同じである。　　ウ．$\frac{1}{a}\times\frac{1}{b}$が同じである。

エ．$\frac{1}{a}\div\frac{1}{b}$が同じである。

(9) 物体からスクリーンまでの距離を変えずに，その間で凸レンズを移動させて像をつくる実験をしたとき，最大，何か所でスクリーン上に像ができますか。次のアからオより1つ選び，記号で答えなさい。(　　　)

ア．1か所　　イ．2か所　　ウ．3か所　　エ．4か所　　オ．5か所

(10) aが15cmのときのbの値は何cmですか。また，像の大きさは何cmですか。

b(　　　cm)　像の大きさ(　　　cm)

★★★　発展問題　★★★

1 次の文章を読んで以下の問いに答えなさい。(大阪教大附高池田)

図1のように，レンズを通して物体の像をスクリーン上にうつし出す。物体の1点から出た光の中でレンズを通過した光が，1点に集まる場所で像を結ぶ。スクリーンの位置を調整することで像を鮮明にうつし出すことができる。「物体と凸レンズの距離a[cm]」と「凸レンズとスクリーンの距離b[cm]」をそれぞれ変えた実験結果が表1である。

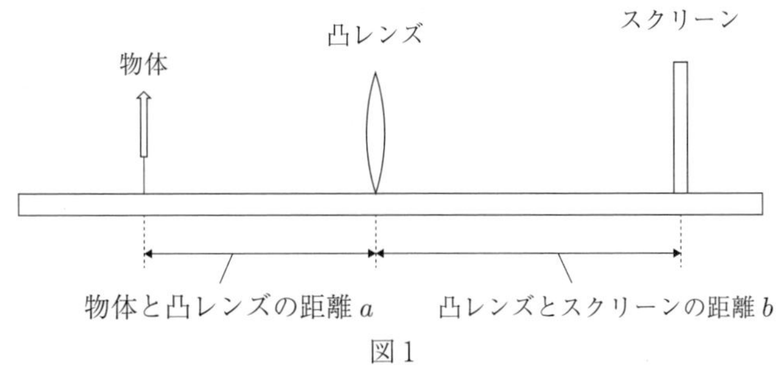

図1

表1

a[cm]	10	12	14	16	18	20	25	30	40
b[cm]	40.0	24.0	18.7	16.0	14.4	13.3	11.8	10.1	10.0

⑴　実験結果の表をもとに，a と b の関係について，以下の文の空欄に当てはまるものとして最も適当なものを，次の選択肢「ア～ウ」から一つ選び，記号で答えなさい。(　　　)

b は a に（ア　比例している　　イ　反比例している　　ウ　比例も反比例もしていない）

⑵「物体と凸レンズの距離 a」をだんだん大きくしていったとき，スクリーンに像がはっきりとできるときの「凸レンズとスクリーンの距離 b」はどのようになるか。最も適当なものを次の選択肢「ア～エ」から一つ選び，記号で答えなさい。(　　　)

ア　0 cm に近づく　　イ　焦点距離に近づく　　ウ　焦点距離の 2 倍に近づく

エ　しだいに長くなる

⑶　図 2 は，凸レンズを通る光の進み方の一部を示したものである。図中の凸レンズの軸上にある●は，凸レンズの焦点の位置を示している。物体の先端から凸レンズの中心を通る光はそのまま直進する。①および②の光の道筋が凸レンズ後方でどのようになるか作図で示しなさい。ただし，凸レンズは十分にうすく，凸レンズの中心線で光は曲がるものとする。

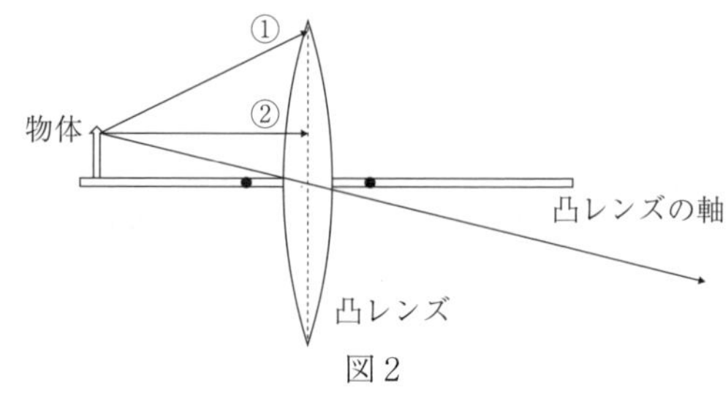

図 2

⑷　次に図 1 の装置のレンズを図 3 のように，レンズの下半分を黒い紙で覆うことで光を通さなくした。a を固定し，スクリーンに像がはっきりとできるときの「像の位置」，「像の明るさ」，「像の形」はそれぞれどのようになるか。最も適当なものを次の選択肢「ア～ウ」から一つずつ選び，記号で答えなさい。位置(　　　)　明るさ(　　　)　形(　　　)

図 3

	ア	イ	ウ
像の位置	凸レンズに近づく	変わらない	凸レンズから遠ざかる
像の明るさ	明るくなる	変わらない	暗くなる
像の形	上半分が消える	変わらない	下半分が消える

次に図 4 のように，凸レンズを 2 つ用意して物体を拡大して見る観察を行った。観察者に近いレンズから「接眼レンズ」「対物レンズ」とする。図 4 中の凸レンズの軸上にある●は，凸レンズの焦点の位置を示している。上の 2 つの●が接眼レンズの焦点，下の 2 つの●が対物レンズの焦点を示している。対物レンズより下方に物体をおいたところ，（ あ ）ができた。対物レンズを通してできた物体の（ あ ）を接眼レンズ上方より観察するとき，（ い ）が見える。

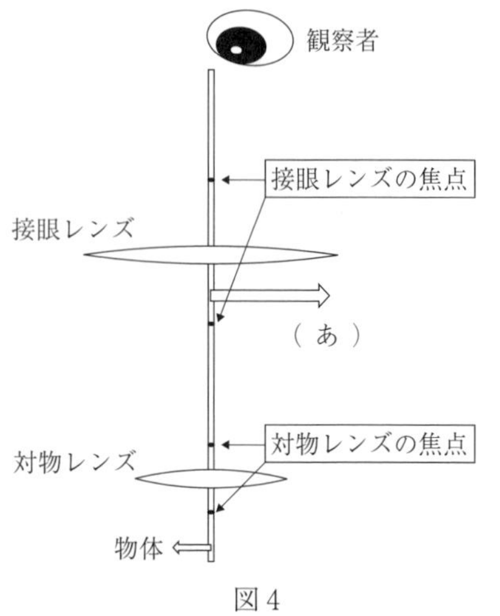

図 4

⑸　上の文中の（ あ ）（ い ）に入る言葉として適切なものを「実像」「虚像」から選び，答えなさい。ただし，同じものを重複して選んでも良い。

(あ)(　　　)　(い)(　　　)

(6) 前の文中（ い ）ができる場所として最も適当なものを，次の選択肢「A～C」から一つ選び，記号で答えなさい。（　　　）

A：目と接眼レンズの間　　B：接眼レンズと対物レンズの間　　C：対物レンズと物体の間

§2．力

☆☆☆ 標準問題 ☆☆☆

1 ばねAとばねB，おもりを6個準備した。ばねAとばねBの長さはそれぞれ15cm，おもり1個の質量はすべて50gである。下図のように，ばねAにつるすおもりの数を1個から6個まで増やしたとき，おもりの数とばねA全体の長さの関係は下のグラフのようになった。同じように，ばねBにおもりを6個つるすと，ばねB全体の長さは，ばねAにおもりを3個つるしたときのばねA全体の長さと同じであった。100gの物体にはたらく重力の大きさを1Nとし，ばねの質量は考えないものとする。 (樟蔭高)

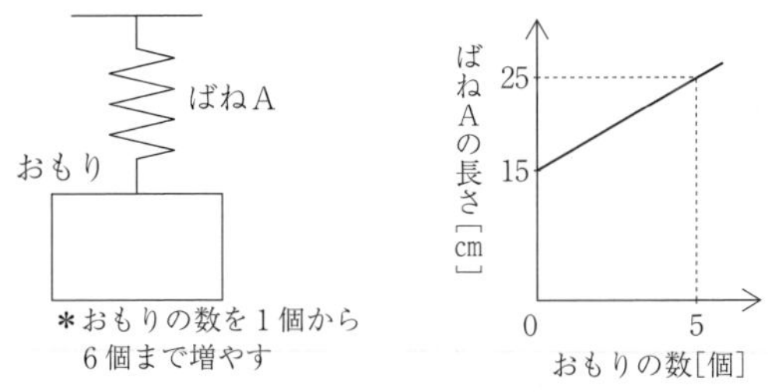

(1) ばねのように弾性のある物体の伸びが，加えた力の大きさに比例する関係を何の法則というか。（　　　の法則）

(2) おもりを2個つるしたときの，ばねAの伸びは何cmか。（　　　cm）

(3) ばねAを1cm伸ばすのに必要な力は何Nか。（　　　N）

(4) ばねAにおもりを6個つるしたとき，ばねA全体の長さは何cmになるか。（　　　cm）

(5) (4)と同じことを，月面上で行った場合，ばねA全体の長さは何cmになると考えられるか。ただし，月面上での重力の大きさは地球上の6分の1とする。（　　　cm）

(6) ばねBを1cm伸ばすのに必要な力は何Nか。（　　　N）

(7) 右図のように，ばねAとばねBをつないだ。ばねBを3Nの力で矢印の方向に引っ張ったとき，ばねAの伸びは何cmになるか。（　　　cm）

ばねA　ばねB

(8) (7)で，ばねAとばねBを合わせた全体の長さが39cmになるためには，矢印の方向に何Nで引っ張ればよいか。（　　　N）

2 物体にはたらく力について，次の各問いに答えなさい。ただし，100gの物体にはたらく重力の大きさを1N（ニュートン）とする。 (開智高)

問１　400g の物体にはたらく重力の大きさは何 N ですか。(　　　N)

問２　〈図１〉は，800g の直方体で，A～C はそれぞれの面を表しています。C の面を下にして床に置いたとき，床にはたらく圧力は何 N/m^2 ですか。
(　　　N/m^2)

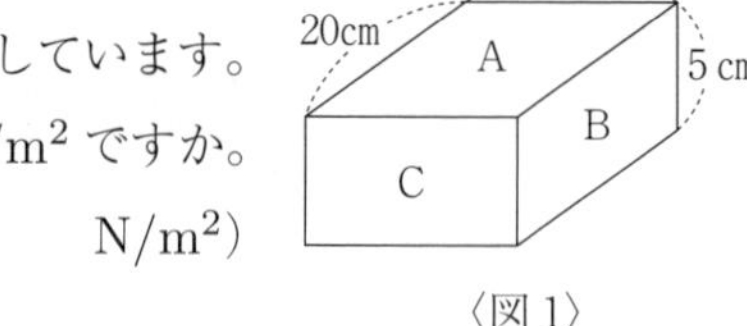

〈図１〉

問３　〈図２〉のように，〈図１〉の直方体をスポンジの上に置きました。A～C の面をそれぞれ下にして置いたとき，スポンジのへこみ方が大きい順に並べたものとして，最も適当なものを，下の①～⑥の中から１つ選び，番号で答えなさい。(　　　)

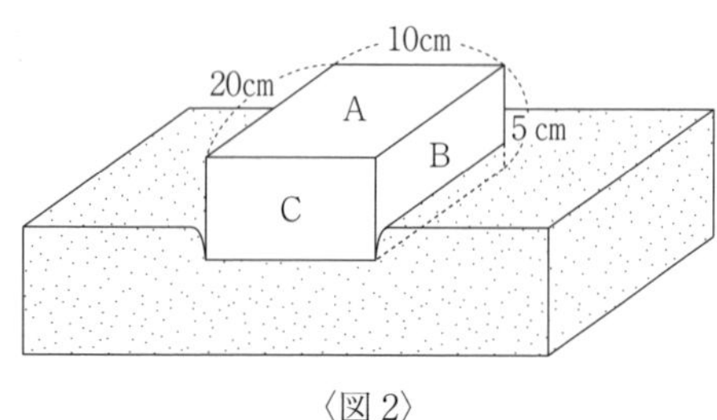

〈図２〉

①　A ＞ B ＞ C　　②　A ＞ C ＞ B
③　B ＞ A ＞ C　　④　B ＞ C ＞ A
⑤　C ＞ A ＞ B　　⑥　C ＞ B ＞ A

問４　身のまわりの道具には，大きな力がはたらいてもその力を分散させて，物体にかかる圧力を小さくする道具があります。その道具として最も適当なものを，下の①～④の中から１つ選び，番号で答えなさい。(　　　)

①　画びょう　　②　注射器　　③　フォーク　　④　スキーの板

問５　標高の高い山のふもとから未開封の菓子袋を山頂まで持っていくと，菓子袋は大きく膨らんでいました。その理由を説明しなさい。
(　　　　　　　　　　　　　　　　　　　　)

問６　水の重さによって生じる圧力を水圧といいます。水の深さと水圧の関係について述べた文として最も適当なものを，下の①～③の中から１つ選び，番号で答えなさい。(　　　)

①　水の深さが深くなるほど，水圧は小さくなる。
②　水の深さが深くなるほど，水圧は大きくなる。
③　水の深さが深くなっても，水圧は変わらない。

問７　水中に物体を入れたとき，まわりの水が物体を押し上げようとする力を何といいますか。
(　　　)

3　図１のような，１辺の長さが 10cm，20cm，30cm になっている立方体①，②，③があり，水平な床に置いて静止させます。質量はそれぞれ，1 kg，8 kg，27kg です。100g の物体にはたらく重力の大きさを 1 N として，あとの各問いに答えなさい。　(浪速高)

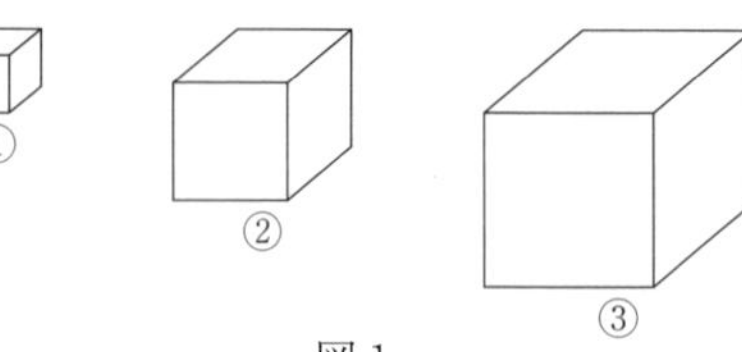

図１

１　それぞれの立方体が床から受ける垂直抗力の大きさは何 N ですか。
①(　　　N)　②(　　　N)　③(　　　N)

２　それぞれの立方体が床を押す圧力の大きさは何 Pa ですか。
①(　　　Pa)　②(　　　Pa)　③(　　　Pa)

3つの立方体のうち2つを組み合わせて積み上げることを考えます。図2は積み上げた様子を真横から見た図であり，a～fの組み合わせが考えられます。

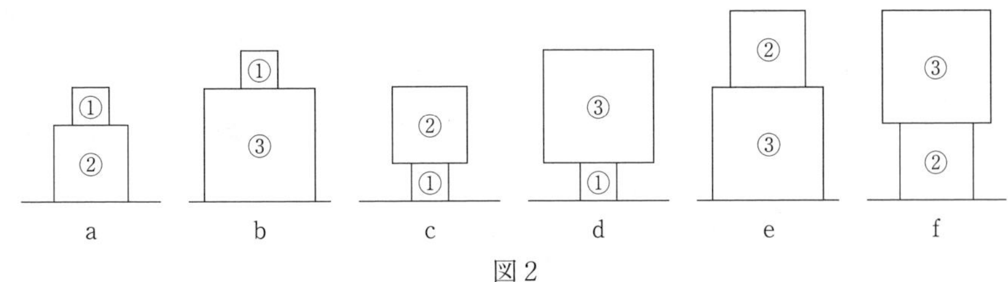

図2

3　床から受ける垂直抗力の大きさが最も大きくなる組み合わせはどれですか。a～fの中から選び，記号で答えなさい。ただし，最も大きくなるものが複数ある場合は，該当するものすべてを答えなさい。(　　　)

4　床を押す圧力の大きさが最も小さくなる組み合わせはどれですか。a～fの中から選び，記号で答えなさい。ただし，最も小さくなるものが複数ある場合は，該当するものすべてを答えなさい。

(　　　)

4　東君は，ばねAと立方体のおもりを用いて次の実験を行いました。ただし，ばねAの質量は無視できるものとし，100gの物体にはたらく重力の大きさを1.0Nとします。　(四天王寺東高)

実験1　図1のように，ばねAに様々な質量のおもりをつり下げると，ばねの伸びは表1のようになった。

実験2　図2のように，ばねAに200gのおもりBをつり下げ，おもりBを水の入った水そうに入れるとばねAの伸びは2.0cmになった。このとき，おもりBは完全に水中にあり，おもりBの下面は水そうの底についていなかった。

実験3　ばねAに200gのおもりBをつり下げ，おもりBを水の入った水そうの底に沈めた。ゆっくりとばねの上端を引き上げたとき，水そうの底からおもりの底面までの距離と，ばねAの伸びの関係は図3のようになった。

図1

表1

おもりの質量[g]	100	200	300	…	1000
ばねAの伸び[cm]	2.5	5.0	X	…	25

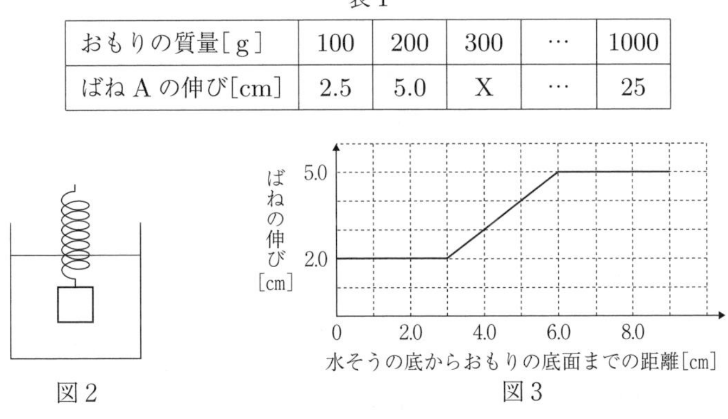

図2　図3

(1)　表1から，ばねAの伸びとおもりの質量の間にはどのような関係がありますか。漢字二字で答えなさい。□□

⑵　ばねＡの伸びとおもりの間に成り立つ⑴のような関係を何の法則といいますか。

（　　　　の法則）

⑶　表１のＸにあてはまる数値を答えなさい。（　　　）

⑷　実験２で，おもりＢにはたらく浮力の大きさは何Ｎですか。（　　　Ｎ）

⑸　実験３に関して，次の問いに答えなさい。ただし，水そうの底の面積は十分に大きく，おもりＢが水中に出入りすることによる水位の変化は無視します。

(i)　おもりＢの一辺の長さは何 cm ですか。（　　　cm）

(ii)　水そうに入れた水の深さは何 cm ですか。（　　　cm）

(iii)　水そうの底からおもりの底面までの距離が 4.0cm のとき，おもりにはたらく浮力の大きさは何Ｎですか。（　　　Ｎ）

⑹　おもりＢとおもりＣは，同じ質量で体積が異なります。おもりＣが水に浮く場合，おもりＣの体積はおもりＢの何倍以上ですか。小数第二位を四捨五入して小数第一位まで答えなさい。ただし，物体にはたらく浮力の大きさは，水中にある物体の体積に比例するものとします。（　　　倍）

⑺　おもりＢとおもりＤは，同じ形で体積が等しいです。また，おもりＤの密度は，おもりＢの２倍です。おもりＤを用いて，実験３と同じ操作を行いました。

(i)　おもりＤの質量は何ｇですか。（　　　ｇ）

(ii)　この実験において，おもりにはたらく浮力の大きさと，水そうの底からおもりの底面までの距離の関係を表すグラフを書きなさい。ただし，おもりＢを用いた場合のグラフの概形は図４のようになります。

浮力の大きさ［N］　F　0　x_1　x_2

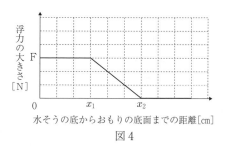

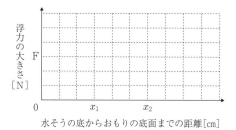

水そうの底からおもりの底面までの距離［cm］

図４

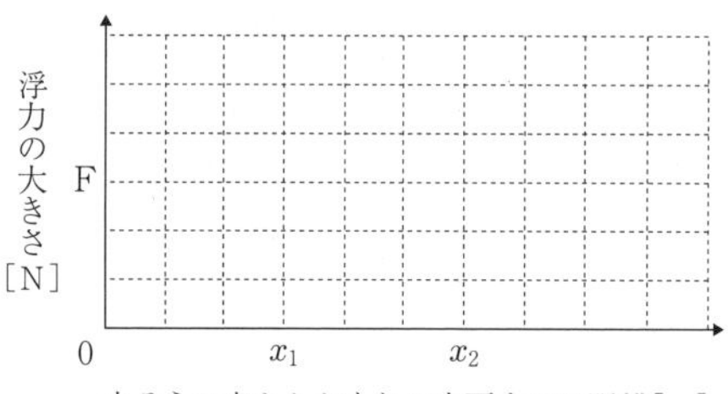

5　浮力に関する以下の問いに答えなさい。ただし，水の密度を 1.0g/cm^3，100g の物体にはたらく重力を１Ｎとします。

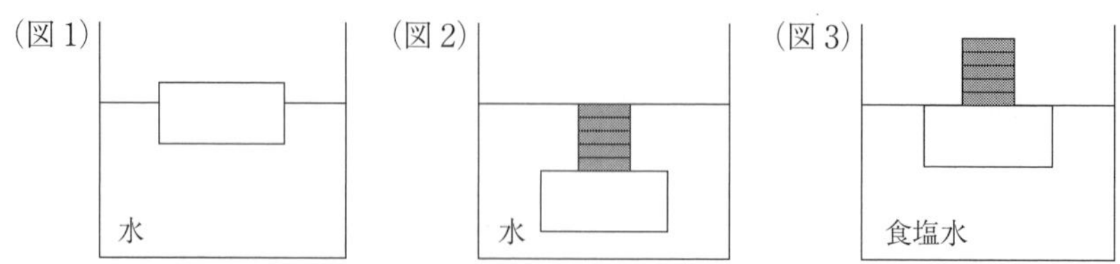

図１のように，ある材質の立方体（体積 500cm^3）を 20L の水の中に入れると，全体の 70 ％が水面下に沈み静止しました。

（大阪国際高）

⑴　この立方体の密度を求めなさい。（　　　g/cm^3）

さらに，立方体に別の材質の小物体（質量 40g）を乗せてゆきます。1 個乗せるごとに全体は徐々に沈んでゆき，5 個乗せたとき全体が水面下に沈みました（図 2）。

(2) この小物体 1 個の体積は何 cm^3 ですか。（　　　cm^3）

この水に，ある量の食塩を溶解し，全体を一定濃度の水溶液にしたところ，小物体 5 個分が水面から浮上しました（図 3）。

(3) 溶解した食塩は何 g ですか。ただし，食塩を溶解しても水溶液の体積に変化はないものとします。（　　　g）

6 浮力および力のつり合いに関する次の文を読み，後の問いに答えなさい。ただし，100g の物体にはたらく重力の大きさを 1N とする。また，水の密度は 1 g/cm^3 である。 （明星高）

浮力の大きさは次の「アルキメデスの原理」にしたがうことが知られている。

アルキメデスの原理　液体中の物体にはたらく浮力の大きさは，物体が押しのけた液体の重さ（＝重力の大きさ）に等しい。

水そうの水の中に，糸でつるした 1 辺 10cm の立方体をゆっくりと沈めていった。図 1 のように，立方体が水の中に 3 cm までつかっているとき，立方体が押しのけている水の体積は（ ① ）cm^3 であるので，このときはたらいている浮力の大きさは（ ② ）N である。また，図 2 のように，立方体が完全に水中に入ったときの浮力の大きさは（ ③ ）N であり，立方体がさらに沈んで容器の底につくまでの間，浮力の大きさは④｛(ア) 大きくなってゆく　(イ) 変わらない　(ウ) 小さくなってゆく｝。

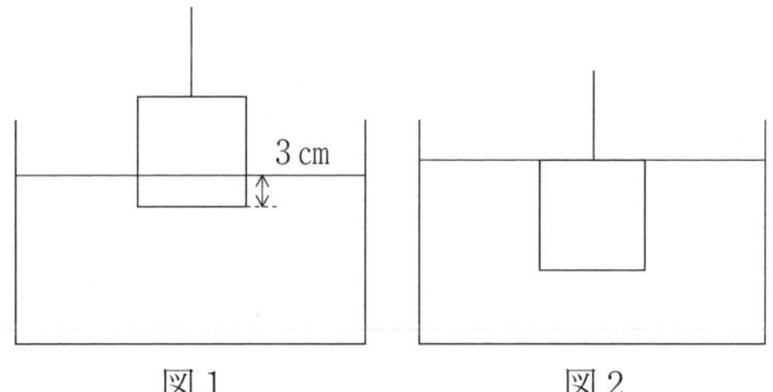

図 1　　図 2

問 1 文中の（ ① ）～（ ③ ）にはあてはまる数値を答え，④は｛　｝内の(ア)～(ウ)から正しいものを 1 つ選び，記号で答えなさい。①（　　）②（　　）③（　　）④（　　）

問 2 ばね，糸，滑車，質量 300g の立方体 A，1 辺 10cm で質量 800g の立方体 B，水そうを用いて図 3 の装置を作った。滑車はなめらかに回転し，滑車の質量は無視できるものとする。はじめ，水そうには水が入っておらず，ばねは伸びていた。

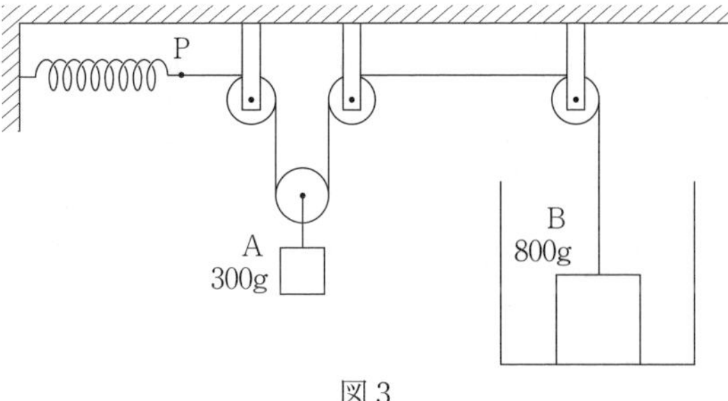

図 3

(1) 点 P で，糸がばねを引く力の大きさは何 N ですか。（　　　N）

(2) 立方体 B が水そうの底から受けている垂直抗力の大きさは何 N ですか。（　　　N）

(3) 水そうに水を注いでゆき，底から 2 cm まで水が入ったとき，立方体 B が水そうの底から受けている垂直抗力の大きさは何 N になりますか。（　　　N）

7　次の文章を読み，問1〜問7に答えなさい。　(清風南海高)

図1のように，ばねA，Bを天井に固定し，それぞれに様々な質量のおもりをつるして，ばねの長さを測りました。測った値をもとに，おもりの質量とばねの長さの関係を，図2のようなグラフにしました。ばねと糸および定滑車は，質量の無視できる軽いものを使います。いずれの問においても，ばねの長さは十分にフックの法則が成り立つ範囲であるものとします。質量が100gのおもりにはたらく重力の大きさを1Nとし，答えが割り切れなければ小数第2位を四捨五入して小数第1位まで答えなさい。

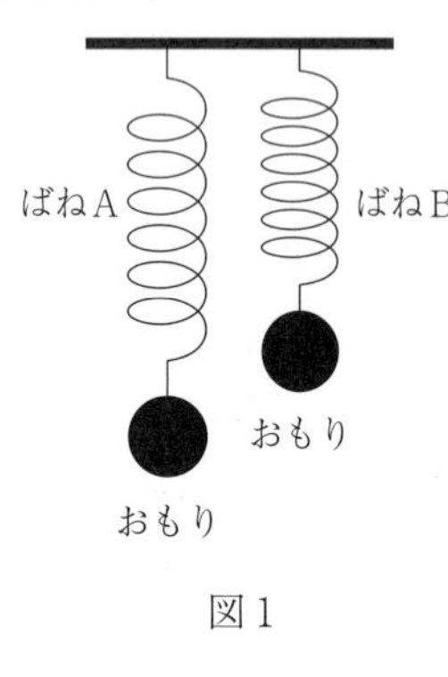

図1

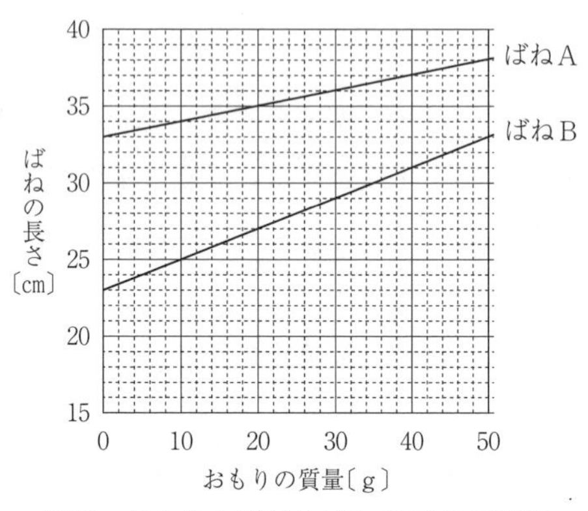

図2　おもりの質量とばねの長さの関係

問1　図1でばねAにおもりをつるさず，ばねAの下端を1.5Nの力でゆっくり引っ張りました。このとき，ばねAの長さは何cmになるか答えなさい。(　　　cm)

問2　図1でおもりをつるしたばねBの伸びが15cmのとき，ばねBにつるしたおもりの質量は何gか答えなさい。(　　　g)

次に図3のように，水平面と30°の角をなす摩擦のない斜面の上端に，ばねAとおもりをつるしました。ただし，ばねAがどれだけ伸びてもおもりは斜面上から落ちないものとします。

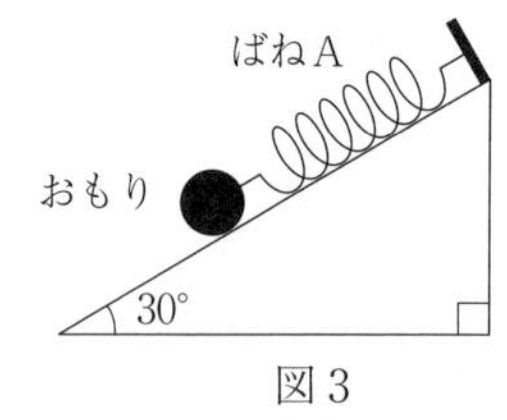

図3

問3　ばねAにつるしたおもりの質量が120gのとき，ばねAの長さは何cmになるか答えなさい。(　　　cm)

問4　図3からゆっくりと斜面の角度を大きくしました。ばねAの長さの変化として最も適しているものを，次のア〜ウの中から1つ選び，記号で答えなさい。(　　　)

ア　長くなる　　イ　短くなる　　ウ　変わらない

問5　次にばねAとばねB，質量が50gのおもり2個を，図4のようにつなぎました。ばねAとばねBの長さは，それぞれ何cmになるか答えなさい。

ばねA(　　　cm)　ばねB(　　　cm)

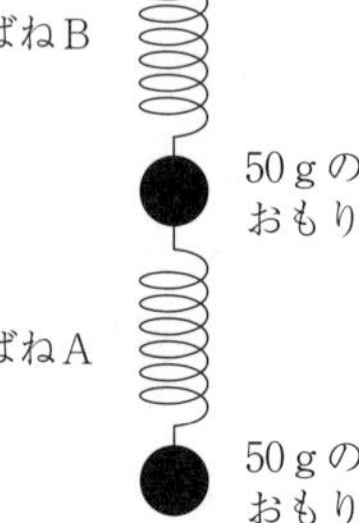

図4

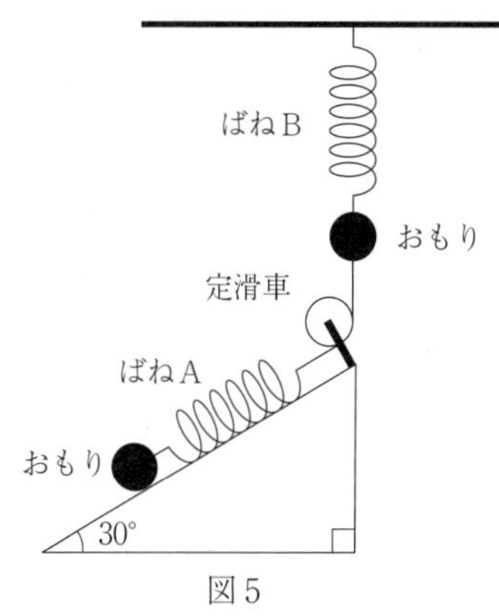

図5

次にばねAとばねB，同じ質量のおもりを2つ用意して，定滑車を用いて図5のようにつなぎました。ばねAと上のおもりとの間は，十分な長さの軽い糸をつなぎ，ばねBはまっすぐ鉛直に，ばねAは水平面から30°の角をなす摩擦のない斜面上にそって伸びています。

ばねAとBがどれだけ伸びても，斜面上のおもりは斜面から落ちず，上のおもりは滑車と接触しないものとします。

問6　おもりの質量がともにX〔g〕のとき，ばねBの長さは32cmでした。このとき，ばねAの長さは何cmになるか，Xを使わずに答えなさい。（　　　cm）

問7　おもりの質量がともにY〔g〕のとき，ばねAとばねBの長さが等しくなりました。このとき，ばねの長さは何cmになるか，Yを使わずに答えなさい。（　　　cm）

★★★　発展問題　★★★

1　以下の文章［A］，［B］を読み，問い(1)～(3)に答えよ。　（京都府立嵯峨野高）

［A］　サガノさんと先生が綱引きについて会話している。

サガノ：綱引きって，たくさんの人が一列になってロープを引っ張りますよね。

先生　：全員の力を合わせて勝負する競技だね。

サガノ：でも，実はよくわからないことがあります。たくさんの人が一列になってロープを引っ張っているけれど，それぞれの力の合力がちゃんとロープに作用しているのでしょうか。

先生　：なるほど。じゃあこういうふうに考えてみようか。1本のロープを準備しよう。このロープを，【図1】のように，ロープCとロープDが点Qでつながったものとして考えるよ。【図2】のように，AさんとBさんの2人が水平な床の上でこのロープを水平右向きに引っ張っているとしよう。AさんはロープCの点Pをつかんでいて，BさんはロープDの端の点Rをつかんでいるとするよ。ロープCは相手に大きさF［N］の力で水平左向きに引っ張られていて，Aさん，Bさん，ロープは【図2】の状態で静止している場合を考えてみよう。

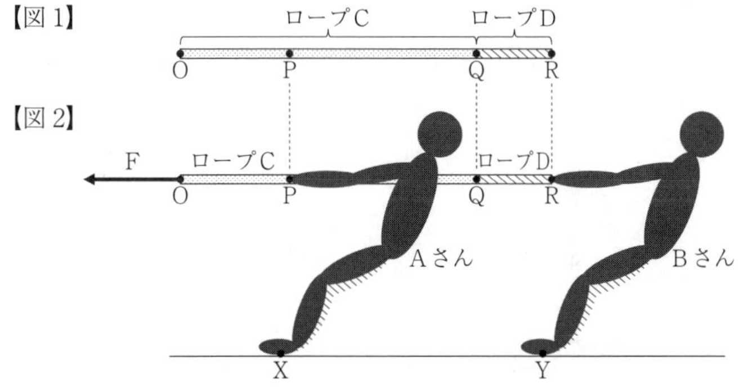

先生　：A さんと B さんがロープを水平方向に引っ張る力の大きさをそれぞれ f_A [N]，f_B [N] とし，ロープ C とロープ D が点 Q で水平方向に大きさ f [N]の力で引っ張り合っているとしよう。そうすると，ロープ C にはたらく水平方向の力の間に成り立つ関係式は［ 1 ］，ロープ D にはたらく水平方向の力の間に成り立つ関係式は［ 2 ］となるよね。

サガノ：そうすると，式［ 1 ］と式［ 2 ］から，ちゃんと 2 人の合力がロープに作用して大きさ F の力とつりあっているわけですね。なるほど！

(1) 解答欄の図中にロープ C および A さんそれぞれにはたらく**水平方向の力**を矢印でかき加えることにより，**水平方向にはたらく力のつりあい**の図を完成させよ。ただし，力の作用点は図中の点 P，点 Q，点 X とし，**力の向きがはっきりわかるように**かくこと（矢印の長さは考えなくてよく，f や f_A などは書かなくてよい）。なお，A さんの足もとの点 X には床からの摩擦力がはたらいている。

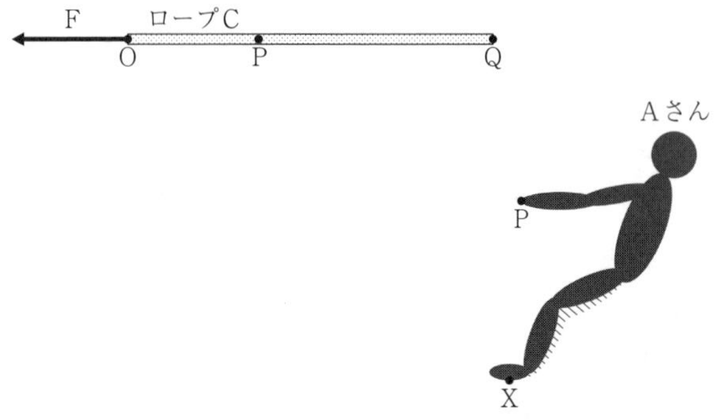

(2) 会話文中の［ 1 ］，［ 2 ］にあてはまる最も適当な関係式を，F，f_A，f_B，f から必要なものを用いて，それぞれ答えよ。1（　　　）　2（　　　）

［B］ サガノさんと先生はさらに会話を続けている。

サガノ：綱引きのときに，どういう姿勢をとるのが一番良いのでしょうか。

先生　：それなら，実験で確かめてみようか。

先生は，水平な床の上で【図 3】のような装置を組み立てた。人に見立てた角材に糸の一端をくくりつけ，もう一端を力学センサー（力の大きさを測る装置）にくくりつけて，糸が角材を引く力を測定できるようにした。力学センサーをスタンドにとりつけ，糸が水平となるようにしながら，床に対する角材の角度をさまざまに変化させて静止させたときの，図中の長さ h [cm]，d [cm]，糸が角材を引く力の大きさ T [N]を測定したところ，後の【表 1】のような結果が得られた。ただし，この実験をしている間，床に接している角材の下端は滑らないものとする。

【図 3】

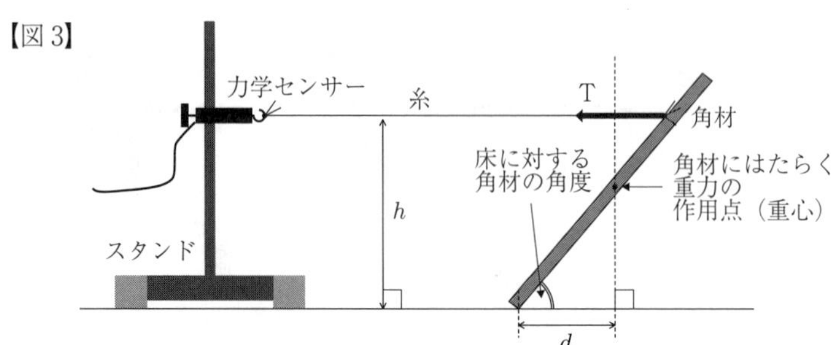

先生　：【表 1】の結果より，T，h，d の関係式は［ 3 ］のようになると考えるのが最も適切だね。

【表 1】

T［N］	h［cm］	d［cm］
5.00	11.3	22.6
3.73	14.5	21.6
2.50	19.4	19.4
1.82	23.3	17.0
1.25	27.2	13.6

サガノ：ということは，この実験の結果から言えることは，綱引きで引く力に耐えるための効果的な姿勢は［ 4 ］をできるだけ大きくし，［ 5 ］をできるだけ小さくする姿勢ですね。でもなぜなんだろう。

先生　：てこの原理と関係があるんだ。詳しくは高校の物理で「力のモーメント」について学習すると理由がわかるよ。

サガノ：ようし！　高校でも勉強をがんばるぞ！

(3) ［ 3 ］～［ 5 ］にあてはまる最も適当な文字式を，以下のそれぞれの選択肢ア～キから 1 つずつ選び，記号で答えよ。ただし，k は T，h，d の値によらない定数である。

3（　　　）　4（　　　）　5（　　　）

［ 3 ］の選択肢

ア　$T = k \times (d - h)$　　イ　$T = k \times \dfrac{h}{d}$　　ウ　$T = k \times \dfrac{d}{h}$　　エ　$T = k \times \left(\dfrac{d}{h}\right)^2$

［ 4 ］，［ 5 ］の選択肢

オ　T　　カ　h　　キ　d

2　電流とその利用

§1．電流回路

☆☆☆　標準問題　☆☆☆

1　電気について調べる実験を行いました。後の1から5までの各問いに答えなさい。（滋賀県）

【実験1】

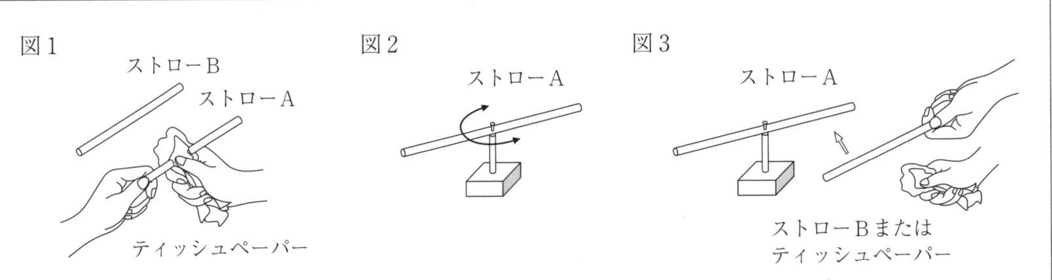

〈方法〉

① 図1のように，ストローAをティッシュペーパーでよくこする。同様にストローBもよくこする。

② 図2のように，台の上でストローAを回転できるようにする。

③ 図3のように，ストローAにストローBを近づけて，ストローAの動きを観察する。同様にティッシュペーパーを近づけて，ストローAの動きを観察する。

〈結果〉

図3で，ストローBまたはティッシュペーパーを近づけたとき，ストローAはどちらも動いた。

1　実験1の結果で，ストローAが引きよせられるのはどれですか。次のアからエまでの中から1つ選びなさい。（　　　）

ア　ストローB

イ　ティッシュペーパー

ウ　ストローBとティッシュペーパーの両方

エ　ストローBとティッシュペーパーのどちらでもない

2　実験1で，ストローをティッシュペーパーでよくこすることによって，ストローに静電気が生じるのはなぜですか。「電子」という語を使って説明しなさい。ただし，ストローは－（マイナス）に帯電するものとします。

（　　　　　　　　　　　　　　　　　　　　　　　　　　　　　　　　　　　　　）

【実験２】

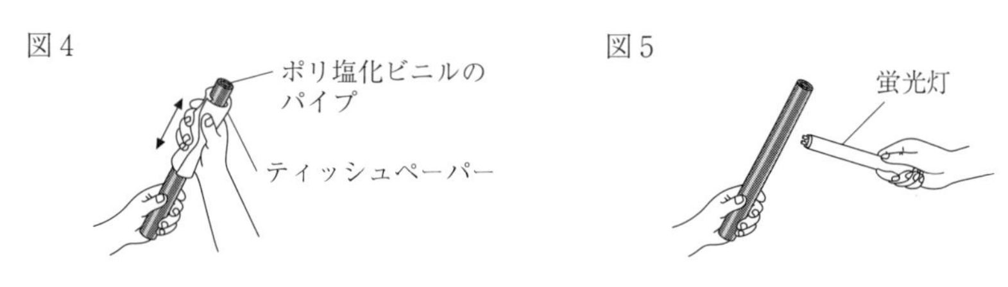

〈方法〉

① 図４のように，ポリ塩化ビニルのパイプをティッシュペーパーでよくこする。

② 図５のように，暗い場所で，帯電したポリ塩化ビニルのパイプに小型の蛍光灯（４W 程度）を近づける。

〈結果〉

小型の蛍光灯が一瞬点灯した。

3　実験２で，ポリ塩化ビニルのパイプを使って蛍光灯を一瞬点灯させることができます。このとき，蛍光灯が点灯したのはなぜですか。「静電気」という語を使って説明しなさい。

（　　　　　　　　　　　　　　　　　　　　　　　　　　　　　　　　　　　　）

【実験３】

〈方法〉

① 図６のように，十字板の入った放電管に，誘導コイルで大きな電圧を加える。

② 誘導コイルの＋極と－極を入れかえて同様の実験を行う。

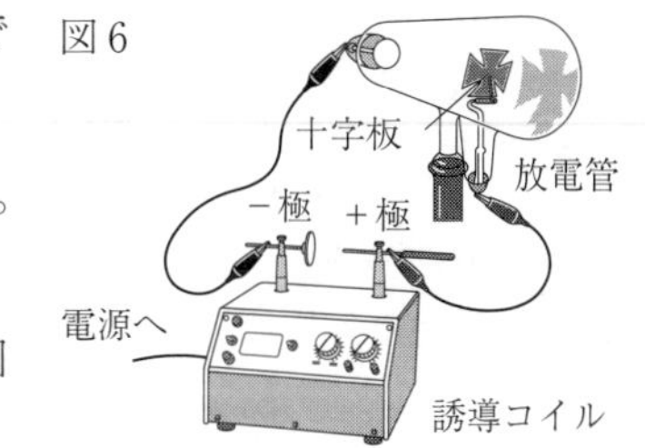

〈結果〉

①のとき，放電管のガラス壁が黄緑色に光った。また，図６のように十字板の影ができた。

②のとき，ガラス壁の上部は黄緑色に光ったが，十字板の影はできなかった。

4　実験３のように，気体の圧力を小さくした空間に電流が流れる現象を何といいますか。書きなさい。（　　　　）

5　実験３の結果から，電流のもととなる粒子と電流について正しく説明しているものはどれですか。次のアからエまでの中から１つ選びなさい。（　　　　）

ア　電流のもととなる粒子は＋極の電極から－極側に向かい，電流も＋極から－極に流れる。

イ　電流のもととなる粒子は＋極の電極から－極側に向かい，電流は－極から＋極に流れる。

ウ　電流のもととなる粒子は－極の電極から＋極側に向かい，電流は＋極から－極に流れる。

エ　電流のもととなる粒子は－極の電極から＋極側に向かい，電流も－極から＋極に流れる。

2　図1〜3のような回路を用いて，電圧と電流を調べる実験を行った。　（大阪偕星学園高）

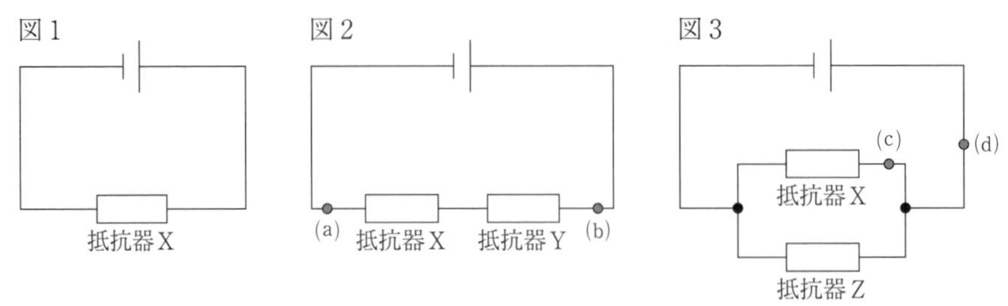

(1)　図1のように，抵抗器Xを用いて回路をつくり，電圧と電流の関係を調べると，右のような表の結果が得られた。抵抗器Xの抵抗値は何［Ω］か求めよ。（　　　Ω）

電圧[V]	0	0.6	0.9	1.5
電流[mA]	0	20	30	50

(2)　図2で，点(a)と点(b)の間に加わる電圧は1.0Vであった。このとき，抵抗器Yの両端に加わる電圧は何［V］か。ただし，抵抗器Yの抵抗値は20Ωであったとする。（　　　V）

(3)　(2)において，点(b)に流れる電流は何［mA］か。（　　　mA）

(4)　図3で，点(c)を流れる電流は20mAであった。抵抗器Zの両端に加わる電圧は何［V］か。
（　　　V）

(5)　(4)において，抵抗器Zの抵抗値が10Ωであったとすると，点(d)に流れる電流は何［mA］か。
（　　　mA）

(6)　図1，図2の抵抗器の中で消費電力が一番大きいのはどれか。(ア)〜(エ)より適切なものを1つ選び，記号で答えなさい。ただし，図1，図2は同じ電源装置を使用した。（　　　）

(ア)　図1の抵抗器X　　(イ)　図2の抵抗器X　　(ウ)　図2の抵抗器Y　　(エ)　どれも同じ

3　回路に加える電圧と電流について，次の各問いに答えなさい。　（京都精華学園高）

1．乾電池2個を直列につなぎ，スイッチ，豆電球A（8Ω）と豆電球B（5Ω）を用いて図1に示すような2つの回路を作成した。①―②間と③―④間の電圧が同じであるとき，加わる電圧の大きさが同じになる部分の組み合わせを下のア〜カからすべて選び，記号で答えなさい。（　　　）

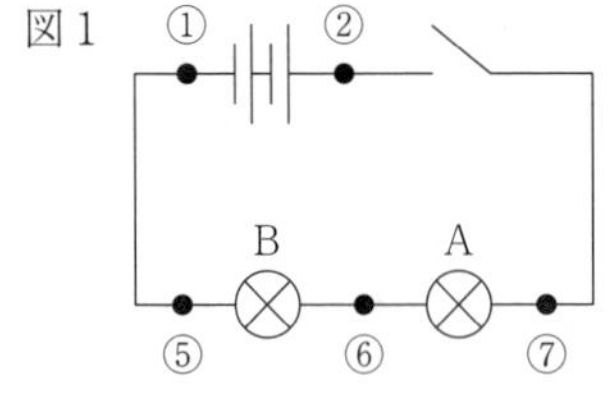

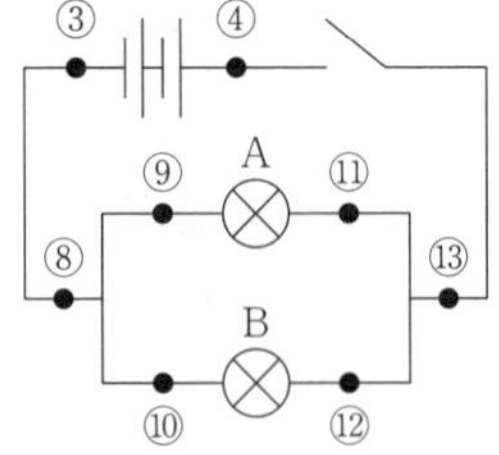

ア．⑤―⑥間と⑥―⑦間　　イ．⑨―⑪間と⑩―⑫間　　ウ．①―②間と⑤―⑦間

エ．⑤―⑥間と⑩―⑫間　　オ．③―④間と⑨―⑪間　　カ．③―④間と⑧―⑬間

2．回路に加える電圧の大きさと流れる電流の大きさの関係を調べるため，次のような実験を行った。3つの抵抗器A，B，Cのそれぞれについて，図2のような回路をつくり，抵抗器の両端に加える電圧を0Vから5Vまで1Vずつ上げて，それぞれの抵抗器に流れる電流の大きさを測定した。図3はその結果をグラフに表したものである。

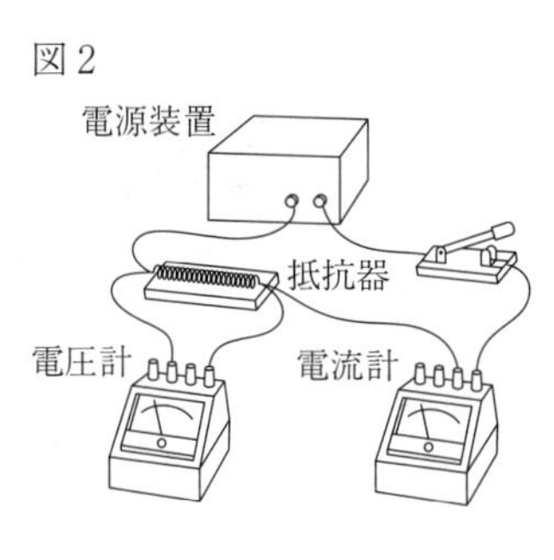

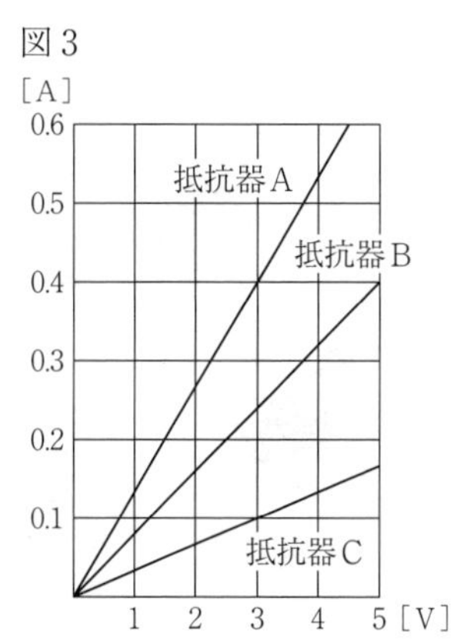

(1) 図 3 のグラフのように，回路を流れる電流の大きさが電圧の大きさに比例する関係を表した法則を何というか。(　　　)

(2) 抵抗器 A の抵抗の大きさは何Ωか。(　　　Ω)

(3) 実験の途中，電流計の針が図 4 のようになっていた。このときの電流はいくらか。単位もあわせて答えなさい。(　　　)

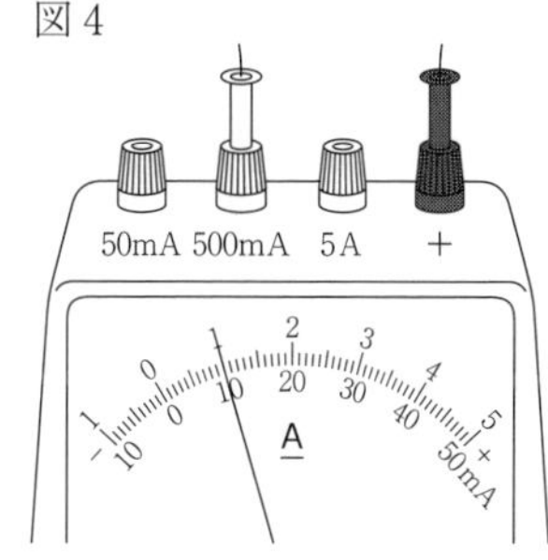

(4) (3)のとき，電圧計の針は 1.25V を指していた。このときに用いていた抵抗器は A～C のどれか，記号で答えなさい。(　　　)

(5) 電圧を 9 V にしたとき，抵抗器 C を流れる電流は何 A か。

(　　　A)

3．K さんの自宅で使われている電球に 100V の電圧を加え，流れる電流の大きさを測定したところ，0.6A の電流が流れていることがわかった。この電球を LED 電球に変更して 100V の電圧を加えると，流れる電流の大きさは 0.1A になる。電球の消費電力は変更する前と比べて，何％になるか。小数第 1 位を四捨五入して整数で答えなさい。(　　　％)

4 ニクロム線の長さや太さ（断面積）と抵抗の大きさの関係を調べるために，次の実験を行い，その結果を表にまとめた。これについて，あとの各問いに答えなさい。ただし，答えが割り切れない場合は，小数第 2 位を四捨五入して小数第 1 位まで答えなさい。 **(関西大学高)**

実験

操作 1．図 1 のように，端子 A と端子 B を 1 m のものさしをはり付けた板の両端に取り付け，端子 AB 間に長さ 1 m，断面積 $0.1mm^2$ のニクロム線を取り付けた。

操作 2．端子 A からみのむしクリップまでの距離を 20cm にし，電源装置の電圧を調節して電圧計の値を 5.0V にしたときにニクロム線に流れる電流の大きさを測定した。

操作 3．端子 A からみのむしクリップまでの距離だけを 40cm，60cm に変え，それぞれ操作 2 と同様の測定を行った。

操作 4．端子 AB 間のニクロム線を断面積 $0.05mm^2$，$0.01mm^2$ に変え，それぞれ操作 2 と操作 3 と同様の測定を行った。

図1

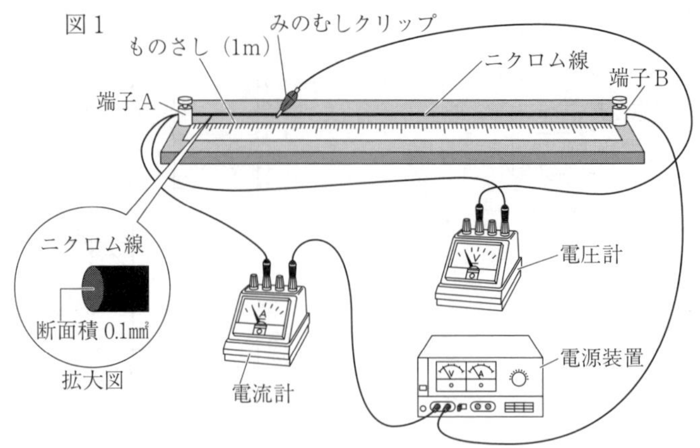

表　電圧計の値が 5.0V のときの電流の大きさ

断面積〔mm^2〕	端子 A からみのむしクリップまでの距離〔cm〕		
	20	40	60
0.1	2.50A	1.25A	0.83A
0.05	1.25A	0.63A	0.42A
0.01	0.25A	0.13A	0.08A

(1)　表のうち，ニクロム線の消費電力が最も小さいときの，ニクロム線の断面積と端子 A からみのむしクリップまでの距離をそれぞれ答えなさい。断面積(　　　mm^2)　距離(　　　cm)

(2)　断面積 0.1mm^2 で端子 A からみのむしクリップまでの距離が 20cm のときのニクロム線の抵抗の大きさは何Ωかを答えなさい。(　　　Ω)

(3)　次の文章はこの実験からわかることをまとめたものである。(　　)に入る正しい語句を答えなさい。①(　　　)　②(　　　)

ニクロム線の抵抗の大きさは，断面積が等しい場合，長さに（ ① ）している。また，長さが等しい場合，断面積に（ ② ）している。

(4)　この実験結果を用いると，2 個の抵抗に電池をつないだときの回路全体の抵抗の大きさは，次のように考えることができる。(　　)に入る正しい値を答えなさい。

①(　　　)　②(　　　)　③(　　　)　④(　　　)　⑤(　　　)

10 Ωと 40 Ωの抵抗を図 2 のように直列に接続して電池につないだ。

図2

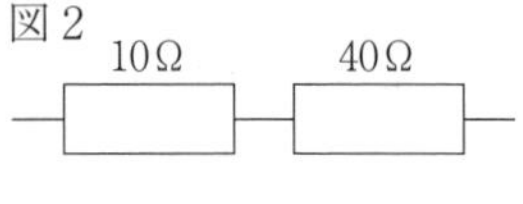

10 Ωの抵抗を長さ 10cm のニクロム線と考えると，40 Ωの抵抗は 10 Ωの抵抗と断面積が等しい長さ（ ① ）cm のニクロム線と考えられる。よって，全体では（ ② ）cm の 1 本のニクロム線と考えられるので，回路全体の抵抗の大きさは 10 Ωの抵抗の（ ③ ）倍の大きさとなる。

図3

20Ω
20Ω

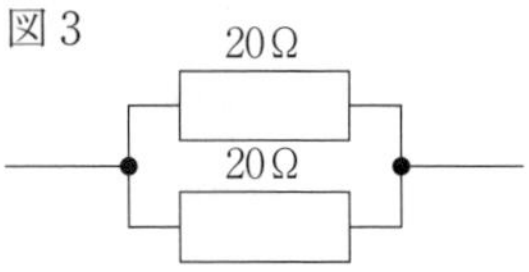

20 Ωの抵抗 2 個を図 3 のように並列に接続して電池につないだ。

20 Ωの抵抗を断面積と長さがそれぞれ等しい 2 本のニクロム線と考えると，並列に接続した抵抗は断面積が（ ④ ）倍の 1 本のニクロム線と考えられる。よって，回路全体の抵抗の大きさは 20 Ωの抵抗の（ ⑤ ）倍の大きさとなる。

5　右の図のように，抵抗R_1，R_2，R_3および計器Xを接続した回路において，電源の電圧が16V，抵抗R_1にかかる電圧が8V，抵抗R_3に流れる電流が2A，計器Xが示す値が4Aであった。これについて，あとの問いに答えなさい。ただし，計算問題の答えは小数第1位を四捨五入して，整数で答えよ。　(東山高)

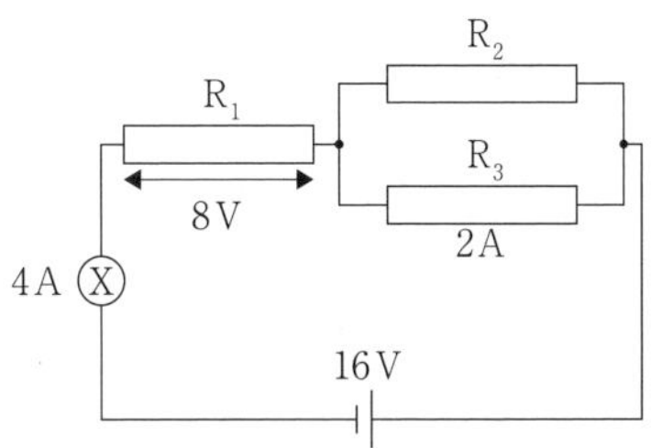

1．計器Xは何であるか。(　　　)

2．抵抗R_2に流れる電流は何Aか。(　　　A)

3．抵抗R_2と抵抗R_3にかかる電圧の比はいくらか。最も簡単な整数の比で答えよ。

R_2：R_3＝(　　：　　)

4．抵抗R_1は何Ωか。(　　　Ω)

5．抵抗R_1，R_2，R_3の中で，最も小さい抵抗値をもつものはどれか。(　　　)

6．回路全体の抵抗は何Ωか。(　　　Ω)

7．回路全体の消費電力は何Wか。(　　　W)

8．抵抗R_1，R_2，R_3がすべて電熱線であり，電流を流すと電気エネルギーがすべて熱エネルギーに変換されるものとする。回路に電流を21秒間だけ流したとき，回路全体における発熱量は何calか。ただし，1calを4.2Jと換算してよいものとする。(　　　cal)

9．抵抗R_1，R_2，R_3がすべて豆電球であり，電流を流すと電気エネルギーの一部は光エネルギーに変換され，残りはすべて熱エネルギーに変換されるものとする。このとき，電気エネルギーの大きさは，光エネルギーと熱エネルギーの大きさの和に等しい。このようにエネルギーが変換しても，その和が常に一定となる法則を何というか。(　　　の法則)

6　次の文章を読み，下の各問いに答えなさい。　(清風高)

抵抗値のわからない抵抗Xに電源装置をつなぎ，電圧を変えて抵抗Xに流れる電流を調べました。図1は，その結果を表したグラフです。

問1　抵抗Xの抵抗値は何Ωですか。(　　　Ω)

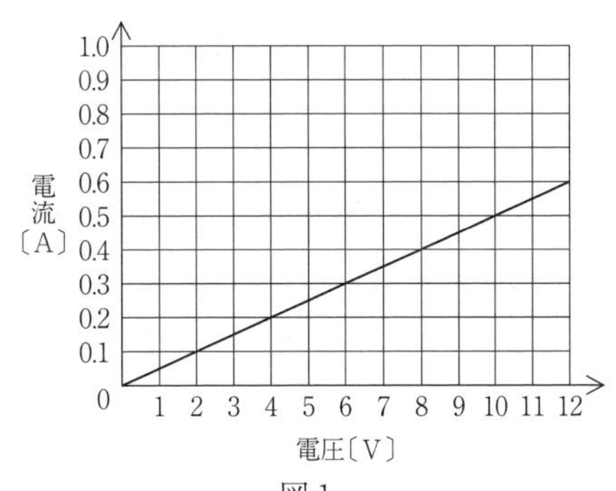

図1

次に，抵抗値のわからない抵抗Yを2つ用意しました。この2つの抵抗Yと電源装置，および電流計を用いて，図2，図3のような回路を作りました。図2では電源装置の電圧を12Vにすると，電流計の値は0.25Aとなりました。また，図3では電源装置の電圧を6Vにしました。

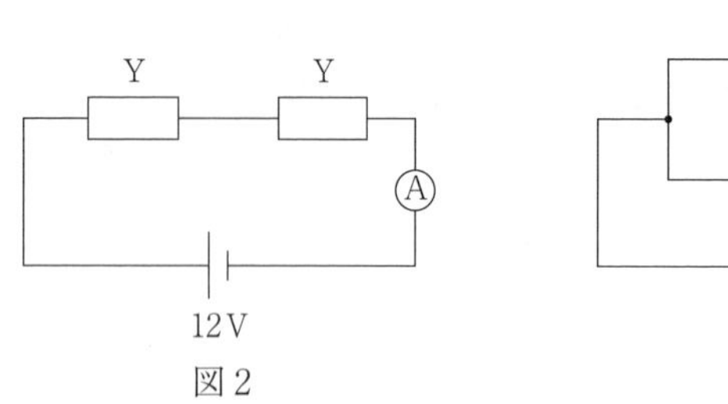

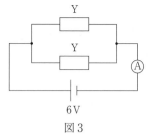

図2　　図3

問2　抵抗Yの抵抗値は何Ωですか。(　　　Ω)

問3　図3の電流計の値は何Aですか。(　　　A)

問4　図2と図3の回路全体で消費する電力の値の比を，最も簡単な整数で答えなさい。

図2：図3＝(　　：　　)

次に，電球を用意しました。この電球に電源装置をつなぎ，電圧を変えて電球に流れる電流を調べました。図4は，その結果を表したグラフです。図4のグラフからわかるように，電圧と電流との間には比例関係が成り立たず，電球の抵抗値は電圧によって変わります。ただし，ある電圧がかかっているときの電球の抵抗値は，そのときに流れている電流を用いて次の式で表されます。

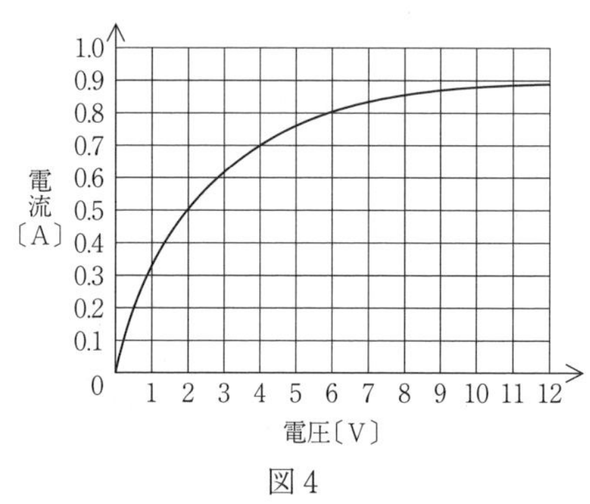

図4

$$抵抗値 = \frac{電圧}{電流}$$

問5　次の文章中の空欄（ ① ），（ ② ）に当てはまる数値をそれぞれ答えなさい。ただし，（ ② ）については小数第2位を四捨五入して小数第1位まで答えなさい。①(　　　)　②(　　　)

電球に2Vの電圧をかけた場合は，その抵抗値は（ ① ）Ωとなります。また，6Vの電圧をかけた場合は，その抵抗値は（ ① ）Ωの（ ② ）倍になります。

同じ電球，30Ωの抵抗，10Ωの抵抗，抵抗値のわからない抵抗Zを用意しました。これらと電源装置，および電流計を用いて，図5，図6のような回路を作りました。図5では電流計の値は0.8Aとなりました。また，図6では電源装置の電圧を30Vにすると，電流計の値は0.2Aとなりました。

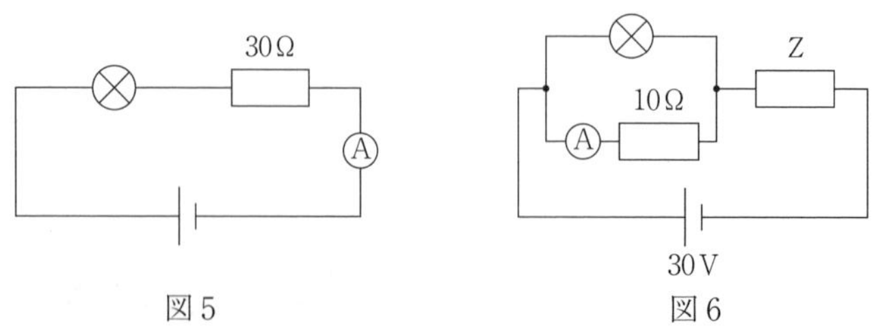

図5　　図6

問6　図5の電源装置の電圧は何Vですか。(　　　V)

問7　図6の電球に流れる電流は何Aですか。(　　　A)

問8　抵抗Zの抵抗値は何Ωですか。(　　　Ω)

★★★　発展問題　★★★

1　次の文章を読んで，以下の問いに答えよ。　（大阪星光学院高）

右の図1は，電流計のしくみを模式的に示したものである。図1には描かれていないが，中央の回転部分にはバネもつけられており，そのバネの力によって，コイルに電流が流れていないときは指針が0を指すように作られている。コイルに電流が流れるとコイルが電磁石になるので，左右に置かれた磁石の磁極から力を受けて，指針が右に振れる。コイルに流れる電流が大きいほど，コイルが磁極から受ける力の大きさも大きくなり，指針が大きく振れるので，このことを利用して電流の大きさを測定しているのである。

図1

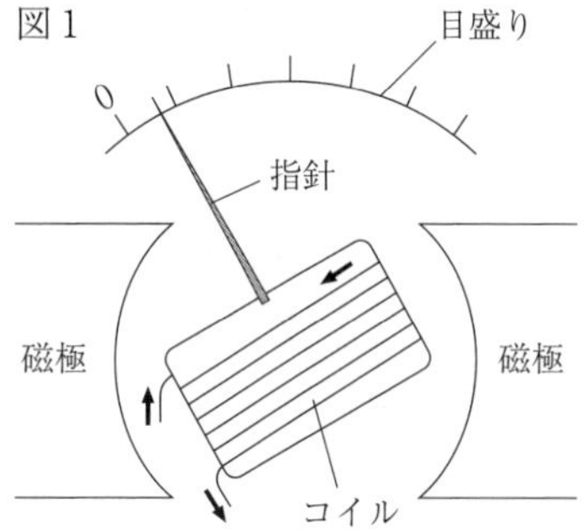

問1　コイルに流れる電流の向きは図1中の矢印の向きであるとすると，図1の左側の磁極はN極またはS極のどちらであればよいか。（　　　極）

図1に示された磁石とコイルと指針から成る部分を，電流計の「メーター部分」と呼ぶことにする。実はこのメーター部分に大きな電流を流すと針が振りきれてしまって測定できないので，大きな電流を測定したい場合には図2のようにメーター部分と並列に抵抗器をつないで測定する。また，コイルに使われている導線にも多少の抵抗があるので，このメーター部分も抵抗をもっていると言える。

図2

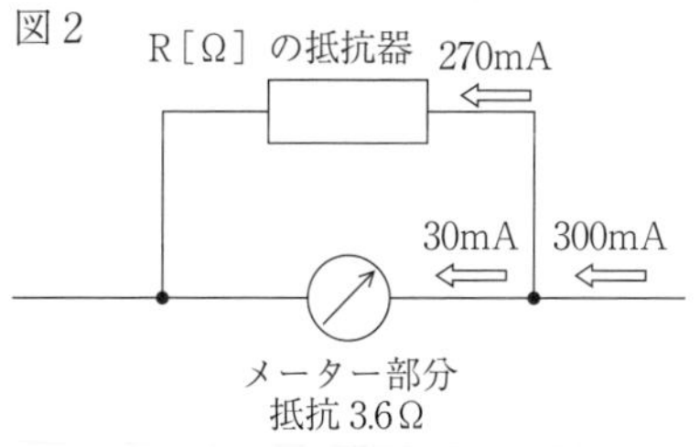

例として，メーター部分の抵抗が3.6 Ωで，メーター部分に流すことのできる電流の最大値が30mAの場合を考える。このメーター部分を用いて最大300mAまでの電流を測定するには，図2に示したように，メーター部分には30mAだけが流れるようにし，残りの270mAは並列につないだR［Ω］の抵抗器に流れるようにすればよい。

問2　この例の場合，R［Ω］の値はいくらにすればよいか。（　　　Ω）

実際の電流計の構造は，図3のように，メーター部分と複数の抵抗器で構成されている。一般的な電流計には－端子が3つあり，それぞれ最大で50mA，500mA，5Aの電流まで測定できるようになっている。メーター部分の抵抗は9.0 Ω，その部分に流すことのできる最大電流は5.0mAであるとすると，3つの抵抗器の抵抗R_1［Ω］，R_2［Ω］，R_3［Ω］はそれぞれいくらであればよいかを考えよう。ただし，メーター部分と3つの抵抗器以外の部分には，抵抗は無いものとする。

図3

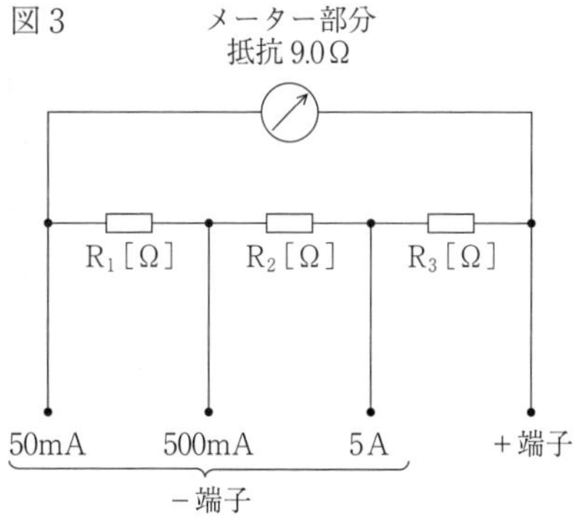

まず，＋端子と 50mA の－端子を用いて，この電流計と電池と豆電球をつなぐと，図 4 のような回路になる。この状態で豆電球に 50mA の電流を流す場合，メーター部分には 5.0mA までしか流すことができないので，R_1［Ω］，R_2［Ω］，R_3［Ω］の抵抗器に 45mA の電流を流すことになる。したがって，以下の式が成り立つ。

図 4

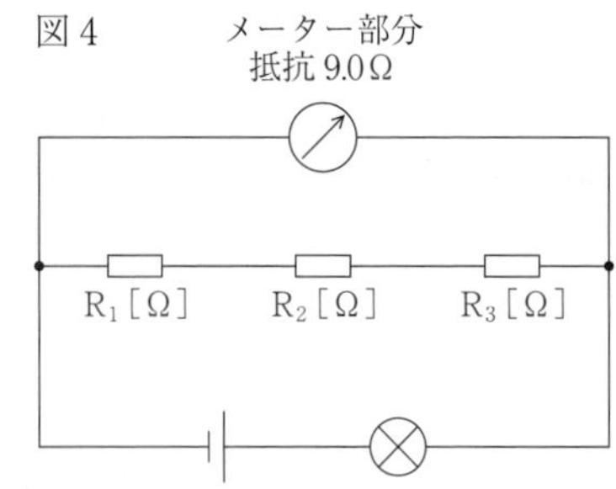

$(R_1 + R_2 + R_3) \times 45 =$ ［ア］ $\times 5.0$

同様に，＋端子と 500mA の－端子を用いて電流計と電池と豆電球をつないだ場合を考える。豆電球に 500mA の電流を流すとき，R_2［Ω］，R_3［Ω］の抵抗器には［イ］mA の電流が流れることになるので，以下の式が成り立つ。

$(R_2 + R_3) \times$ ［イ］ $=$ ［ウ］ $\times 5.0$

また同様に，＋端子と 5A の－端子を用いて電流計と電池と豆電球をつないだ場合を考えると，以下の式が得られる。

$R_3 \times$ ［エ］ $=$ ［オ］ $\times 5.0$

以上のことから，$R_1 =$ ［カ］Ω，$R_2 =$ ［キ］Ω，$R_3 =$ ［ク］Ωと求められる。

問 3　上の文章の空欄ア～クに当てはまる適当な数値や式を答えよ。ただし，カ～クについては，答えが割り切れない場合は分数で答えよ。

ア（　　　）　イ（　　　）　ウ（　　　）　エ（　　　）　オ（　　　）　カ（　　　）　キ（　　　）　ク（　　　）

§2．電流と磁界

1　導線でつないだアルミニウム棒をＵ字形磁石の磁界中に水平につるし，図 1 のような装置を組み立てた。この回路に電流を流してどのような力がはたらくかを調べた。この実験について，あとの各問いに答えなさい。　（清明学院高）

図 1

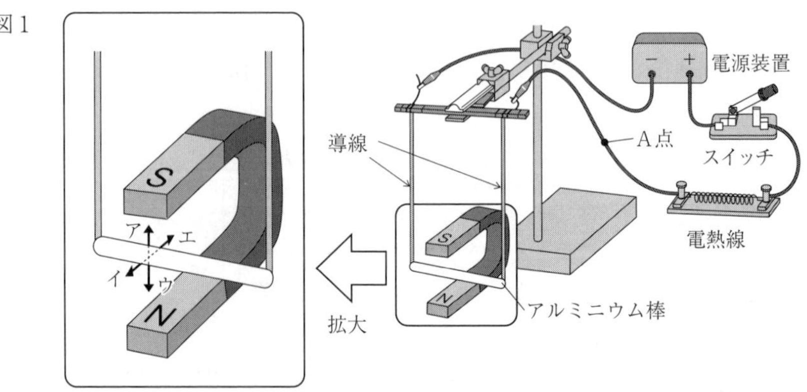

問 1　この実験は安全に行うために電熱線を回路の途中に入れている。この理由として述べた次の文中の〔 あ 〕〔 い 〕に適する語句をそれぞれ答えなさい。あ（　　　）　い（　　　）

この回路に電熱線がなければ，全体の〔 あ 〕がほとんどない回路となり，非常に大きな〔 い 〕が流れる危険性があるため。

問2　図1で，アルミニウム棒が動いたとき，回路中の電熱線に加わる電圧は8V，A点の電流を計測すると320mAであった。この電熱線の抵抗は何Ωになるか答えなさい。(　　　Ω)

問3　次の(1)と(2)について，図1のア～エよりそれぞれ1つ記号で選び答えなさい。

(1)　U字形磁石の磁界の方向(　　　)

(2)　この回路に電源装置で電流を流したとき，アルミニウム棒の動く方向(　　　)

問4　この実験のように，電流が磁界から力を受けることを利用してつくられたものは何か。次の(ア)～(オ)よりすべてを記号で選び答えなさい。(　　　)

(ア)　乾電池　　(イ)　発電機　　(ウ)　モーター　　(エ)　電磁石　　(オ)　スピーカー

2　図1のように，棒磁石のS極を下にしてコイルに入れたところ，電流はアの向きに流れた。あとの各問いに答えなさい。(大阪商大堺高)

図1

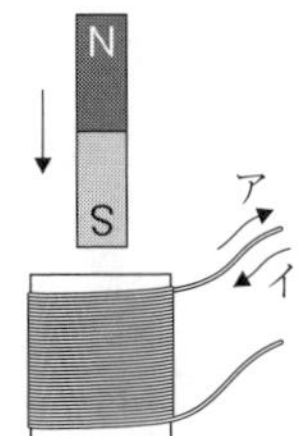

(1)　図2の①～③の場合について，電流はア・イのどちらの向きに流れるか。記号で答えなさい。①(　　　)　②(　　　)　③(　　　)

図2

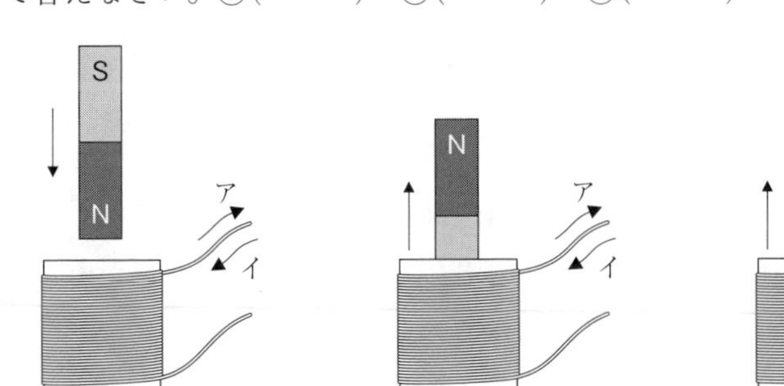

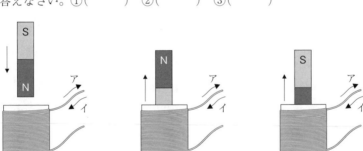

①　N極をコイルに入れる　　②　S極をコイルから引き出す　　③　N極をコイルから引き出す

(2)　次の文章は，図1，2の実験で流れた電流についての内容である。文中の（ A ），（ B ）に適する語句を答えなさい。A(　　　)　B(　　　)

コイルの中の磁界を変化させたとき，コイルに電圧が生じる現象を（ A ）といい，このときに流れる電流を（ B ）という。

(3)　図3のように磁石を入れたまま動かさなかったとき，電流の流れはどのようになりますか。(a)～(c)より1つ選び，記号で答えなさい。(　　　)

(a)　アの向きに流れる　　(b)　イの向きに流れる　　(c)　流れない

図3

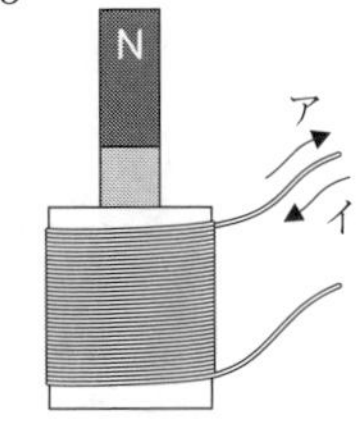

(4)　磁石を動かすことによって流れる電流を大きくするための方法を2つ答えなさい。ただし，一つには「速さ or 速く」を，もう一つには「コイル」という語句を使い，それぞれ8文字以上15文字以内で答えなさい。

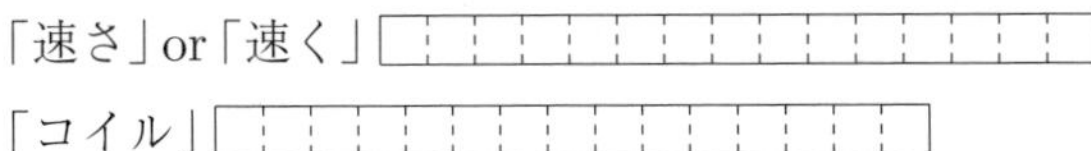

3　電流と磁界について以下の問い（Ⅰ，Ⅱ）に答えなさい。　　　　　　　　　　　　　　　（天理高）

Ⅰ　図１のように水平に置いた厚紙に円を描き，その円周上に方位磁石を置いた。次に円の中心を上下に貫通する導線に電流を流した。その結果，それぞれの方位磁石の磁針の向きは図２のように変化した。

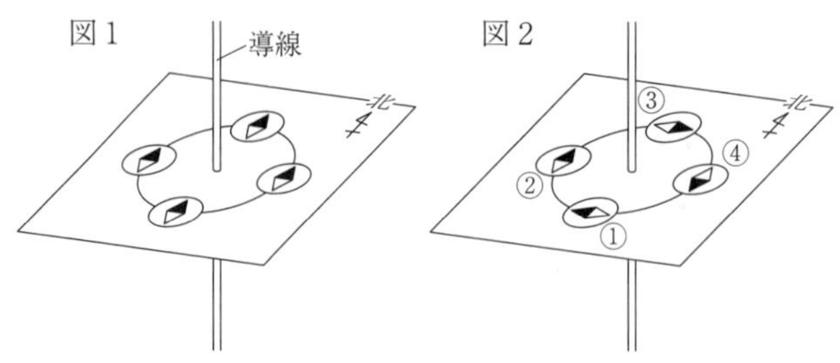

⑴　図２のとき，流している電流は上下のどちら向きであるか答えなさい。（　　　　向き）

⑵　図２の方位磁石④を中心の導線から離していくと，やがて方位磁石①～③のいずれかと同じ方向を示し，それ以上離しても磁針の向きが変化しなくなった。このときの方位磁石④は，方位磁石①～③のいずれと同じ向きを示しているか答えなさい。（　　　　）

⑶　⑵の結果のようになった理由を述べたものとして適当なものを，次のア～エから１つ選び，記号で答えなさい。（　　　　）

ア．電流の流れている導線からの距離によって磁界の向きが変化するため。

イ．電流の流れている導線からの距離が長くなるほど磁界の強さが強くなるため。

ウ．電流の流れている導線からの距離が長くなるほど磁界の強さが弱くなるため。

エ．電流の流れている導線からの距離と作られる磁界との間に関係性はないため。

Ⅱ　図３のように，全体に一様な磁界をかけることができる平らな台の上に並行な２本の鉄レールを置き，その上に丸い鉄の棒ＡとＢを置いた。一様な上向きの磁界を強くしていくと，鉄の棒ＢはＡに近づく方向に動き出した。ただし，摩擦はないものとする。

図３

⑷　このとき，鉄の棒Ｂに流れる電流の向きはア，イのどちら向きであるか答えなさい。（　　　　）

⑸　このとき，鉄の棒Ａはウ，エのどちらの向きに動くか答えなさい。（　　　　）

4　コイルと磁石を用いて電流をつくる実験について，あとの問いに答えよ。　　　　　　（京都光華高）

【実験Ⅰ】　図１のように，コイルと検流計をつなぎ，棒磁石のＳ極をコイルに近づけると検流計の針は＋側に振れた。

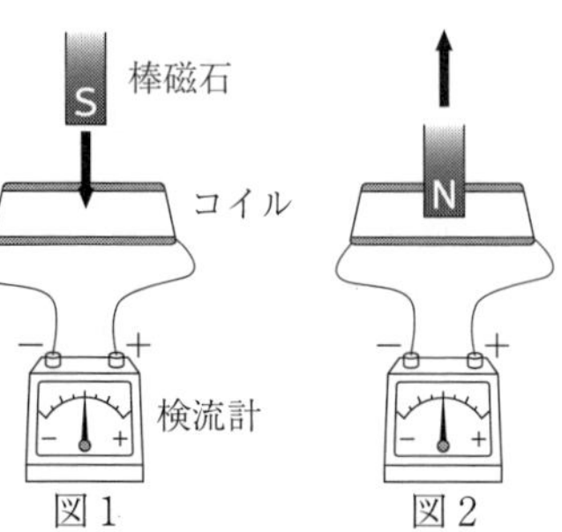

図１　図２

⑴　図２のように，棒磁石のＮ極をコイルから遠ざけた場合，検流計の針はどうなるか，簡単に説明せよ。

（　　　　　　　　　　　　　　　　　　）

⑵　図１で検流計の針をより大きく振れさせるには，どうしたらよいか。方法を１つ考え，簡単に説明せよ。

（　　　　　　　　　　　　　　　　　　）

【実験Ⅱ】 図3のように，検流計につないだコイルを上下に離して2つ設置し，その上から棒磁石を落とした。棒磁石は回転することなく，コイルの中心を通ってまっすぐ落ちた。コイルと検流計は実験Ⅰと同様につないである。

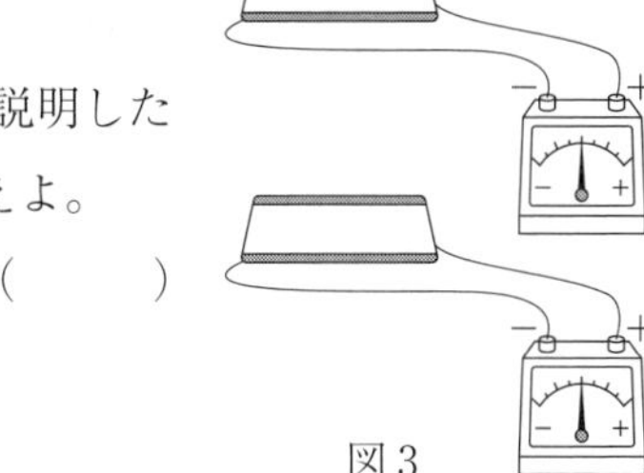

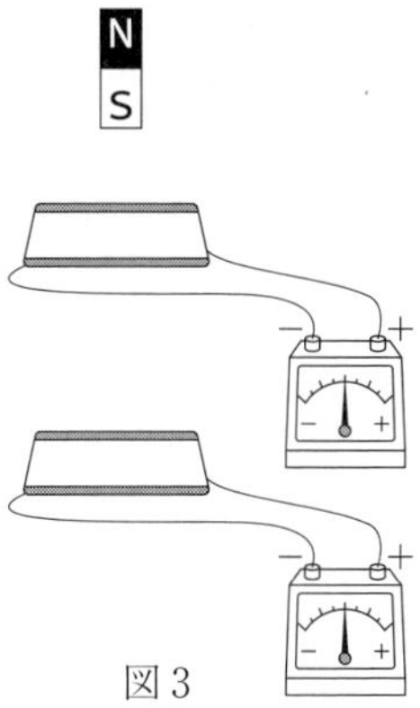

図3

(3) 上側のコイルを棒磁石が通過する間の検流計の針の振れ方を説明したものとして正しいものを，次のア～エから1つ選び，記号で答えよ。

（　　）

ア　はじめ＋側に振れたあと，もう一度＋側に振れた。
イ　はじめ＋側に振れたあと，－側に振れた。
ウ　はじめ－側に振れたあと，もう一度－側に振れた。
エ　はじめ－側に振れたあと，＋側に振れた。

(4) よく観察すると，上側の検流計と下側の検流計で，針の振れ方に違いがあった。その違いを説明したものとして正しいものを，次のア～エから1つ選び，記号で答えよ。（　　）

ア　上側の検流計に比べて，下側の検流計のほうが針が大きく振れた。
イ　上側の検流計に比べて，下側の検流計のほうが針が小さく振れた。
ウ　上側の検流計に比べて，下側の検流計は針がゆっくりと振れた。
エ　上側の検流計と下側の検流計では針の振れる向きが反対になった。

(5) (4)の違いが生じる原因を簡単に説明せよ。

（　　　　　　　　　　　　　　　　　　　　）

5 太郎さんは，次のような実験をしました。あとの問いに答えなさい。　（立命館宇治高）

〈実験1〉

手順1：エナメル線※，電流計，直流電源装置，抵抗器，方位磁針，発泡スチロールの板，実験用スタンドなどを用意して，図1のような装置を用意した。

手順2：図1のコイルに対して矢印（←―）の向きに直流電流を流した。

手順3：方位磁針の針の様子について真上から観察した。

※エナメル線……エナメルワニスという絶縁体で銅線を覆ったもの。

結果：方位磁針のN極は，ある規則にしたがって振れた。

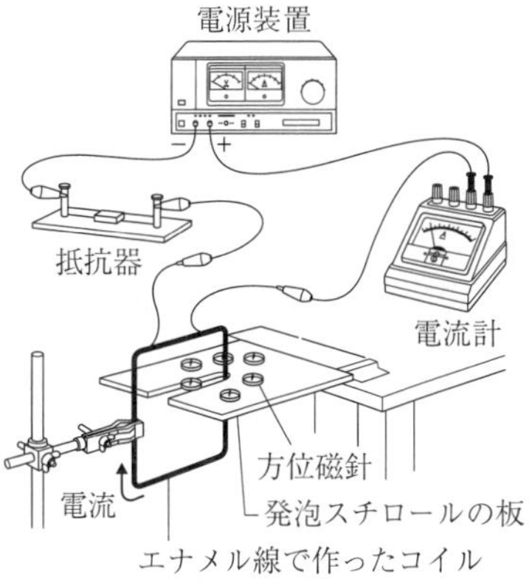

電源装置
抵抗器
電流計
方位磁針
電流
発泡スチロールの板
エナメル線で作ったコイル

図1

(1) 〈実験1〉の下線部について．方位磁針を観察したときの様子として正しいものをあとのア～エから選び，記号で答えなさい。ただし，図は《描き方》に基づいて書いている。ただし，コイルの一部は省略している。（　　）

《描き方》
●　導線の断面を表している
⊕　方位磁針を表している

ア
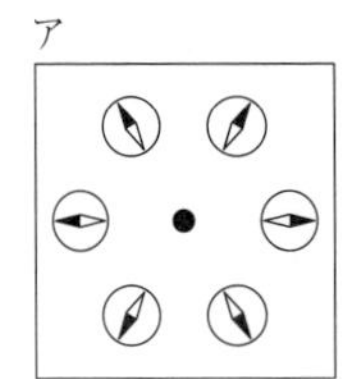
イ
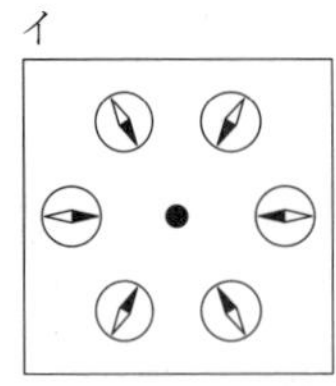
ウ
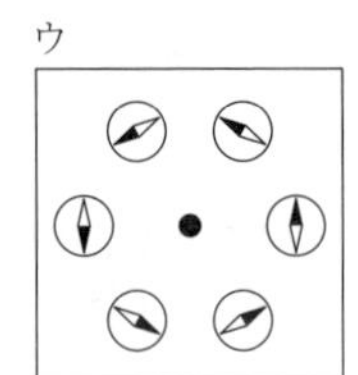
エ
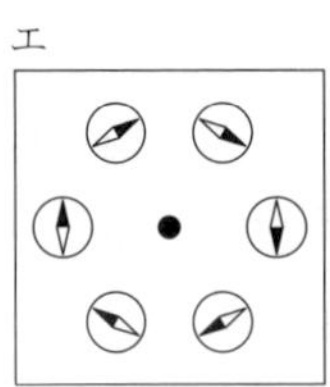

(2)〈実験 1〉の手順 3 のあと，電流を流したまま図 2 のように方位磁針のうちの 1 つを導線から遠ざけました。その様子として，最も適するものを次のア～オから選び，記号で答えなさい。ただし，図 2 では方位磁針の針を省略して書いています。
（　　）

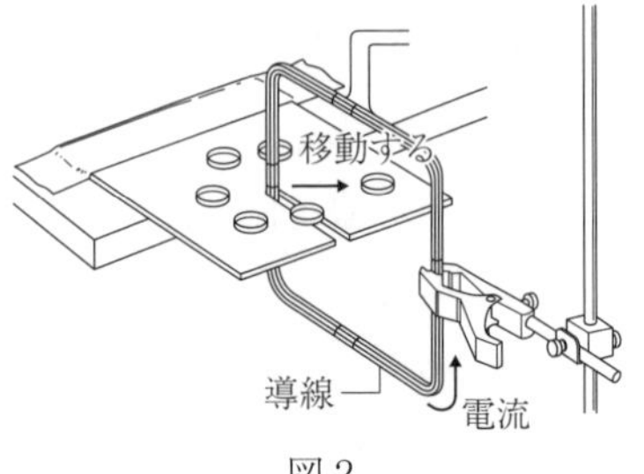

図 2

ア．方位磁針の針の向きは変わらない。
イ．方位磁針の針の N 極が少しずつ東寄りに動いていく。
ウ．方位磁針の針の N 極が少しずつ西寄りに動いていく。
エ．方位磁針の針の N 極が少しずつ南寄りに動いていく。
オ．方位磁針の針の N 極が少しずつ北寄りに動いていく。

(3)〈実験 1〉の抵抗器は 20 Ω で電流計は 800mA を示していました。この抵抗器にはたらく電力は何 W ですか。（　　W）

〈実験 2〉

手順 1：棒磁石，エナメル線，検流計などを用いて図 3 のような装置をつくった。
手順 2：棒磁石の N 極を下にして図 3 のようにコイルに近づけた。
手順 3：手順 2 のあと，棒磁石を停止させた。
手順 4：手順 3 のあと，棒磁石の N 極を下にしたまま．コイルから棒磁石を遠ざけた。
手順 5：N 極を下にした棒磁石に糸を取り付けて，図 4 のようにスタンドの棒に糸を固定して振り子を作った。そして，㋐の位置まで棒磁石を持ち上げ，静かに手を離した。

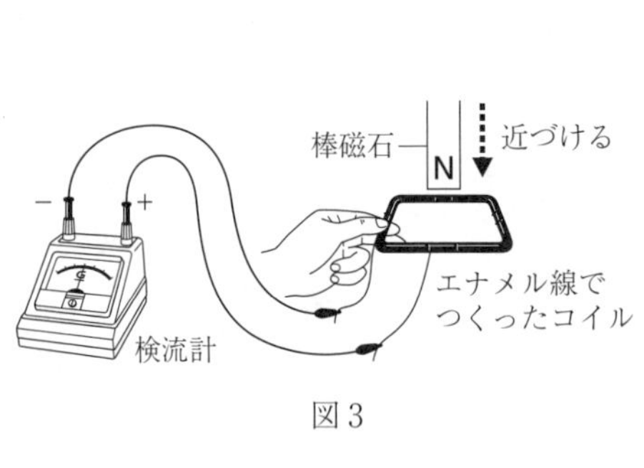

図 3

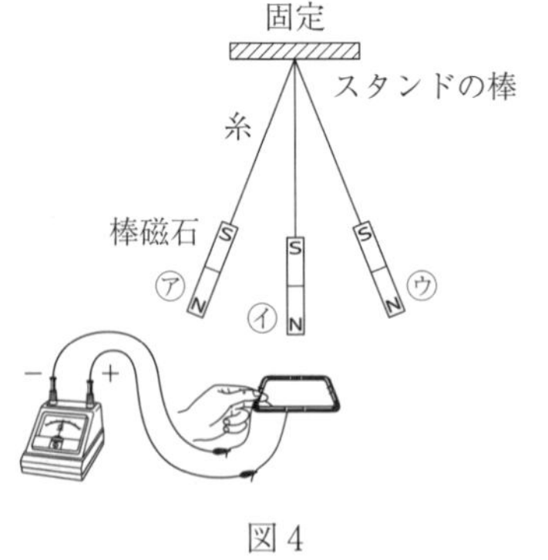

図 4

結果：手順 2 のとき，検流計の針は＋極側に振れた。
手順 3 のとき，検流計の針は中央にあり，＋極側・－極側のどちらにも振れていなかった。
手順 4 のとき，検流計の針は－極側に振れた。
手順 5 のとき．棒磁石が㋐→㋑→㋒と移動するときに，検流計の針は［　　　　］。

(4) 〈実験2〉の結果について，空欄 ＿＿ にあてはまる文として正しいものを次のア～エから選び，記号で答えなさい。(　　　)

ア．棒磁石が㋐から㋒に移動する間，検流計の針は＋極側に振れ続け，㋑の位置で振れの大きさが最大になった

イ．棒磁石が㋐から㋒に移動する間，検流計の針は－極側に振れ続け，㋑の位置で振れの大きさが最大になった

ウ．棒磁石が㋐から㋑に移動するとき検流計の針は＋極側に振れ，瞬間的に検流計の針が中央に戻った後，㋑から㋒に移動するとき検流計の針は－極側に振れた

エ．棒磁石が㋐から㋑に移動するとき検流計の針は－極側に振れ，瞬間的に検流計の針が中央に戻った後，㋑から㋒に移動するとき検流計の針は＋極側に振れた

(5) 〈実験2〉の手順5において，振り子をしばらく振らせておくと，徐々に振れ幅が小さくなり，最終的に静止しました。その理由について説明した文のうち最も適しているものを次のア～エから選び，記号で答えなさい。ただし，摩擦や空気抵抗の影響は考えないものとします。(　　　)

ア．棒磁石がエナメル線で作られたコイルに磁力によって引きつけられるため，力学的エネルギーが少しずつ減少するから。

イ．棒磁石が移動するときに運動エネルギーの一部が位置エネルギーに変化しても，力学的エネルギーは一定であるから。

ウ．棒磁石が移動する時に電磁誘導によって運動エネルギーの一部が電気エネルギーに変化して，力学的エネルギーが少しずつ減少するから。

エ．棒磁石が移動する時に電磁誘導によって電気エネルギーの一部が運動エネルギーに変化して，力学的エネルギーが少しずつ増加するから。

§3．電流と発熱

1 次の表は，電源が100Vのときの家電製品の消費電力を示したものである。以下の問いに答えなさい。

(滋賀学園高)

家電製品名	液晶テレビ	電子レンジ	エアコン	ドライヤー	冷蔵庫
消費電力 (W)	210	1,500	660	1,200	250

(環境省 Webページ「みんなでおうち快適化チャレンジ」より作成)

問1　表中の液晶テレビには何Aの電流が流れているか答えなさい。(　　　A)

問2　ドライヤー内にある電熱線の電気抵抗の大きさは何Ωか。四捨五入して，小数第1位まで求めなさい。(　　　Ω)

問3　エアコンを15分間使用したときの電力量は何Jか答えなさい。(　　　J)

問4　20Aまで流せるテーブルタップを使用したときに，電子レンジと一緒に使用することができる家電製品を全て選び，答えなさい。(　　　　)

問５　冷蔵庫を24時間稼働させ，１週間使用したとき，総電力量は何kWhか答えなさい。

（　　　kWh）

問６　家庭用コンセントは，並列回路となるように設置されている。その理由を答えなさい。

（　　　　　　　　　　　　　　　　　　　　　　　　　　　　　　　）

2　あやねさんの自宅にあった家庭用電化製品には右のような表示があった。あとの問いに答えなさい。　（綾羽高）

ヘアドライヤー　AYH-291
AC<u>100V</u>　50/60Hz　<u>1200W</u>

(1)　下線部がさしている意味について，以下の文の空欄にあてはまる語句の組み合わせをア～カより選び，記号で答えなさい。（　　　）

100Vの電源につなぐと，1200Wの（ ① ）を（ ② ）器具であることを示す。

	①	②
ア	電力	消費する
イ	電力	蓄える
ウ	電流	消費する
エ	電流	蓄える
オ	電圧	消費する
カ	電圧	蓄える

(2)　このヘアドライヤーを使用したとき，流れる電流は何Aになるか，答えなさい。（　　　A）

(3)　このヘアドライヤーを５分間使用したとき，生じる熱量は何Jになるか，答えなさい。（　　　J）

(4)　あやねさんの自宅は，1Whあたり0.025円の電気料金プランに入っているものとする。基本料金は必要がない。20Wのライトを３日間点灯し続けたときの電気料金はいくらか，答えなさい。

（　　　円）

(5)　あやねさんは，電気ケトルを用いて，20℃の水1Lを沸騰させた。このとき，電気ケトルの電力量は1500Wである。沸騰させるのに何分何秒かかったか，答えなさい。ただし，水1gの温度を1℃上げるために必要な熱量は4.2Jとする。（　　分　　秒）

3　次の文章を読んで以下の問いに答えよ。　（大阪商大高）

１つのコンセントにテーブルタップなどを使って複数の電化製品をつなぐことは危険な場合がある。例えば，あるコンセントでは，合わせて15Aまでの電流で使うようにと書いてある。<u>100V―1000Wのドライヤー</u>１つでは，流れる電流は（ ① ）Aとなり問題ない。しかし，このドライヤーともう一つ100V―1200Wのドライヤーをつなぐと，コンセントには合わせて（ ② ）Aの電流が流れることになり，15Aを超えてしまう。

また，これらのドライヤーはどちらも使用時の電圧は『100V』と書いてあるが，日本の家庭では電化製品に供給される電気が，100Vの一定の電圧になっている。このことから，家庭のコンセントにつながれた電気器具はすべて（③　直列／並列）でつながっていることがわかる。すなわち，（ ④ ）。

(1)　文章中の①～③にあてはまる数値，語句を答えよ。ただし，③は直列か並列かを選べ。

①（　　　）　②（　　　）　③（　　　）

(2)　文章中の④にあてはまる文章を次のア～エから２つ選び，記号で答えよ。（　　　）

ア．１つの電気器具のスイッチを切ったら，他の電気器具の使う電力が増える

イ．1つの電気器具のスイッチを切っても，他の電気器具の使う電力が変わらない

ウ．1つの電気器具のスイッチを切ったら，他の電気器具に流れる電流が増える

エ．1つの電気器具のスイッチを切っても，他の電気器具に電流が流れ続ける

(3) 下線部のドライヤーの抵抗は何Ωか。(　　　Ω)

(4) 海外旅行に行くと，ホテルのコンセントが230Vで，日本から持ってきた100V―1000Wのドライヤーが使えないことがわかった。もし，使ってしまった場合，このドライヤーには日本の家庭で使った場合の何倍の電流が流れるか。(　　　倍)

(5) 家庭にある電気製品を調べたところ，掃除機は500W，こたつ800W，加湿器300W，テレビ100W，携帯電話（充電中）15Wであった。下線部のドライヤーと同時に使える組み合わせは何通りあるか。(　　　通り)

(6) ①～③のうち，正しい文を過不足無く含むものを，次のア～クから1つ選び，記号で答えよ。

(　　　)

① 静電気は，1つの物体に存在する＋の粒子と－の粒子の数に差が生じている状態である。

② 2つの異なる物質どうしをこすり合わせると，物質の中にある－の粒子が一方に移動する現象を電流という。

③ 1本の導線に電圧をかけると，電子が＋極から－極に移動し，その導線のまわりに磁場が生じる。

ア．①　イ．②　ウ．③　エ．①，②　オ．②，③　カ．①，③　キ．①，②，③
ク．すべて間違っている

4 下図のように，ビーカーに20℃の水を180g入れて，断熱容器の中で電熱線を用いて加熱することにした。電源の電圧は5Vとし，加熱を続けてみたところ，下のグラフのように，水の温度は上昇した。発生した熱は水の温度上昇だけに使われるものとして，あとの問いに答えなさい。

(羽衣学園高)

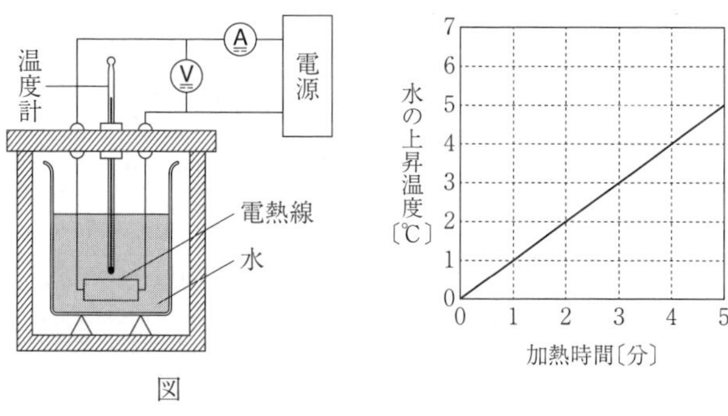

図

問1　実験を開始して，15分後の水の温度は何℃になりますか。(　　　)

問2　はじめに入れていた20℃の水の量を90gとし，他の条件を変えずに同じ実験をしたとすると，15分後の水の温度は何℃になりますか。(　　　)

問3　電源の電圧を色々と変えて，20℃の水180gを加熱したとき，5分後の水の温度は表のようになっていました。

電圧	5 V	10V	15V
5 分後の水の温度	25 ℃	40 ℃	65 ℃

以下は，この結果についての H さんと先生の会話である。

Hさん：5 V のときは水の温度が 5 ℃，10V のときは 20 ℃，15V のときは 45 ℃上がっている。ということは，水の温度上昇は電圧に比例はしないですね。

先　生：水の温度上昇は，水が得た熱のエネルギーに比例することになるよ。エネルギーの単位は J という単位になるけど，1 J は 1 W の電力で 1 秒間に得られるエネルギーだったよね。

Hさん：同じ時間なので，電力には比例するということですか。

先　生：そういうことだね。ところで，電力はどうやって計算するのかな。

Hさん：電力＝（ ア ）×（ イ ）で計算できましたよね。

先　生：そのとおり。同じ抵抗の場合，電圧を 2 倍にすると，（ イ ）はどうなる？

Hさん：（ ウ ）の法則のとおり，電圧と（ イ ）は比例するので，元の 2 倍になります。

先　生：ということは，電圧が 2 倍になると電力はどうなるかな？

Hさん：そうか，電力は電圧が 2 倍なら（ エ ）倍，電圧が 3 倍なら（ オ ）倍になるということですね。それで，実験の結果に納得できました。

(1) 空欄に当てはまる語句や数字をそれぞれ答えなさい。ただし，同じ記号のところには同じものが入るものとする。ア(　　　)　イ(　　　)　ウ(　　　)　エ(　　　)　オ(　　　)

(2) 同じ電熱線を用いて，20 ℃の水を 270g 入れて電圧を 15V として同様に実験をしたとき，5 分後の水温は何℃になっていますか。(　　　)

5 文太くんは，理科の授業で水の中に入れた電熱線に電流を流すと，水温が上昇することを学んだ。そこで，図 1 のような回路をつくり，回路全体に 3.5V の電圧をかけて，100g の水を 10 分間温めることにした。電熱線 A，B の抵抗の大きさは同じものとして次の問いに答えなさい。ただし，水 1 g の温度を 1 ℃上昇させるのに必要な熱量を 4.2J，水の密度を 1 g/cm^3 とし，発生した熱はすべて水に伝わったものとする。

図 1

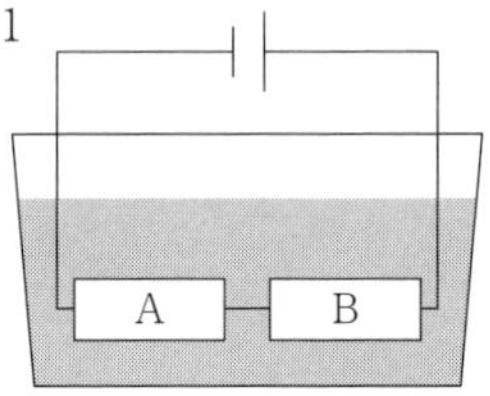

A　B

(京都文教高)

(1) 図 1 において，水の温度が 10 ℃上昇したとき水が得た熱量〔J〕を，次の①～⑤から一つ選べ。(　　　)

① 350　② 420　③ 2520　④ 3500　⑤ 4200

(2) (1)のとき，回路全体の消費電力はいくらか。単位をつけて答えよ。(　　　)

(3) (1)において，電熱線 A を流れる電流の大きさ〔A〕を，次の①～⑤から一つ選べ。(　　　)

① 1.0　② 1.5　③ 2.0　④ 2.5　⑤ 3.0

(4) 図 1 において，電熱線に加える電圧を 7 V にしたとき，消費電力は(2)の大きさの何倍か。次の①～⑤から一つ選べ。(　　　)

① 2 倍　② 3 倍　③ 4 倍　④ 5 倍　⑤ 6 倍

(5) 図２のように，電熱線Ａ，Ｂを並列につないだ回路で同じ実験を行った。このとき，水の温度を10℃上げるのにかかる時間は，図１の何倍か。次の①～⑤から一つ選べ。(　　　)

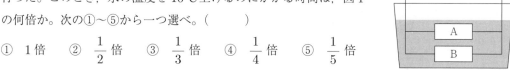

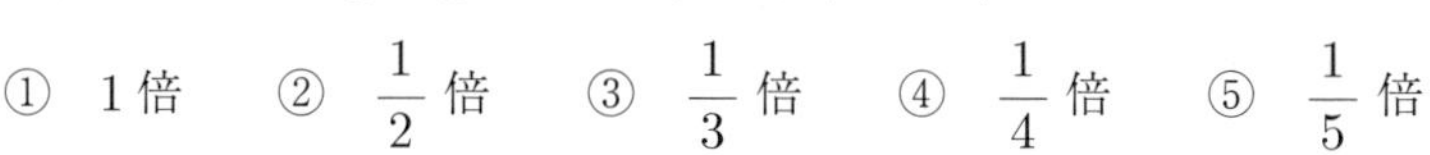

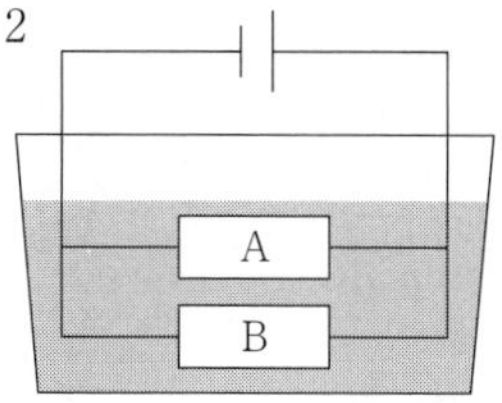

① 1倍　② $\frac{1}{2}$倍　③ $\frac{1}{3}$倍　④ $\frac{1}{4}$倍　⑤ $\frac{1}{5}$倍

図２

(6) 電流を熱に変換する技術は電気ケトルにも用いられている。例えば，消費電力1000Wの電気ケトルで200cm^{3}の水を温めると，水温を20℃から100℃まで上昇させるのに90秒かかる。このとき，電気ケトルが生み出した熱量〔J〕を，次の①～⑤から一つ選べ。(　　　)

① 16000　② 18000　③ 80000　④ 90000　⑤ 200000

(7) 電気ケトルが水に与えた熱量の一部は水から逃げてしまうので，(6)で求めた熱量のすべてが水温の上昇に使われたわけではない。(6)において，水が失った熱量〔J〕はいくらか。(　　　)

① 0　② 12800　③ 16800　④ 22800　⑤ 30800

6 電気エネルギーと電力について，次の文の(㋐)～(㋖)に適する語句，数字および記号を答えなさい。㋐(　　　) ㋑(　　　) ㋒(　　　) ㋓(　　　) ㋔(　　　) ㋕(　　　) ㋖(　　　)

(華頂女高)

電気器具がはたらくとき，1秒間あたりに消費される電気エネルギーの値を(㋐)という。(㋐)の大きさは，電気器具にかかる電圧V〔V〕と，そのとき流れる電流I〔A〕の積で表される。(㋐)の大きさの単位は，(㋑)記号〔㋒〕が使われる。

大きな発電所から各家庭に電気を供給するときに，送電線を使って電気は送られてくる。送電線に電流が流れるとき，送電線は電熱線のように電流が流れることによって熱が発生する。このとき発生する熱をジュール熱という。送電線で発生するジュール熱をできるだけ少なくして，送電線による電力の損失を最小限にする必要がある。

発電所で発電された一定の大きさの(㋐)を電圧V〔V〕で送電するとき，抵抗R〔Ω〕の送電線には電流I〔A〕が流れる。このときの電流I〔A〕を，(㋐)をPとして電圧Vとの関係を式で表すと

P〔㋒〕=(㋓)

となる。この式から電流I〔A〕= P〔㋒〕/V〔V〕……①となる。

送電線で電気エネルギーがジュール熱となって消費される(㋐)をQ〔㋒〕とすると，

Q〔㋒〕= R・I^{2}で表される。

この式に，①を代入すると，

Q〔㋒〕=(㋔)……②

と表すことができる。

式①と式②から，同じ電力を送る場合，(㋕)い電圧で送ったほうが，送電途中の発熱によるエネルギー損失が少なくてすむことがわかる。

各家庭で使われる電流は，発電所から送電されるときには，電圧Vが数十万〔V〕もあるが，数段階に分けて変圧器で電圧を調整して，各家庭のコンセントでは，ふつう電圧Vは(㋖)〔V〕になっている。

7　電圧の大きさと電流の強さとの関係が図1のようになる電熱線a，bがあります。8Vの電源Aと電熱線aまたはbを用いて図2の回路をつくり，水100gを温めました。表は時間と水温との関係を表したものです。あとの各問いに答えなさい。　（龍谷大付平安高）

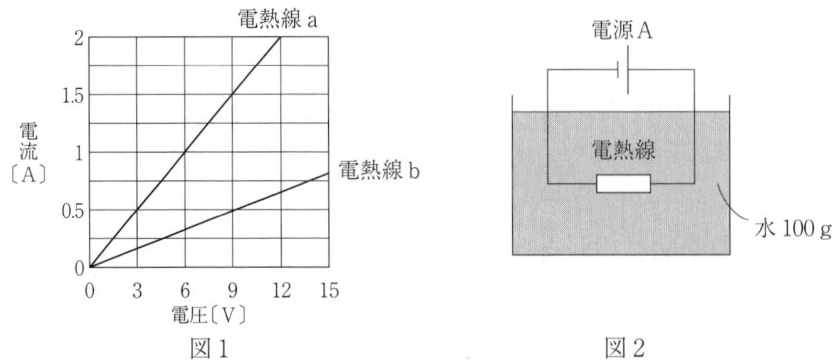

図1　図2

表　時間と水温との関係

時間〔分〕		0	1	2	3	4
水温〔℃〕	電熱線a	16.6	18.1	19.6	21.1	22.6
	電熱線b	16.6			ア	18.6

問1　電熱線aの抵抗値として最も適当なものを，次の①～⑥のうちから一つ選びなさい。
（　　　）

①　3 Ω　②　6 Ω　③　9 Ω　④　12 Ω　⑤　15 Ω　⑥　18 Ω

問2　表の空欄アに当てはまる数値を求めなさい。（　　　）

電熱線aと12Vの電源Bと電流計を，図3，4のように接続しました。区間Xには図5のように電熱線aを直列にx個接続したものが入るとします。

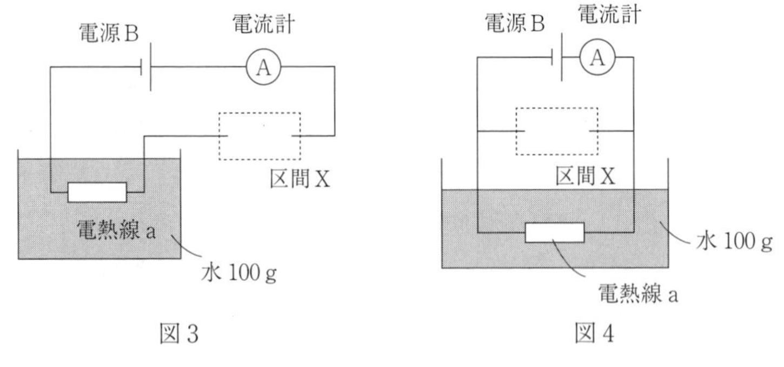

図3　図4

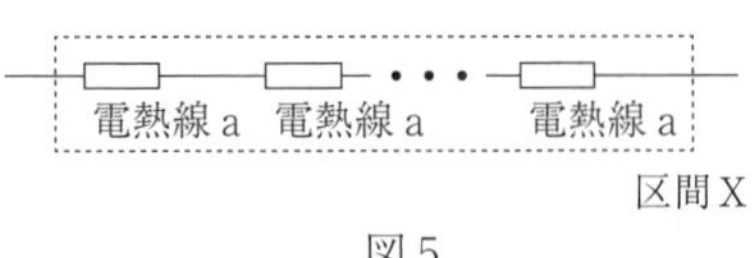

図5

問3　$x = 2$のとき，図3，図4の電流計が示す値として最も適当なものを，次の①～⑤のうちからそれぞれ一つずつ選びなさい。図3（　　　）　図4（　　　）

①　0.33A　②　0.67A　③　1.0A　④　1.5A　⑤　3.0A

問 4　$x = 3$ のとき，図 3，図 4 の回路に同じ時間だけ電流をそれぞれ流しました。図 4 の水の温度変化は図 3 の水の温度変化の何倍となりますか。最も適当なものを，次の①～⑥のうちから一つ選びなさい。(　　　)

①　0.13 倍　　②　0.25 倍　　③　1 倍　　④　4 倍　　⑤　8 倍　　⑥　16 倍

問 5　図 3，図 4 の回路の x を変化させ，それぞれの回路に同じ時間だけ電流を流した後，水の温度変化を測定する実験を繰り返し行いました。区間 X 内の電熱線 a の数 x と水の温度変化の関係を表すグラフとして最も適当なものを，次の①～④のうちからそれぞれ一つずつ選びなさい。

図 3 (　　　)　図 4 (　　　)

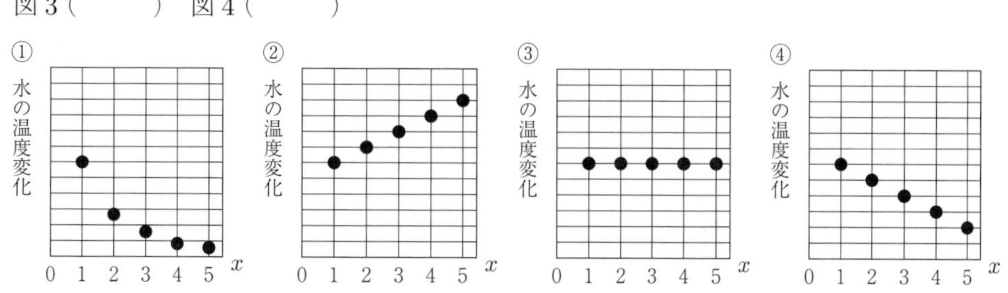

8　電熱線に流れる電流と，発熱量と水の温度上昇について，次の〔実験 1〕，〔実験 2〕を行いました。これについて，後の各問いに答えなさい。ただし，電熱線以外の抵抗はすべて無視できるものとし，電熱線から発生する熱はすべて水の温度上昇に使われるものとします。　**(星翔高)**

〔実験 1〕　2 Ω の電熱線 a と 1 Ω の電熱線 b と抵抗の大きさのわからない電熱線 c を図 1 のように電圧 6.0V の電源と接続し，それぞれの電熱線を同量の水を入れたビーカー A～C に入れ，一定時間電流を流し，水の温度上昇を測定しました。

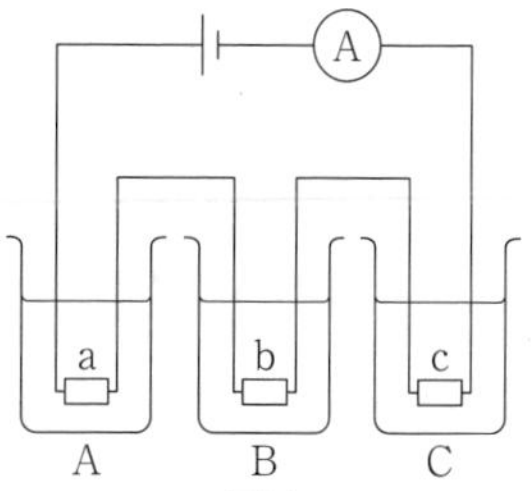

図 1

〔実験 2〕〔実験 1〕で用いた電熱線 a と電熱線 b と電熱線 c を図 2 のように電源と接続し，それぞれの電熱線を水の入ったビーカー D～F に入れ，一定時間電流を流し，水の温度上昇を測定しました。このとき，すべてのビーカーに入っている水の温度上昇はすべて同じでした。

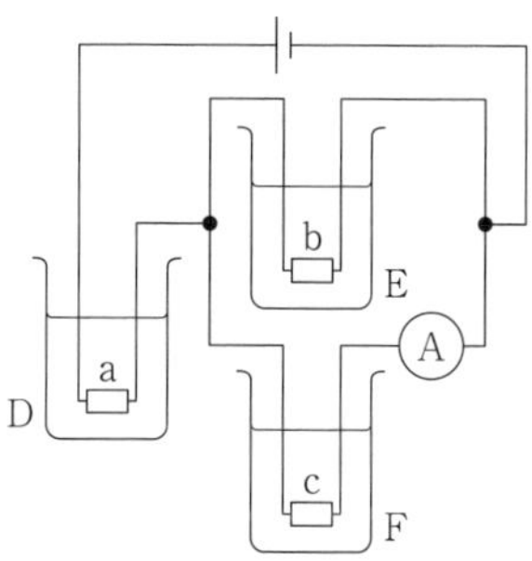

図 2

(1)〔実験 1〕で図 1 の電流計は 1.0A を示していました。次の①，②にそれぞれ答えなさい。

①　電熱線 c の抵抗の大きさは何 Ω であるか，正しいものを次のア～エから 1 つ選び，記号で答えなさい。(　　　)

ア　1 Ω　　イ　2 Ω　　ウ　3 Ω　　エ　4 Ω

②　図 1 のビーカー A 内の水の温度が 2.4 ℃上昇したとき，ビーカー C 内の水の温度は何℃上昇したか，正しいものを次のア～エから 1 つ選び，記号で答えなさい。(　　　)

ア　1.2 ℃　　イ　2.4 ℃　　ウ　3.6 ℃　　エ　4.8 ℃

(2) 〔実験2〕で図2の電流計は1.0Aを示していました。次の①，②にそれぞれ答えなさい。

① 図2の電源の電圧は何Vであるか，正しいものを次のア～エから1つ選び，記号で答えなさい。(　　　)

ア　10V　　イ　11V　　ウ　12V　　エ　13V

② 図2のビーカーD，E，F内の水の質量の比を最も簡単な整数の比で答えなさい。

(　　:　　:　　)

3　運動とエネルギー

§1．運　　動

1　図1のように，なめらかにつながった斜面と水平面の台がある。斜面にある点Xから台車を静かにはなして，点Yを通過して点Zまで走らせた。台車には記録テープをとりつけ，1秒間に60回打点する記録タイマーで運動のようすを調べた。記録テープは台車の運動に影響を与えないものとする。

（大阪偕星学園高）

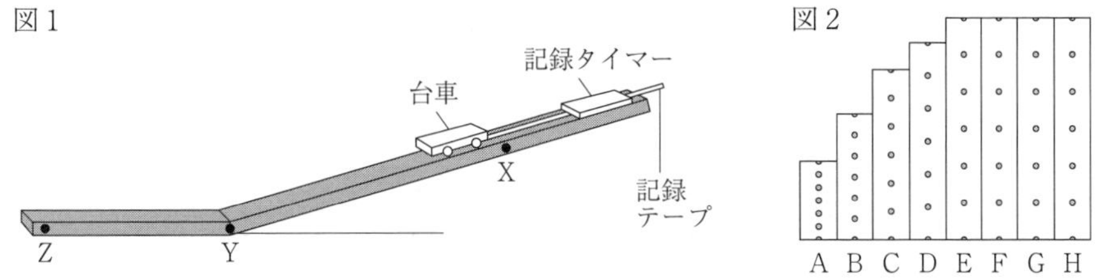

図2は，記録したテープを，ある打点から6打点ごとに切り取り，それぞれA～Hとして貼り付けたものである。摩擦や空気の抵抗は考えないものとし，以下の問いに答えなさい。

(1) 台車の運動のようすを表すものとして最も適当なものを(ア)～(エ)から1つ選び，記号で答えなさい。(　　　)

(ア) 速さが，だんだん大きくなった　　(イ) 速さが，だんだん小さくなった

(ウ) 一定の速さで進んだ　　(エ) 速さが，だんだん大きくなり，その後一定の速さで進んだ

(2) この記録タイマーが6回打点するのにかかる時間は何秒か求めなさい。(　　　秒)

(3) Bのテープの長さを測ると6.0cmであった。この区間での平均の速さは何［cm/秒］か求めなさい。(　　　cm/秒)

(4) Dのテープの長さを測ると8.4cmであった。斜面上でこの台車の速さが一定の割合で増した。このとき，0.1秒ごとに速さは何［cm/秒］増すか求めなさい。(　　　cm/秒)

(5) Fのテープの長さを測ると9.0cmであった。台車がYからZまで移動するのに1.5秒かかったとすると，YZ間の距離は何cmか求めなさい。(　　　cm)

(6) この台車のXからZまでの運動を，時間を横軸に，速さを縦軸にとってグラフにするとどのようになるか，次の(ア)～(オ)より1つ選び，記号で答えなさい。(　　　)

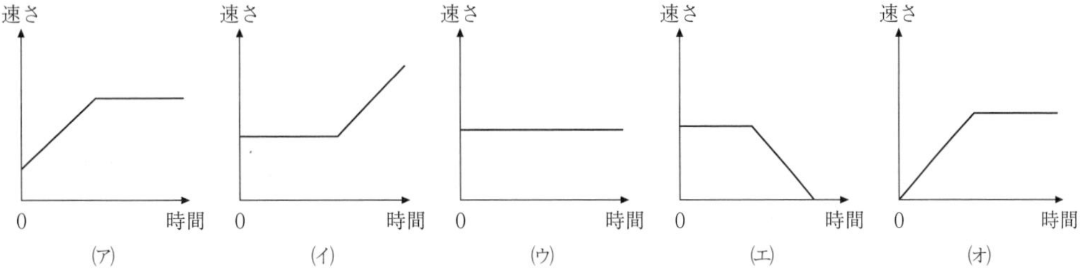

2　なめらかなレールと金属小球を使って，斜面上の小球の運動を調べる以下の実験①，②を行いました。レールと小球の摩擦はないものとし，レールの厚さは無視するものとします。

（近江兄弟社高）

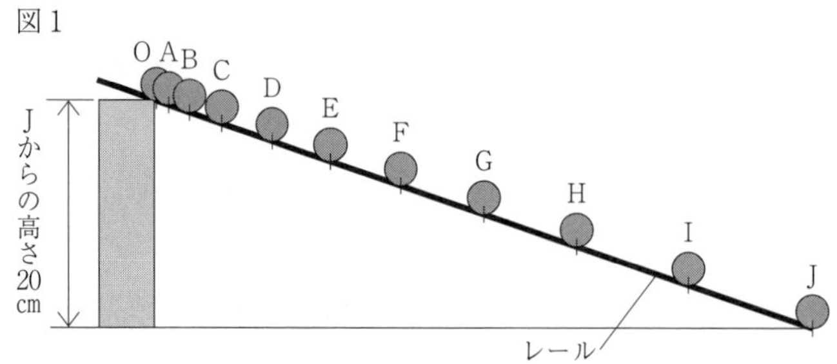

〔実験①〕　図1のようにJ点からの高さが20cmのO点に小球を置き，静かに手を離した。図1のA～Jは手を離してから0.1秒ごとの位置を表し，下の表1はO点から各点までの距離を測定したものである。

表1

小球の位置	A	B	C	D	E	F	G	H	I	J
O点からの距離(cm)	1.0	4.0	9.0	16.0	25.0	36.0	49.0	64.0	81.0	100.0

問1　小球の運動はどのようになっていますか。最も適切なものを次のア～エから1つ選び，記号で答えなさい。(　　　)

ア　だんだん速くなる運動　　イ　だんだん遅くなる運動　　ウ　等速運動

エ　速くなったり遅くなったりする運動

問2　I点とJ点の間の距離は何cmですか。小数第1位を四捨五入して**整数**で答えなさい。

(　　　cm)

問3　I点とJ点の間での小球の平均の速さは何m/秒ですか。小数第2位を四捨五入して**小数第1位**まで答えなさい。(　　　m/秒)

問4　図1と同じ装置で，手を離してから0.5秒後に小球がJ点の位置に達するようにするには，小球をJ点からの高さが何cmのところに置けばよいですか。小数第2位を四捨五入して**小数第1位**まで答えなさい。(　　　cm)

問5　小球がG点にあるとき，小球にはたらく力を図示した最も適切なものを次のア～オから1つ選び，記号で答えなさい。(　　　)

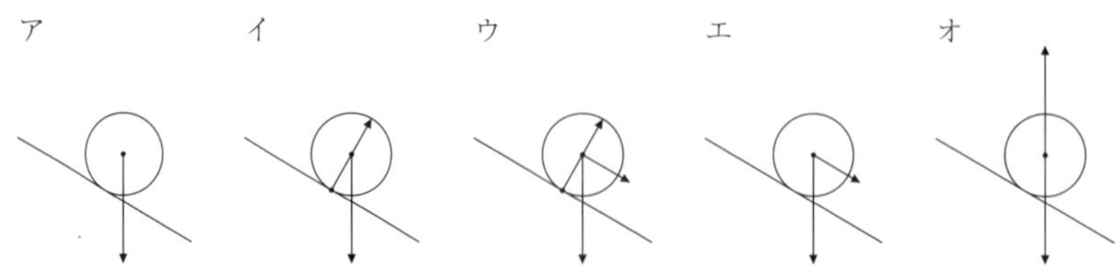

問6　O点からJ点まで進むとき，O点からの距離（縦軸）と経過時間（横軸）の関係をグラフにしました。最も適切なものを次のア～ウから1つ選び，記号で答えなさい。(　　　)

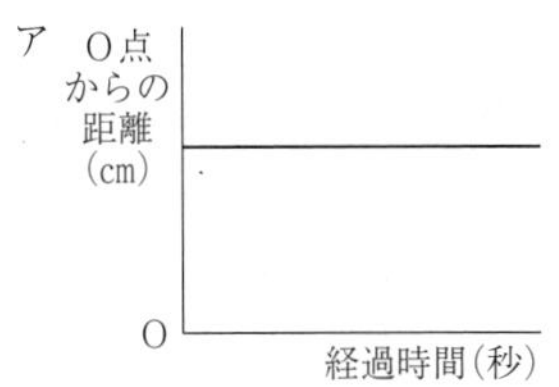

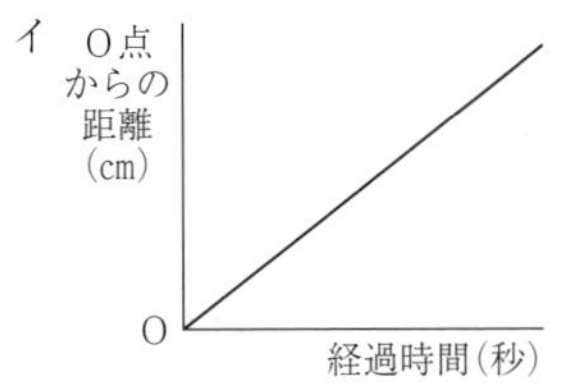

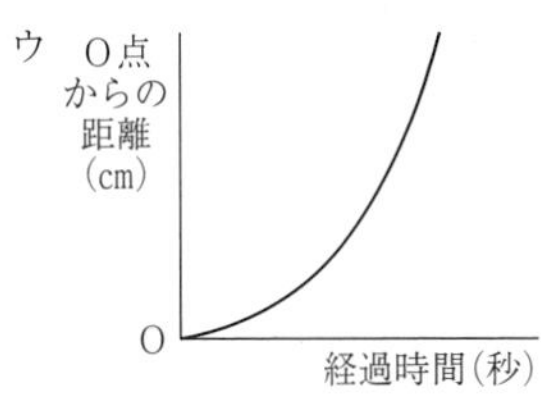

〔実験②〕 図2のように実験①と同じ長さのレールを用い，斜面の角度をかえて，J点からの高さが20cmの位置をP点とした。始めにO点に小球を置き，静かに手を離した。次にP点に小球を置き，静かに手を離した。

図2

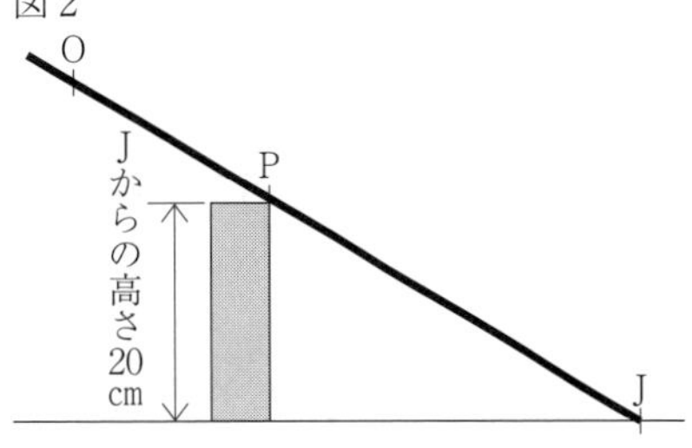

問7　O点に小球を置き，静かに手を離したとき，小球がJ点の位置に達した時間とそのときの小球の速さは実験①のときと比べてどうなりますか。最も適切なものを下の表2のア～カから1つ選び，記号で答えなさい。（　　　）

表2

記号	実験①との比較
ア	時間は短く，速さは速い
イ	時間は短く，速さは変わらない
ウ	時間は短く，速さは遅い
エ	時間は変わらず，速さは速い
オ	時間は変わらず，速さも変わらない
カ	時間は変わらず，速さは遅い

問8　P点に小球を置き，静かに手を離したとき，小球がJ点の位置に達した時間とそのときの小球の速さは実験①のときと比べてどうなりますか。最も適切なものを上の表2のア～カから1つ選び，記号で答えなさい。（　　　）

3　次の文章を読んで，各問いに答えなさい。　（関西大倉高）

図1のようなレールを台車が運動する様子を，記録テープを用いて観察します。台車をレールの点Aから静かにはなして運動させます。すると，運動を始めてから0.2秒後に点Bに達し，水平面BCを運動し始め，0.4秒後に点Cに到達し，斜面CDを上り始めました。この運動を記録した記録テープを，動き出してから0.1秒ごとに切り，順に並べると図2のようになりました。後の各問いに答えなさい。ただし，斜面AB，水平面BC，斜面CDはなめらかにつながっているものとし，レールと台車の間の摩擦力と空気抵抗は考えなくてよいものとします。

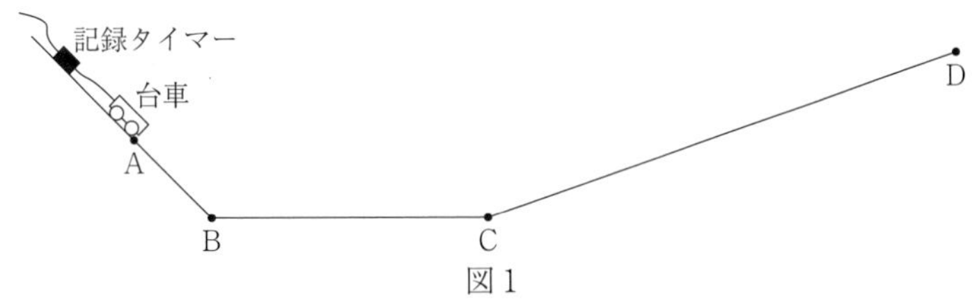

図1

問1　AB間の距離を求めなさい。(　　　cm)

問2　0.1秒〜0.2秒の間の台車の平均の速さを求めなさい。

(　　　cm/秒)

問3　BC間での台車の速さを求めなさい。(　　　cm/秒)

問4　0.5秒〜0.6秒の間の台車の平均の速さを求めなさい。

(　　　cm/秒)

問5　この後，台車は斜面CDのある場所で折り返し，運動を続けました。台車は斜面ABのどの高さまで到達しますか。正しいものをア〜ウのうちから1つ選び，記号で答えなさい。(　　　)

ア　点Aよりも高い位置　　イ　点Aと同じ位置　　ウ　点Aよりも低い位置

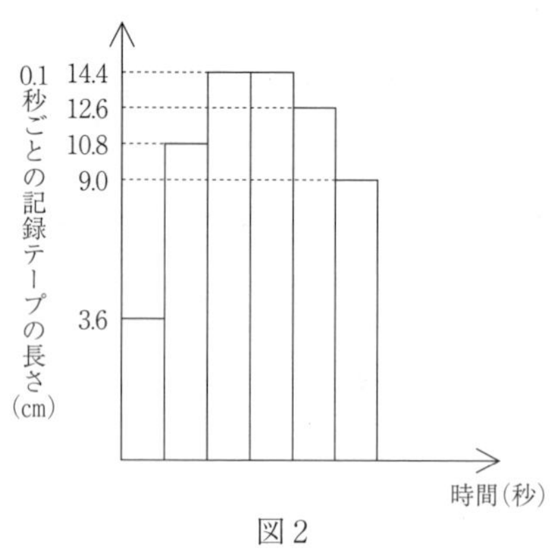

図2

4　次の表は，ある陸上選手権大会の100m走における，選手A〜Eの10mごとのスプリットタイム（スタートしてからの時間）とラップタイム（10m区間を進むのにかかった時間）をまとめたものです。ただし，タイムはそれぞれ秒で表しています。各問いについて表からわかることを答えなさい。

(滋賀短期大学附高)

走った距離[m]		10	20	30	40	50	60	70	80	90	100
A	スプリットタイム	2.18	3.29	4.35	5.33	6.29	7.24	8.19	9.14	10.09	11.04
	ラップタイム	2.18	1.11	1.06	0.98	0.96	0.95	0.95	0.95	0.95	0.95
B	スプリットタイム	2.28	3.42	4.48	5.44	6.39	7.33	8.27	9.20	10.13	11.05
	ラップタイム	2.28	1.14	1.06	0.96	0.95	0.94	0.94	0.93	0.93	0.92
C	スプリットタイム	2.06	3.20	4.21	5.18	6.13	7.07	8.02	8.98	9.95	10.97
	ラップタイム	2.06	1.14	1.01	0.97	0.95	0.94	0.95	0.96	0.97	1.02
D	スプリットタイム	2.09	3.22	4.25	5.22	6.18	7.12	8.07	9.02	9.97	10.93
	ラップタイム	2.09	1.13	1.03	0.97	0.96	0.94	0.95	0.95	0.95	0.96
E	スプリットタイム	2.09	3.23	4.24	5.21	6.15	7.09	8.01	8.95	9.90	10.85
	ラップタイム	2.09	1.14	1.01	0.97	0.94	0.94	0.92	0.94	0.95	0.95

(1)　スタートして40mまでの間が最も速かった選手は誰ですか。A〜Eの中から1人選び，記号で答えなさい。(　　　)

(2)　30m〜40mまでの間が最も速かった選手は誰ですか。A〜Eの中から1人選び，記号で答えなさい。(　　　)

(3)　選手Aの0m〜60mの間の平均の速さは何m/sですか。四捨五入して，小数第1位まで求めなさい。(　　　m/s)

(4)　選手Eの50m〜100mの間の平均の速さは何m/sですか。四捨五入して，小数第1位まで求めなさい。(　　　m/s)

(5)　選手Dは20m〜100mの間に何人に追い抜かれて，何人を追い抜きましたか。

追い抜かれた(　　　人)　追い抜いた(　　　人)

(6) 次の発言のうち，表のデータを正しく読み取れているとはいえないものはどれですか。ア～エの中から1つ選び，記号で答えなさい。(　　　)

ア　選手Eが最高速になる区間は，選手C，選手Dのそれより後にきているよ。

イ　選手Cはゴール直前で急に速さが落ちているよ。

ウ　100mを走るのに全員が10秒以上かかっているけれど，全員が10m区間の6割以上を，速さ10m/s以上で走っているんだね。

エ　選手Aは最高速が他の選手に比べてやや遅いけれど，ゴール直前までどんどん速くなっているね。

(7) 選手Bの速さと時間の関係はどうなりますか。最も適当なものを，次のア～オの中から1つ選び，記号で答えなさい。(　　　)

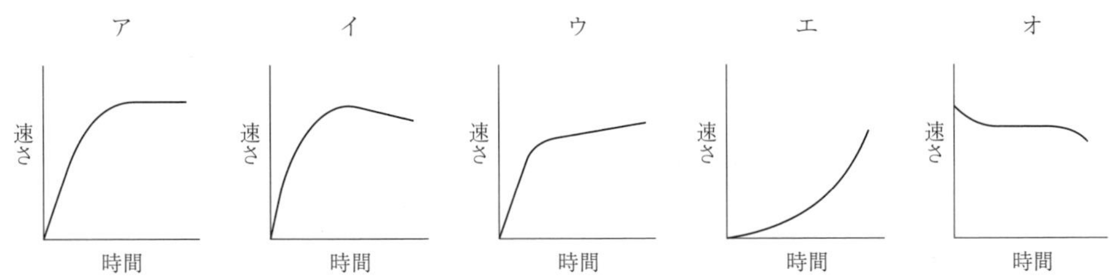

5 物体の運動について，あとの問いに答えよ。 (京都光華高)

図のように，レールの上に小型送風機を取り付けた力学台車を乗せる。小型送風機のスイッチを入れると，力学台車は送風機が風を送る向きとは逆向きに力を受けて前に進む。この力を推進力といい，送風機から出る風の強さが一定のときは推進力の大きさも一定であるとする。また，送風機から出る風の強さは「弱」と「強」の2段階で切り替えることができる。さらに，各種センサーによって，力学台車の移動距離と速さは常に測定されている。

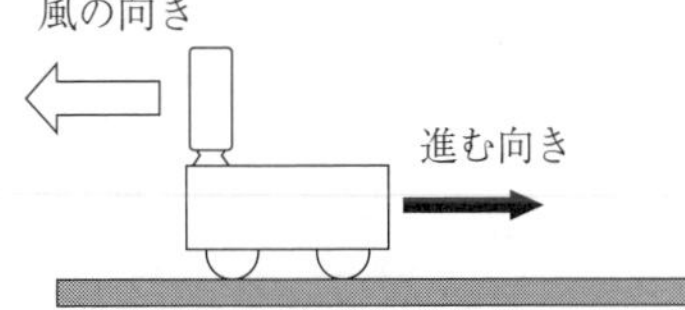

(1) 下線部の現象と関係があるものとして最も適切なものを，次のア～エから1つ選び，記号で答えよ。(　　　)

ア　慣性の法則　　イ　作用・反作用の法則　　ウ　フックの法則　　エ　仕事の原理

【実験A】 送風機の強さを「弱」に設定して，力学台車の速さと移動距離を1秒ごとに記録した結果を次の表に示す。ただし，sは秒，cmはセンチメートルを表す。

経過時間(s)	0	1.0	2.0	3.0	4.0	5.0
速さ(cm/s)	0	4.0	8.0	(a)	16	20
移動距離(cm)	0	2.0	8.0	18	(b)	50

(2) 結果の表から規則性を読み取り，表の空欄 (a)，(b) に当てはまる数値をそれぞれ答えよ。(a)(　　　)　(b)(　　　)

【実験B】 はじめ，送風機の強さを「弱」にしておき，途中で「強」に自動で切り替わるように設定した。

(3)　実験Bについて，①「経過時間と速さの関係を表すグラフ」と②「経過時間と移動距離の関係を表すグラフ」の形として最も適切なものを，次のア～エから1つずつ選び，それぞれ記号で答えよ。ただし，図中の点線は送風機の強さを切り替えた瞬間を示している。

①(　　　)　②(　　　)

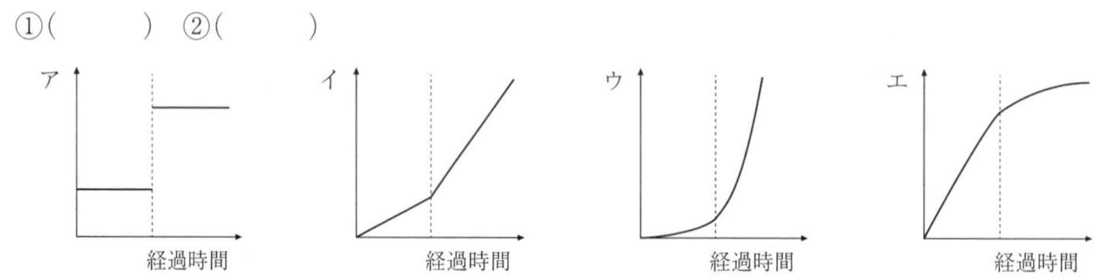

6　次の文を読んで後の問いに答えなさい。　（大阪桐蔭高）

（図1）のように，なめらかで水平な机の上に台車を置き，(1)1秒間に60打点する記録タイマーを取りつけた。また，記録タイマーを取りつけた反対側に質量の無視できる糸をつけ，軽くてなめらかに回転する滑車を通しておもりをつり下げて台車を手で支えた。静かに手を離すと，おもりは落下し，台車は動き始めた。台車が動き始めてからの時間 t [秒]と台車の移動距離 D [cm]をまとめると（表）のようになった。ただし，記録テープは台車の運動に影響を与えないものとし，台車は滑車に衝突することはないものとする。

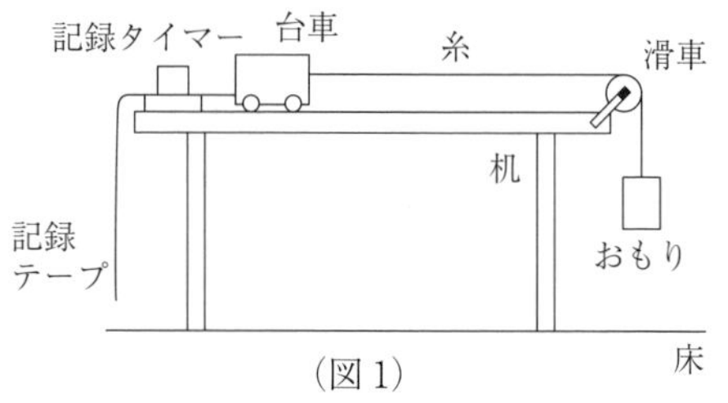

（図1）

（表）

t [秒]	0	0.2	0.4	0.6	0.8	1.0	1.2	1.4	1.6
D[cm]	0	2	8	18	32	50	（①）	93.5	115.5

0.2 秒間の移動距離 d [cm]	2	6	10	14	18	21.5	22	22
0.2 秒間の平均の速さ[cm/秒]	10	30	50	70	（②）	107.5	110	110

この（表）から，おもりが床に衝突するまでの台車の運動はしだいに速くなる運動で，おもりが床に衝突した後の台車の運動は(2)速さが一定の運動だと考えられる。また，台車が動き始めてからおもりが床に衝突するまでの台車の運動について，台車の移動距離 D と動いた時間 t の間には D = （ ③ ）× t^2 の関係があることがわかる。

ここで，台車が動き始めてからおもりが床に衝突するまでにかかった時間を調べるために，テープを 12 打点ごとに切って（図2）のように並べて貼り付けた。各テープの最後の打点を結ぶ直線（直線a）を考える。12 打点ごとに切ったテープの長さを d [cm]とすると，おもりが床に衝突するまでの直線 a の式は d =（ ④ ）× t と表すことができるので，おもりが床に衝突するのは台車が動き始めてから（ ⑤ ）秒後だとわかる。また，台車が動き始める前は，おもりは床から（ ⑥ ）cm の高さにあったとわかる。

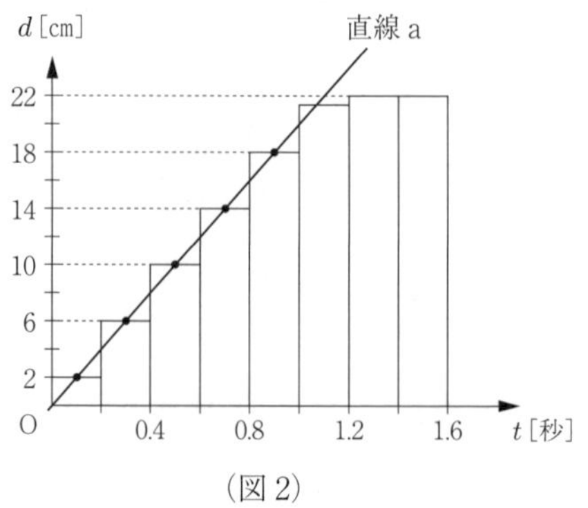

（図2）

（問１） 文中の下線部(1)について，記録テープ上の６打点ごとにテープを切るとき，テープ１本の長さは何秒間に進んだ距離になるか答えなさい。(　　　)

（問２） 表中の空欄①，②に入る数値をそれぞれ答えなさい。①(　　　)　②(　　　)

（問３） 文中の下線部(2)について，速さが変わらず一直線上を動く運動を何というか，漢字６字で答えなさい。(　　　)

（問４） 文中の空欄③に入る数値を答えなさい。(　　　)

（問５） 文中の空欄④～⑥に入る数値をそれぞれ答えなさい。④(　　　)　⑤(　　　)　⑥(　　　)

§２．仕事とエネルギー

1 下図は，エネルギーの移り変わりを示しています。ア～サの矢印にあたる実例として適当なものはどれですか。下の①～⑪からそれぞれ１つずつ選び，記号で答えなさい。 **（関大第一高）**

ア(　　　)　イ(　　　)　ウ(　　　)　エ(　　　)　オ(　　　)　カ(　　　)　キ(　　　)
ク(　　　)　ケ(　　　)　コ(　　　)　サ(　　　)

化学エネルギー
熱エネルギー
電気エネルギー
光エネルギー
運動エネルギー
ア　イ　ウ　エ　オ　カ　キ　ク　ケ　コ　サ

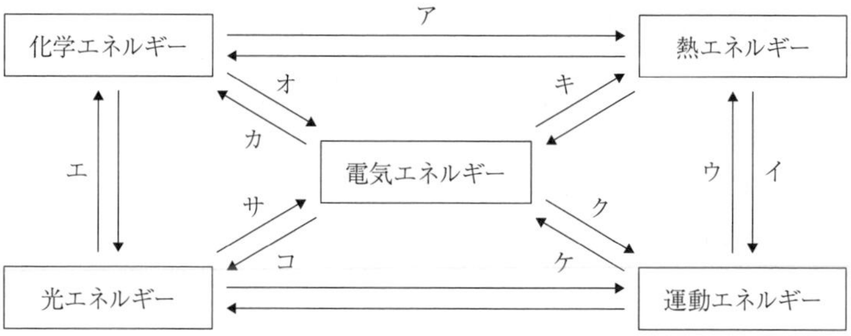

①　光合成　②　電灯　③　電熱器　④　手回し発電機　⑤　太陽電池
⑥　モーター　⑦　燃焼　⑧　電池　⑨　電気分解　⑩　熱機関　⑪　摩擦

2 力学的エネルギーの保存について，次の文を読み，下の各問いに答えなさい。 **（華頂女高）**

図１のように，ふりこのおもりをＡの位置から静かにはなすと，おもりはＢ～Ｃを通り，Ａと同じ高さのＤの位置まで移動した。ただし，摩擦や空気の抵抗はないものとする。

図１
A　B　C　D

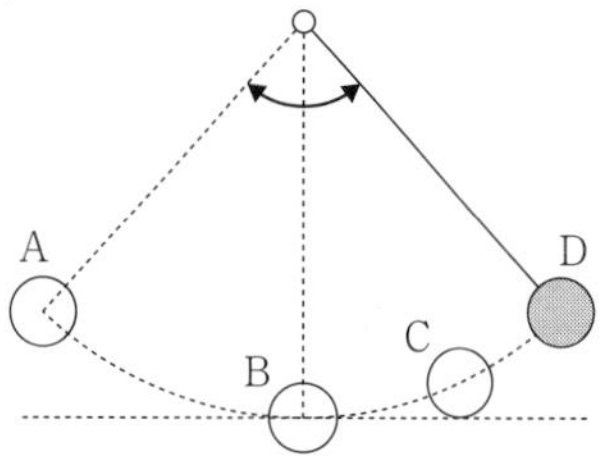

(1) 図１のＡ～Ｄのどの位置にあるとき，運動エネルギーがもっとも大きいか，記号で答えなさい。(　　　)

(2) 図１のＡ～Ｄのそれぞれの位置のふりこがもつ位置エネルギーと運動エネルギーがもっとも小さくなる位置をそれぞれすべて選び，記号で答えなさい。
　位置エネルギー(　　　)　運動エネルギー(　　　)

(3) 図１のＣの位置でのふりこの位置エネルギーをp，運動エネルギーをq，図１のＤの位置のふりこの位置エネルギーをr，運動エネルギーをsとして，これらの関係を，１つの式で表して答えなさい。(　　　)

(4)　図１のA～Dのそれぞれの位置のふりこがもつ力学的エネルギーについて，次の㋐～㋔のうち，正しいものを選び，記号で答えなさい。(　　　)

㋐　力学的エネルギーは，Aがもっとも大きい。
㋑　力学的エネルギーは，Bがもっとも大きい。
㋒　力学的エネルギーは，Cがもっとも大きい。
㋓　力学的エネルギーは，Dがもっとも大きい。
㋔　力学的エネルギーは，どれも同じである。

(5)　図２のように，くぎをとりつけたところ，Aをはなれたふりこが Bにきたとき，くぎにひっかかった。その後，ふりこの上がる高さはどこになるか。もっとも適するものを，図２のア～エから選び，記号で答えなさい。(　　　)

図２

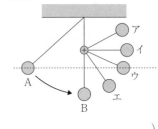

(6)　図１のふりこを，Dの位置より高い位置まで上がるようにするには，どのようにしたらよいか答えなさい。

(　　　)

(7)　図１で，おもりがDの位置にきた瞬間に，糸が切れてしまったとする。このとき，おもりにはどのような力がはたらいて，どのような運動をするか答えなさい。

(　　　)

3　摩擦や空気抵抗を考えないものとして，次の各問いに答えなさい。　(大阪女学院高)

図１の装置を用いて，点Aで小球を静かにはなしました。

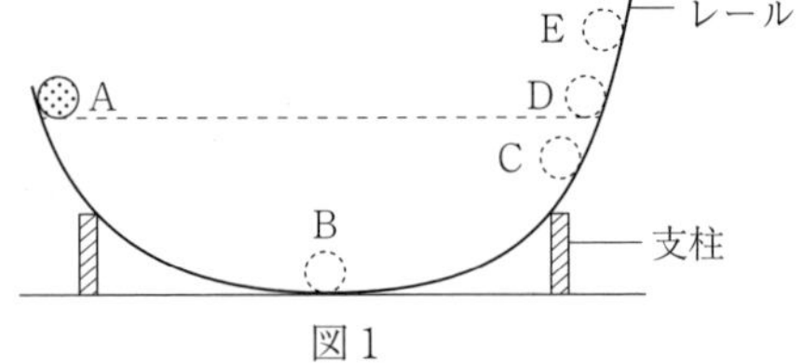

図１

(問１)　点Aで小球を静かにはなして，点Bを通過するまでのエネルギーの変化をグラフにしました。縦軸，横軸を次の①～③のようにしたとき，それぞれどのグラフになりますか。最も適当なものを次の中から選び，記号で答えなさい。

①　横軸が水平方向の移動距離，縦軸が位置エネルギーの大きさ（　　　）
②　横軸が水平方向の移動距離，縦軸が運動エネルギーの大きさ（　　　）
③　横軸が水平方向の移動距離，縦軸が力学的エネルギーの大きさ（　　　）

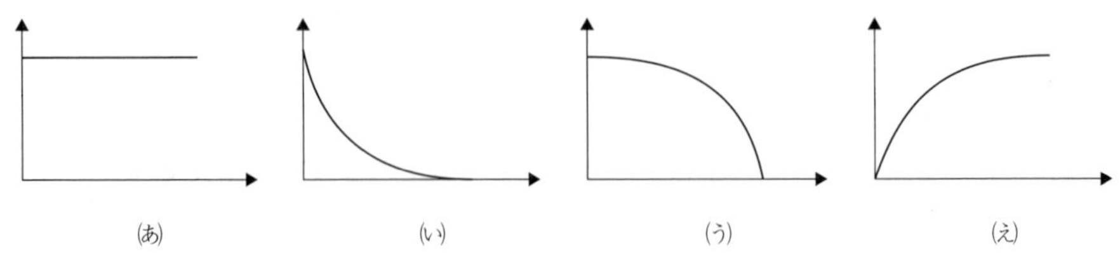

(問２)　点Aで小球を静かにはなした後，小球はどの高さまで上がりますか。最も適当なものを図１のC～Eから選び，記号で答えなさい。(　　　)

図2のようなレールを用いて，点Aで小球を静かにはなしました。

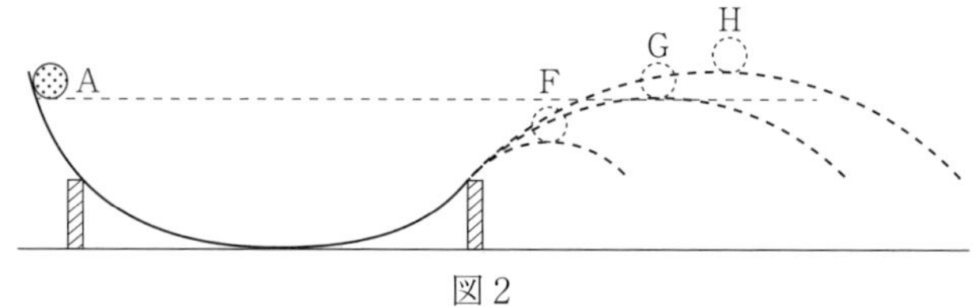

図2

（問3） 小球はどの高さまで上がりますか。最も適当なものを図2のF～Hから選び，記号で答えなさい。ただし，F，G，Hを通る点線は小球がレールの右端から飛び出した後の動きを表しています。（　　　）

4　動滑車や斜面を用いて，仕事の大きさについて調べた。100g の物体にはたらく重力の大きさを 1.0N とし，空気抵抗や摩擦の影響は考えないものとする。以下の各問いに答えなさい。

（橿原学院高）

次の方法1～3で，重さ500gの台車（滑車を含む）を机の上から30cm（0.30m）の高さまで引き上げるとき，糸を引く力の大きさと糸を引く距離を測った。

方法1　台車を直接ゆっくりと同じ力で真上に30cm引き上げる。

方法2　動滑車を1個使って，台車を真上にゆっくりと同じ力で30cm引き上げる。

方法3　斜面に沿って台車をゆっくりと同じ力で高さ30cmまで引き上げる。

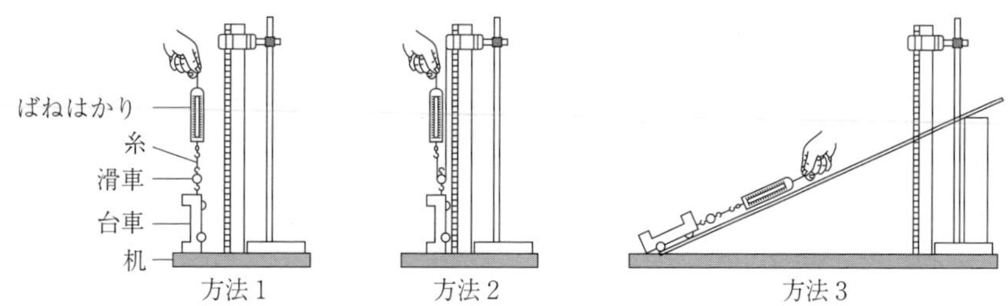

(1) 方法1のとき，糸を引く力の大きさは何Nか。最も適当な値を次から選び，ア～キの記号で答えなさい。（　　　）

ア．0.20N　　イ．0.25N　　ウ．1.0N　　エ．2.0N　　オ．2.5N　　カ．4.0N　　キ．5.0N

(2) 方法2のとき，糸を引く力の大きさは何Nか。最も適当な値を次から選び，ア～キの記号で答えなさい。（　　　）

ア．0.20N　　イ．0.25N　　ウ．1.0N　　エ．2.0N　　オ．2.5N　　カ．4.0N　　キ．5.0N

(3) 方法2のとき，糸を引く距離は何cmか。最も適当な値を次から選び，ア～キの記号で答えなさい。（　　　）

ア．10cm　　イ．15cm　　ウ．30cm　　エ．45cm　　オ．50cm　　カ．60cm　　キ．75cm

(4) 方法1のとき，糸を引く力がする仕事の大きさは何Jか。最も適当な値を次から選び，ア～キの記号で答えなさい。（　　　）

ア．0.20J　　イ．0.25J　　ウ．0.50J　　エ．1.0J　　オ．1.5J　　カ．2.0J　　キ．2.5J

(5)　方法２や３のとき，糸を引く力がする仕事の大きさは方法１と同じであった。これを説明した次の文中の空欄に当てはまる語句の組み合わせとして，最も適切なものを選び，ア～エの記号で答えなさい。(　　　)

	ア	イ	ウ	エ
①	大きく	大きく	小さく	小さく
②	大きく	小さく	大きく	小さく

動滑車や斜面を用いると，糸を引く力の大きさは（ ① ）なるが，糸を引く距離は（ ② ）なるため仕事の量は変わらない。

(6)　(5)のように，道具を使っても仕事の量は変わらないことを何というか。(　　　)

(7)　方法３のとき，糸を引く力の大きさが3.0Nであった。糸を引く距離は何cmか。最も適当な値を次から選び，ア～キの記号で答えなさい。(　　　)

ア．10cm　イ．15cm　ウ．30cm　エ．45cm　オ．50cm　カ．60cm　キ．75cm

(8)　１秒間あたり2.0cm糸を引いたとき，方法１～３の仕事率はそれぞれ何Wか。最も適当な値を次からそれぞれ選び，ア～キの記号で答えなさい。

方法１(　　　)　方法２(　　　)　方法３(　　　)

ア．0.020W　イ．0.040W　ウ．0.050W　エ．0.060W　オ．0.080W　カ．0.10W　キ．0.12W

5　図１のような装置を使って，レールに沿って静かに転がした小球を物体にぶつけ，物体を押す距離について調べる実験を行いました。図２は質量10gの小球をいろいろな高さから転がした結果です。図３はいろいろな質量の小球を高さ10cmから転がしたときの結果です。次の各問いに答えなさい。ただし，摩擦や空気抵抗は考えないものとします。　**(東海大付大阪仰星高)**

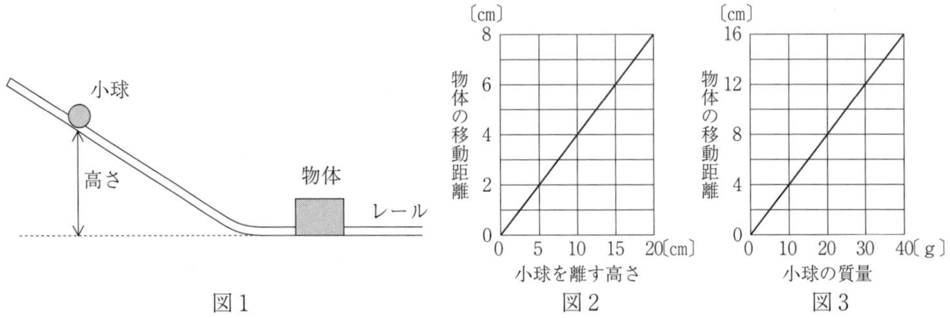

図１　図２　図３

問１．小球を離す高さと物体の移動距離は，どのような関係になっていますか，答えなさい。(　　　)

問２．物体を12cm移動させるためには，質量10gの小球を高さ何cmから転がせばよいですか，答えなさい。(　　　cm)

問３．高さ10cmから小球を転がしたとき，物体を20cm移動させるためには，質量が何gの小球を使えばよいですか，答えなさい。(　　　g)

問４．小球が斜面を転がっているときの，小球が持つ位置エネルギー（実線）と運動エネルギー（点線）の関係を表すグラフはどれですか，縦軸をエネルギー量，横軸を落下距離として，次の(ア)～(エ)から１つ選び，記号で答えなさい。(　　　)

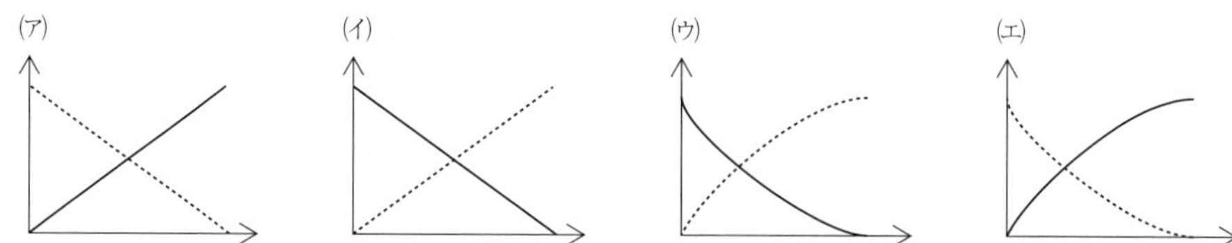

問5．質量 5kg の物体を高さ 1.2m までゆっくり持ち上げました。持ち上げた力がした仕事は何 J ですか，答えなさい。ただし，100g の物体にはたらく重力の大きさを 1N とします。(　　J)

問6．問5の物体を 1.2m 持ち上げるのに 6 秒かかりました。このときの仕事率は何 W ですか，答えなさい。(　　W)

6　R さんは，S 先生と一緒に，物体にはたらく力と物体の運動についての実験を行い，力学的エネルギーと仕事について考察した。次の問いに答えなさい。ただし，物体にはたらく摩擦や空気抵抗は考えないものとする。　(大阪府－一般)

(1) 物体には，真下の向きに重力がはたらく。次のア～ウのうち，物体にはたらく重力の向きと，物体の運動の向きが同じものはどれか。一つ選び，記号を○で囲みなさい。(ア　イ　ウ)

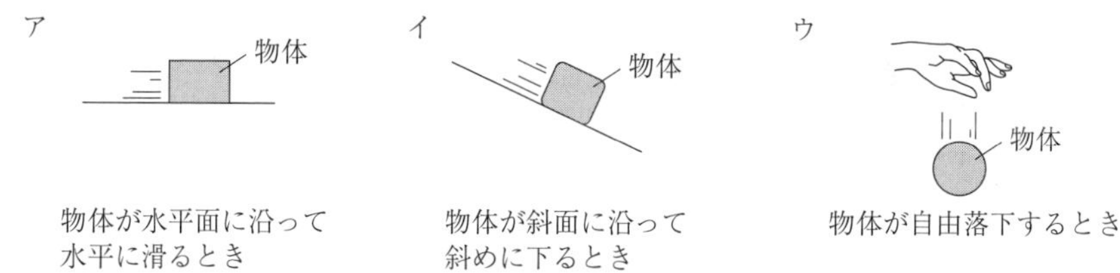

物体が水平面に沿って水平に滑るとき　　物体が斜面に沿って斜めに下るとき　　物体が自由落下するとき

(2) 図Ⅰのように，点 P に対して左向きに 3.4N，右向きに 6.0N の力がはたらいているとき，これらの 2 力の合力は，右向きに何 N か，求めなさい。ただし，これらの 2 力は一直線上にあるものとする。(　　N)

図Ⅰ

3.4N ←—•—→ 6.0N
P

(3) 水平面上にある物体を軽くはじいたところ，物体は一定の速さで一直線上を運動した。このように，一定の速さで一直線上を動く物体の運動は何と呼ばれる運動か，**漢字 6 字**で書きなさい。

(　　)

【実験1】 R さんは，図Ⅱのように，ある物体が水平な床を一直線上に進むコースをつくった。図Ⅱ中の A，B，C は，それぞれコース上の点を示しており，AB 間の距離と，BC 間の距離は，いずれも 1.2m である。R さんは，図Ⅱのように物体の前面を A に合わせて静止させた。その後，C に向かって，物体を力 F_1 で水平方向に押し続けた。物体は力 F_1 の向きに進み，物体が動き始めてから 1.6 秒後に，図Ⅲのように物体の前面が C を通過した。物体の前面が A から C に移動する間，物体の速さはしだいに速くなっていき，図Ⅲのように物体の前面が C を通過したときの物体の速さは 3.0m/s であった。ただし，物体の前面が A から C に移動する間，力 F_1 の大きさは一定であったものとする。

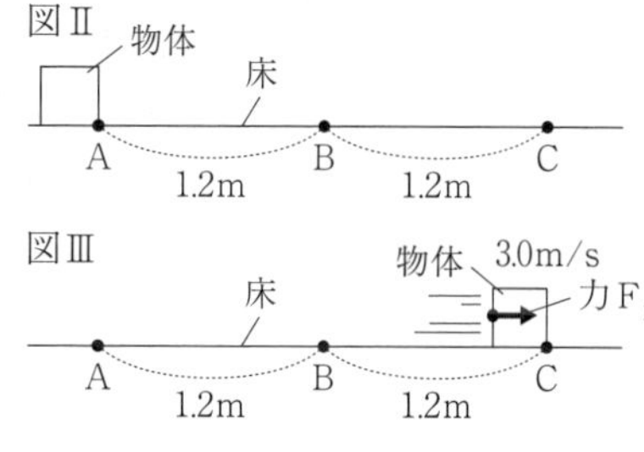

(4)　物体の前面がAから動き始めてCに移動する間における，物体の平均の速さは何m/sか，求めなさい。(　　　m/s)

(5)　物体の前面がAからBに移動する間に力F_1が物体にした仕事と，物体の前面がBからCに移動する間に力F_1が物体にした仕事は等しい。

①　力F_1の大きさが1.8Nであった場合，物体の前面がAからBに移動する間に力F_1が物体にした仕事は何Jか，求めなさい。答えは小数第2位を四捨五入して**小数第1位まで書くこと。**

(　　　J)

②　物体の前面がAからBに移動する間に力F_1が物体にした仕事の仕事率をK〔W〕，物体の前面がBからCに移動する間に力F_1が物体にした仕事の仕事率をL〔W〕とする。KとLの大きさの関係について述べた次の文中のⓐ〔　　〕，ⓑ〔　　〕から適切なものをそれぞれ一つずつ選び，記号を○で囲みなさい。ⓐ(ア　イ)　ⓑ(ウ　エ　オ)

物体の速さはしだいに速くなっていったため，物体の前面がAからBに移動するのにかかった時間は，物体の前面がBからCに移動するのにかかった時間よりもⓐ〔ア　短い　　イ　長い〕と考えられる。そのため，ⓑ〔ウ　K＜L　　エ　K＝L　　オ　K＞L〕の関係があると考えられる。

【実験2】　Rさんは，天井に固定された滑車に糸をかけ，糸の一端に実験1で用いた物体をつないだ。そして，糸のもう一端を力F_2で引いて，図Ⅳのように，物体の底面が床から1.0mの位置にくるようにして，物体を静止させた。Rさんが糸から手を離すと，物体は真下に落下した。図Ⅴのように物体の速さが図Ⅲの物体の速さと同じ3.0m/sになったとき，物体の底面は床に達していなかった。ただし，糸の質量や，糸と滑車の間の摩擦は考えないものとする。

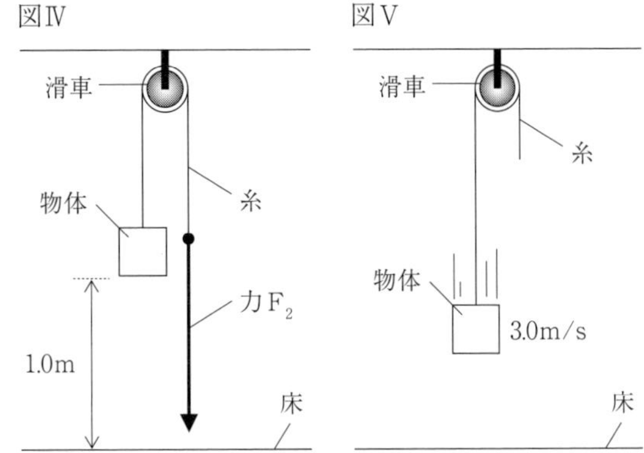

【RさんとS先生の会話1】

S先生：実験2の図Ⅳでは，静止している物体にどのような力がはたらいているか考えてみましょう。

Rさん：図Ⅳのとき，糸の一端を引っ張ることによって，物体には真上の向きに力がはたらいています。

S先生：物体にはたらく力は真上の向きの力だけですか。

Rさん：物体には真下の向きに重力もはたらいています。そうか，㋐物体が静止しているのは，物体にはたらく力がつり合っているからですね。

S先生：その通りです。一方，実験1で物体の速さがしだいに速くなっていったのは，水平方向において，物体の進む向きにだけ力がはたらいており，物体にはたらく力がつり合っていなかったからです。

(6) 下線部㋐について，実験2の図Ⅳのとき，物体にはたらく2力がつり合っている。

① 物体にはたらく力について述べた次の文中のⓒ〔　〕から適切なものを一つ選び，記号を○で囲みなさい。（ア　イ　ウ　エ）

実験2の図Ⅳのとき，物体にはたらく2力は，つり合いの条件から考えると，重力とⓒ〔ア　Rさんが糸を引く力　イ　糸がRさんを引く力　ウ　糸が物体を引く力　エ　物体が糸を引く力〕である。

② 次の文中の［ⓓ］に入れるのに適している語を書きなさい。（　　）

物体にはたらく力がつり合っていて，それらの力の合力の大きさが0Nであったり，物体に力がはたらいていなかったりすると，物体がもつ［ⓓ］と呼ばれる性質によって，運動している物体はいつまでも一定の速さで一直線上を運動し続け，静止している物体はいつまでも静止し続ける。これを［ⓓ］の法則という。

【RさんとS先生の会話2】

S先生：物体がもつ力学的エネルギーを比較することによって，物体が他の物体に対して仕事をする能力を比較することができます。例えば，実験1の図Ⅲのときと，実験2の図Ⅴのときで，それぞれの物体がもつ力学的エネルギーを比較してみましょう。床を基準面（基準とする面）とし，物体が床にあるときに物体がもつ位置エネルギーを0Jとした場合，それぞれの物体がもつ位置エネルギーを比較してみてください。

Rさん：実験1の図Ⅲのときと，実験2の図Ⅴのときを比較すると，それぞれの物体がもつ位置エネルギーは，実験2の図Ⅴのときの方が大きいことが分かります。

S先生：その通りです。では，それぞれの物体がもつ運動エネルギーも比較してみてください。

Rさん：実験1の図Ⅲのときと，実験2の図Ⅴのときを比較すると，それぞれの物体がもつ［ⓔ］ことが分かります。したがって，実験2の図Ⅴのときの方が，物体がもつ力学的エネルギーは大きいことが分かります。

S先生：その通りです。このことから，実験2の図Ⅴのときの物体の方が，他の物体に対して仕事をする能力は大きいことが分かります。

(7) 上の文中の［ⓔ］に入れるのに適している内容を簡潔に書きなさい。（　　　　）

7　力と仕事の関係について調べるために，台車とばねばかりを用いて次の実験を行い，表1に結果をまとめた。以下の問いに答えなさい。　　　　　　　　　　　　　　　　　（金光大阪高）

【実験1】　図1のように，滑車をつなげた台車を高さ10cmまでゆっくりと引き上げた。

【実験2】　図2のように，滑車を使って台車を高さ10cmまでゆっくりと引き上げた。

【実験3】　図3のように，滑車をつなげた台車を，摩擦のないなめらかな斜面に沿って高さ10cmまでゆっくりと引き上げた。

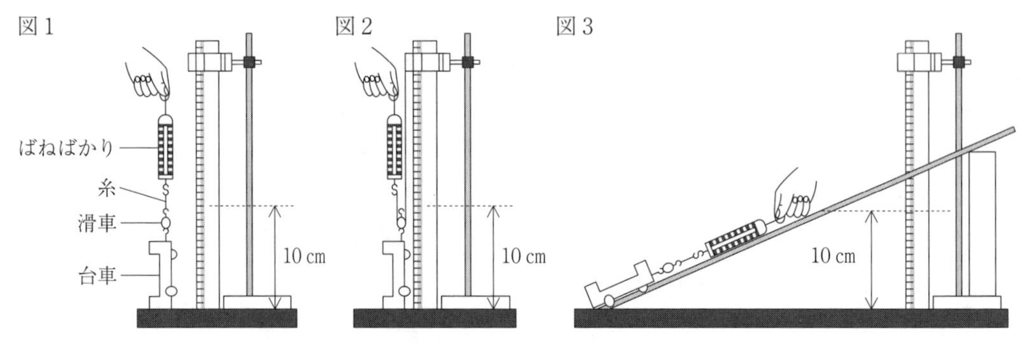

表1	力の大きさ〔N〕	糸を引いた距離〔cm〕
実験1	3.6	10
実験2	1.8	20
実験3	1.6	

(1)　次の文章は，【実験1】【実験2】を終えた後に書いた考察である。文章中の（　　）に適する数字を入れなさい。①（　　　）　②（　　　）　③（　　　）

【実験2】では，手が糸を引く力の大きさは，【実験1】の（ ① ）倍になり，手が糸を引く距離は，【実験1】の（ ② ）倍になった。しかし，手が台車にした仕事は【実験1】【実験2】いずれの場合も（ ③ ）Jである。

(2)　【実験1】では物体を10cm引き上げるのに4秒かかった。この場合の仕事率はいくらか。単位をつけて答えなさい。（　　　）

(3)　図4は，【実験3】で斜面に台車を置いたときに，台車にはたらく重力を矢印で表したものである。この物体にはたらく重力の斜面に平行な分力と斜面に垂直な分力を矢印で描き入れなさい。

図4

(4)　表1では，【実験3】での「糸を引いた距離」が空欄になっている。この空欄に入る数値は何cmか。（　　　cm）

(5)　これらの実験で確認できたことは何か。適当なものを，次のア～オから一つ選び，記号で答えなさい。（　　　）

ア　アルキメデスの原理が成り立っている。
イ　力学的エネルギーの保存が成り立っている。
ウ　慣性の法則が成り立っている。
エ　作用反作用の法則が成り立っている。
オ　仕事の原理が成り立っている。

8 1kgの物体にはたらく重力の大きさを10Nとして，以下の問いに答えなさい。ただし，滑車とひもの重さは考えないものとします。 （京都産業大附高）

問1 10kgの物体を動かそうとしています。

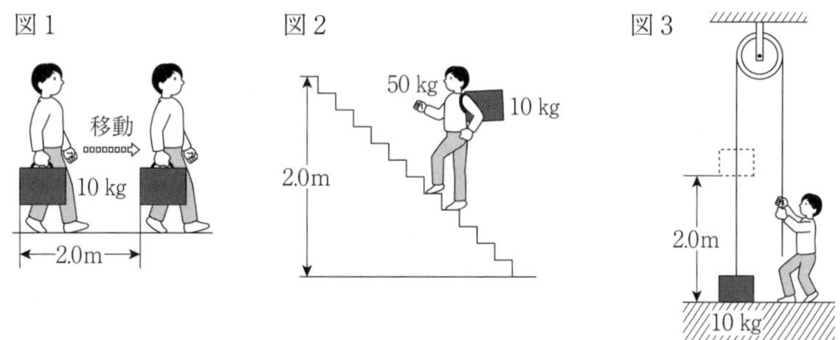

(1) 図1のように，10kgの物体を持って水平方向に2.0m歩いたとき，人がした仕事は何Jですか。（　　　J）

(2) 図2のように，体重50kgの人が10kgの物体を持ってゆっくりと2.0mの高さまで階段を上ったとき，人がした仕事は何Jですか。（　　　J）

(3) 図3のように，10kgの物体を，定滑車を用いて2.0mの高さまでゆっくりと持ち上げたとき，人がした仕事は何Jですか。（　　　J）

問2 図4のように，10kgの物体を，定滑車と動滑車を用いて2.0mの高さまでゆっくりと持ち上げます。

図4 ひもC ひもB ひもA 2.0m 10 kg

(1) ひもA，B，Cにかかる力の大きさはそれぞれ何Nですか。

A（　　　N） B（　　　N） C（　　　N）

(2) 物体を2.0mの高さまで引き上げるために，人がひもを引く距離は何mですか。（　　　m）

問3 モーターを使って，10kgの物体を一定の速さで4.8mの高さまで引き上げます。次の実験について，以下の問いに答えなさい。ただし，斜面と物体の間にはたらく摩擦は考えないものとします。

［実験1］ 図5のようにモーターAを用いると，引き上げるのに8秒かかった。

［実験2］ 図6のようにモーターBを用いて，斜面に沿って0.8m/sの速さで9.6m引き上げた。

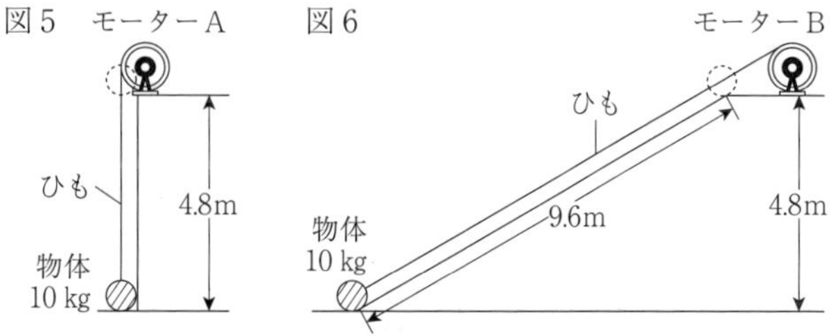

(1) 実験1で，物体が引き上げられている速さは何m/sですか。（　　　m/s）

(2) 実験1で，モーターAがした仕事の仕事率は何Wですか。（　　　W）

(3) 実験2で，モーターBが物体を引き上げる力の大きさは何Nですか。（　　　N）

(4) 実験2で，モーターBがした仕事の仕事率は何Wですか。（　　　W）

(5)　同じ時間内で，同じ重さの物体を4.8mの高さまで運ぶとき，モーターAとモーターBのどちらを使うと効率よく多くの物体を運ぶことができますか。A，Bのうち正しいものを1つ選び，記号で答えなさい。(　　　)

(6)　実験1で，モーターAを使用するために流した電流を測定すると，1.2Aでした。このとき，モーターAには何Vの電圧がかかっていますか。ただし，モーターAが消費した電気エネルギーはすべて物体を引き上げるために使われたとします。(　　　V)

(7)　モーターAが実験1で使用した電力量を，電熱線で熱量に変えると，電熱線から発生した熱によって50gの水の温度が2.3℃上昇しました。実験2でモーターBに使用した電力量によって同様の実験をすると，水温は何℃上昇しますか。電熱線から発生した熱はすべて水の温度上昇に使われたとします。(　　　℃)

図7

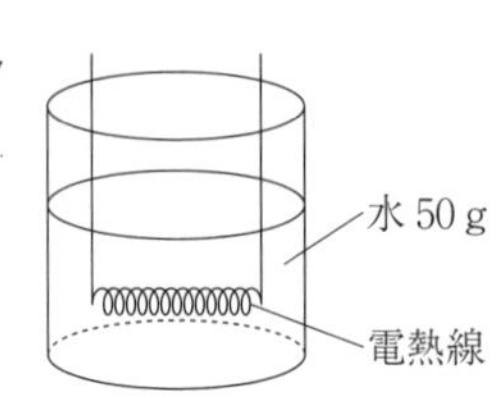

9　次の文章を読み，下の(1)～(6)の問いに答えなさい。　(和歌山信愛高)

図1のように，傾きの角度が30°の斜面をもつ三角台が水平面に固定されています。三角台の斜面の上端にはなめらかに回転する滑車が取り付けられています。ひもの重さや摩擦は考えないものとし，100gの物体にはたらく重力の大きさを1Nとします。

図2のように，滑車にひもを通し，ひもの一端を1kgのおもりにつけます。斜面に沿ってひもを引き，おもりを高さ5mまでゆっくり持ち上げます。

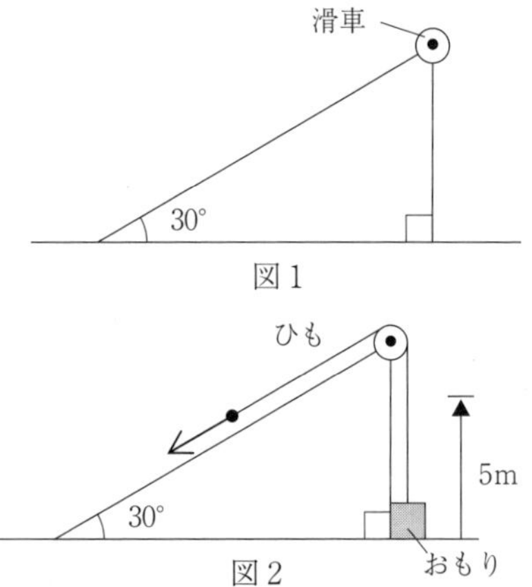

図1

図2

(1)　次の文中の［a］～［c］に適切な数字を入れなさい。a(　　　)　b(　　　)　c(　　　)

おもりにはたらく重力の大きさは［a］Nであるので，ひもを引く力の大きさは［b］Nである。おもりを高さ5mまでゆっくり持ち上げるときに，ひもを引く力がする仕事は［c］Jである。

次に，図3のように，滑車に通したひもを引くことで，1kgのおもりを斜面に沿って水平面から高さ5mまでゆっくり持ち上げます。

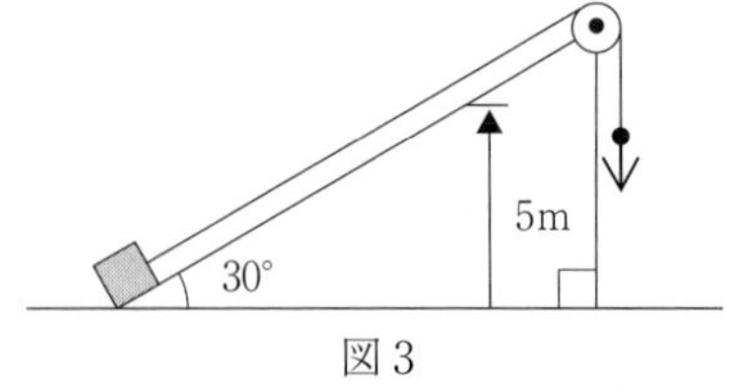

図3

(2)　おもりをゆっくり持ち上げているとき，おもりにはたらく力を図示したものとして，最も適当なものを次の(ア)～(カ)から1つ選び，記号で答えなさい。(　　　)

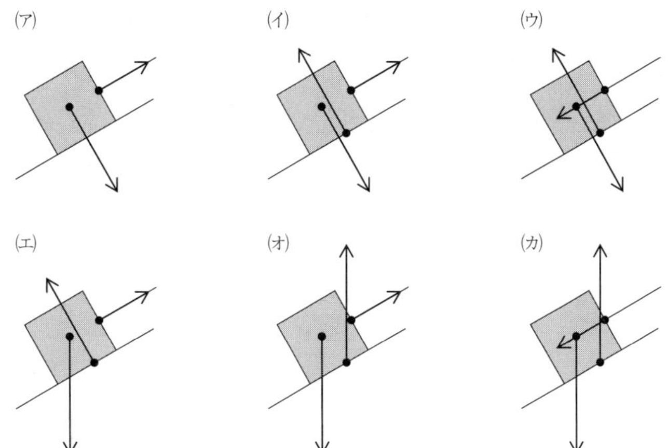

(3) おもりを水平面から高さ５mまでゆっくり持ち上げるとき，図２のように持ち上げたときの仕事と図３のように持ち上げたときの仕事を比べるとどうなりますか。次の(ア)～(ウ)から１つ選び，記号で答えなさい。(　　　)

(ア) 図２のように持ち上げた方が仕事は小さい。

(イ) 図３のように持ち上げた方が仕事は小さい。

(ウ) 図２のように持ち上げた場合も図３のように持ち上げた場合も仕事は同じである。

(4) 図３のように，おもりを水平面から高さ５mまでゆっくり持ち上げるために，ひもを何m引けばよいですか。(　　　m)

(5) 図３のように，おもりを水平面から高さ５mまでゆっくり持ち上げるために，ひもを何Nの大きさの力で引けばよいですか。(　　　N)

(6) 図２，図３でおもりを水平面から高さ５mまで持ち上げたあと，ひもを切ります。このとき，おもりの運動について，最も適当なものを次の(ア)～(エ)から１つ選び，記号で答えなさい。(　　　)

(ア) おもりの速さのふえ方は図２の方が大きく，水平面に到達したときの速さも図２の方が速い。

(イ) おもりの速さのふえ方は図２の方が大きいが，水平面に到達したときの速さは図２も図３も同じである。

(ウ) おもりの速さのふえ方は図３の方が大きく，水平面に到達したときの速さも図３の方が速い。

(エ) おもりの速さのふえ方は図３の方が大きいが，水平面に到達したときの速さは図２も図３も同じである。

10 仕事に関して，次の各問いに答えなさい。ただし，質量100gの物体にはたらく重力の大きさを１Nとする。また，滑車やひもの質量やその間にはたらく摩擦は考えないものとする。

（京都精華学園高）

1．次のア～エの仕事に関して，次の各問いに答えなさい。

ア．50Nの力で壁を押したときの仕事

イ．30Nの力でバケツを持った状態から，水平にゆっくりと２m移動するときの仕事

ウ．10kgの荷物をゆっくりと１m持ち上げたときの仕事

エ．30N の摩擦力に逆らって，倉庫の引き戸をゆっくりと 2 m 開けたときの仕事

① 仕事の大きさが同じものをア～エから 2 つ選び，記号で答えなさい。(　　　)(　　　)

② 仕事の大きさが最も大きいものをア～エから 1 つ選び，記号で答えなさい。(　　　)

2．図 1 のように，定滑車と動滑車を用いて 20kg の荷物を 2 m の高さまで持ち上げるとき，荷物がされる仕事の大きさは何 J か。また，図の点 A にかかる力は何 N か。

仕事の大きさ(　　　J)　点 A にかかる力(　　　N)

図 1

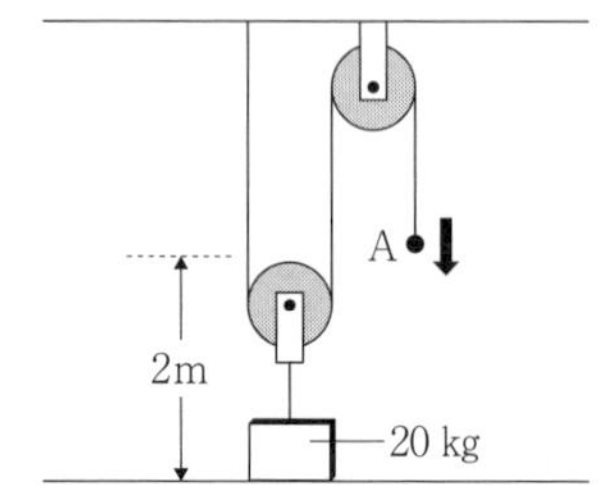

3．クレーン車のフックの部分には，図 2 のように定滑車と動滑車がそれぞれ 5 つずつ使用されている。クレーン車が 1000kg のおもりを引き上げるのに必要な力は何 N か。

(　　　N)

図 2

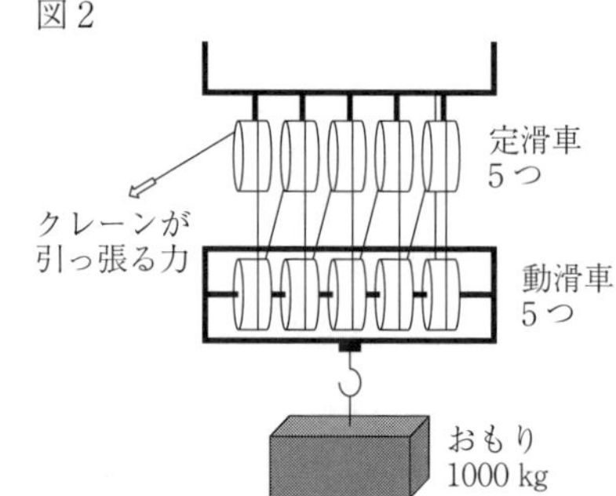

11 図のように，水平面 CD の左右に角度の異なる斜面 AC と斜面 DF がある。位置 A と F，位置 B と E はそれぞれ同じ高さである。いま，大きさが無視できる質量の等しい 2 つの物体 P，Q を用いて実験をおこなうこととする。物体 P，Q をそれぞれ位置 A，F に置き，時刻 0 の時に同時に静かに手を離した。下の問いに答えよ。ただし，斜面，水平面とも摩擦はなく，斜面は水平面となめらかにつながっている。また，P と Q は衝突しないものとし，位置エネルギーは水平面 CD を基準とする。 (奈良学園高)

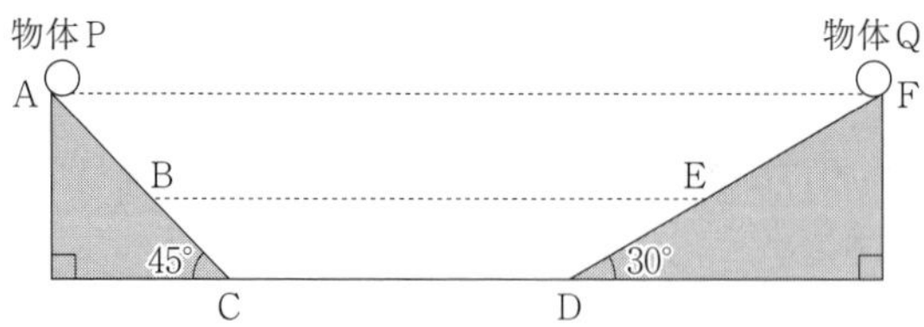

(1) 物体を静かに離した直後に，物体が持つ位置エネルギーについて，正しく述べているものはどれか。次のア～エから 1 つ選び，その記号を書け。(　　　)

ア　P の方が大きい　　イ　Q の方が大きい　　ウ　P と Q は同じ大きさ (0 ではない)

エ　P と Q はともに大きさ 0

(2) 物体を静かに離した直後に，物体にはたらく重力の斜面に平行な分力の大きさについて，正しく述べているものはどれか。次のア～エから 1 つ選び，その記号を書け。(　　　)

ア　P の方が大きい　　イ　Q の方が大きい　　ウ　P と Q は同じ大きさ (0 ではない)

エ　P と Q はともに大きさ 0

(3) 斜面を下っている間でＰが位置Ｂを，Ｑが位置Ｅを通過する瞬間に物体が持つ運動エネルギーについて，正しく述べているものはどれか。次のア～エから１つ選び，その記号を書け。(　　　)

ア　Ｐの方が大きい　　イ　Ｑの方が大きい　　ウ　ＰとＱは同じ大きさ（0ではない）

エ　ＰとＱはともに大きさ０

(4) (3)でＰが位置Ｂを，Ｑが位置Ｅを通過する時刻について，正しく述べているものはどれか。次のア～ウから１つ選び，その記号を書け。(　　　)

ア　Ｐが位置Ｂを通過する時刻は，Ｑが位置Ｅを通過する時刻より早い。

イ　Ｐが位置Ｂを通過する時刻は，Ｑが位置Ｅを通過する時刻より遅い。

ウ　Ｐが位置Ｂを通過する時刻は，Ｑが位置Ｅを通過する時刻と同じ。

(5) 水平面CDを動いている間，物体にはたらく進行方向の力の大きさについて，正しく述べているものはどれか。次のア～エから１つ選び，その記号を書け。(　　　)

ア　Ｐの方が大きい　　イ　Ｑの方が大きい　　ウ　ＰとＱは同じ大きさ（0ではない）

エ　ＰとＱはともに大きさ０

(6) 反対側の斜面を上っている間でＰが位置Ｅを，Ｑが位置Ｂを通過する時刻について，正しく述べているものはどれか。次のア～ウから１つ選び，その記号を書け。(　　　)

ア　Ｐが位置Ｅを通過する時刻は，Ｑが位置Ｂを通過する時刻より早い。

イ　Ｐが位置Ｅを通過する時刻は，Ｑが位置Ｂを通過する時刻より遅い。

ウ　Ｐが位置Ｅを通過する時刻は，Ｑが位置Ｂを通過する時刻と同じ。

(7) 反対側の斜面を上ってどちらの物体も一瞬止まった。そのときの物体が持つ力学的エネルギーについて，正しく述べているものはどれか。次のア～エから１つ選び，その記号を書け。(　　　)

ア　Ｐの方が大きい　　イ　Ｑの方が大きい　　ウ　ＰとＱは同じ大きさ（0ではない）

エ　ＰとＱはともに大きさ０

(8) 静かに手を離してから一瞬止まるまでの時間について，正しく述べているものはどれか。次のア～ウから１つ選び，その記号を書け。(　　　)

ア　Ｐの方が長い　　イ　Ｑの方が長い　　ウ　ＰとＱは同じ長さ

4　身の回りの物質

§1．気体の性質

1　次のA～Fの物質は，アンモニア，酸素，二酸化炭素，塩化水素，硫化水素，一酸化炭素のいずれかである。次の問いに答えよ。

（京都西山高）

	溶液への溶けやすさ	毒性	気体の集め方	性質や用途，発生方法など
A	少し溶ける	無毒	下方置換法 水上置換法	（ b ）を白くにごらせる。
B	溶けやすい	有毒	上方置換法	水で濡らしたリトマス紙を赤色→青色にする。
C	溶けやすい	有毒	下方置換法	水で濡らしたリトマス紙を（ c ）にする。
D	溶けにくい	無毒	（ a ）	ものを燃やすはたらきがある。
E	溶けやすい	有毒	下方置換法	火山ガスの成分
F	溶けにくい	有毒	水上置換法	有機物の不完全燃焼で生じる。

(1)　（ a ）～（ c ）に入る適当な語句を答えよ。(a)(　　　) (b)(　　　) (c)(　　　色→　　　色)

(2)　Bの気体を生成するためには，NaOHと（ d ）を混合して少量の水を加える操作をする。（ d ）の名称を答えよ。(　　　)

(3)　ゆで卵を作ったとき黄身が黒くなってしまうことがある。これは，卵の白身に含まれているアミノ酸が熱で分解されてEが発生し，卵黄中の鉄分と化学反応を起こして（ e ）が生成するためである。Eと生成物（ e ）を化学式で答えよ。E(　　　) (e)(　　　)

2　右図のように，試験管の中に固体粉末を入れて加熱をし，発生する気体について調べる実験をした。

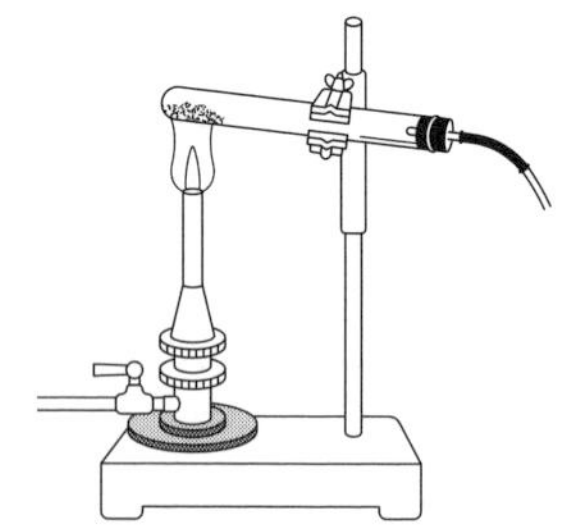

用いた粉末はア～エの4種類である。

ア：炭酸水素ナトリウム

イ：酸化銀

ウ：酸化銅と炭素の混合物

エ：水酸化カルシウムと塩化アンモニウムの混合物

次の各問いに答えなさい。

（羽衣学園高）

問1　ア～エのうち，加熱したときに同じ気体が発生する組み合わせがある。そのとき発生する気体の化学式を答えなさい。(　　　)

問2　問1で答えた気体の特徴として間違っているものを次の①～④より選び，番号で答えなさい。

(　　　)

①　水に少し溶けた水溶液にBTB溶液を加えると黄色を示す。

②　石灰水に通すと白くにごる。

③　水上置換法で集めることができる。

④　水に少し溶けた水溶液にフェノールフタレイン溶液を数滴加えると赤色を示す。

問3　ア～エのうち，加熱したときに発生する気体が上方置換法でしか集めることができないものについて，その気体の物質名を答えなさい。(　　　)

問4　問3の気体の化学式を答えなさい。(　　　)

問5　アを加熱する実験をした後に残った固体の化学式を答えなさい。(　　　)

問6　イを加熱する実験の化学反応式を答えなさい。(　　　　　　　　　　)

3　ドライアイスについて，次の【実験1】～【実験3】を行った。以下の設問に答えなさい。

(京都廣学館高)

【実験1】　図1のように，陶器でできた皿の上にドライアイスを一欠片(かけら)のせ，冷蔵庫の冷凍室（室温－18℃）に入れ24時間放置した。その後，A ドライアイスがどのように変化したかを観察した。

【実験2】　図2のように，ビーカーに入れた水にドライアイスを一欠片入れると，激しくB 白い煙が発生した。それが収まった後，BTB溶液を数滴入れてC 水溶液の色を観察した。また，水の代わりに石灰水をビーカーに入れ，そこにドライアイスを一欠片入れてD 様子を観察した。

【実験3】　図3のように，500mL（$500cm^3$）の耐圧ペットボトルに水$500cm^3$を入れ，キャップと共に重さを計ると520gであった。そのペットボトルにドライアイス1.0gを入れ，すぐキャップを閉めた。しばらくしてドライアイスが完全に見えなくなるのを待ち，E キャップを緩めると「プシュッ」と音がした。その後，そのペットボトルの重さを量ったところ520.82gであった。

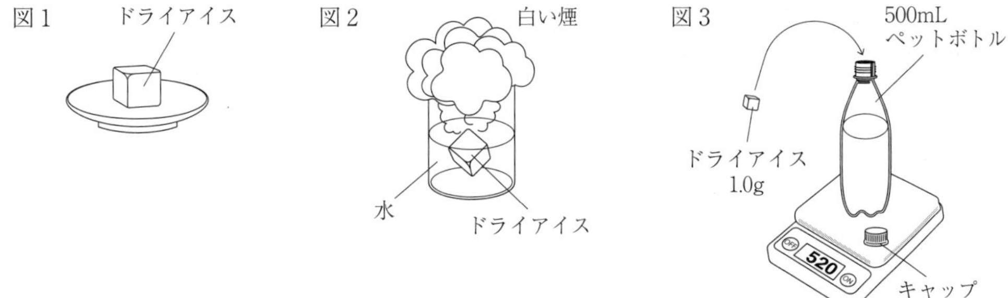

1．ドライアイスは何からできているか，物質名で答えなさい。(　　　)

2．1の気体の性質として適当でないものを，次のア～オからすべて選び，記号で答えなさい。

(　　　)

ア　無色，無臭の気体である。

イ　水に溶けやすい。

ウ　物質が燃えるのを助けるはたらきはない。

エ　空気より重いため，気体は上方置換法で集める。

オ　消火器などに応用され，利用されている。

3．ドライアイスは固体から気体へ直接，状態変化をする性質をもっている。この状態変化の名称を答えなさい。(　　　)

4．下線部Aについて，適当なものを次のア～ウから1つ選び，記号で答えなさい。ただし，ドライアイスの3の起こる温度は－78.5℃とする。(　　　)

ア　皿の上には何も残っていなかった。

イ　ドライアイスは全部，氷に変化していた。

ウ　ドライアイスは元の状態のままだった。

5．下線部Bについて，適当なものを次のア～ウから1つ選び，記号で答えなさい。(　　　)

ア　ビーカーに入っていた水が蒸発したもの。

イ　ドライアイスが気体になったもの。

ウ　空気中の水蒸気が液体になったもの。

6．下線部Cについて，色を答えなさい。(　　　色)

7．下線部Dについて，石灰水はどうなったか，簡潔に答えなさい。(　　　　　　　　)

8．下線部Eの理由として，気体がペットボトルの外へ出ていったことが考えられる。出ていった気体の密度が0.0018g/cm^3とすると，出ていった気体の体積は何cm^3か，求めなさい。

(　　　cm^3)

9．1の気体の発生方法の1つとして，石灰石$CaCO_3$にうすい塩酸HClを加える方法がある。このときに起こる化学変化を，化学反応式で表しなさい。(　　　　　→　　　　　)

10．1の気体の発生方法として，9以外の方法で，適当なものを次のア～オからすべて選び，記号で答えなさい。(　　　)

ア　亜鉛にうすい塩酸を加える。

イ　貝殻にうすい塩酸を加える。

ウ　塩化アンモニウムと水酸化カルシウムの混合物を加熱する。

エ　ダイコンおろしにオキシドールを加える。

オ　発泡入浴剤を60℃の湯に入れる。

§2．水溶液の性質

1　京(みやこ)さんが行った実験に関する次の文を読み，あとの問い（問1～4）に答えよ。（京都外大西高）

水酸化ナトリウム　食塩　砂糖 塩化水素　硫酸亜鉛　硫酸銅

京さんは実験室で試薬びんに入った水溶液を見つけた。この試薬びんには試薬名が書かれていなかったが，右枠のいずれかが溶けたものであることがわかっている。

京さんは，試薬びんの水溶液に何が溶けているかを調べるために，枠内の物質の15％水溶液をそれぞれつくり，各水溶液の性質を調べたあと，試薬びんの水溶液の性質を調べた。

水溶液の性質を調べる実験1～5とその結果は，次の表のとおりであった。

表　実験とその結果

実験		結果
実験１	すべての水溶液の色を観察する。	有色の水溶液は１種類で，それ以外は無色であった。
実験２	溶液の色が無色透明の水溶液にフェノールフタレインを１滴加える。	赤色になった水溶液は１種類で，それ以外は変化しなかった。
実験３	実験２で色が変化しなかった水溶液にムラサキキャベツ液を１滴加える。	強い酸性を示す濃い赤色になった水溶液は１種類で，それ以外は変化しなかった。
実験４	実験３で色が変化しなかった水溶液に電流が流れるか調べる。	電流が流れなかった水溶液は１種類であった。電流が流れた水溶液は２種類あり，そのうち一方からはプールの消毒薬のようなにおいがしてきた。
実験５	試薬びんの水溶液に対して実験１～4を行う。	水溶液の色は無色で，フェノールフタレインを加えても，ムラサキキャベツ液を加えても色の変化はなかった。水溶液に電流は流れたが，そのときにプールの消毒薬のようなにおいはしなかった。

問１　30gの硫酸銅を使って15％硫酸銅水溶液をつくるためには，何gの水に溶かせばよいか。次の形式で表すとき，［ア］～［ウ］にあてはまる数字を，下の①～⓪のうちから一つずつ選べ。ただし，同じものを繰り返し選んでもよい。ア（　　）イ（　　）ウ（　　）

［ア］［イ］［ウ］g

①　1　②　2　③　3　④　4　⑤　5　⑥　6　⑦　7　⑧　8　⑨　9　⓪　0

問２　塩酸は気体の塩化水素が溶けた水溶液である。気体の塩化水素は下方置換で集める。一般的に下方置換で集める気体の特徴について，正しく述べているものはどれか。次の①～⑦のうちからすべて選べ。（　　）

①　水に溶けやすい。　②　水に溶けにくい。　③　空気より密度が小さい。

④　空気より密度が大きい。　⑤　水に溶けると酸性である。

⑥　水に溶けるとアルカリ性である。　⑦　水に溶けると中性である。

問３　実験１で観察された有色の水溶液は何色か。次の①～⑥のうちから一つ選べ。（　　）

①　赤色　②　青色　③　黄色　④　銀色　⑤　黒色　⑥　茶色

問４　次の⑴～⑷の水溶液を，あとの①～⑥のうちからそれぞれ一つずつ選べ。

⑴　pHが一番大きな水溶液（　　）

⑵　pHが一番小さな水溶液（　　）

⑶　実験４の結果，電流を通さなかった水溶液（　　）

⑷　試薬びんにはいっていた水溶液（　　）

①　水酸化ナトリウム水溶液　②　食塩水　③　砂糖水　④　塩酸

⑤　硫酸亜鉛水溶液　⑥　硫酸銅水溶液

2 春香さんは，大さじ１杯（$15cm^3$）のしょうゆに含まれる食塩の質量を調べるために，しょうゆから食塩を取り出す実験を行った。各問いに答えよ。ただし，しょうゆには有機物と食塩のみが含まれるものとする。 （奈良県―一般）

(1) 次の［　　］内は，春香さんが行った実験である。食塩のみを固体として取り出すには（　　）でどのような操作を行えばよいか。（　　）に適する言葉を，「ろ過」の語を用いて簡潔に書け。
（　　　　　　　　　　　　　　　　　　　　　　　　　　　　　　　）

図のように，しょうゆ $15cm^3$ を蒸発皿に入れ，しょうゆに含まれる有機物がすべて炭になるまで十分に加熱した。加熱後，蒸発皿に水 $30cm^3$ を加えてかき混ぜたところ，炭は水にとけずに残っていた。その後，蒸発皿に入っている炭の混ざった液体を（　　）ことにより，食塩のみを固体として取り出した。

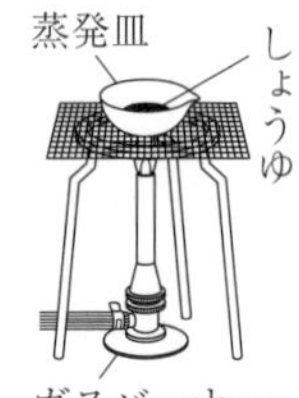

(2) (1)の実験により得られた食塩の質量は2.5gであった。この実験でしょうゆに含まれる食塩をすべて取り出したとすると，実験に用いたしょうゆに含まれる食塩の質量の割合は何％であると考えられるか。小数第１位を四捨五入して整数で書け。ただし，しょうゆの密度は $1.2g/cm^3$ とする。（　　　％）

3 水溶液の性質を調べるため，３種類の白色の物質Ａ，Ｂ，Ｃを用いて実験を行いました。これについて，以下の各問いに答えなさい。また，実験で用いた物質Ａ，Ｂ，Ｃは，塩化ナトリウム，硝酸カリウム，ミョウバンのいずれかです。 （大阪青凌高）

【実験１】 15℃の水75gが入ったビーカーを３つ用意し，物質Ａ，Ｂ，Ｃをそれぞれのビーカーに20g加え，ガラス棒で十分にかき混ぜて，各物質が水に溶ける様子を観察した。このとき物質Ａを加えてできた水溶液を水溶液ａ，物質Ｂを加えてできた水溶液を水溶液ｂ，物質Ｃを加えてできた水溶液を水溶液ｃとする。ただし，ここでの水溶液は，物質Ａ，Ｂ，Ｃが溶け残っていた場合でも，溶け残りも含めて水溶液と表記する。

【実験２】 【実験１】の水溶液ａ，ｂ，ｃをガラス棒でかき混ぜながら，水溶液の温度が35℃になるまでおだやかに加熱し，各水溶液の様子を観察した。

【実験３】 【実験２】の水溶液ａ，ｂ，ｃを水溶液の温度が５℃になるまで冷却し，各水溶液の様子を観察した。

【実験４】 別のビーカーをひとつ用意し，硝酸カリウム50gを水に完全に溶かして，質量パーセント濃度25％の水溶液をつくり，その後水溶液の温度が５℃になるまで冷却し，水溶液の様子を観察した。

次の表１は，塩化ナトリウム，硝酸カリウム，ミョウバンについて，５℃，15℃，35℃の水100gに溶かすことができる最大の質量（溶解度）を示したものです。また，表２は，【実験１】～【実験３】の結果をまとめたものです。

表1　各物質の溶解度

	5℃	15℃	35℃
塩化ナトリウム	35.7g	35.9g	36.4g
硝酸カリウム	11.6g	24.0g	45.3g
ミョウバン	6.2g	9.4g	19.8g

表2　【実験1】～【実験3】の結果

	5℃のとき	15℃のとき	35℃のとき
水溶液a	結晶が見られた	結晶が見られた	結晶が見られた
水溶液b	結晶が見られた	結晶が見られた	全て溶けていた
水溶液c	全て溶けていた	全て溶けていた	全て溶けていた

問1　塩化ナトリウムの化学式を答えなさい。(　　　)

問2　物質が水に溶けて均一になる現象を何といいますか。(　　　)

問3　ミョウバンの結晶として最も適当なものを次の㋐～㋓より1つ選び，記号で答えなさい。

(　　　)

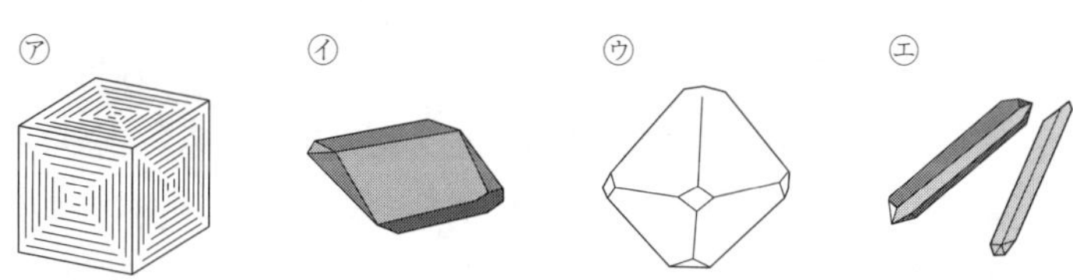

問4　【実験1】～【実験3】の結果より，白色の物質A，B，Cはそれぞれ何ですか。その組み合わせとして最も適当なものを次の㋐～㋕より1つ選び，記号で答えなさい。(　　　)

	物質A	物質B	物質C		物質A	物質B	物質C
㋐	塩化ナトリウム	硝酸カリウム	ミョウバン	㋓	硝酸カリウム	ミョウバン	塩化ナトリウム
㋑	塩化ナトリウム	ミョウバン	硝酸カリウム	㋔	ミョウバン	塩化ナトリウム	硝酸カリウム
㋒	硝酸カリウム	塩化ナトリウム	ミョウバン	㋕	ミョウバン	硝酸カリウム	塩化ナトリウム

問5　【実験4】より，水溶液の温度を5℃まで下げたところ，結晶としてでてきた硝酸カリウムは何gですか。(　　　g)

問6　物質Cについて，【実験3】の後，水溶液Cの温度をさらに下げても結晶が得られませんでした。一度溶かした物質Cを再び結晶として取り出すためにはどのようにすればよいかを20字以内で説明しなさい。ただし，「水溶液を……」という書き出しで始め，「水」という語句を用いること。水溶液を□□□□□□□□□□□□□□□□□

4　次の図は，水の温度と100gの水に溶ける3種類の物質A，B，Cの質量の関係をグラフに表したものである。あとの問に答えなさい。ただし，物質が溶けたことによる水溶液の温度変化は考えないものとする。

(京都成章高)

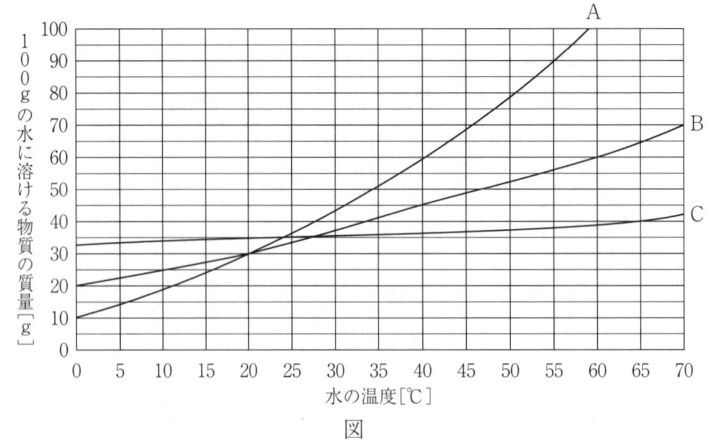

図

問1　次の文章の（ ア ）～（ オ ）に当てはまる語句を漢字で答えなさい。

ア（　　　）　イ（　　　）　ウ（　　　）　エ（　　　）　オ（　　　）

溶液に溶けている物質を（ ア ）といい，それを溶かしている液体を（ イ ），（ ア ）が（ イ ）に溶ける現象を（ ウ ）という。水100gに溶ける物質の最大の量をその物質の（ エ ）といい，この最大の量まで溶けている状態を飽和という。（ エ ）は（ ア ）の種類ごとに決まった値となり，温度によって変化する。（ エ ）を利用して結晶を取り出す方法を（ オ ）という。

問2　40℃の水150gに物質Aを溶かし，飽和水溶液をつくった。この水溶液の質量パーセント濃度は何％か，**整数値**で答えなさい。なお，必要であれば小数第1位を四捨五入すること。

（　　　％）

問3　40℃の水でつくった物質Aの飽和水溶液300g中に溶けている物質Aの質量は何gか，**整数値**で答えなさい。なお，必要であれば小数第1位を四捨五入すること。（　　　g）

問4　20℃の水50gを入れたビーカーを3つ用意し，それぞれ物質A，B，Cを溶かして飽和水溶液をつくった。この飽和水溶液をそれぞれ水溶液A，B，Cとする。この3つの水溶液の温度を5℃まで下げたとき，最も多くの結晶を取り出すことができる水溶液はどれか，A～Cから1つ選び，記号で答えなさい。（水溶液　　　）

問5　60℃の水80gに物質Bを20g溶かした水溶液がある。この水溶液を冷却したとき，何℃で結晶が生じ始めるか，**整数値**で答えなさい。（　　　℃）

問6　70℃の水150gでつくった物質Bの飽和水溶液を20℃まで温度を下げたとき，取り出すことができる結晶は何gか，**整数値**で答えなさい。なお，必要であれば小数第1位を四捨五入すること。（　　　g）

問7　40℃の水でつくった物質Bの飽和水溶液435gを20℃まで温度を下げたとき，取り出すことができる結晶は何gか，**整数値**で答えなさい。なお，必要であれば小数第1位を四捨五入すること。（　　　g）

問8　物質Cの質量パーセント濃度が15％の水溶液を300cm^{3}つくるには，物質Cは何g必要か，**整数値**で答えなさい。なお，必要であれば小数第1位を四捨五入すること。この水溶液の密度を1.3g/cm^{3}とする。（　　　g）

§3．状態変化

1　水の状態変化について，以下の問いに答えなさい。　(京都両洋高)

図1のように，水と碎(くだ)いた氷を入れたビーカーを加熱した。この水の温度変化は図2のようになった。

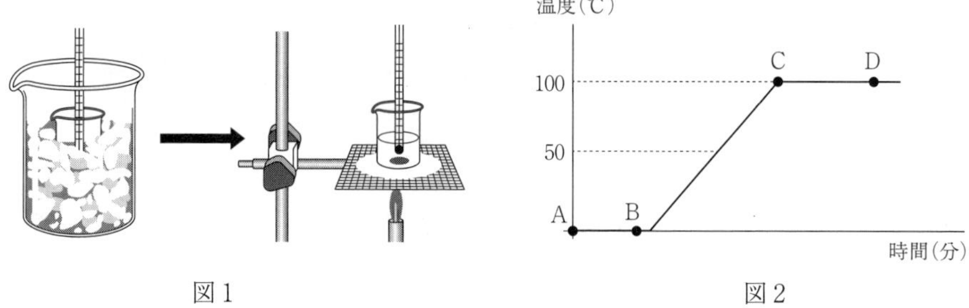

図1　　　図2

(1)　この実験で水と氷が共存するのは，図2のグラフA～Dのどの区間か。次のア～エから1つ選びなさい。(　　)

ア　AからB　　イ　BからC　　ウ　CからD　　エ　AからC

(2)　この実験で水が沸騰しはじめる点は，図2のグラフの上のA，B，C，Dのうちどの点か選びなさい。(　　)

(3)　氷が溶け始める温度を何というか。(　　)

(4)　図2のグラフにおけるCからDまでの温度が一定になる理由を述べているものはどれか。次のア～エのうちから正しいものを1つ選びなさい。(　　)

ア　ガスバーナーの炎の温度が一定だから。　　イ　水は純粋な物質だから。

ウ　水は混合物だから。　　エ　水と氷を混ぜたから。

(5)　氷と水の量を2倍にして同じ条件のもとで実験を行った。グラフの平らな部分の温度はどうなるか。次のア～ウのうちから正しいものを1つ選びなさい。(　　)

ア　高くなる　　イ　低くなる　　ウ　変わらない

(6)　(5)と同じ条件で平らな部分の長さはどうなるか。次のア～ウのうちから正しいものを1つ選びなさい。(　　)

ア　長くなる　　イ　短くなる　　ウ　変わらない

2　次の文を読み，問いに答えなさい。　(立命館守山高)

水とエタノールの混合物を用いて実験を行いました。ただし，液体の水の密度は1g/cm^{3}とし，エタノールと水の混合物の体積は，混合する前の水の体積とエタノールの体積の和であるものとします。

【実験】

Ⅰ　水20.0cm^{3}とエタノール5.0cm^{3}を混ぜて，質量を測定すると，23.95gでした。

Ⅱ　枝付きフラスコに水とエタノールの混合物とXを入れ，図1の装置で，混合物を加熱しました。ただし，図1ではフラスコの温度計と試験管に入れたガラス管の位置は示されていません。

Ⅲ　加熱開始からの時間と図1の温度計の示す値の変化を記録しました。図2はこのときの結果を表しています。

Ⅳ　加熱後，ガラス管を通って試験管に出てきた液体を順におよそ3 cm^3 ずつ別の試験管A，試験管B，試験管Cに集めました。

Ⅴ　加熱を終了するための操作を行い，ガスバーナーの火を消しました。

Ⅵ　試験管A～Cの液体のにおいを調べました。

Ⅶ　試験管A～Cの液体にポリプロピレンの小片をそれぞれ入れて，浮き沈みを調べました。

図1

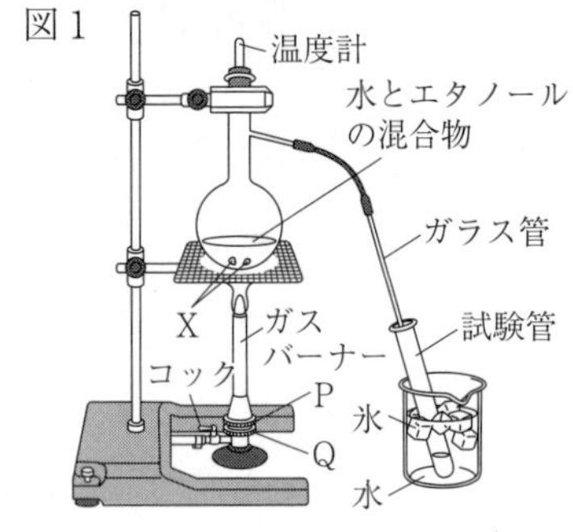

図2

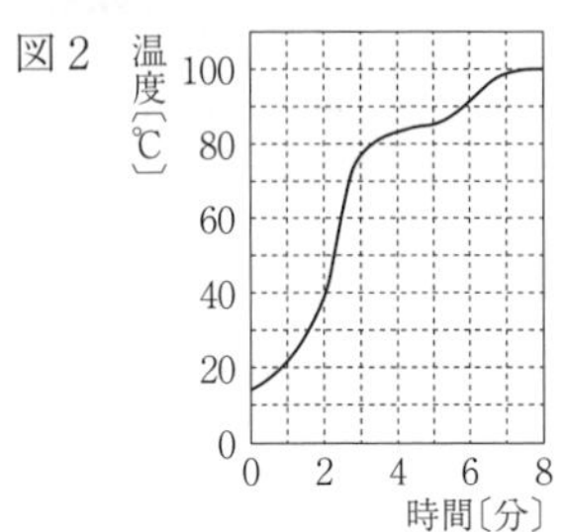

Ⅷ　試験管A～Cの液体を蒸発皿にとり，マッチの火を近づけて燃えるかどうかを調べました。表はⅥ～Ⅷの結果を表しています。

表

試験管	A	B	C
Ⅵ	強いにおいがした。	少しにおいがした。	においがなかった。
Ⅶ	小片が沈んだ。	小片が沈んだ。	小片が浮いた。
Ⅷ	火がついて燃えた。	火がついたがすぐに消えた。	火がつかなかった。

問1　Ⅰで，水とエタノールの混合物の密度は何 g/cm^3 ですか。小数第3位を四捨五入して小数第2位まで答えなさい。(　　　g/cm^3)

問2　Ⅰで，エタノールの密度は何 g/cm^3 ですか。小数第2位まで答えなさい。(　　　g/cm^3)

問3　Ⅰで，水とエタノールの混合物をエタノール水溶液と考えると，質量パーセント濃度は何％ですか。小数第2位を四捨五入して小数第1位まで答えなさい。(　　　％)

問4　Ⅱで，枝付きフラスコにXを入れるのは，混合物の急な状態変化を防ぐためです。Xの名称を答えなさい。(　　　)

問5　実験の図1の装置のフラスコの温度計と試験管に入れたガラス管の位置の組み合わせとして正しいものを，次のア～エから1つ選び，記号で答えなさい。(　　　)

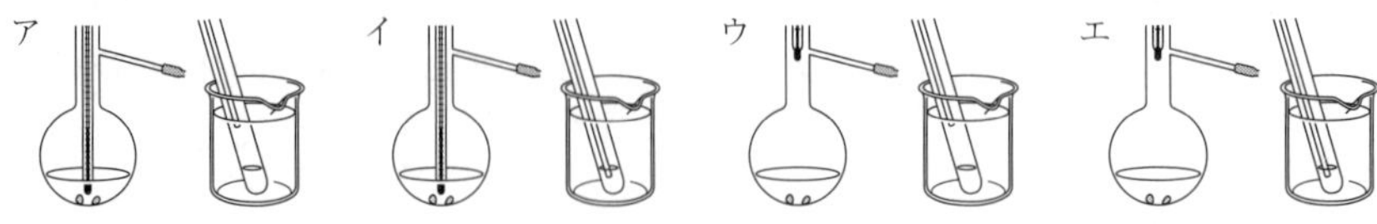

問6　実験で，水とエタノールの混合物が沸騰し始めたのは加熱開始からおよそ何分後ですか。最も適切なものを，次のア～エから1つ選び，記号で答えなさい。(　　　)

ア　1分後　　イ　3分後　　ウ　5分後　　エ　7分後

問7　実験のⅤで，加熱を終了するときの操作の手順になるように次のア～オを並び替えて，記号で答えなさい。(　　→　　→　　→　　→　　)

ア　元栓を閉める。

イ　ガスバーナーのＰのねじを閉める。

ウ　ガスバーナーのＱのねじを閉める。

エ　ガスバーナーのコックを閉める。

オ　ガラス管を試験管からぬく。

問8　実験のⅦで，試験管Ａ～Ｃに入れたポリプロピレンの質量と体積の関係を表している最も適切なものを，図３のア～オから１つ選び，記号で答えなさい。(　　　)

図３

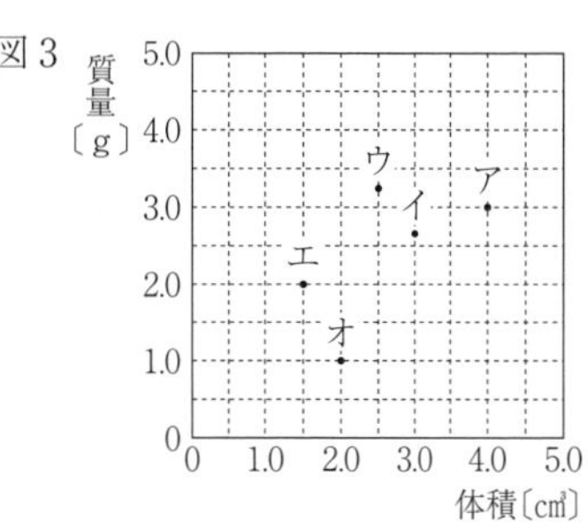

問9　実験で，フラスコに入れる水とエタノールの混合物の量を半分にして実験を行った場合，加熱開始からの時間と温度の変化を表したグラフとして最も適切なものを，次のア～エから１つ選び，記号で答えなさい。(　　　)

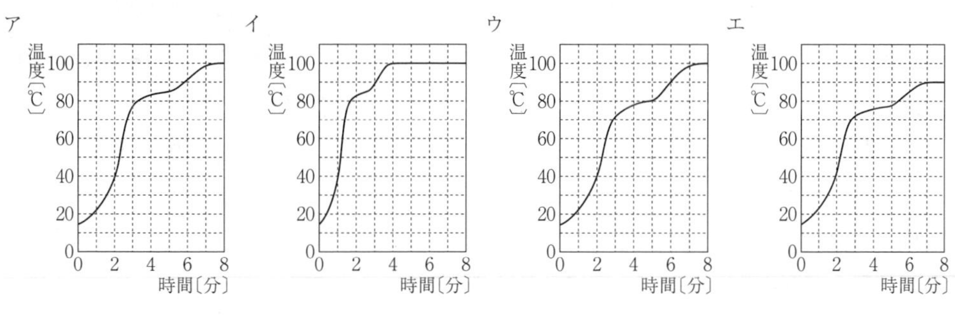

問10　実験で，水とエタノールの混合物から，エタノールを多く含んだ液体をとり出すことができました。

⑴　実験のようにして，混合物から液体をとり出す方法を何といいますか。(　　　)

⑵　実験で，水とエタノールの混合物からエタノールを多く含んだ液体をとり出すことができる理由として最も適切なものを，次のア～カから１つ選び，記号で答えなさい。(　　　)

ア　エタノールの沸点が水よりも高いから。

イ　エタノールの沸点が水よりも低いから。

ウ　エタノールの融点が水よりも高いから。

エ　エタノールの融点が水よりも低いから。

オ　エタノールの密度が水よりも大きいから。

カ　エタノールの密度が水よりも小さいから。

§4．物質の分類

1　次のア～コの物質の性質を調べて分類をした。以下の問いに答えなさい。　(京都明徳高)

ア．アルミニウム	イ．砂糖	ウ．エタノール	エ．プラスチック	オ．水
カ．食塩	キ．窒素	ク．小麦粉	ケ．鉄	コ．ガラス

(1)　まず有機物か無機物かを調べるためにそれぞれを燃やしてみた。有機物の場合は焦げて炭になるか，ある気体を発生する。ある気体とは何か，物質名を答えなさい。(　　　)

(2)　有機物であるものを，上のア～コからすべて選び，記号で答えなさい。(　　　)

(3)　次に金属か非金属かを調べるために実験をした。ふさわしい実験を次のa～dから1つ選び記号で答えなさい。(　　　)

a．磁石につくかどうかを調べる。　　b．水に溶けるかどうかを調べる。

c．電流が流れるかどうかを調べる。　d．虫めがねで観察して調べる。

2　次の文章を読み，以下の各問いに答えなさい。　(帝塚山学院泉ヶ丘高)

8種類の固体A～Hを用いて，それらを判別するために次の【実験1】～【実験5】を行い，結果を表1にまとめた。この実験に使用した粉末は炭酸水素ナトリウム，でんぷん，食塩，砂糖，アルミニウム，鉄，マグネシウム，酸化銀のいずれかである。

【実験1】　固体の色を目で見て観察した。

【実験2】　固体に磁石を近づけて，そのときの様子を観察した。

【実験3】　固体を粉末にして試験管に入れ，冷水を加えてよく振り，粉末の溶け方を観察した。

【実験4】　固体を入れた試験管にうすい塩酸を加え，その変化を観察した。

【実験5】　固体を粉末にして蒸発皿に入れ，ガスバーナーで加熱し，その変化を観察した。

表1

	A	B	C	D
実験1	白色	白色	黒色	銀色
実験2	つかない	つかない	ついた	つかない
実験3	溶けた	溶けた	溶けない	溶けない
実験4	変化なし	変化なし	気体aが発生した	気体aが発生した
実験5	変化なし	黒くなった	黒くなった	白くなった

	E	F	G	H
実験1	白色	白色	黒色	銀色
実験2	つかない	つかない	つかない	つかない
実験3	ほとんど溶けない	溶けた	溶けない	溶けない
実験4	変化なし	気体bが発生した	変化なし	気体aが発生した
実験5	黒くなった	気体bが発生した	銀色になった	白くなった

(1) Cの物質名を答えなさい。(　　　)

(2) BやEのように，加熱すると黒い物質が残る化合物を何というか。漢字3文字で答えなさい。

(　　　)

(3) 【実験5】でGの蒸発皿に残った銀色の物質の名称を答えなさい。(　　　)

(4) 気体aの捕集方法として最も適当なものを1つ選び，解答欄の記号を○で囲みなさい。

(ア　イ　ウ)

ア．水上置換法　　イ．上方置換法　　ウ．下方置換法

(5) A，B，E，Fの物質の組み合わせとして最も適当なものを1つ選び，解答欄の記号を○で囲みなさい。(ア　イ　ウ　エ　オ　カ　キ　ク)

	A	B	E	F
ア	炭酸水素ナトリウム	でんぷん	食塩	砂糖
イ	炭酸水素ナトリウム	砂糖	食塩	でんぷん
ウ	でんぷん	炭酸水素ナトリウム	砂糖	食塩
エ	でんぷん	食塩	炭酸水素ナトリウム	砂糖
オ	食塩	砂糖	でんぷん	炭酸水素ナトリウム
カ	食塩	でんぷん	砂糖	炭酸水素ナトリウム
キ	砂糖	炭酸水素ナトリウム	でんぷん	食塩
ク	砂糖	食塩	炭酸水素ナトリウム	でんぷん

(6) 化学反応により，気体bが発生する操作として最も適当なものを1つ選び，解答欄の記号を○で囲みなさい。(ア　イ　ウ　エ)

ア．水を電気分解すると，陰極から生じた。

イ．卵の殻にうすい塩酸を加えた。

ウ．塩化アンモニウムと水酸化カルシウムの混合物を加熱した。

エ．硫化鉄にうすい塩酸を加えた。

(7) この実験では，粉末DとHが区別できないことに気づき，固体の密度を測定することでDとHを区別することにした。Dのかたまりの質量を上皿てんびんで調べたところ，7.6gであった。

図1は，はじめに冷水が9.5cm^{3}入っているメスシリンダーにDのかたまりを沈めたときの様子である。

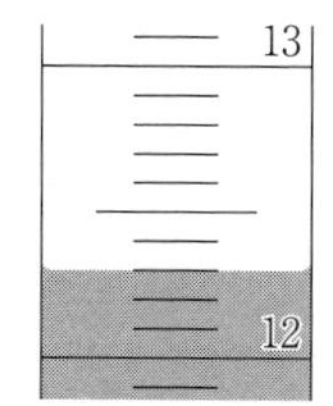

図1

① Dのかたまりの体積は何cm^{3}ですか。(　　　cm^3)

② 次の表2は各物質の密度を表している。これを参考にして，Dの化学式を答えなさい。

(　　　)

表2

	アルミニウム	鉄	マグネシウム	酸化銀
密度[g/cm^3]	2.7	7.9	1.7	7.1

3　次の文章を読み，以下の問いに答えなさい。　(大商学園高)

古代ローマ時代の顔料，平安時代の建築物，水道管や食器など，昔から人類が深く付き合ってきた金属の１つが，鉛（Pb）であり，現在も広く，私たちの生活に関わっています。その鉛の特徴として，次の３つが挙げられます。

《特長①》　軟らかい

《特長②》　比較的$_A$融点が低い

《特長③》　$_B$密度が大きい

(1)　金属は無機物である。次のア～カのうち無機物であるものを，すべて選び，記号で答えなさい。
（　　　）

ア．窒素　　イ．マグネシウム　　ウ．砂糖　　エ．プラスチック　　オ．紙　　カ．水

(2)　下線部Ａについて，融点とは何か，説明しなさい。ただし，次の語句を必ず用いなさい。
（　　　　　　　　　）

〈語句〉　固体　　液体　　温度

(3)　下の表は様々な物質の融点，沸点，密度をまとめている。表の中の物質から，常温（20℃）で液体の物質はいくつあるか，答えなさい。（　　　個）

(4)　下線部Ｂについて，ある物質の体積は6.0cm^3，質量は47.4gであった。この物質の密度は何g/cm^{3}か，小数第１位まで求めなさい。また，この物質の物質名として，最も適当なものを表から１つ選び，物質名で答えなさい。密度（　　　g/cm^3）　物質名（　　　）

(5)　(4)と同じ体積のアルミニウムでできた物質の質量は何ｇか，小数第１位まで求めなさい。
（　　　g）

物質	融点〔℃〕	沸点〔℃〕	密度〔g/cm^3〕
金	1063	2857	19.30
銀	961	2162	10.49
銅	1083	2567	8.96
鉄	1535	2750	7.87
アルミニウム	660	2467	2.70
塩化ナトリウム	801	1413	2.17
水銀	− 39	357	13.53
エタノール	− 115	78	0.79
酸素	− 218	− 183	0.0013

※密度は20℃のときの値

表

4　液体に対する食品の浮き沈みについて調べるため，実験を行いました。後の各問いに答えなさい。
(光泉カトリック高)

【実験１】

ニンジン，ダイコン，キュウリを小さく切ったものとたまごを準備して，それぞれ質量と体積

を測定し，密度を計算しました。次に，20℃の水200gに食塩50gを溶かした食塩水をつくり，この食塩水に準備した食品を入れ，浮き沈みを調べました。表1は，食品の密度と，浮き沈みの結果をまとめたものです。

表1

食品	ニンジン	ダイコン	キュウリ	たまご
密度〔g/cm^3〕	1.20	0.95	1.05	1.10
実験1の結果	沈んだ	浮いた	浮いた	浮いた

【実験2】

20℃の水200gに砂糖50gを溶かした砂糖水をつくりました。この砂糖水に，実験1で準備したものと同じ食品を入れ，浮き沈みを調べて表2にまとめました。

表2

食品	ニンジン	ダイコン	キュウリ	たまご
密度〔g/cm^3〕	1.20	0.95	1.05	1.10
実験2の結果	沈んだ	浮いた	浮いた	沈んだ

問1　メスシリンダーに水を$20.0cm^3$入れ，小さく切ったニンジンの体積を測定したところ，ニンジンの体積は$5.0cm^3$であることがわかりました。このときの液面のようすとして正しいものを次のア～ウの中から1つ選んで，記号で答えなさい。（　　　）

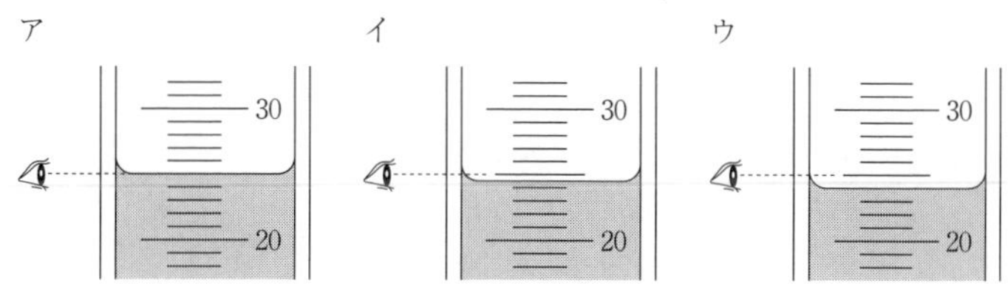

問2　下線部の食塩水の質量パーセント濃度を求めなさい。（　　　%）

問3　実験1の結果から，下線部の食塩水の密度として考えられる範囲を次のア～オの中から1つ選んで，記号で答えなさい。（　　　）

ア．$0.95g/cm^3$より小さい。

イ．$0.95g/cm^3$より大きく$1.05g/cm^3$より小さい。

ウ．$1.05g/cm^3$より大きく$1.10g/cm^3$より小さい。

エ．$1.10g/cm^3$より大きく$1.20g/cm^3$より小さい。

オ．$1.20g/cm^3$より大きい。

問4　実験1，実験2の結果から，実験1でつくった食塩水と実験2でつくった砂糖水について述べた文として正しいものを次のア～エの中から1つ選んで，記号で答えなさい。（　　　）

ア．実験2でつくった砂糖水の体積は，実験1でつくった食塩水の体積よりも大きい。

イ．実験2でつくった砂糖水の体積は，実験1でつくった食塩水の体積よりも小さい。

ウ．実験2でつくった砂糖水の質量は，実験1でつくった食塩水の質量よりも大きい。

エ．実験2でつくった砂糖水の質量は，実験1でつくった食塩水の質量よりも小さい。

問5　質量と体積を測定せずに，液体への浮き沈みの結果のみで，実験1で使用した食品の密度の大小関係を調べます。実験1の食塩水，実験2の砂糖水と表3のいずれかの液体を用いて調べるとき，必要な液体を表3のア～エの中から1つ選んで，記号で答えなさい。(　　　)

表3

液体	液体名	密度
ア	サラダ油	$0.91 g/cm^3$
イ	ハチミツ	$1.38 g/cm^3$
ウ	生クリーム	$0.97 g/cm^3$
エ	しょうゆ	$1.09 g/cm^3$

5 化学変化とエネルギー

§1．原子・分子・イオン

1　右図は，ヘリウム原子の構造を模式的に表したものである。A は－の電気を帯びた粒子，B は＋の電気を帯びた粒子，C は電気を帯びていない粒子である。以下の問いに答えなさい。 (英真学園高)

(1) A，B，C の粒子を何というか答えなさい。

A（　　　）　B（　　　）　C（　　　）

(2) 原子の中心にあり B と C からできている部分を何というか答えなさい。（　　　）

(3) A 1 個あたりの－の電気の量と，B 1 個あたりの＋の電気の量の間には，どのような関係があるか。次の㋐～㋒の中から正しいものを選び記号で答えなさい。（　　　）

㋐　A の方が大きい　　㋑　等しい　　㋒　B の方が大きい

(4) A の数と B の数の間にはどのような関係があるか。次の㋐～㋒の中から正しいものを選び記号で答えなさい。（　　　）

㋐　A の方が多い　　㋑　等しい　　㋒　B の方が多い

(5) ヘリウム原子全体について，次の㋐～㋒の中から正しいものを選び記号で答えなさい。

（　　　）

㋐　＋の電気を帯びている　　㋑　－の電気を帯びている　　㋒　電気を帯びていない

(6) 同じ元素の原子で C の数が異なる原子をたがいに何というか答えなさい。（　　　）

(7) 原子が A を失ったものについて，(5)の㋐～㋒の中から正しいものを選び記号で答えなさい。

（　　　）

(8) 原子が A を失ったものを何というか答えなさい。（　　　）

(9) 原子が A を受け取ったものについて，(5)の㋐～㋒の中から正しいものを選び記号で答えなさい。

（　　　）

(10) 原子が A を受け取ったものを何というか答えなさい。（　　　）

(11) マグネシウムイオン Mg^{2+}は，マグネシウム原子が何個の A を失ったものか答えなさい。

（　　　個）

2　みどりさんとスズさんの会話文を読み，以下の問いに答えなさい。 (大阪緑涼高)

みどり「原子の中にはプラスの電気を帯びている（ a ）とマイナスの電気を帯びている（ b ）という粒子がありますね。また電気を帯びていない（ c ）という粒子もありましたね。」

スズ「（ a ）と（ c ）で（ d ）が構成されているんですよね？」

みどり「その通りです。原子全体でみると，電気的に（ e ）性になっています。しかし原子は

（ b ）を受け取ったり，失ったりすることがありましたね。そのような状態になった粒子を何といいましたか？」

スズ「イオンです。プラスの電気を帯びたものを（ f ）イオン，マイナスの電気を帯びたものを（ g ）イオンといいます。」

みどり「そうですね。塩化銅を例に考えてみましょう。塩化銅は(A)水に溶かすと（ f ）イオンと（ g ）イオンに分かれますね。この様子を化学式を組み合わせて考えてみましょう。」

スズ「銅は（ b ）を2つ失いやすくて，塩素は（ b ）を1つ受けとりやすいから…。」

みどり「そうですね。その通りです。」

スズさんが誤った式を書く

スズ「こんな式ですか？」

みどり「惜しいですね。粒子の数に注意して，もう一度考えてみましょう。」

スズ「わかりました。こうですね。」

スズさんが正しい式を書く

みどり「その通りです。このイオンですが，なりやすさも元素の種類によって違っているんです。実験で確かめてみましょう。まず，この亜鉛片を硫酸マグネシウム水溶液に入れてみましょう。」

スズ「特に変化はありませんね…。」

みどり「それでは次にマグネシウム片を硫酸亜鉛水溶液に入れてみましょう。」

スズ「マグネシウム片の表面に(B)灰色の固体が付着してきました。」

みどり「このような結果になる理由は亜鉛とマグネシウムの性質を比べたとき，〔 X 〕です。このような金属元素の性質を利用したものが(C)電池でしたね。」

(1) 会話文中の空欄（ a ）～（ g ）に当てはまる語句を次の(ア)～(キ)より選び，それぞれ記号で答えなさい。

(a)(　　) (b)(　　) (c)(　　) (d)(　　) (e)(　　) (f)(　　) (g)(　　)

(ア) 陽　(イ) 中　(ウ) 陰　(エ) 陽子　(オ) 中性子　(カ) 電子　(キ) 原子核

(2) 多くの元素では同じ元素でも（ c ）の数が異なる原子が存在します。このような関係を何といいますか。次の(ア)～(ウ)より1つ選び，記号で答えなさい。(　　)

(ア) 同素体　(イ) 同位体　(ウ) 単体

(3) 下線部(A)について，このような現象を何といいますか。次の(ア)～(ウ)より1つ選び，記号で答えなさい。(　　)

(ア) 融解　(イ) 電解　(ウ) 電離

(4) 次の式はスズさんがはじめに書いた誤ったものです。正しい式を答えなさい。

(　　　　)

(誤った式)　$CuCl_2 \rightarrow Cu^{2+} + Cl^-$

(5) 塩化銅に含まれる銅原子と塩素原子の割合を解答欄に合うように簡単な整数比で答えなさい。

銅原子：塩素原子＝(　　：　　)

(6) 下線部(B)について，この物質を元素記号で答えなさい。(　　)

(7) 会話文中の空欄〔 X 〕に当てはまる文章を答えなさい。ただし，「イオン」という語句を用いることとします。

( )

(8) 下線部(C)は，どのようなエネルギー変換を利用したものですか。解答欄に適する語句を答えなさい。(エネルギーを エネルギーに変換したもの)

§2．物質どうしの化学変化

1 右図のような装置に塩化銅水溶液を入れて電源装置につなぎ電流を流したところ，電極Aでは気体が発生し，電極Bでは表面に電極とは異なる物質の付着が見られました。これについてあとの問いに答えなさい。 (香ヶ丘リベルテ高)

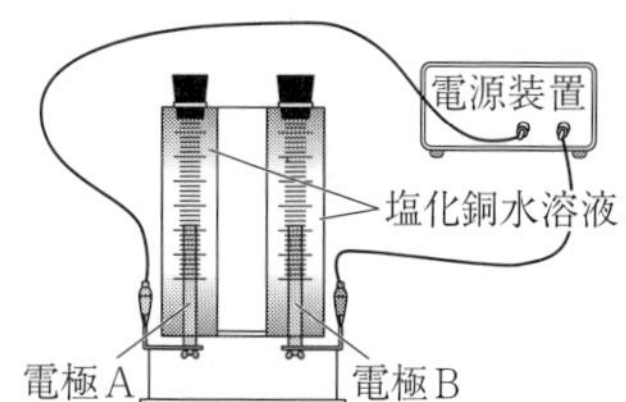

(1) 実験装置に見られる変化についてあとの問いに答えなさい。

① 塩化銅水溶液の色は何色ですか。( )

② 装置に電流を流し続けると水溶液の色がしだいにうすくなります。この理由を簡単に説明しなさい。( )

(2) 電極Aは陽極，陰極のいずれですか。( )

(3) 電極Aに発生した気体のにおいをかぐときはどのようにするのが適切ですか。簡単に説明しなさい。( )

(4) 電極Aに発生した気体と同じ気体を発生させるにはどの水溶液を電気分解すればよいですか。次のア～エから1つ選んで記号で答えなさい。( )

ア 水酸化ナトリウム水溶液　イ うすい硫酸　ウ 石灰水　エ うすい塩酸

(5) 電極Bの表面に付着した物質についてあとの問いに答えなさい。

① 電極Bに付着した物質はどのような色ですか。次のア～エから1つ選んで記号で答えなさい。( )

ア 赤色　イ 緑色　ウ 青色　エ 白色

② 電極Bに付着した物質の特徴を正しく示したものはどれですか。右のア～エから1つ選んで記号で答えなさい。( )

	化学式	有機物・無機物	電流
ア	Cu	有機物	通さない
イ	Mg	有機物	通す
ウ	Cu	無機物	通す
エ	Fe	無機物	通さない

(6) 次の文は電極Bの表面での化学変化について説明したものです。(ア)(イ)(ウ)に入る適語を答えなさい。ただし，(イ)はイオンの化学式で書きなさい。

ア( ) イ( ) ウ( )

水溶液中には塩化銅が(ア)してできた陽イオンと陰イオンが含まれています。電極Bには(イ)が引き寄せられ，電極Bから(ウ)を受けとって原子となります。

2　次の図のように炭酸水素ナトリウムの白い粉末を試験管に入れて，ガスバーナーで熱し変化の様子を観察した。あとの問いに答えなさい。　(神戸龍谷高)

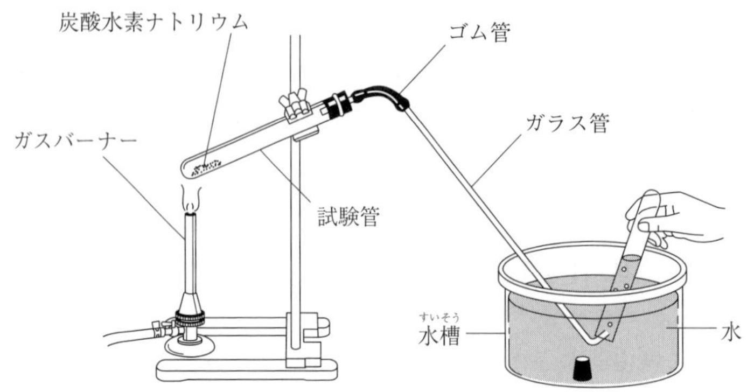

問１　この図には明らかに誤(あやま)った器具の使い方が含まれている。誤っている点を正しくする方法を簡単に答えなさい。(　　　　　　　　　　)

問２　正しく器具を設置したのち，試験管を熱すると，気体が発生し，試験管の口の付近に液体が生じた。

(1)　このとき，白色粉末の炭酸水素ナトリウムはどのようになったか。次のア～オから適当なものを一つ選び，記号で答えなさい。(　　　)

ア　黒くなってこげた。

イ　少しずつ液体になった。

ウ　少しずつ少なくなっていき半分以下に量が減った。

エ　金属のような輝きをしめした。

オ　みかけ上，ほとんど変化しなかった。

(2)　発生した気体の性質として適当なものを次のア～カからすべて選び，記号で答えなさい。

(　　　)

ア　鼻をつくようなツンとするにおいがした。

イ　火のついた線香をいれると激しく燃えた。

ウ　石灰水に通すと石灰水が白くにごった。

エ　湿らせた赤色リトマス紙を入れると青くなった。

オ　この気体を固体にしたものは冷却剤などに使われている。

カ　空気中には２番目に多く含まれている。

(3)　試験管の口に生じた液体が何かを調べるのに最も適当なものはどれか。次のア～エから一つ選び，記号で答えなさい。(　　　)

ア　リトマス紙　　イ　BTB溶液　　ウ　ヨウ素溶液　　エ　塩化コバルト紙

問３　炭酸水素ナトリウムをガスバーナーで熱したときの変化を化学反応式で書きなさい。

(　　　　　　　　　　)

問４　炭酸水素ナトリウムを水に溶かした溶液にフェノールフタレイン溶液を加えた。溶液は何色を示したか，溶液の色を答えなさい。(　　　色)

問５　ガスバーナーで熱したあとに残った物質を水に溶かした溶液に，フェノールフタレイン溶液を加えた。このときの色の変化を問４の変化と比較したとき，最も適当なものを次のア～ウから一つ選び，記号で答えなさい。(　　　)

ア　問４の結果と同じ。　　イ　問４の溶液よりも色が濃くなった。

ウ　問４の溶液よりも色がうすくなった。

3　図１のような装置で水を電気分解したところ，各電極に気体 A，B がそれぞれ発生した。図２は電流を流した時間と発生した気体の体積との関係を表したものである。次の問いに答えなさい。

(平安女学院高)

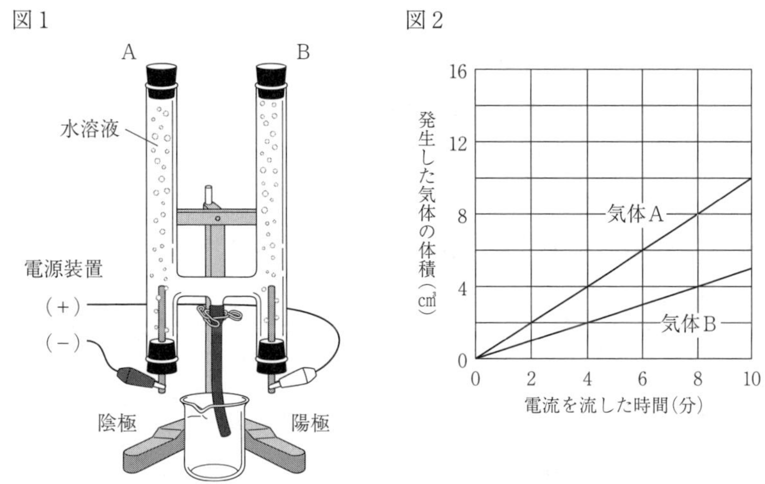

問１　発生した気体 A，B をそれぞれ化学式で答えなさい。A (　　　)　B (　　　)

問２　この実験で，気体 A が $30cm^3$ 発生したとき，電気分解された水の質量は何 g ですか。ただし，この実験と同じ温度，同じ圧力のとき，気体 A の密度は X [g/cm^3]，気体 B の密度は Y [g/cm^3] とする。(　　　　g)

4　次の文章を読み，下の各問いに答えなさい。　(清風高)

鉄と硫黄の化学変化について，〔実験１〕～〔実験４〕を行いました。

〔実験１〕　鉄粉 1.4g と硫黄の粉末 3 g の混合物を，試験管 A，B にそれぞれ入れた。

〔実験２〕　図のように，試験管 A をガスバーナーで加熱して混合物を反応させ，混合物の上部が赤くなりはじめたところで加熱をやめた。<u>その後も反応が続き</u>，(①) 色の物質が生じたが，硫黄の一部は反応せずに残った。また，試験管 B には何もしなかった。

試験管A

ガスバーナー

図

〔実験３〕　〔実験２〕のあと，磁石を試験管 A，B に近づけると，試験管 A は磁石に引きつけられず，試験管 B は磁石に引きつけられた。

〔実験４〕　〔実験３〕のあと，十分な量の塩酸を試験管 A，B にそれぞれ加えると，試験管 A，B からそれぞれ気体が発生した。このとき，試験管 A で発生した気体の質量は 0.85g であった。

問１　〔実験２〕の試験管Ａで起こった化学変化として適するものを，次のア～エのうちから１つ選び，記号で答えなさい。(　　　)

ア　中和　　イ　燃焼　　ウ　化合　　エ　熱分解

問２　〔実験２〕の試験管Ａで起こった化学変化を，化学反応式で表しなさい。

(　　　　　　　　　　)

問３　〔実験２〕で，空欄（ ① ）に当てはまる色として最も適するものを，次のア～エのうちから選び，記号で答えなさい。(　　　)

ア　白　　イ　黒　　ウ　緑　　エ　青

問４　下線部について，試験管Ａで反応が続いた理由として最も適するものを，次のア～エのうちから選び，記号で答えなさい。(　　　)

ア　熱を発生して試験管内の温度を上げるから。

イ　熱を発生して試験管内の温度を下げるから。

ウ　熱を吸収して試験管内の温度を上げるから。

エ　熱を吸収して試験管内の温度を下げるから。

問５　〔実験４〕で，試験管Ａ，Ｂから発生した気体の名称をそれぞれ答えなさい。

Ａ(　　　)　Ｂ(　　　)

問６　〔実験４〕で，試験管Ａ，Ｂから発生した気体の性質として適するものを，次のア～エのうちからそれぞれ１つずつ選び，記号で答えなさい。

Ａ(　　　)　Ｂ(　　　)

ア　物質を燃やすはたらきがある。

イ　空気中で火をつけると，音を立てて燃える。

ウ　黄緑色の気体である。

エ　卵の腐ったようなにおいがする。

問７　次の⑴，⑵に答えなさい。ただし，水素と硫黄の原子１個の質量比は１：32であるものとします。また，〔実験２〕の試験管Ａで生じた物質に含まれる硫黄は，すべて〔実験４〕の試験管Ａで発生した気体に含まれています。

⑴　鉄と硫黄の原子１個の質量比を，最も簡単な整数で答えなさい。

鉄：硫黄＝(　　：　　)

⑵　〔実験２〕の試験管Ａで反応せずに残った硫黄は何ｇですか。(　　　ｇ)

§3．酸素が関わる化学変化

1　酸化銅には，CuO で表されるものと Cu_2O で表される 2 種類が存在する。同じ酸化銅という名前でありながら，CuO は黒色で，Cu_2O は赤褐色（せきかっしょく）であるというように性質は異なっている。これら 2 種類の酸化銅を以下の装置を用いて炭素 C で還元し，銅を得た。次の問に答えなさい。

（京都先端科学大附高）

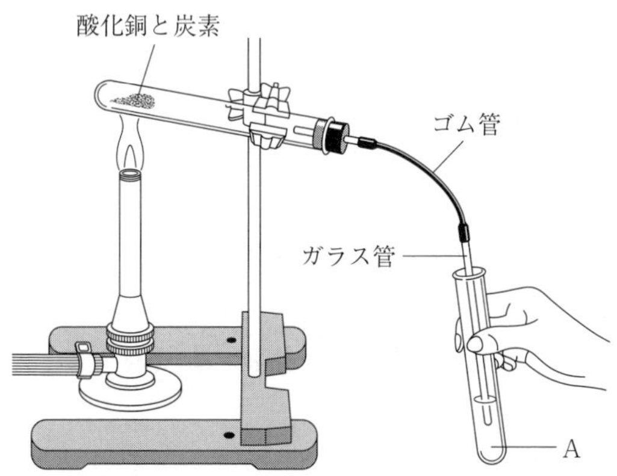

問 1　今回の実験で CuO と Cu_2O の還元によって起こる変化を示した化学反応式として最も適当な組み合わせを選び，その番号を答えなさい。（　　　）

	CuO	Cu_2O
①	$2CuO + C \rightarrow 2Cu + CO_2$	$2Cu_2O + C \rightarrow 4Cu + CO_2$
②	$2CuO + C \rightarrow 2Cu + CO_2$	$2Cu_2O \rightarrow 4Cu + O_2$
③	$2CuO \rightarrow 2Cu + O_2$	$2Cu_2O + C \rightarrow 4Cu + CO_2$
④	$2CuO \rightarrow 2Cu + O_2$	$2Cu_2O \rightarrow 4Cu + O_2$

問 2　図中の A に当てはまる物質とその役割として，最も適当なものを次から選び，その番号を答えなさい。（　　　）

	物質	役割
①	水	蒸気を冷やすことで，試験管が割れるのを防ぐため。
②	水	反応せずに出てきた物質を最後まで反応させるため。
③	石灰水	銅の還元反応を促進するため。
④	石灰水	発生した物質の種類を確かめるため。

問 3　右のグラフは加熱した CuO の質量と，還元によって生じた Cu の質量の関係を示したものです。

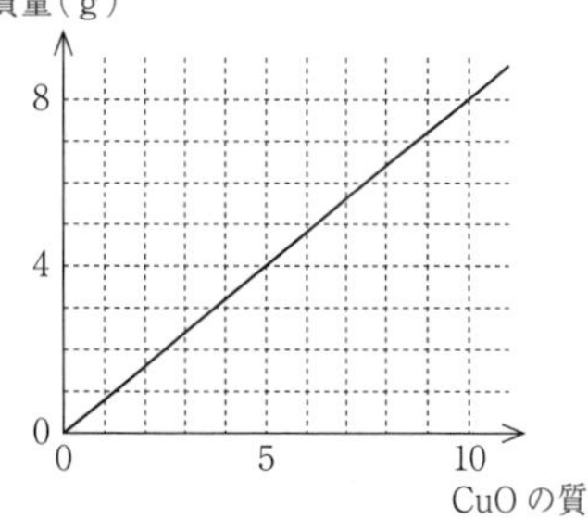

(1)　酸化銅 CuO が 12.0g あるとき，生成する銅 Cu の質量はいくらですか。最も適当なものを選び，その番号を答えなさい。（　　　）

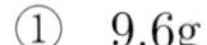

①　9.6g　　②　10.0g　　③　12.8g

④　15.0g

(2)　生成した銅が10.0gのとき，酸化銅 CuO が失った酸素の質量は何gですか。最も適当なものを選び，その番号を答えなさい。(　　　)

①　2.0g　　②　2.5g　　③　3.0g　　④　3.5g

問4　CuO と，Cu_2O をそれぞれ4.5gずつ加え，同じ実験を行ったところ，Cuが5.6g生成しました。このことから，加熱した Cu_2O の質量と，Cu_2O の還元によって生じたCuの質量の関係を示したグラフとして最も適当なものを選び，その番号を答えなさい。なお図中のAのグラフは，加熱した CuO の質量と，還元によって生じたCuの質量の関係を示したものです。また，CuO，Cu_2O はすべて還元されたものとします。(　　　)

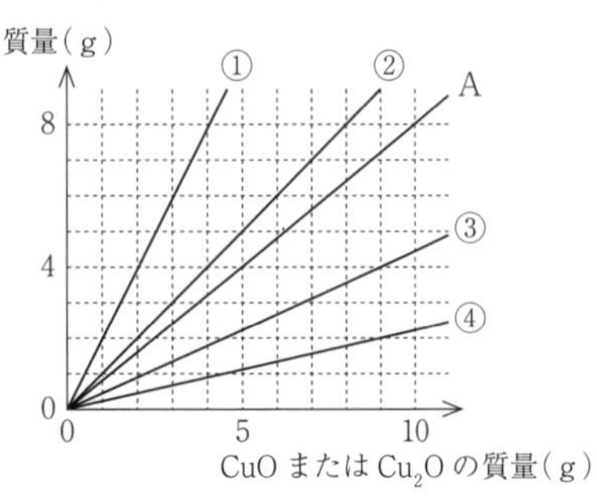

2　金属の酸化と還元に関して，次の【実験1】と【実験2】を行いました。以下の各問いに答えなさい。　(上宮高)

【実験1】　スチールウールの燃焼実験

図1のように，細くてさびていないスチールウールをピンセットでつまみ，ガスバーナーで加熱しました。燃え始めたら空気を送り，完全に燃焼させました。2.5gのスチールウールを完全に燃焼させたとき，燃焼後にできた物質の質量を測定したところ3.5gでした。

図1

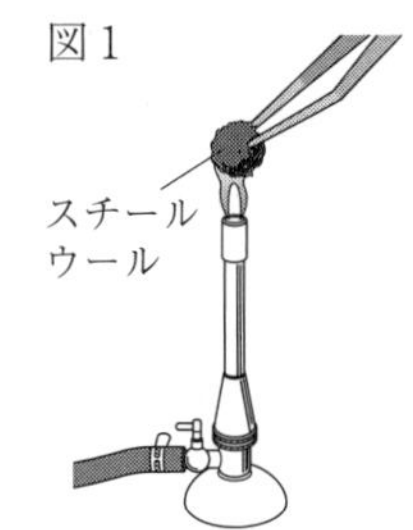

問1　図1のスチールウールの燃焼のようすとして正しいものはどれですか。次のア～エから1つ選んで，記号で答えなさい。(　　　)

ア　赤っぽく燃え広がり，燃焼後は黒っぽい物質に変わる。

イ　青白い炎を出して燃え広がり，燃焼後は白っぽい物質に変わる。

ウ　刺激臭のある気体が発生し，燃焼後は黒っぽい物質に変わる。

エ　強い光を発しながら燃え，燃焼後は白っぽい物質に変わる。

問2　燃焼後にできた物質の性質として正しいものはどれですか。次のア～エから1つ選んで，記号で答えなさい。(　　　)

ア　燃焼前よりもよく電流を通す。　　イ　うすい塩酸に入れると激しく反応する。

ウ　手でさわると，ぼろぼろとくずれる。　　エ　燃焼前よりも強く磁石に引きつけられる。

次に図2のように，石灰水を入れた容器内に酸素を満たした集気びんをかぶせてスチールウールの燃焼実験を行ったところ，スチールウールの燃焼後に集気びん内の水面が上昇しました。

図2

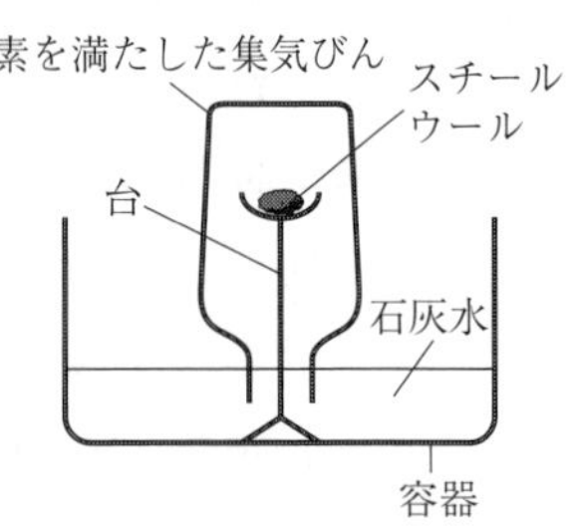

問3　次の文はスチールウールの燃焼後に石灰水の水面が上昇した理由について説明しています。（ ① ）と（ ② ）に当てはまるものの組み合わせとして正しいものはどれですか。右のア～エから1つ選んで，記号で答えなさい。（　　　）

	①	②
ア	白くにごった	二酸化炭素ができ水に溶けた
イ	白くにごった	酸素が使われた
ウ	変化しなかった	二酸化炭素ができ水に溶けた
エ	変化しなかった	酸素が使われた

石灰水の色が（ ① ）ことから，水面が上昇したのは集気びん内で（ ② ）からです。

【実験2】　酸化銅と炭素の粉末を用いた燃焼実験

3本の試験管A，B，Cにそれぞれ酸化銅を4.0gずつ入れ，試験管Aには炭素の粉末を0.1g，試験管Bには炭素の粉末を0.3g，そして試験管Cには炭素の粉末を0.5g加えてよくかき混ぜました。それぞれの試験管を図3のようにガスバーナーで加熱して十分に反応させ，発生した気体を石灰水に通すと，どの試験管も石灰水は白くにごりました。次の表は，ゴム管をピンチコックで閉じ，試験管が冷えてから，試験管の中に残った物質のようすを調べたものです。

図3　酸化銅と炭素の粉末

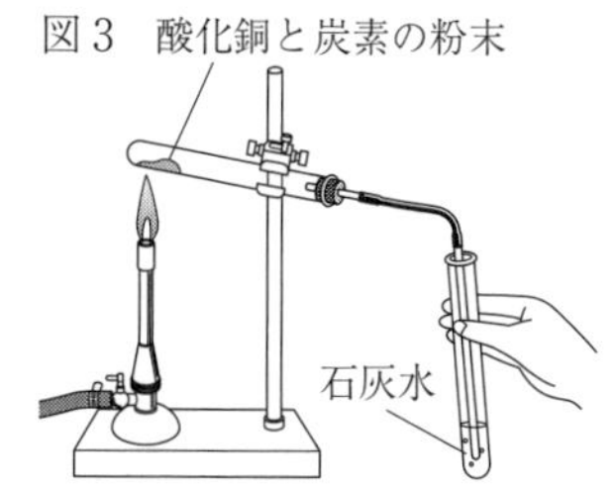

表

試験管A	銅と黒い物質が残っていた。
試験管B	銅だけが残っていたので，銅の質量をはかると3.2gであった。
試験管C	銅と黒い物質が残っていた。

問4　【実験2】で発生した気体と同じ気体を発生させる方法として正しいものはどれですか。次のア～エから1つ選んで，記号で答えなさい。（　　　）

ア　うすい塩酸に亜鉛を入れる。

イ　塩化アンモニウムに水酸化ナトリウムを加えて，水を注ぐ。

ウ　二酸化マンガンにオキシドール（うすい過酸化水素水）を加える。

エ　炭酸水素ナトリウムを加熱する。

問5　次の式は，【実験2】で起こった化学変化を化学反応式で表したものです。式中の［ ① ］～［ ③ ］に適した化学式を【例】にならってそれぞれ答えなさい。

【例】［Na］　①［　　］　②［　　］　③［　　］

2CuO ＋ ［ ① ］ → 2［ ② ］ ＋ ［ ③ ］

問6　酸化銅6.0gと炭素の粉末1.0gを試験管に入れてよくかき混ぜ，【実験2】と同じ実験を行いました。このとき得られる銅の質量は何gですか。（　　　g）

問7　【実験2】について説明した文として正しいものはどれですか。次のア～エから1つ選んで，記号で答えなさい。（　　　）

ア　この実験では，酸化の反応だけが起こっている。

イ　この実験では，還元の反応だけが起こっている。

ウ　この実験では，酸化の反応と還元の反応の両方が起こっている。

エ　この実験では，酸化の反応も還元の反応も起こっていない。

3　金属の反応について，下の各問いに答えなさい。　　　　　　　　　　　　　　　　　（雲雀丘学園高）

銅やマグネシウムなどの金属を長い時間空気に触れたままで置いておくと，空気中の酸素と反応し，別の物質へと変化していきます。この反応は加熱することで，よりはやく進行します。

金属と反応する酸素の量を調べるために，次のような実験を行いました。銅とマグネシウムの粉末をそれぞれステンレス皿に取り，十分に加熱してできた物質の質量を測定しました。表1は銅を用いた実験の結果を，表2はマグネシウムを用いた実験の結果を表しています。

表1

銅の質量〔g〕	0.20	0.40	0.60	0.80
できた物質の質量〔g〕	0.25	0.50	0.75	1.0

表2

マグネシウムの質量〔g〕	0.45	0.90	1.35	1.80
できた物質の質量〔g〕	0.75	1.50	2.25	3.00

(1)　銅を用いた実験において，加熱してできた物質の名称を答えなさい。（　　　）

(2)　銅とマグネシウムをそれぞれ加熱してできた物質は何色ですか。正しい組み合わせを次のア〜エから1つ選び，記号で答えなさい。（　　　）

	銅	マグネシウム
ア	白色	白色
イ	白色	黒色
ウ	黒色	白色
エ	黒色	黒色

(3)　銅やマグネシウムなどの金属が，酸素と結びつくことを何といいますか。（　　　）

(4)　金属を加熱したときに必ずできる物質はどれですか。正しいものを次のア〜オからすべて選び，記号で答えなさい。（　　　）

ア　二酸化炭素　　イ　窒素　　ウ　水　　エ　酸素　　オ　なし

(5)　マグネシウムと酸素が結びつくときの質量の比はいくらですか。最も簡単な整数比で答えなさい。マグネシウム：酸素＝（　　：　　）

(6)　一定量の酸素と結びつく銅とマグネシウムの質量の比はいくらですか。最も簡単な整数比で答えなさい。銅：マグネシウム＝（　　：　　）

(7)　銅とマグネシウムを混ぜた粉末1.62gを十分に加熱すると2.25gの物質ができました。元の粉末に含まれていたマグネシウムは何gですか。小数第2位まで求めなさい。（　　　g）

(8)　酸素と窒素を体積比1：4で混ぜた混合気体を用いてマグネシウムを加熱しました。0.36gのマグネシウムを加熱して，完全に反応させるために必要な混合気体は何gですか。小数第2位まで求めなさい。ただし，同じ体積の酸素と窒素の質量の比は8：7とします。（　　　g）

4 次の文を読んで後の問いに答えなさい。 (大阪桐蔭高)

酸素は発見当初，「(1)酸をうむもの」と誤解され，「酸」と「うむもの」を意味するギリシャ語から「oxygen」と名付けられたと言われている。これを直訳したものが「酸素」である。

酸素が関わる化学反応について，次の【実験1】～【実験3】を行った。

【実験1】

(図1) のように，ステンレス皿に1.2gのマグネシウム粉末を広げるように置き，ガスバーナーで十分に加熱すると，(①) 色の酸化マグネシウムが2.0g生じた。

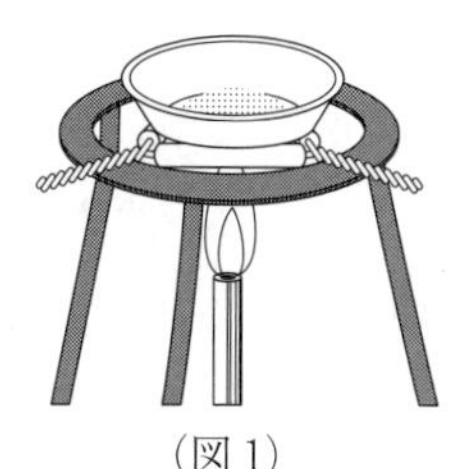

(図1)

【実験2】

【実験1】と同様に，(図1) を用いて，銅粉末をはかりとり，ガスバーナーで熱した。その後，よく冷やしてから加熱後の物質の質量を測定し，(表) にまとめた。

(表)

回数	1回目	2回目	3回目	4回目
銅粉末の質量[g]	0.40	0.80	1.20	1.40
加熱後の物質の質量[g]	0.50	1.00	1.44	1.75

【実験3】

銅線をガスバーナーで十分に加熱し，表面を (②) 色の酸化銅にした。この(2)銅線を熱いうちに，水素の入った試験管の中に入れたところ，銅線表面に生じた酸化銅は銅になり，(図2) のように試験管内に水滴が生じた。

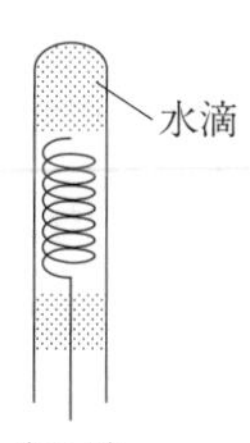

(図2)

【実験1】と【実験2】より，同じ質量の酸素と結びつくマグネシウムと銅の質量の比は，(③) とわかる。

【実験2】において，(④) 回目のデータは加熱が不十分だったため，銅の (⑤) %だけが反応したことがわかる。

【実験2】と【実験3】より，(⑥) gの酸化銅が水素と反応し銅になるときには，水が0.9g生じることがわかる。ただし，水素原子と酸素原子の質量比を1：16とする。

【実験3】では，酸化銅が (⑦) されて銅になるときに，水素は (⑧) されて水になった。つまり，酸化と還元は同時に起こる。よって【実験2】では，銅が酸化され銅イオンになっているとともに，酸素は還元されて(3)酸化物イオンになっているといえる。このことは，今後，高校で学習する。

(問1) 文中の下線部(1)について，水に溶けて酸性を示すものを，次の中から選び記号で答えなさい。(　　　)

ア. セッケン　　イ. アルコール　　ウ. 塩化水素　　エ. アンモニア

（問２）　文中の空欄①，②に入る色の組み合わせとして正しいものを，次の中から選び記号で答えなさい。（　　　）

ア．①　白　　②　白　　イ．①　白　　②　黒　　ウ．①　白　　②　緑
エ．①　黒　　②　白　　オ．①　黒　　②　黒　　カ．①　黒　　②　緑
キ．①　緑　　②　白　　ク．①　緑　　②　黒　　ケ．①　緑　　②　緑

（問３）　文中の下線部(2)について，酸化銅と水素の反応を化学反応式で答えなさい。
（　　　　　　　　　　）

（問４）　文中の空欄③に入る最も簡単な整数の比を答えなさい。
マグネシウム：銅＝（　　：　　）

（問５）　文中の空欄④，⑤に入る数値をそれぞれ答えなさい。
④（　　　）　⑤（　　　）

（問６）　文中の空欄⑥に入る数値を答えなさい。（　　　）

（問７）　文中の空欄⑦，⑧に入る語句を，それぞれ漢字で答えなさい。
⑦（　　　）　⑧（　　　）

（問８）　文中の下線部(3)について，酸化物イオンの化学式を答えなさい。（　　　）

5　次の文章を読み，あとの問いに答えなさい。　（立命館高）

イギリスで起こった産業革命のあと，エネルギー消費量は増加を続けています。現在使われているエネルギーの多くが，燃料を燃焼させることで得られています。家庭で使われている都市ガスの原料の大半は，天然ガスです。天然ガスは主成分がメタンで，そのほかにエタンやプロパンなどを含む燃料です。メタンやエタン，プロパンのように炭素原子と水素原子が結びついてできた化合物は「炭化水素」と呼ばれています。炭化水素は，含まれる炭素原子と水素原子の結びつき方や数の違いによって，アルカン，アルケン，アルキンなどのグループに分けられ，多くの種類の炭化水素が存在します。アルカンの化学式は C_nH_{2n+2} で示され，$n = 1$ のメタンの化学式は CH_4 となります。

炭化水素を完全に燃焼させる（完全燃焼させる）と，二酸化炭素と水ができます。メタンの完全燃焼の化学反応式は，次のように示されます。

$$CH_4 + 2O_2 \rightarrow CO_2 + 2H_2O$$

炭化水素を燃料として多くの電気や動力を生み出したことで，大気中の二酸化炭素の量が増えています。そのため，世界の平均気温は産業革命期（1850―1900年平均）と比べて2011―2020年平均で1.09℃上昇しているといわれています。

〔1〕　文章中の下線部の二酸化炭素について，あとの各問いに答えなさい。

①　炭化水素を完全に燃焼させたときに発生する気体が二酸化炭素であることを確かめる実験方法とその結果を15文字以内で説明しなさい。［　　　　　　　　　　　　　　　］

②　二酸化炭素のような地球温暖化の原因といわれている気体を総称して何といいますか。
（　　　）

③　人為的な地球温暖化の原因といわれている主な②を１つ答えなさい。ただし，二酸化炭素以外のものを答えること。（　　　）

〔2〕 エタンはアルカンのグループに属する炭化水素で，$n = 2$ の C_2H_6 の化学式で示されます。エタン分子を 50 個完全燃焼させたとき，エタンと結びつき反応する酸素分子の個数を答えなさい。

（　　　個）

〔3〕 アルキンの化学式は $C_{n+1}H_{2n}$ で示されます。次の化学反応式は，アルキンの完全燃焼を表しています。n を使って空欄（ a ）～（ c ）にあてはまる文字式をそれぞれ答えなさい。

a（　　　） b（　　　） c（　　　）

$C_{n+1}H_{2n}$ +（ a ）O_2 →（ b ）CO_2 +（ c ）H_2O

同じ圧力・同じ温度のもとでは，化学反応で反応した気体の体積の比は，化学反応式の係数の比と等しくなることが知られています。例えば，メタンの完全燃焼では，1 L のメタンは 2 L の酸素と反応し，1 L の二酸化炭素が生成します。このことを利用して次の実験の反応を考えます。

【実験】 エタン（C_2H_6）30mL に酸素 200mL を加えた混合気体 230mL を完全燃焼させました。反応後，気体から乾燥剤を用いて水を取り除きました。

〔4〕 実験でエタン 30mL と反応し，結びついた酸素の体積は何 mL ですか。（　　　mL）

〔5〕 実験で残った気体の体積は何 mL ですか。（　　　mL）

〔6〕 実験と同様にある炭化水素 20mL に酸素 110mL を加えた混合気体を完全燃焼させました。反応後の気体から水を取り除くと，残った気体は 80mL になりました。さらに，この気体を水酸化ナトリウム水溶液に通すと，気体がすべて吸収されました。この炭化水素の化学式として最も適切なものを，次のア～カから 1 つ選び，記号で答えなさい。（　　　）

ア C_3H_4　イ C_3H_8　ウ C_4H_6　エ C_4H_{10}　オ C_5H_{10}　カ C_5H_{12}

§4．いろいろな化学変化

1　次の文を読み，あとの問いに答えよ。　（常翔啓光学園高）

右図は，化学変化を利用して，物質がもっている化学エネルギーを電気エネルギーに変換して取り出す装置を表したものである。セロハンで隔てた水槽の両側に硫酸銅水溶液と硫酸亜鉛水溶液をそれぞれ入れ，銅板と亜鉛板の2種類の金属板を電極として用いた。銅板と亜鉛板とプロペラ付きのモーターを導線でつなぐと，プロペラが回転し，それぞれの金属板で異なる変化が見られた。

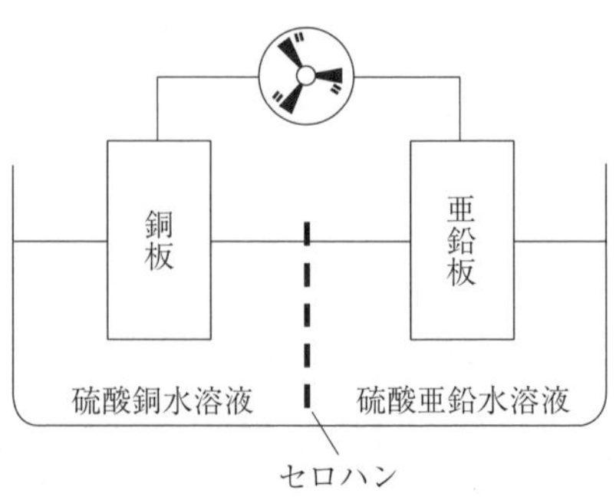

(1)　下線部の装置の名称を答えよ。（　　　）

(2)　＋極になるのは銅板と亜鉛板のどちらか。（　　　）

(3)　＋極で起こる反応として，適するものを次から選び，記号で答えよ。（　　　）

ア　$Zn^{2+} + 2e^- \rightarrow Zn$　　イ　$Zn \rightarrow Zn^{2+} + 2e^-$　　ウ　$Cu^{2+} + 2e^- \rightarrow Cu$

エ　$Cu \rightarrow Cu^{2+} + 2e^-$

(4)　この装置で電子が100個流れたとき，＋極では何個の金属イオンが金属原子に変化したと考えられるか。（　　　個）

(5)　−極での金属板の変化として適するものを次から選び，記号で答えよ。（　　　）

ア　表面から気体が発生した。　　イ　表面に新たに金属が付着した。

ウ　表面がボロボロになった。　　エ　泡を出して溶けた。

(6)　この装置で使用しているセロハンには，イオンなどが少しずつ移動できる穴があいている。この穴によって溶液がすぐに混合するのを防ぎ，さらに反応が進むにつれて生じる電気的なかたよりを防ぐことができる。セロハンの代わりにガラスを用いたとき，−極側の水溶液で起こる電気的なかたよりとして適するものを次から選び，記号で答えよ。（　　　）

ア　陽イオンが減っていき，陰イオンのほうが多くなる。

イ　陰イオンが増えていき，陰イオンのほうが多くなる。

ウ　陽イオンが増えていき，陽イオンのほうが多くなる。

エ　陰イオンが減っていき，陽イオンのほうが多くなる。

(7)　この装置の両側の水溶液を砂糖水に変えたときに起こる現象として，適するものを次から選び，記号で答えよ。（　　　）

ア　砂糖は電解質なので，電流が流れる。　　イ　砂糖は電解質なので，電流が流れない。

ウ　砂糖は非電解質なので，電流が流れる。　　エ　砂糖は非電解質なので，電流が流れない。

(8)　この装置の両側の電極の金属を右のような組み合わせに変えたとき，プロペラが逆向きに回転すると考えられるものを右から選び，記号で答えよ。ただし，水溶液中には電極と同じ金属イオンが溶けているものとする。（　　　）

	銅板	亜鉛板
ア	そのまま	マグネシウム
イ	そのまま	銅
ウ	マグネシウム	そのまま
エ	亜鉛	マグネシウム

(9) 水素と酸素から水を生じる反応を利用した(1)の名称を答えよ。(　　　)

(10) (9)の特徴として適するものを次から選び，記号で答えよ。(　　　)

ア　使い切りの装置であり，繰り返し使用できない。

イ　環境に対する悪影響が少ないと考えられている。

ウ　光エネルギーを直接電気エネルギーに変換することができる。

エ　自動車の動力としては使用されていない。

2　酸性の水溶液とアルカリ性の水溶液の原因となるものがイオンであることを授業で学んだ太田さんは，「これらの水溶液を混ぜたらどのようになるのか」と疑問をもって以下のような実験Ⅰ・Ⅱを行いました。以下の各問いに答えなさい。 (追手門学院高)

〈実験Ⅰ〉

うすい水酸化ナトリウム水溶液にうすい塩酸を加えていったときの変化について調べる目的で，実験Ⅰを行った。

操作1：水酸化ナトリウム水溶液 $4\,cm^3$ を6本の試験管A～Fにとり，それぞれに緑色のBTB溶液を数滴加えた。

操作2：試験管Aはそのままで，試験管B～Fのそれぞれに，塩酸を $2\,cm^3$，$4\,cm^3$，$6\,cm^3$，$8\,cm^3$，$10cm^3$ 加えて色の変化を観察した。

操作3：試験管A～Fの色のようすを，表1にまとめた。

表1

試験管	A	B	C	D	E	F
加えた塩酸の合計量[cm^3]	0	2	4	6	8	10
水溶液の色	青色	青色	緑色	(ア)	(ア)	(ア)

(1) 塩酸は，何という物質をとかした水溶液か。物質名を答えなさい。(　　　)

(2) 水酸化ナトリウム水溶液の液性を答えなさい。(　　　性)

(3) 表中の (ア) にあてはまる色を答えなさい。(　　　)

(4) 水酸化ナトリウム水溶液に塩酸を加えたときに起こる変化を，化学反応式で表しなさい。

(　　　　　　　　　　)

(5) 加えた塩酸の量を横軸に，水溶液中の水酸化物イオンの数を縦軸にとったグラフを作成し，右図に示した。これを参考にして，ⅰ) 水素イオン，ⅱ) 塩化物イオンのグラフとしてふさわしいものをあとに示すグラフの①～⑤から，それぞれ1つずつ選び番号で答えなさい。

ⅰ)(　　　)　ⅱ)(　　　)

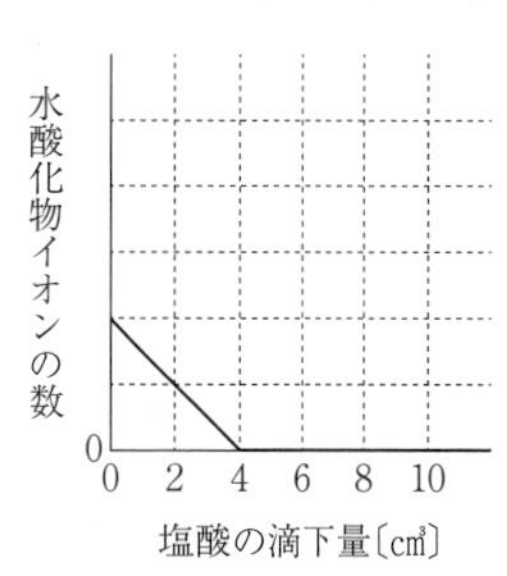

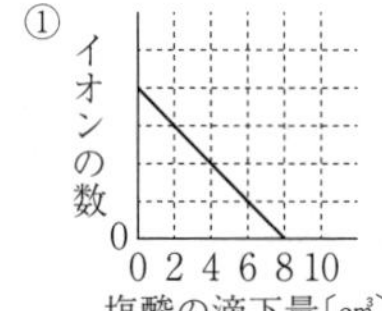

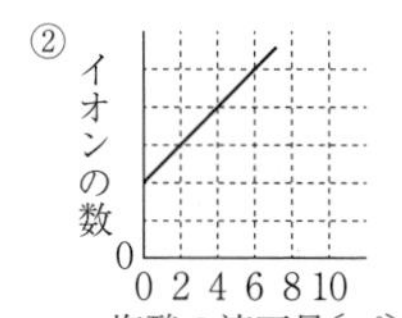

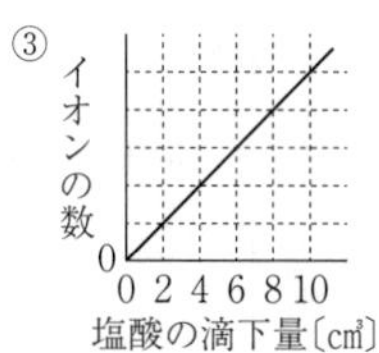

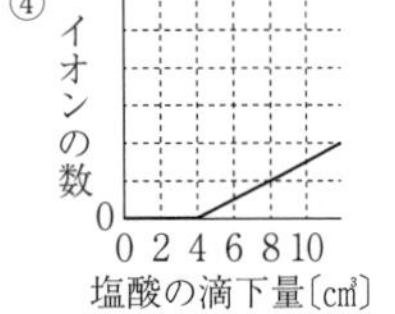

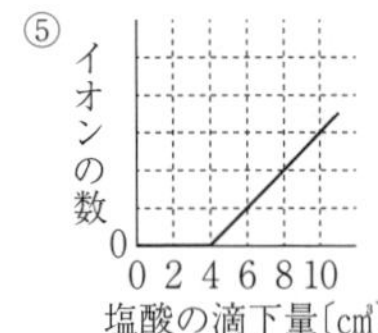

〈実験Ⅱ〉

操作4：〈実験Ⅰ〉の試験管A～Fのすべての水溶液を200mLのビーカーに移し，ガラス棒を用いてよくかき混ぜた。

操作5：ビーカー中の水溶液の色を観察した。

(6) 操作5において，ビーカー中の水溶液の色を答えなさい。(　　　)

(7) 操作5の後，ビーカー中の水溶液を緑色にしたい。必要な操作の説明としてふさわしくなるように，〔　　〕にあてはまる水溶液を選んで○で囲み，(　　)には適する数値を入れなさい。なお，加える水溶液の濃度は，〈実験Ⅰ〉で使用したものと同じである。

ビーカーに〔 塩酸・水酸化ナトリウム水溶液 〕を (　　　) cm^3 加えるとよい。

3 うすい硫酸と水酸化バリウム水溶液を混合する実験について，あとの(1)～(6)の各問いに答えなさい。 (仁川学院高)

【実験】

うすい硫酸 $20cm^3$ をⅠ～Ⅴの5つのビーカーにはかり取り，BTB液を数滴加えたところ，黄色であった。この5つのビーカーに異なる体積の水酸化バリウム水溶液を加え，生じた沈殿の質量を調べた。表は，この実験の結果をまとめたものである。

表

ビーカー	Ⅰ	Ⅱ	Ⅲ	Ⅳ	Ⅴ
うすい硫酸〔cm^3〕	20	20	20	20	20
水酸化バリウム水溶液〔cm^3〕	4	7	10	13	16
生じた沈殿〔g〕	0.8	1.4	2.0	2.2	2.2

(1) うすい硫酸と水酸化バリウム水溶液の中和によってできる沈殿は，何という物質ですか。**化学式**で答えなさい。(　　　)

(2) うすい硫酸 $20cm^3$ と，ちょうど中和する水酸化バリウム水溶液は何 cm^3 ですか。

(　　　cm^3)

(3) ビーカーⅠ～Ⅴの中で，水酸化バリウム水溶液を加えた後，水溶液の色が青色であるものを**すべて**選び，Ⅰ～Ⅴの記号で答えなさい。(　　　)

(4) ビーカーⅢとⅤにおいて，水酸化バリウム水溶液を加えた後，水溶液中にもっとも多く存在するイオンを，それぞれ**イオンの化学式**で答えなさい。Ⅲ(　　　)　Ⅴ(　　　)

(5) ビーカーⅠとⅣにおいて，うすい硫酸 $20cm^3$ に含まれる硫酸イオンの数を x 個としたとき，水溶液中にある中和によってできた水分子の数は，それぞれ何個ですか。x を用いて表しなさい。

Ⅰ(　　　個)　Ⅳ(　　　個)

(6) この実験で用いたうすい硫酸 20cm^3 に，水酸化バリウム水溶液を，20cm^3 まで少しずつ加えていったとき，硫酸イオンの数の変化を表すグラフの形として，もっとも適当なものを次のア～オから選び，記号で答えなさい。ただし，横軸は「加えた水酸化バリウム水溶液の体積」を，縦軸は「硫酸イオンの数」を表しています。(　　　)

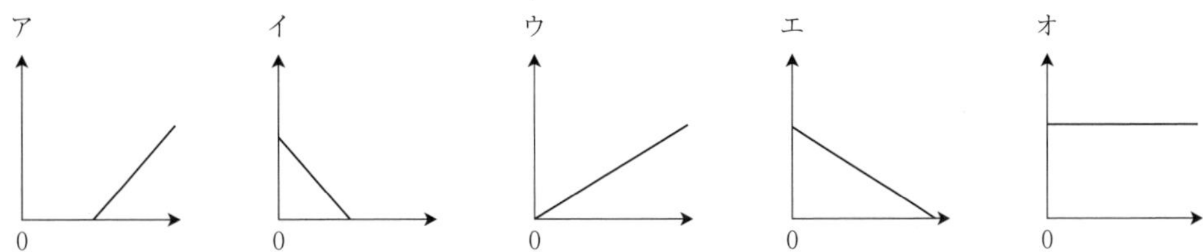

4 化学反応における物質の質量の変化を調べるために以下の実験を行った。ただし，この実験で発生した気体は水溶液に溶けないものとし，水溶液からの気体の蒸発はないものとする。以下の問いに答えなさい。 (開明高)

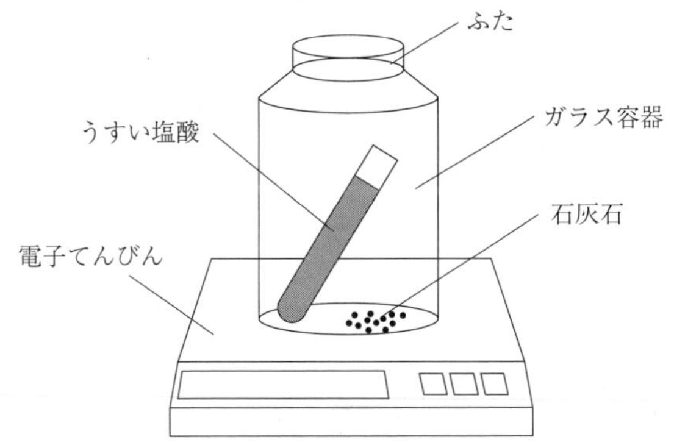

〈実験1〉 上図のようにガラス容器内に，うすい塩酸を入れた試験管と石灰石（主成分は炭酸カルシウム $CaCO_3$）を入れ，ふたをしてガラス容器を密閉し，うすい塩酸と石灰石が混ざらないように電子てんびんで質量をはかると，全体の質量は X (g) となった。

〈実験2〉 次に，ふたをしたままガラス容器をかたむけることで①うすい塩酸と石灰石を混ぜると，気体を発生しながら石灰石はすべて溶けた。その後，電子てんびんで質量をはかると，全体の質量は Y (g) となった。

〈実験3〉 その後，ふたを開け，すぐに全体の質量（ふたも含む）をはかり，②全体の質量と経過時間の関係について調べた。

(1) 下線部①の化学変化を化学反応式で答えなさい。ただし，石灰石中の物質は炭酸カルシウム以外反応しないものとする。(　　　　　　　　　　)

(2) 実験1ではかった質量と実験2ではかった質量の関係を正しく表しているものを次のア～ウから1つ選び，記号で答えなさい。(　　　)

ア　X ＞ Y　　イ　X ＝ Y　　ウ　X ＜ Y

(3) (2)のような，化学変化の前後において物質全体の質量の関係を表す法則名を答えなさい。

(　　　の法則)

⑷　実験２で発生した気体の捕集方法として不適切なものを次のア～ウから１つ選び，記号で答えなさい。(　　　)

⑸　下線部②について，ふたを開けた瞬間からの全体の質量と経過時間の関係を表したものとして正しいものを，次のア～エから１つ選び，記号で答えなさい。ただし，ガラス容器内部の気体は十分混ざっているものとする。(　　　)

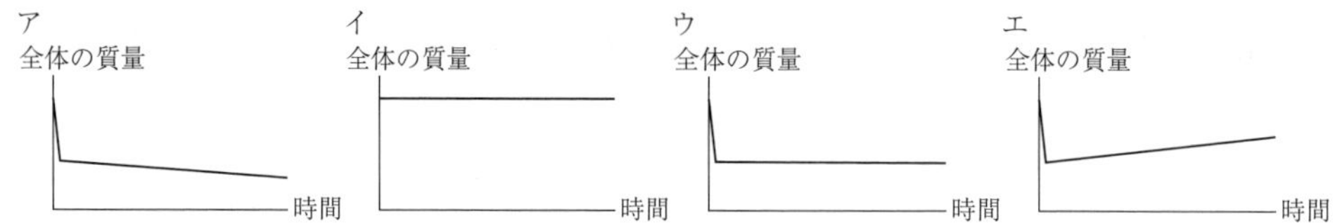

次に，石灰石の代わりに同じ質量の亜鉛片を使用し，その他はすべて同じ条件で，同様の実験１～３を行った。

⑹　亜鉛片を用いた場合でも実験２で気体が発生した。この気体の名称を答えなさい。また，この気体の捕集方法として最も適切なものを⑷のア～ウから１つ選び，記号で答えなさい。

名称(　　　)　記号(　　　)

⑺　亜鉛片を用いた実験３において，ふたを開けた瞬間からの全体の質量と経過時間の関係を表したものとして正しいものを⑸のア～エから１つ選び，記号で答えなさい。ただし，ガラス容器内部の気体は十分混ざっているものとする。(　　　)

5　次の文を読んで，あとの問いに答えなさい。(同志社国際高)

マグネシウムを炎にかざすと，光を発しながら，化学式で（ ア ）と表される（ イ ）色の酸化物が生成する。また，亜鉛も炎にかざすと同様の化学式の酸化物が生成する。これは，これらの原子の電子配置において，最も外側の層の電子が（ ウ ）個であるために，マグネシウムも亜鉛も（ ウ ）価の陽イオンになる傾向が強いためである。ただ，この傾向には強弱がある。

右図で，ｂに素焼きの板を入れ，ａには亜鉛板，ｃには銅板を設置する。ここでｄとｅにうすい硫酸を入れると電池にはなるが，（ エ ）を発生し，電圧を保つことができない。そこで，うすい硫酸のかわりにｄには（ オ ）水溶液を，ｅには（ カ ）水溶液を入れたものがダニエル電池である。

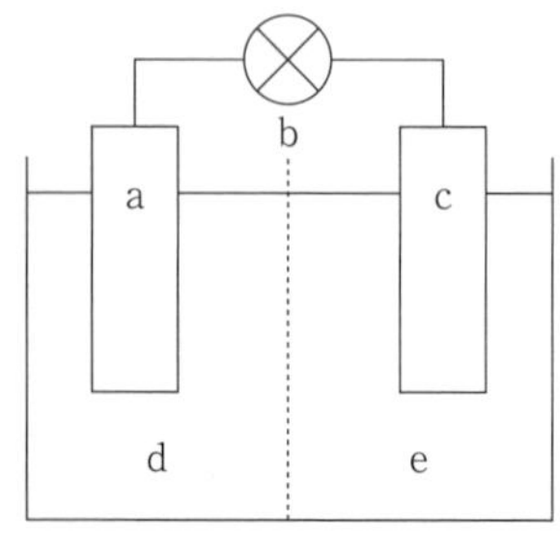

マグネシウムと塩酸の反応を化学反応式であらわすと（ キ ）と書ける。亜鉛と塩酸の化学反応式は（ キ ）のマグネシウムの元素記号を亜鉛の元素記号と置き換えればよい。

問1　文中の（ ア ）～（ キ ）にあてはまる語句や式，数値を答えなさい。ただし，（ エ ）～（ カ ）は，物質名を答えなさい。

ア（　　　）　イ（　　　）　ウ（　　　）　エ（　　　）　オ（　　　）　カ（　　　）

キ（　　　　　　　　　）

問2　ダニエル電池について。

⑴　b に入れた素焼きの板を取り去ると，何が起こるか説明しなさい。

（　　　　　　　　　　　　　　　　　　　）

⑵　b に入れた素焼きの板をガラスの仕切りにすると電池としてはたらかない。それはなぜか説明しなさい。（　　　　　　　　　　　　　　　　　　　）

問3　ある濃度の塩酸 300mL と亜鉛を反応させて，発生した気体の体積を測定した。その結果は次の表のようになった。この塩酸とちょうど反応する亜鉛は何 g か。（　　　）

亜鉛（g）	0.20	0.40	0.70	1.30	1.50	2.10	2.70
発生した気体（cm^3）	76	152	266	494	570	741	741

問4　問3と同じ濃度の塩酸 300mL とマグネシウムを反応させて，発生した気体の体積を測定した。その結果は次の表のようになった。問3と問4の実験結果から，亜鉛原子1個とマグネシウム原子1個の質量比を最も簡単な整数比で求めなさい。

亜鉛原子1個：マグネシウム原子1個＝（　　：　　）

マグネシウム（g）	0.12	0.24	0.48	0.60
発生した気体（cm^3）	123.5	247	494	617.5

問5　亜鉛とマグネシウムの混合物が，2.7g ある。これを十分な量の塩酸と反応させたところ，1805cm^3 の気体が発生した。亜鉛の質量を X（g），マグネシウムの質量を Y（g）として，連立方程式を作りなさい。ただし，方程式の中に用いる係数などは，表や問題文の中にある数字を，そのまま用いて表すこと。（　　　　　　　　　　　　　　　　　　　）

6　植物の生活・種類

§ 1．植物のつくりと分類

1　植物の花のつくりと分類について，［A］，［B］の各問いに答えなさい。　(橿原学院高)

［A］　図1はアブラナの花の模式図を，図2はマツの花のつくりを表している。

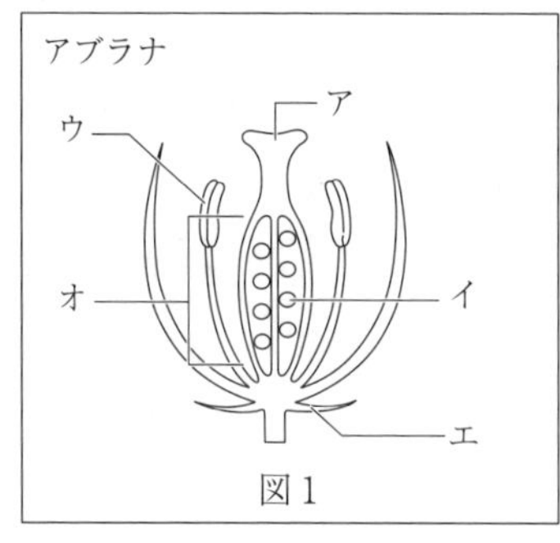

図1

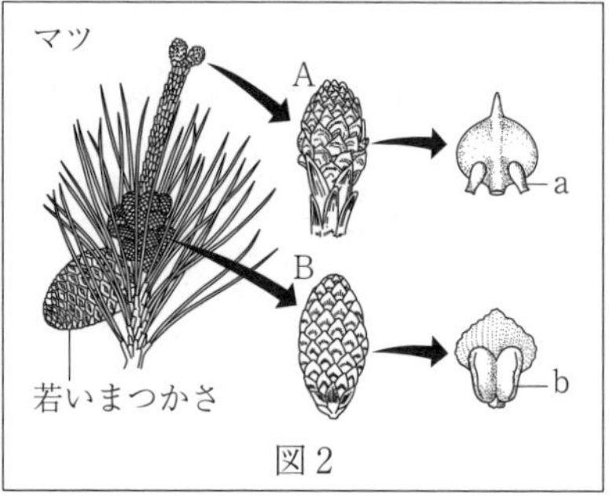

図2

(1)　図1のめしべにあるイ，オの各部の名称を答えなさい。イ(　　　)　オ(　　　)

(2)　図1で，ウから出た花粉が，めしべのアにつくことを何というか答えなさい。(　　　)

(3)　図2のa，bと同じはたらきをする部分を，図1から選び，ア～オの記号で答えなさい。
a(　　　)　b(　　　)

(4)　図2の若いまつかさは，A，Bどちらが成長したものか。A，Bの記号で答えなさい。
(　　　)

［B］　次の図3は，12種の植物について，その特徴をもとにA～Fに分類してまとめたものである。

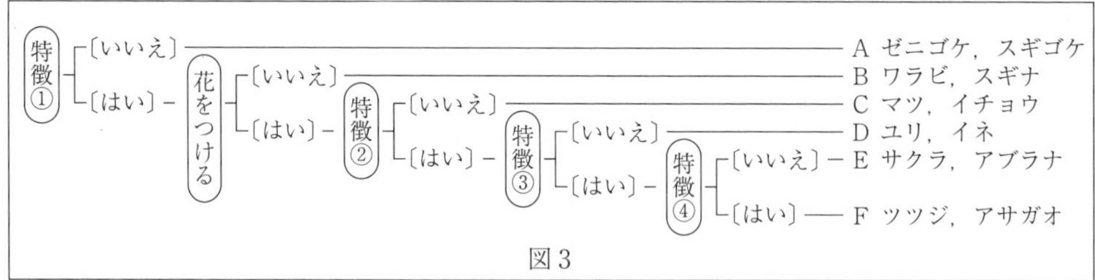

図3

(5)　次の文は，特徴①を表している。(　　)に当てはまる語句を漢字で答えなさい。(　　　)
葉，茎，根の区別があり，(　　)がある。

(6)　特徴②～④に当てはまる文を，次からそれぞれ選び，ア～カの記号で答えなさい。
②(　　　)　③(　　　)　④(　　　)

ア．種子をつくる。　イ．葉脈が平行脈である。　ウ．花弁が互いにくっついている。
エ．花弁が1枚1枚離れている。　オ．子葉が2枚である。　カ．子房の中に胚珠がある。

(7)　タンポポは，図3のどのグループに属するか。A～Fの記号で答えなさい。(　　　)

2　次の文章を読み，次の各問いに答えなさい。　(大阪産業大附高)

森林の陰になっているところでよくみかけるイヌワラビについて観察する実験を行いました。イヌワラビはシダ植物のなかまであり，なかまをふやすときに（ ① ）をつくる特徴があります。

(1) 本文中の（ ① ）にあてはまる言葉を**漢字2文字**で答えなさい。(　　　)

(2) 図1はイヌワラビをスケッチしたものです。イヌワラビには葉，茎，根の区別があります。茎の部分を図のA～Dのうちから一つ選び，記号で答えなさい。(　　　)

図1

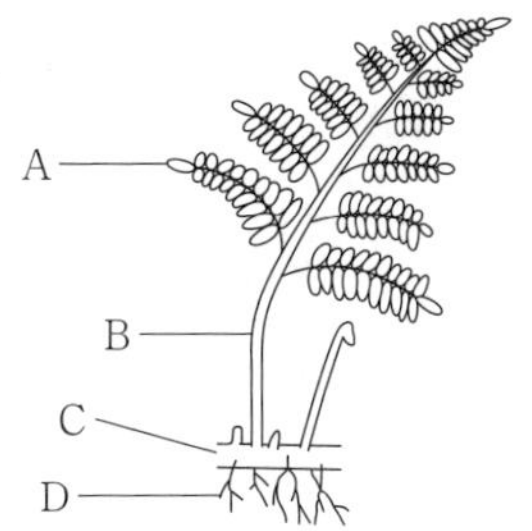

(3) シダ植物の特徴として適切なものを，次の(ア)～(オ)のうちから一つ選び，記号で答えなさい。(　　　)

(ア) 花弁のつながった花がさく。
(イ) 維管束がある。
(ウ) 光合成を行わない。
(エ) 花弁の分かれた花がさく。
(オ) 雄株と雌株に分かれている。

(4) 学校においてある顕微鏡を使ってイヌワラビの（ ① ）を観察しました。次の(ア)～(オ)を顕微鏡観察の正しい手順になるように(ア)から順に並べかえなさい。((ア) →　　→　　→　　→　　)

(ア) 対物レンズをいちばん低倍率のものにする。
(イ) プレパラートをステージにのせる。
(ウ) 接眼レンズをのぞいてプレパラートと対物レンズを離していく。
(エ) 横から見ながらプレパラートと対物レンズを近づける。
(オ) 反射鏡を調節して視野を一様に明るくする。

(5) 対物レンズを低倍率のものから高倍率のものにかえると，低倍率のもので観察していた時よりも視野が暗くなり観察しづらくなります。観察しやすくするためには顕微鏡のどこを調節すればよいですか。図2の(ア)～(オ)から一つ選び，記号で答えなさい。(　　　)

図2

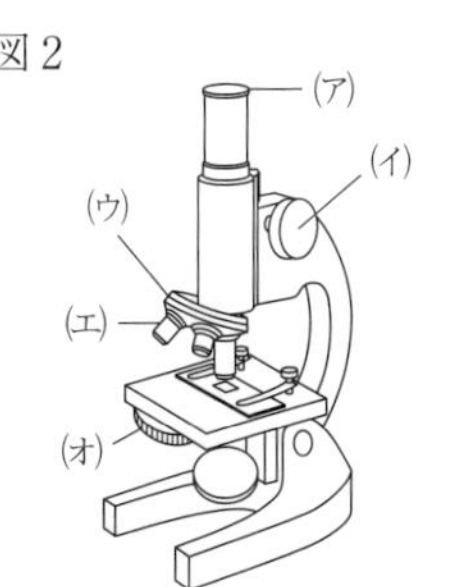

(6) イヌワラビの（ ① ）の大きさはおよそ0.05mmです。これを見た目でおよそ2cmの大きさに拡大して観察したいとき，接眼レンズの倍率と対物レンズの倍率はどうすればよいですか。それぞれのレンズの倍率の組み合わせとして最も適切なものを次の(ア)～(カ)から一つ選び，記号で答えなさい。(　　　)

(ア) 接眼レンズの倍率：10倍　　対物レンズの倍率：4倍
(イ) 接眼レンズの倍率：10倍　　対物レンズの倍率：10倍
(ウ) 接眼レンズの倍率：10倍　　対物レンズの倍率：40倍
(エ) 接眼レンズの倍率：15倍　　対物レンズの倍率：4倍
(オ) 接眼レンズの倍率：15倍　　対物レンズの倍率：10倍
(カ) 接眼レンズの倍率：15倍　　対物レンズの倍率：40倍

3　図１はシダ植物を図２はコケ植物を示している。次の問いに答えなさい。　(金蘭会高)

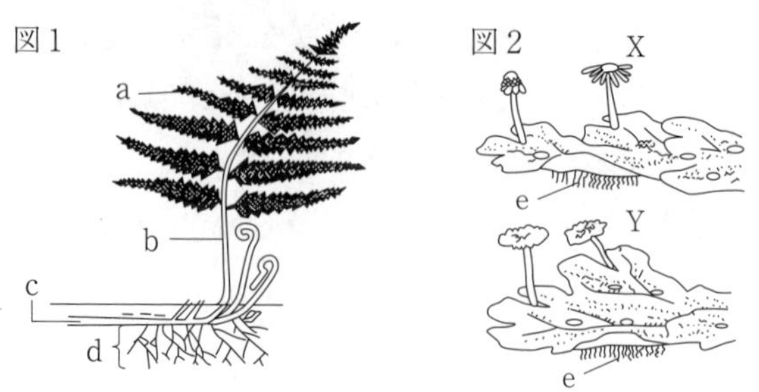

(1)　シダ植物やコケ植物は，何でふえますか。(　　　)

(2)　(1)は，図２のＸ，Ｙのどちらでつくられますか。(　　　)

(3)　図１や図２で，(1)をつくるところを何といいますか。(　　　)

(4)　図１のシダ植物の葉はa～dのどれですか。すべて選び，記号で答えなさい。(　　　)

(5)　図２のｅは何と呼ばれますか。(　　　)

(6)　図３は，植物をなかま分けしたものである。次の①～③の問いに答えなさい。

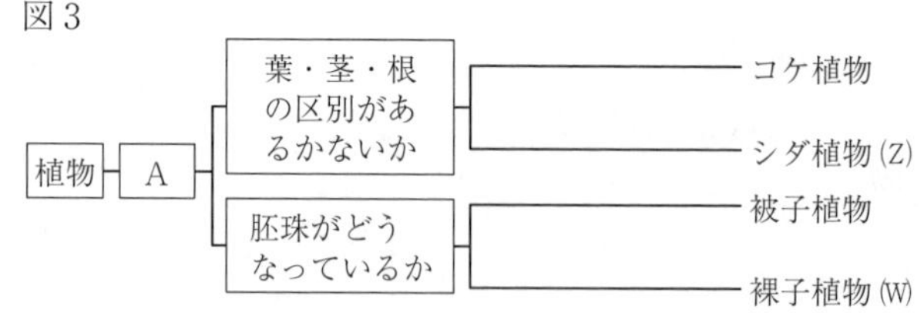

①　生物をなかま分けすることを何といいますか。(　　　)

②　図３のＡは，なかま分けするときの基準である。Ａの基準を簡単に説明しなさい。

(　　　　　　　　　　)

③　図３のＺとＷの植物の例をそれぞれ下の①～⑥から選び，番号で答えなさい。

Ｚ(　　　)　Ｗ(　　　)

①　アサガオ　　②　イヌワラビ　　③　ゼニゴケ　　④　スギ　　⑤　キク　　⑥　バラ

4　表のa～pの植物について，次の各問いに答えなさい。　(大阪女学院高)

表

a　イヌワラビ	b　スギゴケ	c　イネ	d　トウモロコシ
e　ゼンマイ	f　ゼニゴケ	g　アブラナ	h　カラスノエンドウ
i　スギ	j　アカマツ	k　イチョウ	l　サクラ
m　タンポポ	n　キク	o　ツツジ	p　バラ

(問１)　表の植物をシダ植物，コケ植物，双子葉類，単子葉類，裸子植物に分けたとき，その分け方として最も適当なものを次の中から選び，記号で答えなさい。(　　　)

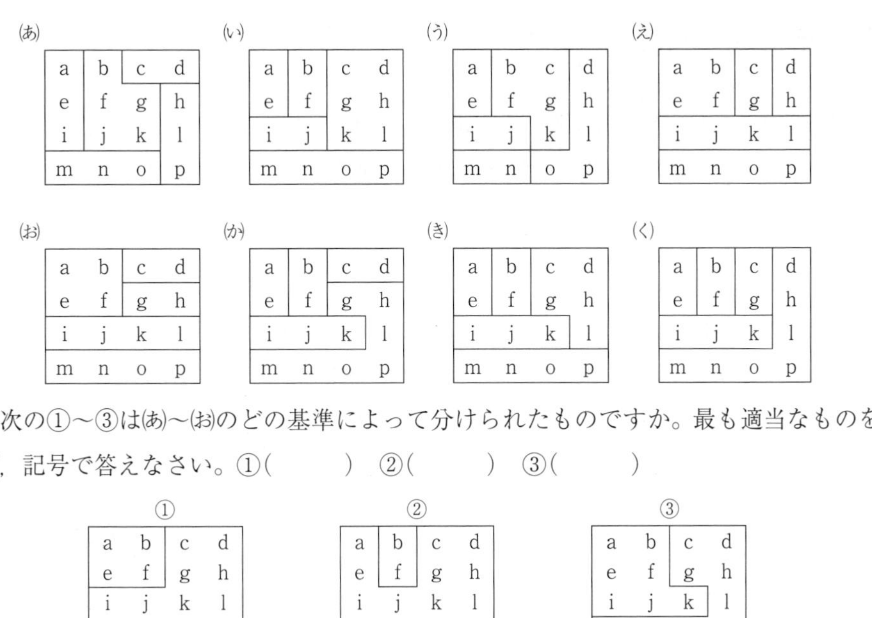

（問２） 次の①～③は(あ)～(お)のどの基準によって分けられたものですか。最も適当なものをそれぞれ選び，記号で答えなさい。①(　　　) ②(　　　) ③(　　　)

① ② ③

a b c d
e f g h
i j k l
m n o p

(あ) 育つ場所が水中か陸上か

(い) 種子をつくるかつくらないか

(う) めしべ，おしべ，子房がそろっているかそろっていないか

(え) 根，茎，葉の区別があるかないか

(お) 光合成をするかしないか

（問３） 種子でふえる植物は，分類上何植物といいますか。その名称を答えなさい。(　　　)

（問４） 双子葉類には，茎に直接つながった太い根と，そこから枝分かれして伸びる細い根があります。それぞれの根の名称を答えなさい。太い根(　　　) 細い根(　　　)

（問５） 次の①，②の植物の特徴をそれぞれ(あ)～(く)の中からすべて選び，記号で答えなさい。

① ササ (　　　) ② アブラナ (　　　)

(あ) 種子でふえる (い) 胞子でふえる (う) 葉脈が網目状 (え) 葉脈が平行

(お) 子房がない (か) 子房がある (き) 子葉が１枚 (く) 子葉が２枚

§2．光合成・呼吸・蒸散

1　植物が葉以外で光合成や呼吸を行うかを調べるために，緑色のピーマンと赤色のピーマンの果実を用意して，観察や実験を行いました。後の1から5までの各問いに答えなさい。　(滋賀県)

【観察】

〈方法〉

① 図1のように，緑色，赤色のピーマンの表面をかみそりでうすく切り，それぞれスライドガラスの上にのせ，プレパラートをつくる。

② 作成したプレパラートを$_{\text{a}}$顕微鏡で観察する。

〈結果〉

緑色のピーマンでは，図2のように観察できた。緑色のピーマンの細胞の中には，$_{\text{b}}$緑色の粒が見られたが，赤色のピーマンでは緑色の粒は見られなかった。

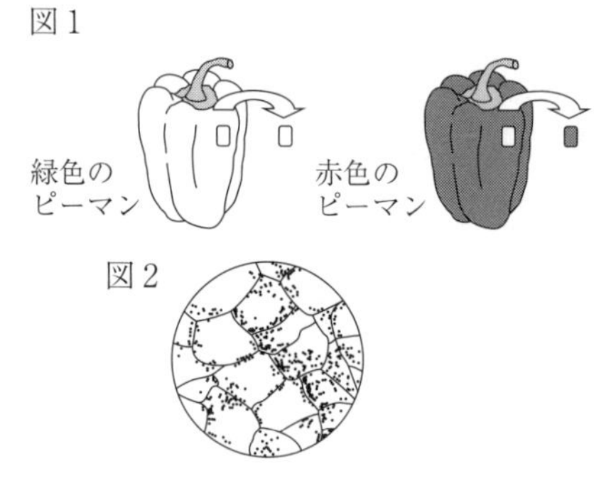

1　下線部aについて，顕微鏡で観察する際，あらかじめ対物レンズとプレパラートをできるだけ近づけておき，接眼レンズをのぞきながら対物レンズとプレパラートを離していくようにしてピントを合わせます。このようなピントの合わせ方をしなければならないのはなぜですか。説明しなさい。(　　　　)

2　下線部bについて，緑色の粒は何といいますか。書きなさい。(　　　　)

3　動物細胞と植物細胞に共通して見られるつくりはどれですか。次のアからエまでの中からすべて選びなさい。(　　　　)

ア　細胞壁　　イ　核　　ウ　細胞膜　　エ　液胞

【実験】

〈方法〉

① 緑色のピーマン，赤色のピーマンをそれぞれ同じ大きさに切る。

② 青色のBTB溶液にストローで息を吹き込んで，緑色にしたものを試験管AからFに入れる。

③ 図3のように，試験管A，Bには緑色のピーマンを，試験管C，Dには赤色のピーマンを，BTB溶液に直接つかないようにそれぞれ入れ，ゴム栓をする。なお，試験管E，Fにはピーマンは入れない。

④ 試験管A，C，Eには十分に光を当てる。試験管B，D，Fには光が当たらないようにアルミニウムはくでおおう。

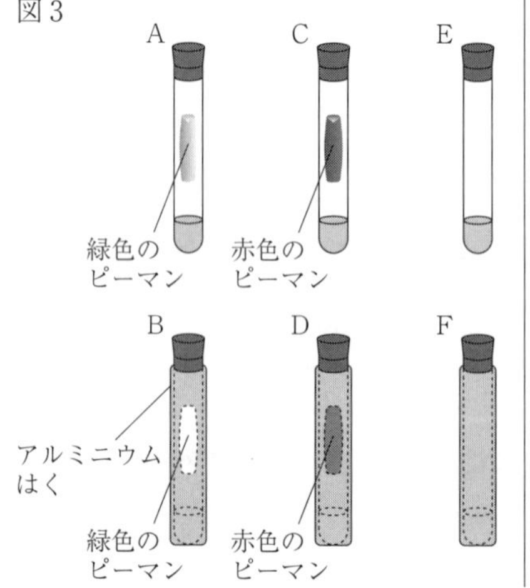

⑤　3時間後，BTB 溶液がピーマンに直接つかないように試験管を軽く振り，BTB 溶液の色の変化を観察する。

〈結果〉

表は，実験の結果をまとめたものである。

表

試験管	A	B	C	D	E	F
BTB 溶液の色の変化	緑色→青色	緑色→黄色	緑色→黄色	緑色→黄色	緑色→緑色	緑色→緑色

4　実験の結果から，緑色のピーマンは光合成をしていると予想できます。そのように予想できるのはなぜですか。説明しなさい。

(　　　　　　　　　　　　　　　　　　　　　　　　　　　　　　　)

5　実験の結果からわかることは何ですか。次のアからカまでの中から2つ選びなさい。

(　　　)(　　　)

ア　光が当たっているときのみ呼吸を行う。

イ　光が当たっていないときのみ呼吸を行う。

ウ　光が当たっているかどうかに関わらず呼吸を行う。

エ　光が当たっているかどうかに関わらず呼吸を行わない。

オ　呼吸を行うかどうかはピーマンの色が関係する。

カ　呼吸を行うかどうかはピーマンの色には関係しない。

2　ひでおさんは，植物の光合成について調べるために実験ノートをつけ始めました。実験ノートと会話文を読んで，次の各問いに答えなさい。　(羽衣学園高)

実験ノート

①　「ふ」がはいった葉のあるアサガオを準備する。

②　アサガオを一昼夜暗室においておく。

③　葉の一部にアルミニウムはくをまいて，日の当たるところに数時間おく。

④　葉を水洗いする。

⑤　葉をお湯につける。

⑥　葉をあたためたエタノールにつける。

⑦　葉をヨウ素液にひたす。

先生とひでおさんとの会話

先　生：実験ノートをきちんと書くとは感心だね。

ひでお：ありがとうございます。

先　生：少し見せてごらん。おや？　順序を間違えているところがあるよ。

ひでお：そうですよね。自信がないところがあって…

先　生：それぞれの操作の理由を考えてみるといいよ。葉を水洗いする理由は何かな？

ひでお：乾燥を防ぐためですか？

先　生：それもひとつの理由だね。水で洗うのだから，何かを洗い流すと考えると？

ひでお：（ ア ）ですか？

先　生：ご名答。では，葉をお湯につける理由は何だろう？

ひでお：それは覚えています。（ イ ）ですね。

先　生：そのとおり！　葉の活動を止めるためでもあるね。葉をあたためたエタノールにつける理由は？

ひでお：エタノール……アルコール……わかりません。

先　生：少し難しいかな。答えは（ ウ ）ですよ。そうすると，実験手順のどこが間違えているかな？

ひでお：④→⑤→⑥のところが，（ エ ）→（ オ ）→（ カ ）ですか？

先　生：よくできました！

問１　ヨウ素液で色が変わった部分を，図のア～エから１つ選び，記号で答えなさい。（　　　）

図

問２　光合成に必要な材料を次のA～Fから３つ選び，記号で答えなさい。

（　　　）（　　　）（　　　）

A　酸素　　B　二酸化炭素　　C　光エネルギー　　D　熱エネルギー　　E　土　　F　水

問３　葉の「ふ」にないものを，漢字３文字で答えなさい。（　　　）

問４　会話文中のア～ウにあてはまるものを，次のA～Eから選び，それぞれ記号で答えなさい。

ア（　　　）　イ（　　　）　ウ（　　　）

A　葉を脱色し白くするため　　B　葉をやわらかくするため

C　水に溶けやすくするため　　D　細胞分裂を盛んにするため

E　葉のエタノールを洗い流すため

問５　会話文中のエ～カにあてはまるものを，実験ノートの④～⑥から選び，それぞれ記号で答えなさい。エ（　　　）　オ（　　　）　カ（　　　）

問６　アサガオを一昼夜暗室においておく理由を答えなさい。

（　　　　　　　　　　　　　　　　　　　　　　　　　　　　　　　　　　）

3 気孔のはたらきを調べるために，次の実験を行った。以下の問いに答えなさい。 （金光大阪高）

【実験1】

① 図1のように，メスシリンダーに赤インクで着色した水を入れ，ホウセンカをさしたものを4本用意し，A，B，C，Dとした。Aは，葉に何も処理しなかった。Bは，すべての葉の裏側にワセリンをぬった。Cは，すべての葉の表側にワセリンをぬった。Dは，葉をすべてとった茎をさした。

図1

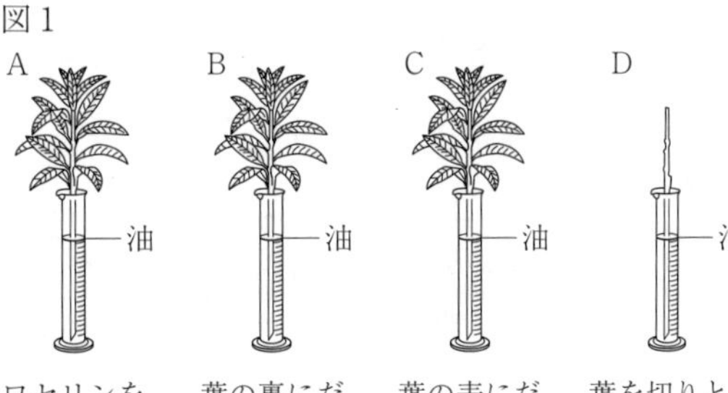

A：ワセリンをぬらない。　B：葉の裏にだけワセリンをぬる。　C：葉の表にだけワセリンをぬる。　D：葉を切りとり，切り口にワセリンをぬる。

② それぞれを4時間明るい場所におき，メスシリンダーの中の水の量の変化を調べた。表1は実験後の水の減少量をまとめたものである。ただし，ホウセンカはすべて同じものとし，水が気孔から出ていく量と，植物が吸い上げた水の量は同じだったとする。また，ワセリンは粘り気のある油で，水を通さず，葉にぬるとその部分での水の出入りはないものとする。

【実験2】【実験1】の後，Aのホウセンカの茎を切り取り，その断面を顕微鏡で観察した。

表1

	A	B	C	D
水の減少量（cm^3）	8.6	3.4	6.5	1.3

(1) 下線部のはたらきを何というか。また，気孔をつくる細胞の名前を答えなさい。

はたらき（　　　）　細胞（　　　）

(2) 表1の結果から，「葉と茎」および「葉の裏」から失われた水の量を求めなさい。

葉と茎（　　　cm^3）　葉の裏（　　　cm^3）

(3) 次の文章は，【実験1】の結果からわかることをまとめたものである。文章中の（　　）に入る語句の組み合わせとして適当なものを，右のア～エから一つ選び，記号で答えなさい。（　　　）

	1	2		1	2
ア	表	表	イ	表	裏
ウ	裏	表	エ	裏	裏

水の減少量は，Bに比べCで多かったことから，水が出ていく量は葉の（ 1 ）側の方が多いことがわかった。したがって，水が出ていく気孔は，葉の（ 2 ）に多いと考えられた。

(4) 【実験2】において観察されたホウセンカの茎の断面として適当なものを，次のア～エから一つ選び記号で答えなさい。ただし，黒く塗りつぶしたところは，赤く染まった部分とする。（　　　）

ア
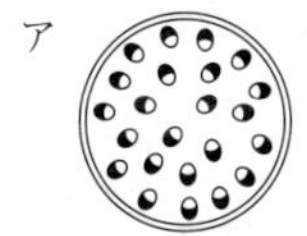
イ
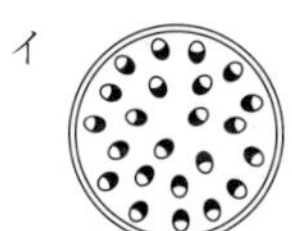
ウ
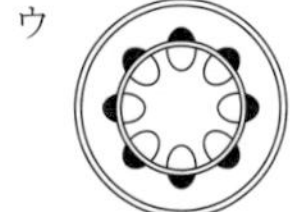
エ
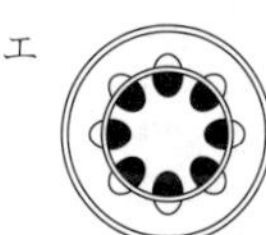

(5) ホウセンカの茎と同じような断面をもった植物を，次のア～カから一つ選び，記号で答えなさい。（　　　）

ア マツ　イ イネ　ウ ユリ　エ ツユクサ　オ トウモロコシ　カ アブラナ

(6) 次の文章は，ホウセンカについて説明したものである。文章中の（　　）に入る語句の組み合わせとして適当なものを，次のア～クから一つ選び，記号で答えなさい。（　　　）

ホウセンカは（ 1 ）類である。その特徴として，葉脈は（ 2 ）に通り，根は（ 3 ）である。

	1	2	3		1	2	3
ア	単子葉	平行	ひげ根	イ	双子葉	平行	ひげ根
ウ	単子葉	平行	主根・側根	エ	双子葉	平行	主根・側根
オ	単子葉	網目状	ひげ根	カ	双子葉	網目状	ひげ根
キ	単子葉	網目状	主根・側根	ク	双子葉	網目状	主根・側根

4 植物のはたらきについて，以下の問いに答えなさい。 (智辯学園高)

問1 光合成について説明した次の文中の(①)～(⑤)にあてはまる語句をそれぞれ答えなさい。

①(　　　) ②(　　　) ③(　　　) ④(　　　) ⑤(　　　)

植物が行っている光合成は，(①) で吸収した水と，葉の (②) を通って吸収した (③) を材料に，(④) エネルギーを利用して (⑤) をつくり，酸素を (②) から出す。

図1のように，透明なガラス製の箱にカイワレダイコンの苗を入れて密閉できるようにしました。箱には気体検知管につながるパイプがついており，箱の上からは複数のLED電球で照らすことができます。

図1の装置を用いて，実験1，2を行いました。なお，実験開始前には箱の中の空気を十分に入れかえ，実験室と同じ空気になるようにしてから箱を密閉しました。実験中は実験室を暗くし，光源はLED電球のみとしました。また，実験室の室温を一定に保ち，苗には十分に水を与えておきました。

図1

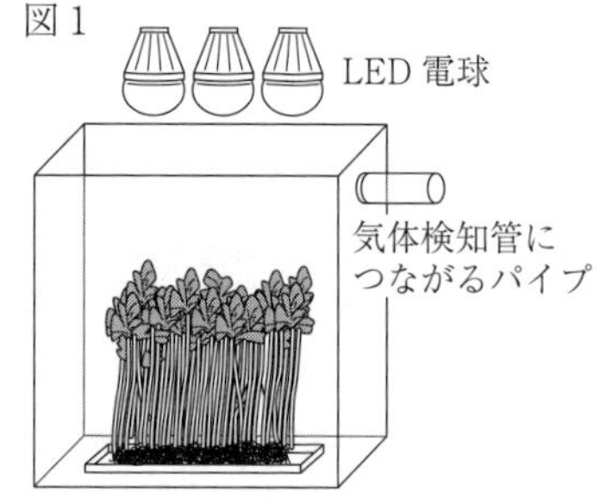

【実験1】 LED電球を点灯させなかった場合と3個点灯させた場合で，二酸化炭素濃度と酸素濃度がどのように変化するかを調べた。

図2と図3は実験1の結果を表しています。なお，それぞれの濃度は実験開始時を10とした相対値にしています。

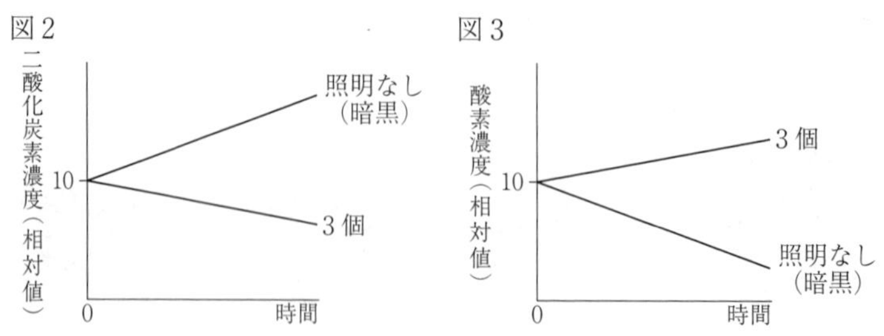

問2 照明なしの結果を見ると，図2では時間とともに二酸化炭素濃度が上がっており，図3では時間とともに酸素濃度が下がっています。このように変化した理由を説明しなさい。

(　　　　　　　　　　　　　　　　　　　　　　　　　　　)

【実験2】 LED電球を点灯させなかった場合と，1個，2個，3個点灯させた場合で，二酸化炭素濃度と酸素濃度がどのように変化するかを調べた。

図4と図5は実験2の結果を表しています。なお，それぞれの濃度は実験開始時を10とした相対値にしています。

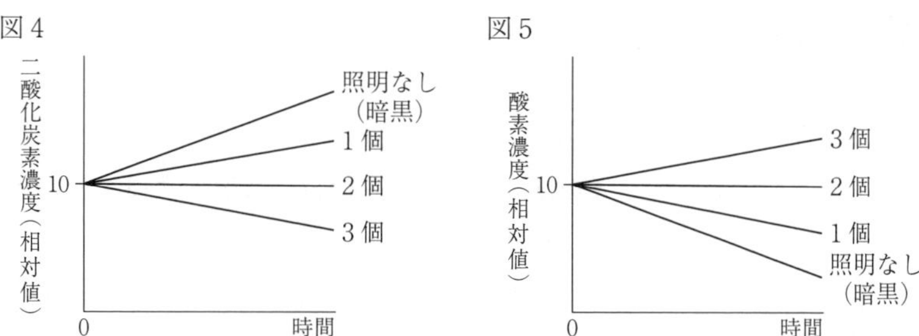

問3　実験2の結果から考えられる，光合成のはたらきの大きさと光の強さの関係について説明した次の文中の（ ⑥ ）～（ ⑧ ）にあてはまる語句として正しいものを，下の(ア)～(ウ)からそれぞれ1つずつ選び，記号で答えなさい。⑥（　　　）　⑦（　　　）　⑧（　　　）

図4では，点灯させたLED電球が多くなるにつれて，二酸化炭素濃度の変化を表すグラフの傾きが小さくなっている。これは点灯させたLED電球が多くなるほど，二酸化炭素の吸収量が（ ⑥ ）ことを示している。また図5では，点灯させたLED電球が多くなるにつれて，酸素濃度の変化を表すグラフの傾きが大きくなっている。これは点灯させたLED電球が多くなるほど，酸素の放出量が（ ⑦ ）ことを示している。これらのことから，カイワレダイコンが行う光合成のはたらきの大きさは，光が強くなるにつれて（ ⑧ ）ことがわかる。

(ア)　大きくなる　　(イ)　小さくなる　　(ウ)　変わらない

問4　図4について，点灯させたLED電球が2個の場合に，二酸化炭素濃度が変化しない理由を説明しなさい。

（　　　　　　　　　　　　　　　　　　　　　　　　　　　　　　　　　）

問5　図1の装置に関する古い資料を見ると，図6のようにLED電球ではなく白熱電球を使っており，カイワレダイコンの苗を入れた箱と白熱電球の間には水が入った水槽(すいそう)がありました。水槽が必要な理由を説明しなさい。

（　　　　　　　　　　　　　　　　　　　　　　）

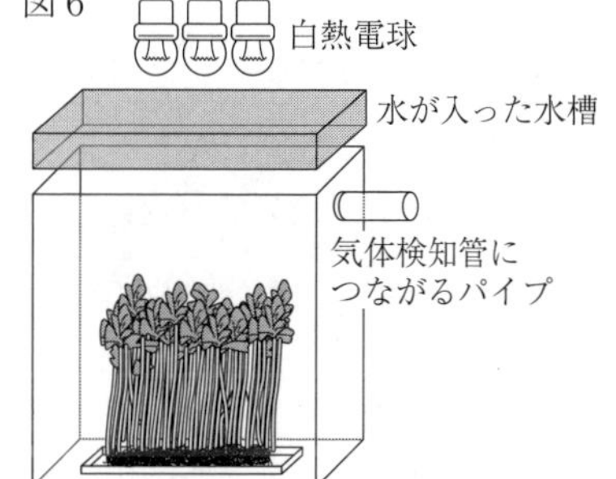

7　動物の生活・種類

§1．動物のつくりと分類

1　地球にはさまざまな種類の生物が生息しており，動物と植物を合わせるとその種類は既知のものだけで100万種を超える。そして，人類はその生物たちの持つ特徴の共通点をもとに，生物の分類を行ってきた。

次の表は，セキツイ動物をA～Eの5つのグループに分類したとき，それぞれのグループが持つ特徴をまとめたものである。あとの問いに答えなさい。　（関西大学北陽高）

表

グループ	A	B	C	D	E
体表	うすい皮ふ	うろこ	うろこ	P	Q
呼吸の方法	子はえら 親は皮ふと肺	X	肺	肺	Y
仲間のふやし方	卵生	卵生	卵生	卵生	胎生

(1)　P，Qに当てはまるものはどれですか。次のア～エからそれぞれ1つずつ選び，記号で答えなさい。P（　　）Q（　　）
ア　うろこ　　イ　うすい皮ふ　　ウ　羽毛　　エ　毛

(2)　X，Yに当てはまるものはどれですか。次のア～エからそれぞれ1つずつ選び，記号で答えなさい。X（　　）Y（　　）
ア　皮ふ　　イ　肺　　ウ　えら　　エ　気孔

(3)　A～Dのうち，殻のない卵を水中に産むものはどれですか。すべて選び，記号で答えなさい。
（　　）

(4)　A～Eのグループに当てはまるものはどれですか。次のア～クからそれぞれ1つずつ選び，記号で答えなさい。A（　　）B（　　）C（　　）D（　　）E（　　）
ア　カメ　　イ　トビウオ　　ウ　バッタ　　エ　ミミズ　　オ　ペンギン　　カ　イモリ
キ　イカ　　ク　コウモリ

図はシソチョウと呼ばれるは虫類と鳥類の中間の特徴を持つ生物である。次の問いに答えなさい。

図

(5)　生物が，長い時間の中で世代を重ねる間に変化していくことを何といいますか。漢字2文字で答えなさい。（　　）

(6)　次のア～エはシソチョウが持つ特徴を表している。ア～エのうち，は虫類の特徴に当てはまるものはどれですか。すべて選び，記号で答えなさい。（　　）

ア　尾に骨がある。　　イ　口には歯がある。　　ウ　つばさの先には爪がある。

エ　前あしはつばさになっている。

2　動物の分類について，以下の問いに答えよ。ただし，図1は14種類の動物をいろいろな特徴によってA～Gに分類したものであり，図2は外界の温度を変化させたときの動物の体温の変化を表したグラフである。　（大阪商大高）

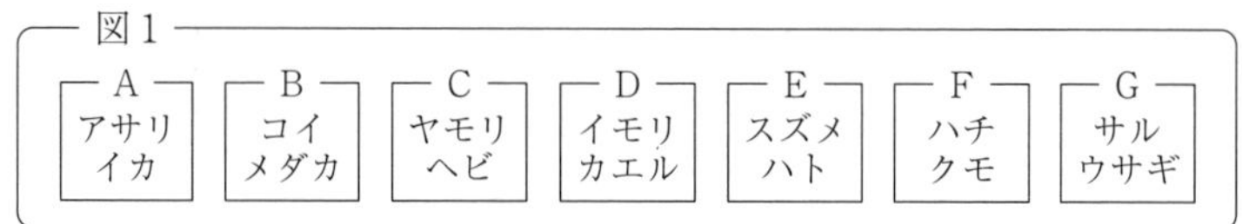

(1)　次の動物の特徴①，②にあてはまる動物を，図1のA～Gからそれぞれすべて選び，記号で答えよ。

①　卵を水中にうむ（　　　）　②　セキツイ動物である（　　　）

(2)　図1のGの動物は，子を母体内である程度育ててからうむ。このようなうまれ方を何というか。（　　　）

(3)　図1のB～Eの動物のうち，一生えらで呼吸する動物をすべて含むものを次のア～コから1つ選び，記号で答えよ。（　　　）

ア．B　イ．B・C　ウ．B・D　エ．B・E　オ．C・D　カ．C・E

キ．D・E　ク．B・C・D　ケ．C・D・E　コ．B・C・D・E

(4)　次のア～エの説明文のうち，間違っているものを1つ選び，記号で答えよ。（　　　）

ア．マイマイやタコもAのグループに属する。

イ．Dに属する動物は，幼生時は肺呼吸を行い，成体時にはえら呼吸を行う。

ウ．Eの産む卵には，殻がある。

エ．Fのからだは，外骨格でおおわれている。

(5)　図2のグラフについて，動物の体温を表しているのは，縦軸か，横軸か。（　　　）

(6)　図1のA～Gのうち，図2の動物aの特徴にあてはまるものをA～Gからすべて選び，記号で答えよ。（　　　）

図2

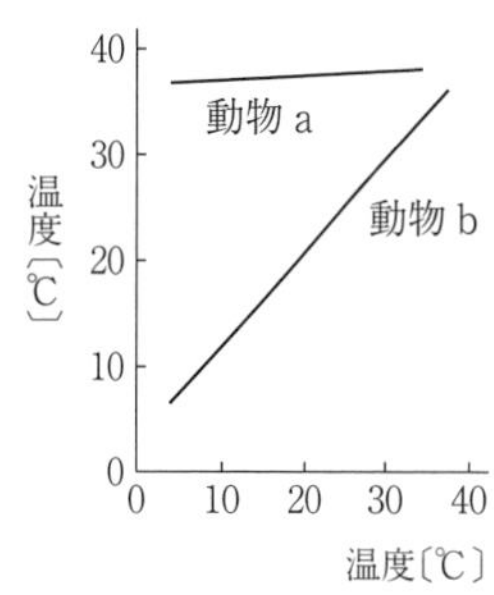

3　以下の文章を読んで，次の問い(1)～(8)に答えなさい。　（早稲田大阪高）

背骨を持たない動物を1無セキツイ動物といい，背骨を持つ動物を2セキツイ動物という。

セキツイ動物は，魚類，（　　），3ハチュウ類，鳥類，4ホニュウ類の5つのグループにその特徴から分類できる。そして，セキツイ動物をこの5つのグループに分けた場合，様々な特徴に基づいてまとめることができる。例えば5呼吸のしかたという点では，6えら呼吸をするグループと7肺呼吸をするグループとにまとめることができる。

(1)（　　）に入る最も適切な語句を答えなさい。（　　　）

(2) 下線部1に関して，無セキツイ動物に分類される生物に，エビやイカが挙げられます。エビとイカはそれぞれのからだの内部を守る構造として別々のものを持っています。それぞれのその構造の名称を答えなさい。エビ（　　　）　イカ（　　　）

(3) 下線部2に関して，セキツイ動物をある性質で2つのグループに分けると，鳥類・ホニュウ類グループとそれ以外のグループにまとめられます。ある性質として最も適当なものを次の(ア)〜(エ)から1つ選び，記号で答えなさい。（　　　）

(ア) 周囲の温度変化とともに体温が変化するかどうか。

(イ) 周囲の湿度変化とともに体温が変化するかどうか。

(ウ) 周囲の温度変化とともに体表の硬さが変化するかどうか。

(エ) 周囲の湿度変化とともに体表の硬さが変化するかどうか。

(4) 下線部3に関して，以下の文章の（　　）に入る適当な短文を答えなさい。

a（　　　　　　　　　　）　b（　　　　　　　　　　）

ハチュウ類と鳥類の両方の特徴を持つ生物として，シソチョウが挙げられる。シソチョウは（ a ）という特徴においてはハチュウ類と共通するが，（ b ）という特徴においては鳥類と共通する。

(5) 下線部4に関して，ホニュウ類の子の生まれ方を何といいますか。（　　　）

(6) 下線部5に関して，植物は光合成も呼吸も行うが呼吸のみを行う時間帯があります。それは昼間，夜間のいずれですか。（　　　）

(7) 下線部6に関して，生涯を通してえら呼吸のみをするセキツイ動物のグループを答えなさい。（　　　）

(8) 下線部7に関して，赤血球は肺で何を受け取っていますか。その物質を化学式で答えなさい。（　　　）

4 次の説明を読んで，あとの問いに答えなさい。（大阪信愛学院高）

生物の名称は一般的にカタカナで表記されるが，漢字表記をすると，右の表のようになる。

これらは，昔から日本で使っている生物名の表記だが，どの生物の漢字にも“虫”が使われている。どうしてだろうか。一説には，よくわからない小さな生き物はすべて“虫”と考えられていたのではないかと言われている。しかし，19世紀以降にヨーロッパから新しいなかま分けの考え方が日本に入ってきたことにより，分類の仕方が現在のように変化した。

記号	カタカナ表記	漢字表記
a	クモ	蜘蛛
b	カエル	蛙
c	ヘビ	蛇
d	コウモリ	蝙蝠
e	カニ	蟹
f	カキ	牡蠣
g	カ	蚊

問１　現在，一般的に虫といえば昆虫をさすことが多いです。昆虫の一般的なからだのつくりを例にならってかきなさい。ただし，例はクモのからだのつくりを表しており，クモは昆虫ではありません。

例

問２　表のa～gの動物を２つのなかまに分けなさい。また，そのようにあなたが考えた「なかま分けの基準」も答えなさい。

（　　と　　）なかま分けの基準（　　　　　　　　）

問３　表のgのカのからだは殻（から）でおおわれています。この殻の名前を答えなさい。また，その殻をもつ動物を表のa～fからすべて選び，記号で答えなさい。

名前（　　　）　記号（　　　）

問４　表のbのカエルとcのヘビはともに異なる分類に属する動物です。それぞれの動物が属する分類名を答えなさい。また，それらの分類上の共通点と相違点をそれぞれ一つずつ答えなさい。

分類名　b（　　　）　c（　　　）

共通点（　　　　　　　　　　　　　　　　　　）

相違点（　　　　　　　　　　　　　　　　　　）

問５　ヒトと同じ分類に属する動物を表のa～gから一つ選び，記号で答えなさい。ただし，最も小さなグループの分類で解答すること。また，その分類名と，他とは異なる特徴を答えなさい。

記号（　　　）　分類名（　　　）　特徴（　　　　　　　　）

問６　表のfのカキは軟体動物に分類される。以下のア～エのうち軟体動物はどれか。その組み合わせとして，正しいものを①～⑥から一つ選びなさい。（　　　）

ア　ミミズ　　イ　アサリ　　ウ　ウナギ　　エ　マイマイ

①　ア・イ　　②　ア・ウ　　③　ア・エ　　④　イ・ウ　　⑤　イ・エ　　⑥　ウ・エ

§2．消化・吸収・排出・呼吸

1　ヒトの血液と器官に関する(1)，(2)の問いに答えなさい。　（武庫川女子大附高）

(1)　図1は顕微鏡で血液を観察したときに見られた血液の成分を模式的に表したものです。Aは中央がくぼんだ円盤の形をしていました。BはAよりも小さく不規則な形をしていました。CはAとは色が明らかに異なり，Aよりやや大きい球形をしていました。なお，Dは液体成分を表しているものとします。①～⑤の問いに答えなさい。

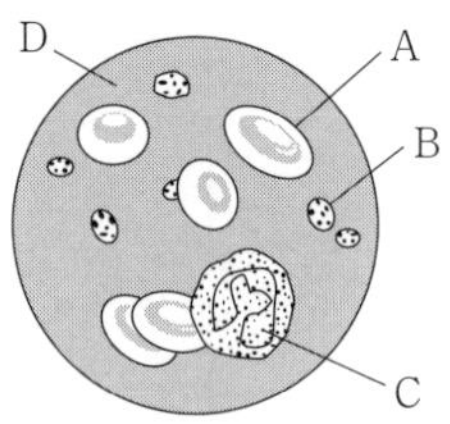

図1

①　次の(ア)～(キ)は顕微鏡の操作の一部を示したものです。これらを正しい手順に並べかえたとき，2番目と6番目になるものはそれぞれどれですか。記号で答えなさい。

2番目（　　　）　6番目（　　　）

(ア)　反射鏡で視野の明るさを調節する。

(イ)　しぼりを回して，観察したいものがはっきり見えるように調節する。

(ウ)　プレパラートをステージにのせる。

(エ)　接眼レンズをとりつける。

(オ)　対物レンズをとりつける。

(カ)　調節ねじで対物レンズをプレパラートにできるだけ近づける。

(キ)　調節ねじでステージを移動させながら，ピントを合わせる。

②　図1に示したAは何ですか。漢字で答えなさい。（　　　）

③　図1に示したBとCのはたらきはそれぞれ何ですか。次の(ア)～(カ)から一つずつ選び，記号で答えなさい。B（　　　）　C（　　　）

(ア)　血液の各成分をつくる。

(イ)　二酸化炭素を運ぶ。

(ウ)　細菌などの異物を分解する。

(エ)　酸素を運ぶ。

(オ)　出血した血液を固める。

(カ)　栄養分を運ぶ。

④　図1に示したDが，毛細血管からしみ出たものを何といいますか。次の(ア)～(エ)から一つ選び，記号で答えなさい。（　　　）

(ア)　組織液　　(イ)　消化液　　(ウ)　リンパ液　　(エ)　血しょう

⑤　図1に示したDには，細胞の中で栄養分を分解してできた不要な物質が含まれています。その不要な物質の一つにアンモニアがあります。細胞の中でアンモニアができるのは，どの栄養分が分解された場合ですか。次の(ア)～(エ)から一つ選び，記号で答えなさい。また，その物質が分解されると，二酸化炭素と水以外にアンモニアができる理由を，元素に着目して簡単に説明しなさい。

（　　　）（　　　　　　　　　　　　　　　　　　　　）

(ア)　ブドウ糖　　(イ)　アミノ酸　　(ウ)　脂肪酸　　(エ)　モノグリセリド

(2) 図2は正面から見たヒトのからだの器官や血管について一部を模式的に表したものです。①～⑥の問いに答えなさい。

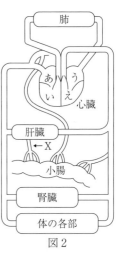

① ヒトの肺は通常いくつありますか。次の(ア)～(エ)のうち，正しいものを一つ選んで，記号で答えなさい。(　　　)

(ア) 1つ　(イ) 2つ　(ウ) 4つ　(エ) 数は決まっていない

② 心臓の4つの部屋 あ～え のうち，あ が収縮するとき，え はどのような動きをしますか。正しいものを次の(ア)～(ウ)から一つ選び，記号で答えなさい。(　　　)

(ア) 収縮する　(イ) 広がる　(ウ) 収縮する場合と広がる場合がある

③ 心臓の4つの部屋 あ～え のうち，筋肉のかべが最も厚くなっているのはどの部屋ですか。あ～え の記号で答えなさい。(　　　)

図2

④ 肝臓と腎臓のはたらきの組み合わせとして，正しいものを次の(ア)～(エ)から一つ選び，記号で答えなさい。(　　　)

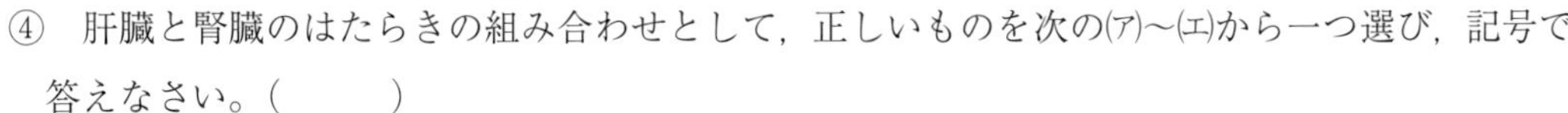

(ア) 肝臓でアンモニアを尿素に変え，腎臓で尿素を分解する。
(イ) 腎臓でアンモニアを尿素に変え，肝臓で尿素を分解する。
(ウ) 肝臓でアンモニアを尿素に変え，腎臓で尿素をとり除く。
(エ) 腎臓でアンモニアを尿素に変え，肝臓で尿素をとり除く。

⑤ 図中の血管Xに多く含まれる栄養分として，適切なものを次の(ア)～(キ)から二つ選び，記号で答えなさい。(　　　，　　　)

(ア) 脂肪酸　(イ) アミノ酸　(ウ) デンプン　(エ) ブドウ糖　(オ) 脂肪
(カ) タンパク質　(キ) モノグリセリド

⑥ 血管Xに多く含まれる栄養分の一つは，肝臓でその一部がグリコーゲンという物質に変えられます。肝臓でその栄養分をグリコーゲンに変える目的として，正しいものを次の(ア)～(エ)から一つ選んで，記号で答えなさい。(　　　)

(ア) 栄養分をリンパ管に送り出すことができる物質に変えるため。
(イ) 栄養分を小腸に送り返すことができる物質に変えるため。
(ウ) 栄養分をたくわえやすい物質に変えるため。
(エ) 栄養分を無機物に変えるため。

2 ヒトの消化について，次の問いに答えなさい。　(初芝橋本高)

(1) 図1は，ヒトの消化に関係する器官を模式的に表したものである。食物は，口から肛門までを，どのような順に通っていくか。図1の記号を正しく並べたものとして最も適当なものを，次のア～オから1つ選び，記号で答えなさい。(　　　)

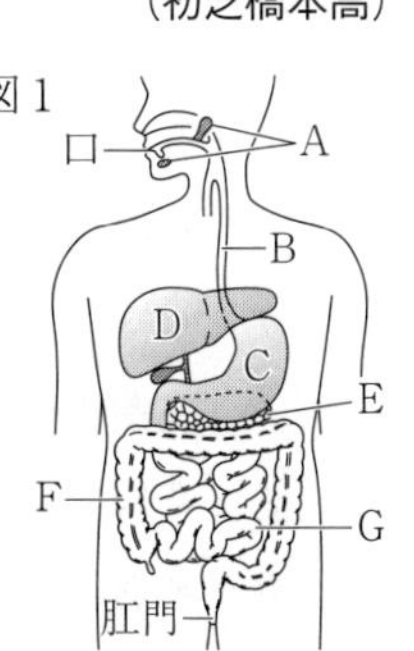

ア 口→A→B→C→E→G→F→肛門
イ 口→A→B→C→D→G→F→肛門
ウ 口→B→C→E→G→F→肛門

エ　口→B→C→E→F→肛門

オ　口→B→C→G→F→肛門

表1は，食物に含まれる有機物Ⅰ，Ⅱ，Ⅲとそれらが分解されていく間にはたらく消化液・消化酵素との関係を示したものである。表中の○は「有機物を分解する」，×は「有機物を分解しない」を表している。器官X～Zは図1のA～Gであり，有機物Ⅰ～Ⅲは，デンプン，タンパク質，脂肪のいずれかである。

表1

	Ⅰ	Ⅱ	Ⅲ
だ液	×	○	×
器官Xの壁の消化酵素	○	○	×
器官Yから出される消化液	○	○	○
器官Zから出される消化液	○	×	×

(2)　表1の器官X～Zは何か。その組み合わせとして最も適当なものを，次のア～カから1つ選び，記号で答えなさい。(　　　)

ア　器官X—胃，器官Y—小腸，器官Z—肝臓

イ　器官X—胃，器官Y—小腸，器官Z—大腸

ウ　器官X—小腸，器官Y—すい臓，器官Z—胃

エ　器官X—小腸，器官Y—すい臓，器官Z—大腸

オ　器官X—肝臓，器官Y—小腸，器官Z—胃

カ　器官X—肝臓，器官Y—小腸，器官Z—大腸

(3)　表1の器官X～Zは，図1のA～Gのどれか。その組み合わせとして最も適当なものを，次のア～クから1つ選び，記号で答えなさい。(　　　)

ア　器官X—C，器官Y—D，器官Z—E

イ　器官X—C，器官Y—E，器官Z—D

ウ　器官X—C，器官Y—G，器官Z—E

エ　器官X—C，器官Y—E，器官Z—G

オ　器官X—G，器官Y—C，器官Z—E

カ　器官X—G，器宮Y—E，器官Z—C

キ　器官X—G，器官Y—D，器官Z—E

ク　器官X—G，器官Y—E，器官Z—D

(4)　消化液には消化酵素が含まれている。だ液には何という消化酵素が含まれているか。(　　　)

(5)　有機物Ⅰ～Ⅲは何か。その組み合わせとして最も適当なものを，次のア～カから1つ選び，記号で答えなさい。(　　　)

ア　有機物Ⅰ—デンプン，有機物Ⅱ—タンパク質，有機物Ⅲ—脂肪

イ　有機物Ⅰ—デンプン，有機物Ⅱ—脂肪，有機物Ⅲ—タンパク質

ウ　有機物Ⅰ—タンパク質，有機物Ⅱ—デンプン，有機物Ⅲ—脂肪

エ　有機物Ⅰ—タンパク質，有機物Ⅱ—脂肪，有機物Ⅲ—デンプン

オ　有機物Ⅰ—脂肪，有機物Ⅱ—デンプン，有機物Ⅲ—タンパク質

カ　有機物Ⅰ—脂肪，有機物Ⅱ—タンパク質，有機物Ⅲ—デンプン

(6) 有機物Ⅰ～Ⅲは，それぞれ分解されて最終的には何という物質になるか。その組み合わせとして最も適当なものを，次のア～カから1つ選び，記号で答えなさい。(　　　)

ア　有機物Ⅰ—アミノ酸，有機物Ⅱ—ブドウ糖，有機物Ⅲ—脂肪酸・モノグリセリド

イ　有機物Ⅰ—アミノ酸，有機物Ⅱ—脂肪酸・モノグリセリド，有機物Ⅲ—ブドウ糖

ウ　有機物Ⅰ—ブドウ糖，有機物Ⅱ—アミノ酸，有機物Ⅲ—脂肪酸・モノグリセリド

エ　有機物Ⅰ—ブドウ糖，有機物Ⅱ—脂肪酸・モノグリセリド，有機物Ⅲ—アミノ酸

オ　有機物Ⅰ—脂肪酸・モノグリセリド，有機物Ⅱ—ブドウ糖，有機物Ⅲ—アミノ酸

カ　有機物Ⅰ—脂肪酸・モノグリセリド，有機物Ⅱ—アミノ酸，有機物Ⅲ—ブドウ糖

デンプン溶液を使って，だ液のはたらきを調べる実験を行った。あとの問いに答えなさい。

〔実験〕

図2

A　B　C　D

湯

1．デンプン溶液を4本の試験管A，B，C，Dに同量ずつ分けて入れた。

2．試験管A，Bにはだ液をそれぞれ1 cm^3 ずつ加え，試験管C，Dには水をそれぞれ1 cm^3 ずつ加えて，図2のように（ ① ）℃の湯の中に10分間入れた。

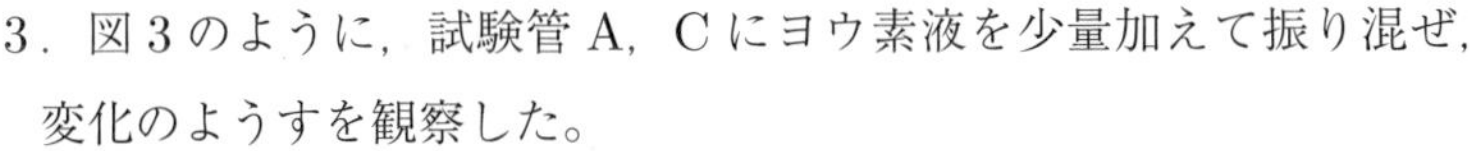

3．図3のように，試験管A，Cにヨウ素液を少量加えて振り混ぜ，変化のようすを観察した。

4．図4のように，試験管B，Dにベネジクト液を少量加えて振り混ぜたあと，（ ② ）して変化のようすを観察した。

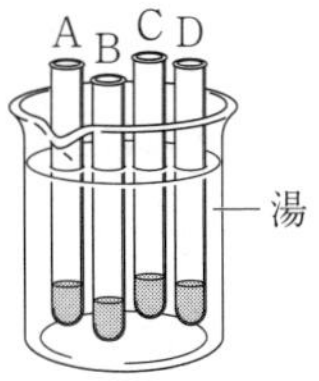

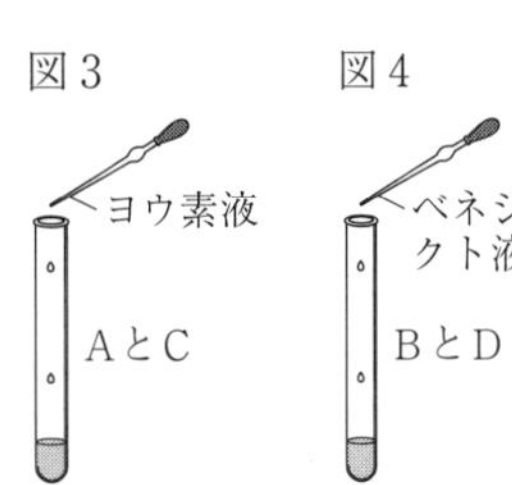

〔結果〕

試験管A，B，C，Dの反応は，表のようになった。

試験管	A	B	C	D
ヨウ素液	変化なし	—	青紫色	—
ベネジクト液	—	赤褐色の沈殿	—	変化なし

(7) 〔実験〕2の（ ① ）に入る最も適当な値を次のア～エから1つ選び，記号で答えなさい。

(　　　)

ア　10　　イ　40　　ウ　70　　エ　100

(8) 〔実験〕4の（ ② ）にはどのような操作があてはまるか。適当なものを次のア～エから1つ選び，記号で答えなさい。(　　　)

ア　真空ポンプで脱気　　イ　10分間静置　　ウ　氷水で冷却

エ　沸とう石を入れたあと加熱

(9) 試験管AとC，試験管BとDの結果を比べると，実験結果として，それぞれどのようなことがいえるか。最も適当なものを次のア～エから1つずつ選び，それぞれ記号で答えなさい。

AとC(　　　)　BとD(　　　)

ア　だ液がはたらいて糖ができた。　　イ　だ液がはたらいて糖がなくなった。

ウ　だ液がはたらいてデンプンができた。　　エ　だ液がはたらいてデンプンがなくなった。

3　血液と心臓に関する文章を読んで，あとの(1)～(7)の各問いに答えなさい。　(仁川学院高)

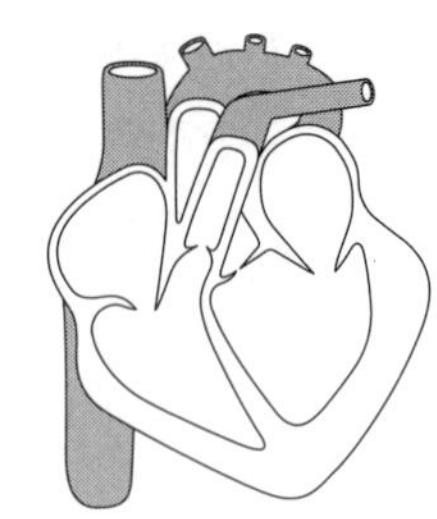

血液には重要なはたらきがいくつも存在する。血液の中には（ A ），（ B ），（ C ）などの固形成分が含まれており，（ A ）は酸素の運搬に，（ B ）は体内に入ってきた異物を排除するはたらきに，（ C ）は血液を固める反応に関与する。他にも血液には，老廃物の運搬や体液濃度の調節などのはたらきがある。

血液を体内で循環させる役割を担うのが心臓であり，[a] 基本的に一定のリズムで血液を送り出している。[b] ホニュウ類の場合，心臓は左右の心室と心房の4つの部屋に分かれている（右図）。魚類の心臓はホニュウ類に比べて原始的な構造をしており，心臓のつくりから進化の道筋を知ることができる。

血液が心臓から出ていく血管を動脈，心臓に戻ってくる血管を静脈という。[c] 動脈は発達した筋肉の層があり，静脈には弁がある。また，血液の循環には体循環と肺循環の2つがある。

心臓から送り出された血液は血管を通って体内を循環するが，その血液の流れ（血流）が血管の内壁を押す力（圧力）を血圧という。この血圧は常に一定ではなく，時間帯や気候によって異なり，食事や運動，ストレスなどのさまざまな要因によって変化する。血圧の高い状態が続くと，心臓や血管に負担がかかり，さまざまな病気になる危険性が高くなる。

(1)　文章中の空欄（ A ）～（ C ）に入る適当な語句を，それぞれ答えなさい。

A（　　　）　B（　　　）　C（　　　）

(2)　下線部［a］について，安静時のヒトの1分間あたりの心拍数として，もっとも適当なものを次のア～エから選び，記号で答えなさい。（　　　）

ア　10回程度　　イ　20～40回　　ウ　60～80回　　エ　100～120回

(3)　下線部［b］について，2心房1心室の動物として，適当なものを次のア～カから**すべて**選び，記号で答えなさい。（　　　）

ア　イカ　　イ　キリン　　ウ　イモリ　　エ　マグロ　　オ　ワシ　　カ　ヤモリ

(4)　下線部［c］について，静脈が動脈と違って弁をもつ理由を，「**血圧**」という語句を用いて20字程度で説明しなさい。

(5)　肺動脈を流れる血液は，「動脈血」と「静脈血」のどちらですか。「動脈血」または「静脈血」のいずれかで答えなさい。（　　　）

(6)　心室の収縮は，心房が収縮してから起こるようになっています。もし心房と心室の収縮が同時に起こった場合，どのような不都合が生じると考えられますか。誤っているものを次のア～エから1つ選び，記号で答えなさい。（　　　）

ア　心臓が破裂する

イ　血圧が低くなる

ウ　血液が心房と心室にたまる

エ　血液が逆向きに体の中を循環するようになる

(7)　左心室の壁の筋肉が他の心臓の部屋の筋肉に比べて発達している理由として，もっとも適当なものを次のア～エから選び，記号で答えなさい。（　　　）

ア　4つの部屋の中で，血液量がもっとも多いから。

イ　左心室には，酸素を多く含む血液が送られてくるから。

ウ　左心室は，血液を全身に送り出す役割を担っているから。

エ　心臓は，体の中心より左側に寄っているから。

4　ヒトは肺で呼吸しています。下の図はヒトの呼吸器官と，肺の一部を拡大したものを表しています。また，下の表はＹさんの吸う息とはく息に含まれる各気体の成分を表しています。これについて，後の各問いに答えなさい。　（星翔高）

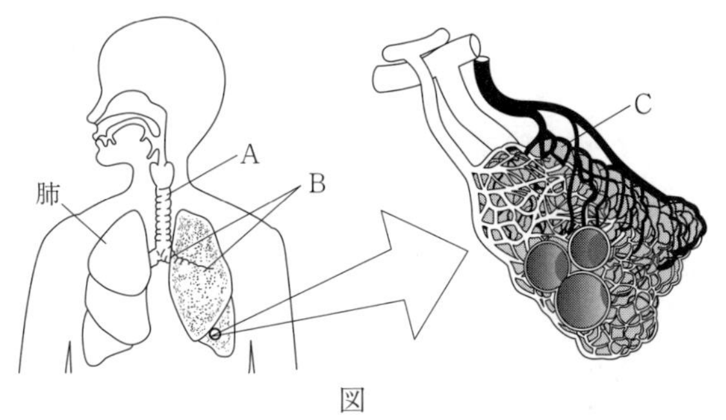

図

表

気体	窒素	酸素	二酸化炭素
吸う息〔%〕	78	21	0.040
はく息〔%〕	78	17	X

(1)　図のＡとＢは気体の通り道を表しており，ＢはＡが枝分かれしたものを表しています。ＡとＢの名前として，正しいものを次のア～カから１つずつ選び，それぞれ記号で答えなさい。

Ａ（　　　）Ｂ（　　　）

ア　食道　　イ　肺胞　　ウ　気管　　エ　十二指腸　　オ　気管支　　カ　胆のう

(2)　図のＣは肺１つに３億個ほどある小さな袋を表しています。その袋の周囲には，無数の細い血管がはりめぐらされています。Ｃの袋から，その周囲の血管内の血液中に渡される気体を運ぶ血液成分として，正しいものを次のア～エから１つ選び，記号で答えなさい。（　　　）

ア　赤血球　　イ　白血球　　ウ　血小板　　エ　血しょう

(3)　Ｙさんの安静時の呼吸について調べてみると，１回の呼吸で 500cm^3 の気体が出入りして，１分間で20回呼吸することがわかりました。これについて，次の①，②にそれぞれ答えなさい。

①　表のＸに当てはまる数値として，正しいものを次のア～エから１つ選び，記号で答えなさい。

（　　　）

ア　0.40　　イ　4.0　　ウ　20　　エ　78

②　Ｙさんは１日（24時間）で何Ｌの酸素を体内に取り入れているか，整数で答えなさい。

（　　　Ｌ）

§3．刺激と反応

1　右の図は，人の腕の骨格と筋肉を模式的に表したものである。骨と骨は，Aの部分でつながっている。また，骨と筋肉はBの部分でつながっている。これについて，次の問いに答えなさい。　(大阪夕陽丘学園高)

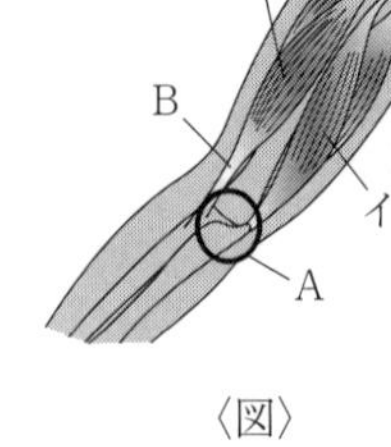

〈図〉

問1　Aの部分の名称を，次の①〜④より1つずつ選びなさい。(　　　)

①　骨格　　②　神経　　③　関節　　④　じん帯

問2　腕を曲げるときと腕を伸ばすときの筋肉ア，イの説明について，適切なものを次の①〜④よりそれぞれ1つ選びなさい。

腕を曲げるとき(　　　)　腕を伸ばすとき(　　　)

①　筋肉アも筋肉イもゆるむ。　　②　筋肉アはゆるみ，筋肉イは縮む。

③　筋肉アも筋肉イも縮む。　　④　筋肉アは縮み，筋肉イはゆるむ。

問3　Bの中でも，人体で最も大きいものは何か。次の①〜④より1つ選びなさい。(　　　)

①　アキレス腱　　②　大腿四頭筋　　③　股関節　　④　大腿骨

問4　熱いものにふれると，熱いという意識が生まれる前に手をひっこめる反応をする。この反応の命令が出されるのはどこか。次の①〜④より1つ選びなさい。(　　　)

①　感覚神経　　②　脳　　③　せきずい　　④　皮膚

2　右の図1はヒトの耳のつくりを，図2はヒトの目のつくりを模式的に示したものである。これらについて，次の問いに答えなさい。　(東山高)

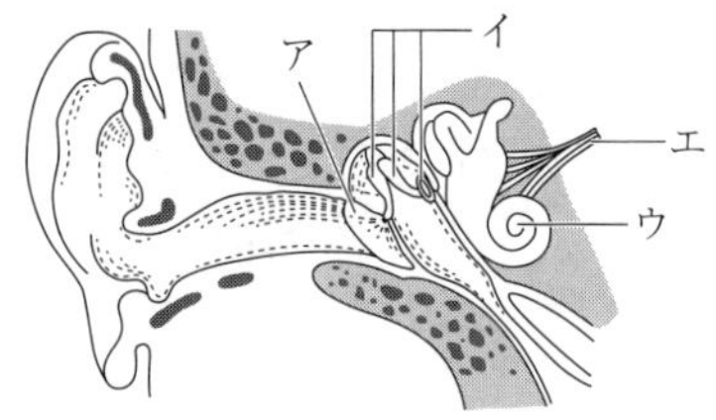

〈図1〉

1．図1のア〜エの名称の組合せとして適切なものを次の中から1つ選び，記号で答えよ。(　　　)

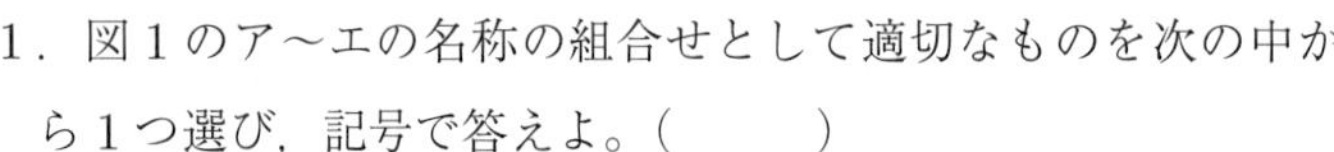

	ア	イ	ウ	エ
a	耳小骨	うずまき管	鼓膜	聴神経
b	耳小骨	鼓膜	聴神経	うずまき管
c	鼓膜	耳小骨	うずまき管	聴神経
d	鼓膜	聴神経	うずまき管	耳小骨
e	うずまき管	耳小骨	聴神経	鼓膜
f	うずまき管	鼓膜	耳小骨	聴神経

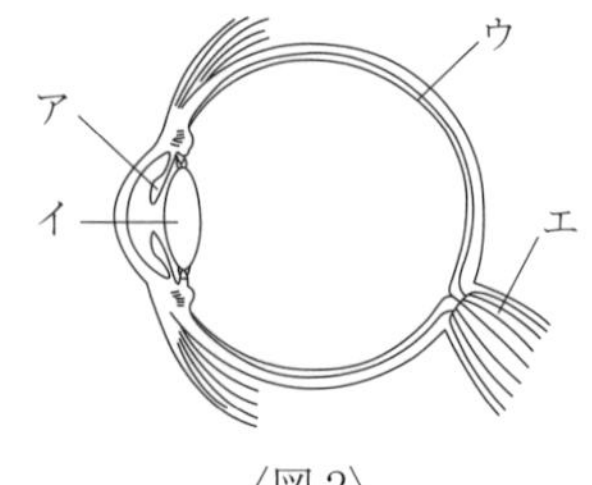

〈図2〉

2．次の文章は，耳が音の刺激をどのように受けとっているかを説明したものであり，文中の(　　)には図1で示したア〜エの構造がそれぞれあてはまる。①〜③にあてはまる構造として適切なものを図1のア〜エの中から1つずつ選び，記号で答えよ。

①(　　　)　②(　　　)　③(　　　)

耳は音による空気の振動を(①)でとらえ，(②)を通して振動を増幅した後，(③)の中の液体を振動させることにより，音の刺激を受けとっている。

3．図2のア〜エの名称の組合せとして適切なものを次の中から1つ選び，記号で答えよ。(　　　)

	ア	イ	ウ	エ
a	網膜	虹彩（こうさい）	レンズ	視神経
b	網膜	レンズ	視神経	虹彩
c	レンズ	虹彩	網膜	視神経
d	レンズ	虹彩	視神経	網膜
e	虹彩	レンズ	網膜	視神経
f	虹彩	網膜	視神経	レンズ

4．次の①，②のはたらきをしている部分を，図2のア～エから適切なものを1つずつ選び，記号で答えよ。

① 厚みを変えて物体からの光を屈折させる。(　　　)

② 光の刺激を受けとる細胞がある。(　　　)

3 ヒトの体のつくりに関する下の会話文を読み，あとの問1～問6に答えなさい。 (大阪薫英女高)

Aさん 「うーん，最近運動不足だなあ。」

Bさん 「この数年，ずっと感染症が広がったり収まったりの繰り返しだからね。」

Aさん 「思いっきり体を動かしたい。私，運動得意じゃないけど。そういえば，運動神経が良いとか悪いとか言うけど，運動神経って何？」

Bさん 「神経は，体の中で信号を伝える役割をもつ細長い細胞だよ。神経にはいくつか種類があって，運動神経は（ 1 ）に分類されるよ。（ 2 ）から（ 3 ）に信号を伝える役割を持つね。」

Aさん 「そうなんだ。じゃあ，その神経が良いっていうのは生まれつきなの？」

Bさん 「もちろんそれもあるけど，たくさん体を動かす経験をして，①自分のイメージした通りに体を動かせるようになるのが重要らしいね。」

Aさん 「確かに，バスケットボールが上手い友達は，他の競技やっても皆より上手だし，コツつかむの早いよ。」

Bさん 「あとはトレーニングだね。練習すれば②筋肉も発達するし，③反応の速さもきたえられるよ。」

Aさん 「やっぱり何事も努力と練習かぁ。」

Bさん 「よし，じゃあ今からランニングでもするか。行くよ！」

Aさん 「はーい。(なんで私よりやる気になってるんだろう……？)」

問1．文中の（ 1 ）～（ 3 ）に当てはまる語句の組み合わせとして正しいものを，次のア～エの中から1つ選び，番号で答えなさい。(　　　)

	(1)	(2)	(3)
ア	末しょう神経	手や足など	脳やせきずい
イ	末しょう神経	脳やせきずい	手や足など
ウ	中枢神経	手や足など	脳やせきずい
エ	中枢神経	脳やせきずい	手や足など

問2．下線部①のように意識して起こす反応とは別に，無意識に起こる反応を何というか答えなさい。(　　　)

問3．問2の反応の1つとして，熱いものをさわって思わず手を引っ込める反応がある。この反応をするときの信号の通る正しい順番を，次のア～エを使って答えなさい。ただし，最初は皮膚，最後は筋肉とし，すべての記号を使わなくてもよいものとする。(皮膚→　　　　　→筋肉)

ア．せきずい　　イ．脳　　ウ．運動神経　　エ．感覚神経

問4．下線部②について，手や足を動かす筋肉は，骨につながっている。筋肉と骨をつなぐ部分を何というか答えなさい。(　　　)

問5．下線部③について，視覚は目が光を刺激として受け取ることで成り立っている。目のレンズを通して，光が像をむすぶ部分を何というか答えなさい。(　　　)

問6．下線部③について，Aさんと Bさんが次の実験を行った。

図1のように，Aさんが長さ30cmのものさしを持ち，Bさんはものさしに触れないように，0の目盛の位置にひとさし指をそえ，ものさしを見る。Aさんは何も言わずにものさしをはなし，Bさんはものさしが落ちるのを見たらすぐにものさしをつかむとする。ものさしをつかんだ時の，ひとさし指の位置の目盛を読んで，ものさしが落ちた距離を記録する。同様の操作を合計5回行った。その結果を表に示す。

図1

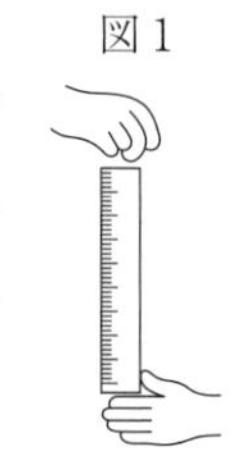

	1回目	2回目	3回目	4回目	5回目
ものさしが落ちた距離(cm)	12.5	10.5	11.2	12.7	10.6

ものさしが落ちた距離とものさしが落ちるのに要する時間の関係を表したものが，図2である。表の平均値と図2から考えて，Bさんが，ものさしが落ち始めるのを見てからつかむまでにかかる時間を答えなさい。(　　　秒)

図2

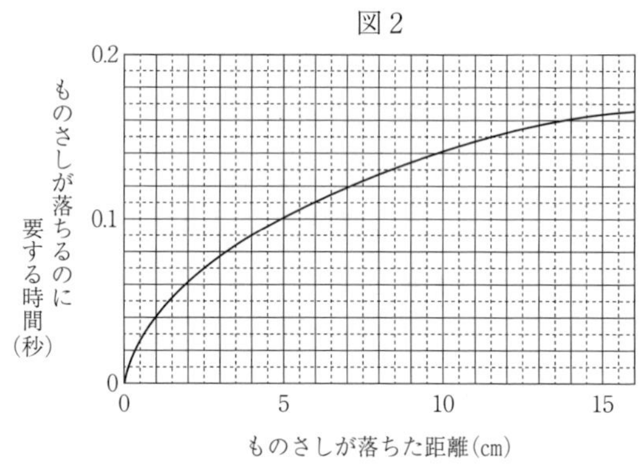

4 以下の文を読み，次の問いに答えなさい。　(阪南大学高)

生物は，一つの細胞からなる（ A ）と多くの細胞からできている（ B ）がいる。（ B ）の細胞には，様々な形が見られ，形やはたらきが同じ細胞が集まり組織をつくる。いくつかの種類の組織が集まって一つのまとまった形となり，特定のはたらきをするものを器官という。そして，いくつかの器官が集まって個体がつくられている。

(1) 文中の空欄（ A ），（ B ）に当てはまる語句を答えなさい。A(　　　)　B(　　　)

(2) 文中の空欄（ A ）の生物の例として最も適切なものを次のア～エから選び，記号で答えなさい。(　　　)

ア　オオカナダモ　　イ　ミカヅキモ　　ウ　ミジンコ　　エ　アオミドロ

(3)　器官のうち，外界からの刺激を受け取るものを何器官といいますか。(　　　)

(4)　図1は，(3)の器官の一つである目の構造の模式図です。また，図2はヒトの目に入った光が進む道すじを調べるため，凸レンズと光源，スクリーンを模式的に配置したものです。ただし，図1の記号b，cは図2の同じ記号に対応しています。また，光源から出た光は図2のc上で像を結んでいるものとします。次の①，②の問いに答えなさい。

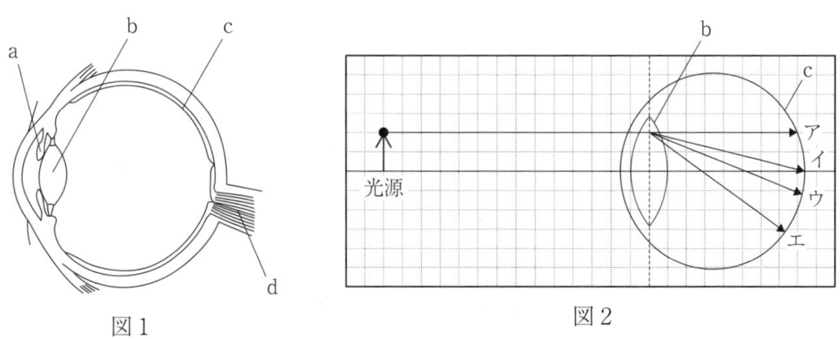

図1　　　図2

① 目に入る光の量を調節している場所として最も適切なものを図1のa～dから選び，記号で答えなさい。また，その名称を漢字で答えなさい。記号(　　　)　名称(　　　)

② 図2の矢印（光源）の先端から出た光はどのように進みますか。最も適切なものを図2のア～エから選び，記号で答えなさい。ただし，bは完全な凸レンズであり，光は凸レンズの中心線上（破線）で屈折するものとします。(　　　)

5　理科部のカズコさんとタカミさんは，地元の小学校のクリスマス会で理科に関する出し物をすることになりました。そこで，二人はヒトのからだについてのクイズを出すことにしました。以下のポスターは，その内容を示したものです。（プール学院高）

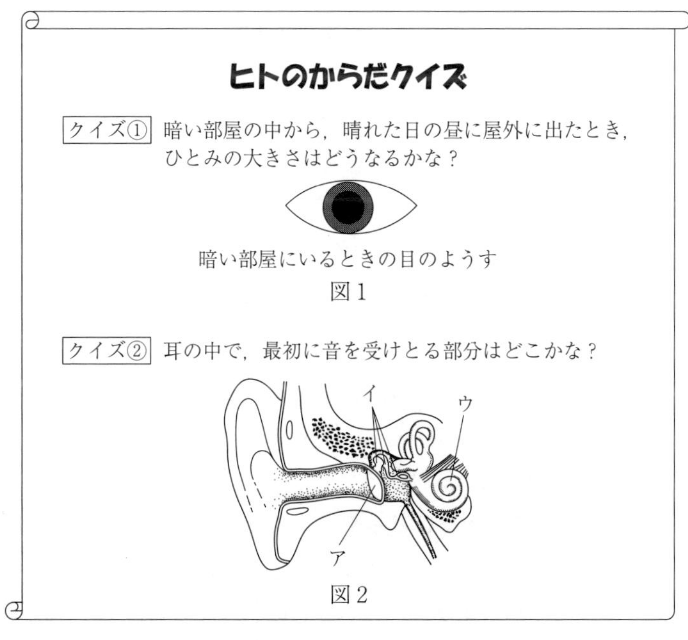

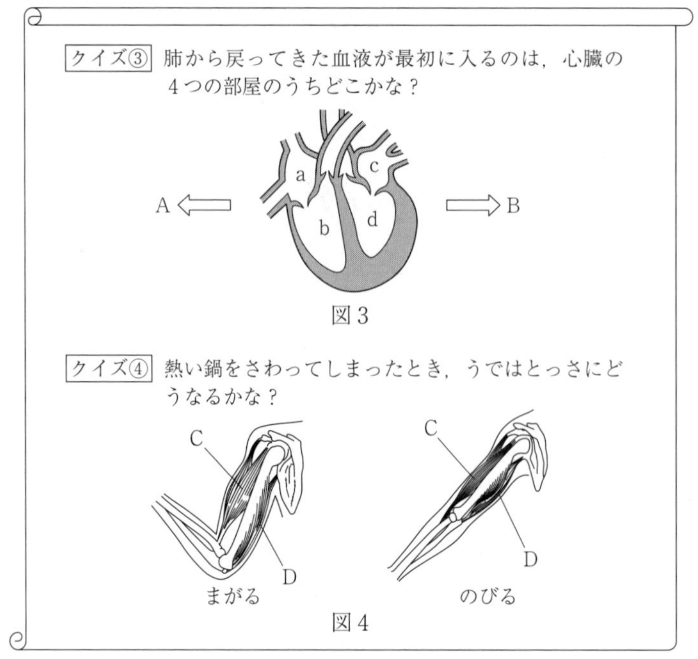

クイズ③ 肺から戻ってきた血液が最初に入るのは，心臓の4つの部屋のうちどこかな？
a
c
A
B
b
d
クイズ④ 熱い鍋をさわってしまったとき，うではとっさにどうなるかな？
C
C
D
D
まがる
のびる

図3
図4

問1　クイズ① について，図1は，暗い部屋の中にいるときのヒトの目を模式的に示したもので，黒くぬりつぶしている部分はひとみを表しています。このヒトが，晴れた日の昼に明るい屋外に出たときのひとみの大きさはどのようになりますか。解答欄の図中に実線でひとみをかき，その中をぬりつぶしなさい。ただし，解答欄の図中の点線は，暗い部屋にいるときのひとみの大きさを表しているものとします。

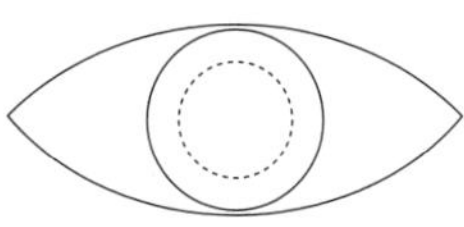

問2　クイズ② について，耳の中で最初に音を受けとる部分は，図2のア～ウのどこですか。最も適切なものを1つ選び，記号で答えなさい。(　　　)

問3　クイズ③ について，肺から戻ってきた血液が最初に入るのは，心臓の4つの部屋のうちのどこですか。図3のa～dから1つ選び，記号で答えなさい。ただし，図3のAは右手側を，Bは左手側を示しているものとします。(　　　)

問4　クイズ④ について，熱い鍋をさわってしまったとき，うではどのように反応しますか。「まがる」か「のびる」のどちらかで答えなさい。(　　　)

問5　うでがのびるとき，図4のCとDの筋肉はどのようになりますか。それぞれの筋肉のようすを説明した文として，最も適切なものを次のア～エから1つ選び，記号で答えなさい。(　　　)

ア　Cの筋肉は収縮し，Dの筋肉はゆるむ。
イ　Cの筋肉は収縮し，Dの筋肉も収縮する。
ウ　Cの筋肉はゆるみ，Dの筋肉もゆるむ。
エ　Cの筋肉はゆるみ，Dの筋肉は収縮する。

問6　クイズ① や クイズ④ のようなひとみやうでの動きのように，刺激に対して無意識に起こる，生まれつきもっている反応を何といいますか。その名称を答えなさい。(　　　)

問7　問6の反応は，意識して起こす反応に比べてどのような特徴があるか簡潔に説明しなさい。
(　　　　　　　　　　　　　　　　　　　　　　　　　　　　　　)

問8　問6と同じ反応の例として，最もよく当てはまるものはどれですか。次のア～オから1つ選び，記号で答えなさい。(　　　)

ア　バスケットボールで，友達からのパスをしっかりと受け止めた。

イ　小テストの結果が悪かったので，思わず目をそらした。

ウ　朝，携帯電話のアラームが鳴ったので起き上がって止めた。

エ　歩いていると友達に名前を呼ばれたのでふり返った。

オ　強い風の日に，新聞紙が自分の顔に向かって飛んできたので，とっさに目を閉じた。

クイズの後，感覚器官で刺激を受けとってから反応するしくみについて，より詳しく理解するために，カズコさんとタカミさんの二人で実験を行いました。以下は，実験の方法とその結果をまとめたものです。

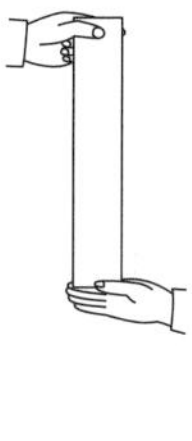

[実験]　E感覚器官で刺激を受けとってから反応するまでの時間を測定する。

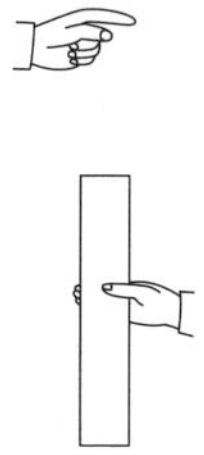

[方法]

手順1　カズコさんが長さ30cmのものさしの上端を持ち，タカミさんはものさしにふれないように0の目盛りの位置に指をそえた。(図5)

手順2　カズコさんは，合図をせずにものさしを落とした。

図5　　図6

手順3　タカミさんはものさしが落ち始めるのを見たら，すぐにものさしをつかんだ。(図6)

手順4　ものさしが0の目盛りから何cm落ちたところでつかむことができたのかを読みとり，その数値を記録した。

※手順1～手順4を4回繰り返し，その結果を表にまとめた。

[結果]

	1回目	2回目	3回目	4回目
ものさしが落ちた距離[cm]	20.2	19.8	18.1	17.9

図7

問9　下線部Eについて，この実験で感覚器官が受けとる刺激と，その刺激から生じる感覚との組み合わせとして適切なものはどれですか。次のア～エから1つ選び，記号で答えなさい。(　　　)

ア　味　聴覚　　イ　音　味覚　　ウ　熱さ　嗅覚　　エ　光　視覚

問10　図8は，手を前方にのばしたときの指先からうでの付け根までの神経の長さと，うでの付け根から頭までの神経の長さを模式的に表したものです。ものさしが落ちるのを脳で認識してから，すぐに手が反応するまでに理論上何秒かかりますか。ヒトの神経の中を，刺激や命令が伝わる速さを100m/sとして計算しなさい。(　　　秒)

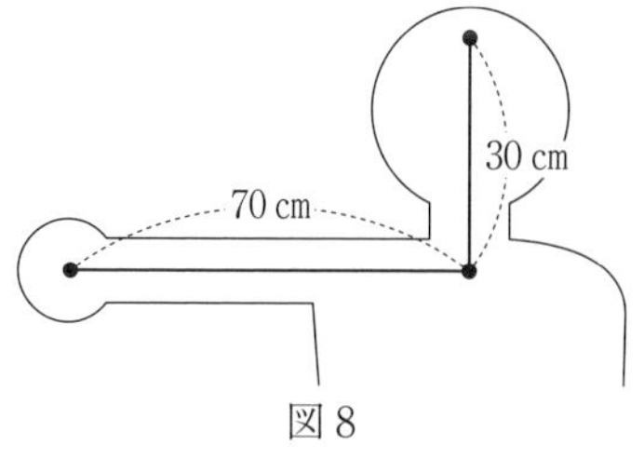

図8

カズコさんとタカミさんは，実験結果から次のように考察しました。

[考察]

ものさしの像が感覚器官である目の（ R ）に結ばれ，光の刺激として受けとられます。その信号が感覚神経を通ってF脳に伝えられて，ものさしが認識されます。

次にものさしが動くのが認識されると，脳から「つかめ」という命令の信号が出され，（ S ）を通して運動神経に伝わります。この信号が運動器官である手の筋肉に伝わって，ものさしをつかむという反応になります。このときにかかった時間は，図7と図9から求めることができます。

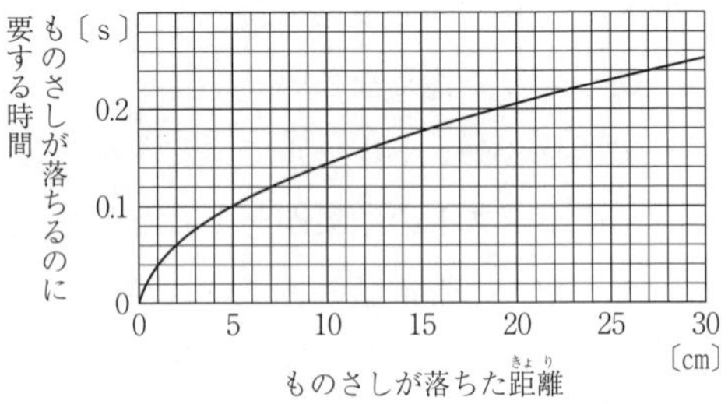

図9

このように，私たちのからだは刺激を受けてから反応が起こるまでに時間がかかります。この時間は，刺激や命令の信号が伝わるのにかかる時間と G 脳で刺激を感じ，それに対して判断し，命令を出すために必要な時間の合計です。

問11　文中の（ R ），（ S ）に当てはまる語句をそれぞれ答えなさい。R（　　　）　S（　　　）

問12　下線部Fについて，脳やせきずいなどの神経のことをまとめて何といいますか。その名称を答えなさい。（　　　）

問13　下線部Gについて，脳で刺激を感じてから，それに対する判断を行い，命令を出すまでに必要な時間は何秒ですか。問10の答えと図7と図9をもとにして求めなさい。ただし，目で受け取った光の刺激が脳に伝わるのにかかる時間はごくわずかなので無視できるものとします。

（　　　秒）

8 生物のつながり

§1．細胞・生殖

1 次の問いに答えなさい。 (関西大学北陽高)

(1) 右の図1は雄(おす)のカエルを表している。図1のAは雄のカエルの生殖器官であり，ここで生殖細胞がつくられる。Aの名称と，Aでつくられる生殖細胞の名称をそれぞれ答えなさい。Aの名称(　　) 生殖細胞の名称(　　)

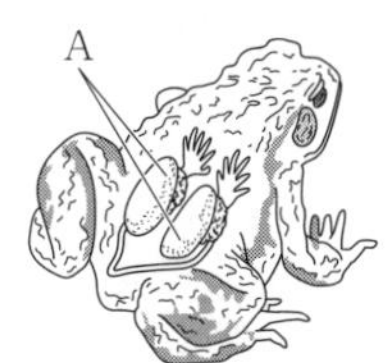

図1

(2) 次のAはカエルの受精卵であり，B～Fは受精卵が細胞分裂していく様子を模式的に表したものである。下のア～オの説明のうち，正しいものはどれですか。すべて選び，記号で答えなさい。(　　)

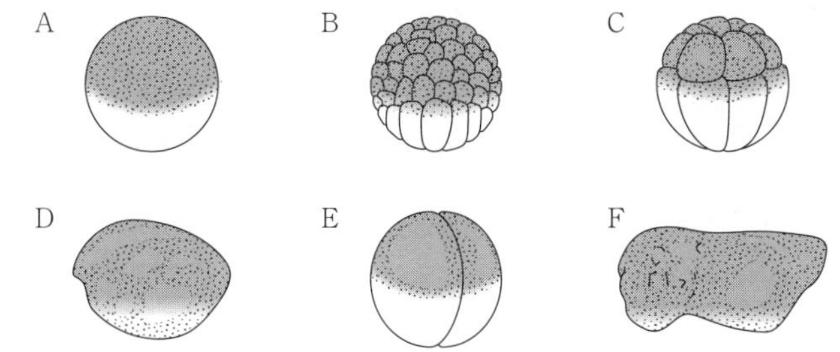

ア 受精卵AはA→E→C→B→D→Fの順で細胞分裂を行う。
イ Aが持つ遺伝子は，雌(めす)の親が持つ遺伝子と全く同じである。
ウ B～Fはすべて胚(はい)と呼ばれる。
エ Eの1つの細胞に含まれる染色体の本数はAの細胞に含まれる染色体の数の半分の数である。
オ 受精卵が細胞分裂を繰り返し，生物のからだができていく過程を発生という。

(3) 体細胞が図2のような染色体を持つP，Qを親として有性生殖でなかまをふやすとき，親Pがつくる生殖細胞，親Qがつくる生殖細胞，親P，Qの生殖細胞の受精によってできる子の体細胞が持つ染色体はどのように表されますか。それぞれ下の選択肢ア～カからすべて選び，記号で答えなさい。

親Pがつくる生殖細胞(　　) 親Qがつくる生殖細胞(　　) 子の体細胞(　　)

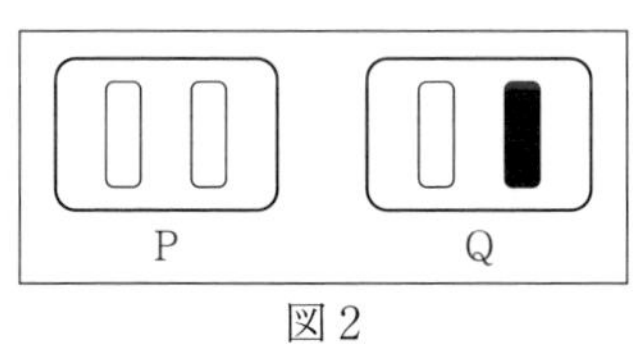

図2

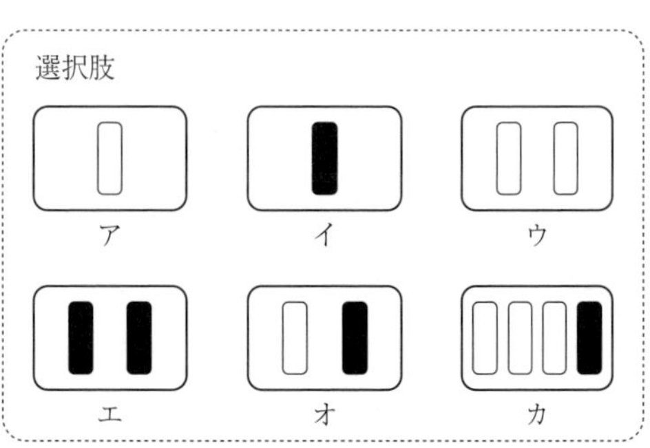

2　タマネギの根の細胞分裂を顕微鏡で観察しました。これについて，あとの問いに答えなさい。

（関大第一高）

(1)　右図の顕微鏡の(ア)～(オ)の名称をそれぞれ答えなさい。

(ア)(　　　)　(イ)(　　　)　(ウ)(　　　)　(エ)(　　　)

(オ)(　　　)

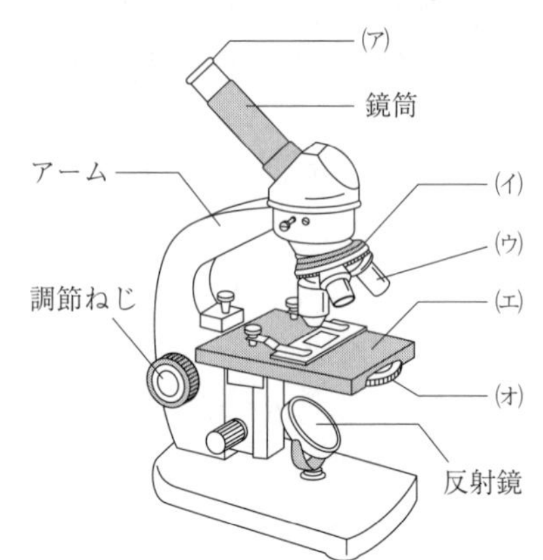

(2)　細胞分裂の様子をくわしく観察するため，顕微鏡の接眼レンズの倍率は変えずに，対物レンズの倍率を4倍のものから40倍のものに変えて観察すると，視野の明るさと視野の面積はどのようになりますか。最も適当な組み合わせはどれですか。次の①～⑥から1つ選び，記号で答えなさい。

(　　　)

	①	②	③	④	⑤	⑥
視野の明るさ	明るくなる	明るくなる	明るくなる	暗くなる	暗くなる	暗くなる
視野の面積	1／4	1／10	1／100	1／4	1／10	1／100

(3)　顕微鏡で観察していた細胞が視野の右上にあったため，視野の中央に移動させたい。このとき，ステージ上のプレパラートはどの方向に移動させればよいですか。右図の①～⑧から1つ選び，記号で答えなさい。(　　　)

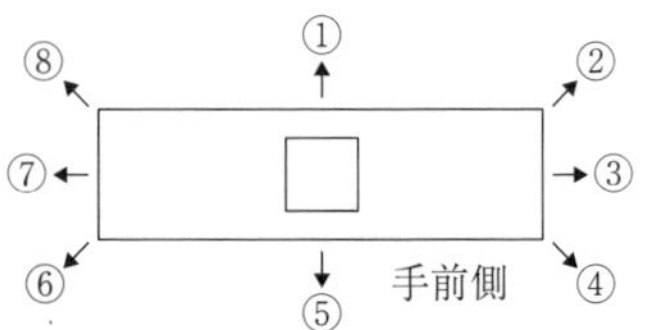

(4)　顕微鏡で観察する前に，以下の処理を順番に行いプレパラートを作成しました。【処理2】～【処理4】の処理を行う理由は何ですか。適当なものを下の①～⑥からそれぞれ1つずつ選び，記号で答えなさい。処理2(　　　)　処理3(　　　)　処理4(　　　)

【処理1】　タマネギの根の先端3mmを切り取る。

【処理2】　60℃に温めたうすい塩酸に2分間浸す。

【処理3】　スライドガラスにのせ，酢酸カーミン液を1滴加える。

【処理4】　カバーガラスをかけ，ろ紙をのせて上から指でゆっくりとおしつぶし，プレパラートを作る。

①　細胞どうしの重なりをなくすため　　②　細胞どうしを離れやすくするため

③　細胞どうしを離れないようにするため　　④　核や染色体を観察しやすくするため

⑤　細胞膜を破壊するため　　⑥　核を破壊するため

(5)　右図の(ア)～(オ)の細胞を，(エ)を最初にして細胞分裂の進行順に並べなさい。((エ) →　　→　　→　　→　　)

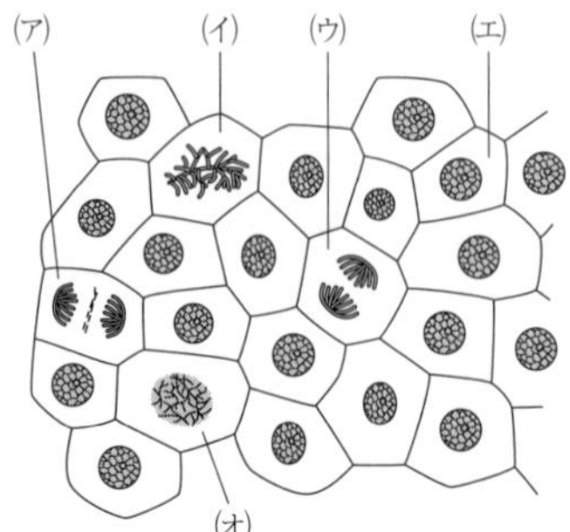

3 生物の成長のしくみを調べるため，京太郎さんと教子さんはタマネギの種子を用いて次の実験と観察を行った。以下は京太郎さんのレポートの一部を示したものである。あとの問に答えよ。

（京都教大附高）

〈実験〉

湿らせた脱脂綿をペトリ皿に敷き，その上にタマネギの種子をまいた。根が出て 2cm になったとき，図1のように根の先端から等間隔に油性ペンで印 A～D をつけ，数日置いた後，印をつけた根を観察した。

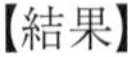

【結果】

〈図1〉

〈観察〉

印をつけて数日置いた根を AB 間，BC 間，CD 間から数 mm ずつ切り取ってスライドガラスにのせ，それぞれ①5％塩酸をピペットで1滴落として3～5分ひたし，②水洗いした。その後，③染色液をピペットで1滴落として5分待ち，カバーガラスをかけた上からろ紙でおおい，④親指で根を押しつぶした。作成したプレパラートをすべて同じ倍率で観察し，スケッチした。

【結果】

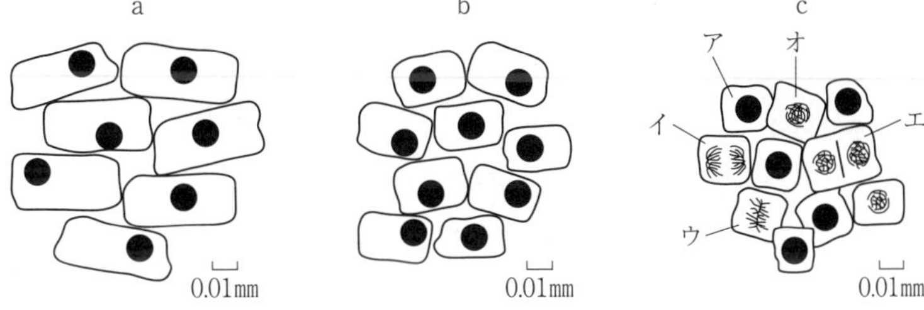

【考察】

タマネギの根では先端付近で細胞分裂がさかんに行われており，分裂してふえた細胞の体積が大きくなることで成長していると考えられる。

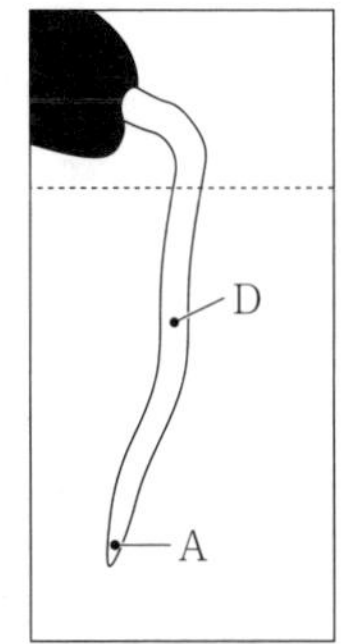

問1 〈実験〉ではどのような結果が得られたと考えられるか。数日後の根における印 B，C の位置を解答欄の図中に，図1にならって示せ。

問2 〈観察〉で用いた染色液とは何か。次のうちから適切なものを1つ選べ。

（　　　）

エタノール　　ヨウ素液　　酢酸オルセイン

問3 教子さんは〈観察〉を行う際，一部の操作を忘れてしまったために細胞どうしがばらばらにならず，重なり合って見えてしまい，うまく観察ができなかった。教子さんが忘れてしまったと考えられる操作を，レポート内の観察手順に示された下線部①～④のうちからすべて選び，番号で答えよ。（　　　）

問4　観察結果として示されたスケッチa〜cは，AB間，BC間，CD間のいずれかを描いたものである。それぞれに適切なものをa〜cのうちから1つずつ選び，記号で答えよ。

AB間(　　　)　BC間(　　　)　CD間(　　　)

問5　スケッチcで描かれたひものような染色体がみられる細胞は，いずれも分裂中の細胞である。スケッチ中の細胞ア〜オを，アを1番目として分裂の進む順番に並べ，記号で答えよ。

(ア→　　→　　→　　→　　)

問6　染色体の複製は，スケッチ中の細胞ア〜オのどの細胞で起こると考えられるか。最も適切なものを，スケッチ中のア〜オのうちから1つ選び，記号で答えよ。(　　　)

4　図は，ジャガイモのふえ方を模式的にあらわしている。Aの花粉がAとは異なる遺伝子をもつBに受粉してできた種子からDが生じ，AのいもからCが生じた。なお，AとBのジャガイモの体細胞の染色体数は48本とする。以下の問1〜問6に答えなさい。　(花園高)

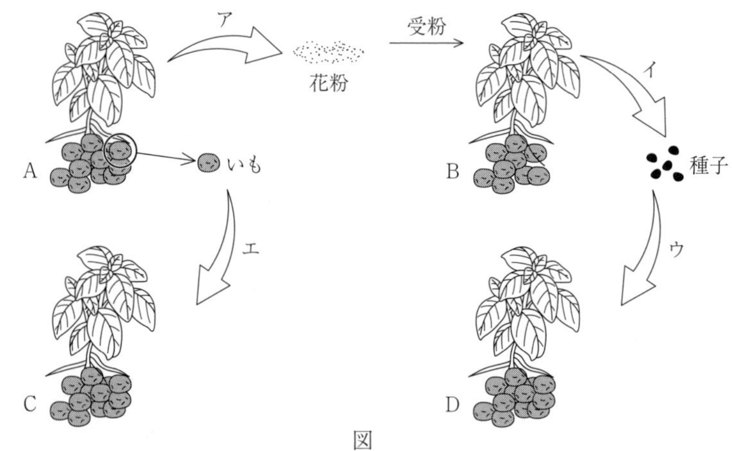

図

問1．図で，有性生殖をあらわす白矢印はア〜エのどれか。正しいものを①〜④より1つ選びなさい。(　　　)

①　ア　　②　イ　　③　ウ　　④　エ

問2．Aの精細胞の染色体数を24本とすると，Bの卵細胞の染色体数と，Dの体細胞の染色体数はそれぞれ何本になるか。適当な組み合わせを①〜④より1つ選びなさい。(　　　)

	Bの卵細胞の染色体数	Dの体細胞の染色体数
①	48	96
②	96	48
③	48	24
④	24	48

問3．A〜Dのうち，同一の遺伝子をもつ組み合わせはどれか。適当なものを①〜④より1つ選びなさい。(　　　)

①　AとC　　②　BとC　　③　AとD　　④　BとD

問4．次の文中の（ ア ）と（ イ ）にあてはまる語句は何か。正しい組み合わせを①～⑥より1つ選びなさい。（　　）

　形質をあらわすもとになるものを（ ア ）といい，その本体は染色体にふくまれる（ イ ）という物質である。

	（ア）	（イ）
①	遺伝子	DNA
②	核	遺伝子
③	DNA	核
④	DNA	遺伝子
⑤	遺伝子	核
⑥	核	DNA

問5．19世紀中頃にエンドウを用いた遺伝の実験を行い，遺伝の規則性について発表した人物の名前として正しいものを①～④より1つ選びなさい。（　　）

①　パスカル　②　メンデル　③　オーム　④　ダーウィン

問6．分裂でふえない生物として正しいものを①～④より1つ選びなさい。（　　）

①　ゾウリムシ　②　アメーバ　③　ミジンコ　④　ミカヅキモ

5　次の文章を読み，あとの問いに答えなさい。（京都女高）

　学校の授業で細胞分裂について学んだ京子さんは，タマネギを使って細胞分裂の様子を実際に観察することにした。スーパーで買ったタマネギを，乾燥した根の生えている側を水につけて暗い場所に置いておくと，しばらくして同じような太さの細く白い根がたくさん生えてきた。この根を用い，次のような手順でプレパラートを作成した。ただし，操作a～eは順に並んでいない。

操作a　タマネギの根をスライドガラスにのせ，根の先端をカッターナイフで5mmほど切りとる。
操作b　指でゆっくりと根を押しつぶす。
操作c　酢酸オルセイン溶液をスポイトで1滴たらし，5分ほど待つ。
操作d　5％塩酸をスポイトで1滴たらし，3～5分ほど待つ。
操作e　カバーガラスをかける。

　その後，次のような手順で顕微鏡を用いた観察を行った。ただし，操作f～kは順に並んでいない。

操作f　プレパラートを，ステージにのせる。
操作g　対物レンズとプレパラートの距離を近づける。
操作h　反射鏡としぼりで視野全体を明るくする。
操作i　対物レンズとプレパラートの距離を離していく。
操作j　対物レンズの倍率をさらに高倍率のものに変え，詳しく観察を進めていく。
操作k　顕微鏡に対物レンズと接眼レンズを取りつける。

　顕微鏡の倍率を150倍，600倍で順に観察した結果，次のような特徴をもつ細胞A～Eを，600倍の倍率で視野に100個確認することができた。

細胞A　細胞内には丸い核が1つある。
細胞B　染色体が2つに分かれ，細胞の両端に移動している。
細胞C　細胞の両端に2つの核ができ始めている。
細胞D　染色体が細胞の中央に集まっている。
細胞E　核の形が見えなくなり，染色体が太く短くなっている。

問1　操作a～eを正しい順になるよう並べ，2番目と4番目の操作を記号で答えなさい。ただし，操作aを始めとする。2番目（　　）4番目（　　）

問2　操作 f〜k を正しい順になるよう並べ，2番目と4番目の操作を記号で答えなさい。

2番目(　　　)　4番目(　　　)

問3　操作 d は何のために行うか。簡潔に答えなさい。(　　　　　　　　　)

問4　細胞 A〜E を細胞分裂が進む順に並べなさい。ただし，細胞 A を始めとする。

(A →　　　　　　　　　)

問5　150倍の倍率で観察していた際には，視野に見られる細胞はおよそ何個であったと考えられるか。(　　　個)

問6　細胞分裂の過程で細胞質が分裂する際の，植物細胞と動物細胞のしくみの違いを答えなさい。ただし，解答欄にあう形で答えること。

(植物細胞では　　　　　　　　　　，動物細胞では　　　　　　　　　　。)

問7　植物を根や葉脈の特徴で分類するとき，次のうち，タマネギと同じグループに分類されるものをすべて選び，記号で答えなさい。(　　　)

ア　イネ　　イ　マツ　　ウ　イヌワラビ　　エ　ホウレンソウ　　オ　ユリ　　カ　ソテツ
キ　ツユクサ

問8　新たに用意したタマネギの根を用いて，100個の細胞が細胞分裂を進めていく様子を観察していくと，細胞数は右図のように変化した。各細胞が細胞分裂にかかる時間は等しいものとする。あとの(1)，(2)の問いに答えなさい。

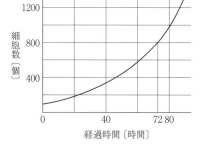

細胞数〔個〕
1200
800
400
0
40
72 80
経過時間〔時間〕

(1)　観察を始めてから72時間が経つ間に，各細胞は何回分裂したことになるか。(　　　回)

(2)　分裂を終えた直後の細胞が，次の分裂を終えるまでにかかる時間はおよそ何時間と考えられるか。(　　　時間)

問9　次の文章の空欄に，適する語句を答えなさい。

ア(　　　)　イ(　　　)　ウ(　　　)　エ(　　　)　オ(　　　)

タマネギは受粉と受精を経て子孫を残す。受粉が起こると花粉から（ ア ）が伸び，その中にある精細胞の（ イ ）が胚珠の中にある卵細胞の（ イ ）と合体して受精が起こる。精細胞や卵細胞は（ ウ ）という細胞分裂で形成される。タマネギの卵細胞1個に含まれる染色体の数を n 本とすると，タマネギの受精卵1個に含まれる染色体の数は（ エ ）本であり，この受精卵が細胞分裂してできた胚の細胞1個に含まれる染色体の数は（ オ ）本である。

§2．遺伝の規則性

1　下の会話文を読んで，次の各問いに答えなさい。　(育英西高)

すみれ　去年はメンデルが生まれて200年目の年だったそうよ。

かすみ　エンドウを育てて実験をした人ね。A種子の形の丸粒かしわ粒かが子や孫にどう遺伝するかを調べたのよね。

すみれ　そう，その人。$_B$遺伝の規則性を発見した人だよね。他にも$_C$シダ植物の標本なんかも残しているそうよ。

かすみ　そうなんだ。いろんな研究をしていた人なのね。

(1)　文中の下線部Aについて，エンドウの種子の形は，丸粒としわ粒のどちらかになる。このような2つの特徴どうしを何というか，答えなさい。（　　　）

(2)　エンドウのおしべとめしべは花弁につつまれていて，自然の状態では1つの花の中で受粉して種子をつくる。この受粉の仕組みを何というか，答えなさい。（　　　）

(3)　花の中で，受精して種子となる部分を何というか，答えなさい。（　　　）

(4)　エンドウの生殖細胞には2つの種類がある。このうちめしべの中につくられるものを何というか，答えなさい。（　　　）

(5)　生殖細胞がつくられるときに起きる細胞分裂を何というか，答えなさい。（　　　）

(6)　文中の下線部Bについて，次の各問いに答えなさい。

メンデルはエンドウの種子の形がどのように遺伝するか調べるため，下の【実験1】【実験2】を行った。

【実験1】

親・子・孫と世代交代しても丸粒だけが現れるエンドウの個体（親）と，同様にしわ粒だけが現れる個体（親）をかけ合わせたところ，できた種子（子）はすべて丸い種子になった。

【実験2】

実験1で得られた丸い種子（子）をすべて育て，それぞれ1つの花の中で受粉させたところ，丸い種子としわのある種子の両方（孫）ができた。

①　【実験1】でできた子の種子の丸い特徴を，しわのある種子と比較して何というか，答えなさい。（　　　）

②　【実験2】でできた種子が全部で1405粒であったとすると，丸い種子はそのうち何粒か，適当なものを，下のア～オから1つ選び，記号で答えなさい。（　　　）

ア　281　　イ　351　　ウ　703　　エ　1054　　オ　1205

③　1つの花の中で受粉させる世代交代をくり返すと，常に同じ特徴だけが現れる生物を何というか，答えなさい。（　　　）

④　メンデルは遺伝の実験結果を説明するために，生物には今では遺伝子と呼ばれている1対の要素があり，生殖細胞をつくるとき親のもつ1対の要素（遺伝子）が別々の細胞に入ると考えた。この考えは，メンデルの遺伝の法則のうち何という法則か，答えなさい。（　　　）

(7)　文中の下線部Cについて，下の各問いに答えなさい。

①　シダ植物は，何をつくってなかまをふやすか，答えなさい。（　　　）

②　下のア～オからシダ植物をすべて選び，記号で答えなさい。（　　　）

ア　イヌワラビ　　イ　イチョウ　　ウ　スギナ　　エ　アオサ　　オ　ノキシノブ

2　たかしさんの飼っているゴールデンハムスターが子をうみました。たかしさんはこのときうまれた子の毛色について，理科の授業で学習した遺伝のしくみを用いて説明しようとしました。後の各問いに答えなさい，ただし，ゴールデンハムスターの毛色は，メンデルが発見した遺伝の法則にしたがっているものとします。また，毛色を茶色にする遺伝子をA，黒色にする遺伝子をaと表し，茶色は黒色に対して顕性の形質であるものとします。　（光泉カトリック高）

毛色が茶色のゴールデンハムスターの父親と母親から，子が4匹うまれました。うまれた子の毛色はすべて茶色でした。図は，このときの親から子への遺伝子の伝わり方を模式的に示したものです。○の中は，それぞれがもっている遺伝子を表しています。矢印┈┈▸は，両親が生殖細胞をつくるときの細胞分裂を表し，このとき対になっている遺伝子は分かれてそれぞれ別の生殖細胞に入ることを示しています。

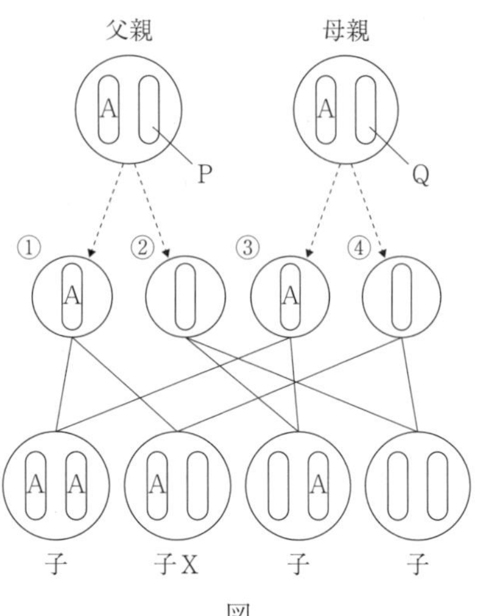

図

問1　ゴールデンハムスターの子のふやし方について述べたものとして正しいものを次のア～エの中から1つ選んで，記号で答えなさい。（　　）

ア．ゴールデンハムスターは哺乳類なので，卵生である。
イ．ゴールデンハムスターは哺乳類なので，胎生である。
ウ．ゴールデンハムスターはハ虫類なので，卵生である。
エ．ゴールデンハムスターはハ虫類なので，胎生である。

問2　図において，矢印┈┈▸は，染色体の数が半分になる特別な細胞分裂を表しています。生殖細胞がつくられるときに行われるこの特別な細胞分裂を何といいますか。**漢字**で答えなさい。

（　　）

問3　図の①～④は，それぞれの生殖細胞を表しています。これらの生殖細胞について述べた文として正しいものを次のア～エの中から1つ選んで，記号で答えなさい。（　　）

ア．①，②は精子を，③，④は卵を表す。　イ．①，②は卵を，③，④は精子を表す。
ウ．①，③は精子を，②，④は卵を表す。　エ．①，③は卵を，②，④は精子を表す。

問4　図の子Xと毛色が黒色のゴールデンハムスターが交配し，子（図の両親からみた孫）が4匹うまれました。このときうまれた子の毛色は，2匹が茶色，2匹が黒色でした。次の各問いに答えなさい。

(1)　図のP，Qにあてはまる遺伝子の組み合わせとして考えられるものを右のア～エの中から1つ選んで，記号で答えなさい。（　　）

	P	Q
ア	A	A
イ	A	a
ウ	a	A
エ	a	a

(2)　このときうまれた子（図の両親からみた孫）のうち，毛色が茶色の個体と，その個体と同じ遺伝子の組み合わせをもつ個体が交配したとき，うまれる子（図の両親からみたひ孫）がもつ遺伝子の組み合わせとして考えられるものを次のア～キの中から1つ選んで，記号で答えなさい。（　　）

ア．AAのみ　イ．Aaのみ　ウ．aaのみ　エ．AAとAa　オ．AAとaa
カ．Aaとaa　キ．AAとAaとaa

3 次の文章を読み，あとの問いに答えなさい。 （帝塚山高）

生物の持つ形や性質の特徴を形質とよび，形質が子やそれ以後の世代に現れることを遺伝といいます。昔から親の形質が子に伝わることは知られていましたが，遺伝のしくみをはじめて明らかにしたのは，オーストリアの（ あ ）です。19世紀の中頃，（ あ ）はエンドウを材料として，種子の形や子葉の色などの7種類の形質の伝わり方を研究しました。

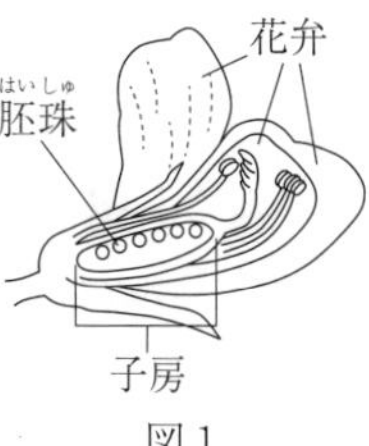

図1

図1はエンドウの花のつくりを模式的に表したものです。受粉した花粉は子房の中の卵細胞に向かって花粉管を伸ばします。のびた花粉管の中には（ い ）があります。（ い ）は胚珠(はいしゅ)の中の卵細胞と合体し，受精卵となります。受精卵は，細胞分裂を繰り返し（ う ）となり，胚珠全体は種子になります。やがて子房は成長して果実になります。エンドウなどのマメ科の植物では，果実はさやとよばれています。

問1 空欄あ に入る人名を答えなさい。また，空欄い，う に入る語句をそれぞれ答えなさい。

あ（　　） い（　　） う（　　）

問2 エンドウの花のように胚珠が子房で包まれている植物のなかまを何といいますか。（　　）

問3 エンドウのように生殖細胞の合体による仲間の増やし方を有性生殖といいます。

(1) 受精卵が細胞分裂を繰り返し，細胞の数を増やし，生物のからだができていく過程を何といいますか。（　　）

(2) 生殖には，有性生殖以外に無性生殖があります。ジャガイモなどの植物において，体の一部から新個体ができる無性生殖を何といいますか。（　　）

(3) 図2は同種の生物である個体1と個体2の体細胞の染色体構成を模式的に表したものです。

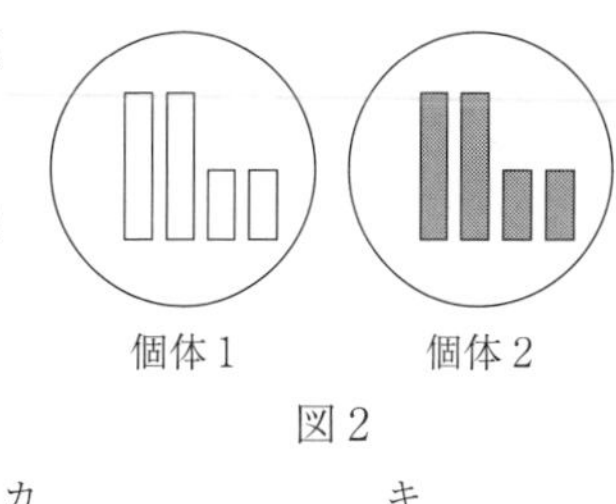

図2

① 個体1の無性生殖によって生じた新個体の体細胞の染色体構成として，最も適当なものを選びなさい。

（ア　イ　ウ　エ　オ　カ　キ）

ア 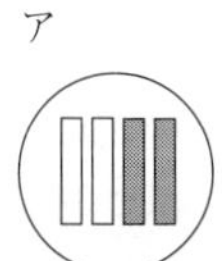 イ 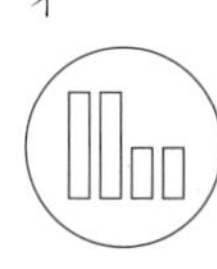 ウ 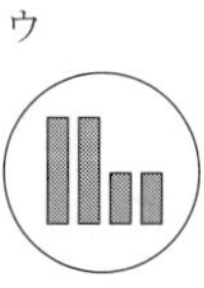 エ  オ 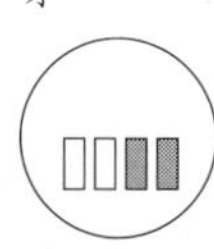 カ 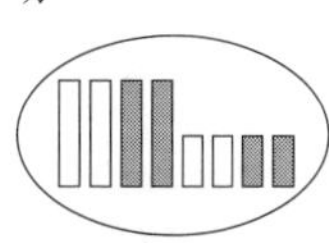 キ 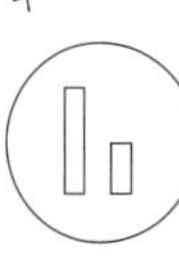

② 個体1と個体2の有性生殖によって生じた新個体の受精卵の染色体構成として，最も適当なものを①の選択肢より選びなさい。（ア　イ　ウ　エ　オ　カ　キ）

問4 エンドウの種子の形に着目して，以下の【実験】を行いました。種子を丸くする遺伝子をA，しわにする遺伝子をaの記号で表すものとします。また，1個体がつくる種子の総数はすべて同じであるとします。

【実験】

丸い種子をつくる純系のエンドウの花粉を，しわの種子をつくる純系のエンドウのめしべに受粉させると，できた種子（子）はすべて丸い種子になった。次に，子の丸い種子を育てて自家受粉させると，できた種子（孫）は丸い種子としわの種子の両方であった。

(1) 遺伝子について述べた文章として，**誤っているもの**を1つ選びなさい。(ア　イ　ウ　エ)

ア　遺伝子の本体はDNAと呼ばれる物質である。

イ　親と子で遺伝子のすべてが同じである個体は存在しない。

ウ　遺伝子を操作する技術を利用して，ある生物に別の生物の遺伝子を導入することができる。

エ　遺伝子は，紫外線や化学物質で変化することがある。

(2) 子の体細胞の遺伝子の組み合わせを遺伝子の記号で答えなさい。(　　　)

(3) 孫の丸い種子としわの種子について述べた文章として，最も適当なものを選びなさい。

(ア　イ　ウ　エ)

ア　できた種子をすべて集めて数えると，丸い種子：しわの種子＝1：1となり，1つのさやの中には丸い種子としわの種子が混在する。

イ　できた種子をすべて集めて数えると，丸い種子：しわの種子＝1：1となり，1つのさやの中にはどちらか一方の種子だけができる。

ウ　できた種子をすべて集めて数えると，丸い種子：しわの種子＝3：1となり，1つのさやの中には丸い種子としわの種子が混在する。

エ　できた種子をすべて集めて数えると，丸い種子：しわの種子＝3：1となり，1つのさやの中にはどちらか一方の種子だけができる。

(4) 孫の種子の中から，丸い種子をすべて選び，育てて自家受粉させると，丸い種子としわの種子の両方ができました。できた種子をすべて集めて数えると，丸い種子としわの種子の比はいくらですか。最も簡単な整数比で答えなさい。丸い種子：しわの種子＝(　　：　　)

4　以下の文章［A］，［B］を読み，問い(1)～(5)に答えよ。　(京都府立嵯峨野高)

［A］　トキワさんと先生が遺伝について会話している。

トキワ：先生，今日の遺伝の授業とても面白かったです。何千個ものエンドウの種子を数えて法則を見つけるなんて(a)メンデルはすごいですね。

先生　：そうだね。地道(じみち)な努力を積み重ねることで真実を明らかにする研究は，とてもやりがいがあると思うよ。

トキワ：そういえばこの間ニュースで興味深い話を聞きました。足が短いニワトリの一品種にチャボ(【図1】参照)がいますが，足が短い原因が明らかになったみたいですね。

【図1】

先生　：よく知っているね。チャボには不思議な特徴があって，チャボ同士を交配すると，およそ4分の1の割合でふ化しない卵を産み，その他の卵からは足が短いチャボ(以下，チャボ型)と足が長い普通のニワトリ(以下，普通型)がそれぞれ産まれるんだけど，そのことは知っていたかな？

トキワ：知りませんでした。それって今日の遺伝の授業と関係していますか？

先生　：関係しているよ。それでは今日の授業を踏まえて，どうしてそうなるのか考えてみましょう。

トキワさんと先生は文献を調べたところ，【表1】のようなデータを見つけた。【表1】は，チャボ型のオスとチャボ型のメスを交配して得られた100個の受精卵を温めた結果を示したものである。

【表1】

形質	数(羽)
普通型のヒヨコ　（形質A）	23
チャボ型のヒヨコ（形質B）	52
ふ化しなかった卵（形質C）	25

トキワ：今日の授業では遺伝子の形質には顕性形質と潜性形質の2種類があるという話でしたが，【表1】についてどのように考えればよいでしょうか。

先生　：ふ化しなかったということも形質の1つと考えられるので，【表1】には3つの形質が示されていることになります。ふ化しなかったものがあるので，致死遺伝子がはたらいたと考えられます。

トキワ：致死遺伝子ですか。それはどういう遺伝子なんでしょうか。

先生　：致死遺伝子とは，その生物の発生段階において生存を左右する遺伝子です。【表1】においてふ化しなかった卵（形質C）は，両親から致死遺伝子を受け継ぎ，結果として致死遺伝子を1対持ったと考えられます。

トキワ：【表1】で普通型（形質A）とチャボ型（形質B）が得られた結果はどのように考えればよいですか。

先生　：まず，チャボ型の形質を決める遺伝子は1対であると仮定したうえで，顕性遺伝子をR，潜性遺伝子をrとしてみましょう。

トキワ：今日の授業で学習した内容ですね。

先生　：そうです。全てのチャボ型が同じ遺伝子の組合せだと考えて，このチャボ型同士を交配した結果が【表1】に示されていますね。全卵のおよそ半数がチャボ型で産まれたと示されているので，交配に用いたチャボ型の遺伝子の組合せは［　あ　］と考えられます。

トキワ：ということは，チャボ型は顕性形質，普通型は潜性形質ということになるので，普通型の遺伝子の組合せは［　い　］ということですね。

先生　：そうです。したがって，残っている［　う　］がふ化しなかった卵の遺伝子の組合せであることになります。

トキワ：遺伝子の組合せによってふ化できないことが決まっているってかわいそうですね。ということは，(b)1つの遺伝子が組合せによって2つの形質を現すということですね。

先生　：ニュースによるとチャボ型の遺伝子は骨の形成やDNAの修復に関わっているみたいだね。この遺伝子を1つ持つとふ化はできるけれど足が短くなり，2つ持つと発育の異常が生じてふ化できなくなってしまうみたいだよ。

トキワ：遺伝子のはたらきには色々な種類があって形質もそれによって変わるんですね。もっと生物や遺伝について知りたくなりました！

(1)　下線部(a)に関して，メンデルが発見した遺伝法則に分離の法則がある。分離の法則を正しく述べているものを次のア～エから1つ選び記号で答えよ。(　　　)

ア　丸い種子をつくるエンドウとしわのある種子をつくるエンドウの種子をまいて育て，これらを受粉させるとできた子の種子は全て丸くなった。

イ　花粉や胚珠(はいしゅ)が作られる減数分裂では，対になっている遺伝子が分かれてそれぞれ別々の細胞に入る。

ウ　体細胞分裂の際には，染色体がそれぞれ分かれて２つの細胞に分離した。

エ　顕性形質を現す純系の親と潜性形質を現す純系の親をかけあわせて生まれた子どうしをかけあわせて生まれた個体は，顕性形質を現すものと潜性形質を現すものとの割合が約２：１に分離する。

(2)　文中の［あ］～［う］にあてはまる遺伝子の組合せをR，rを用いて答えよ。

あ(　　　)　い(　　　)　う(　　　)

(3)　会話文の内容から，下線部(b)中の「１つの遺伝子」，「２つの形質」の組合せとして正しいものを次のア～カから１つ選び，記号で答えよ。ただし，形質については【表１】中の形質A～Cを表している。(　　　)

	遺伝子	形質		遺伝子	形質		遺伝子	形質
ア	R	形質A，B	イ	R	形質A，C	ウ	R	形質B，C
エ	r	形質A，B	オ	r	形質A，C	カ	r	形質B，C

［B］　人間は今までさまざまな動植物を人為的に交配して人間にとって有益な形質を持つものを作り出してきた。これを品種改良という。これらの生物は計画的に交配されて現在まで保存されてきた。チャボもこの１例である。

例えば，以下を計算してみよう。１羽のチャボ型と１羽の普通型を交配させて多数の卵を得た場合，［A］より以下の【比率１】のような比の卵が得られると考えられる。

【比率１】［普通型のヒヨコの卵］：［チャボ型のヒヨコの卵］：［ふ化しない卵］

＝［え］：［お］：［か］

ところで，多数のチャボ型と普通型を１つの飼育場で飼育する場合，普通型と普通型，チャボ型とチャボ型，さらに普通型とチャボ型のすべての組合せで自由に交配が行われることになる。【比率１】に基づいて考えると，はじめに飼育場に同数ずつのチャボ型と普通型を入れて飼育を始めた場合は，以下の【比率２】のような比で次世代が産まれる。

【比率２】［普通型のヒヨコ］：［チャボ型のヒヨコ］＝３：２

さらに交配を繰り返していくと，チャボ型のヒヨコの割合は［き］と考えられる。

(4)　文章中の［え］～［か］にあてはまる数値を，【比率１】が最も簡単な整数比となるように答えよ。ただし，卵が得られない場合は「0」と記せ。

え(　　　)　お(　　　)　か(　　　)

(5)　文章中の［き］にあてはまる語句として最も適当なものを次のア～エから１つ選び記号で答えよ。(　　　)

ア　増加していく　　イ　変化しない　　ウ　減少していく　　エ　増減を繰り返す

§3．自然と人間

1 学校の中庭の土壌生物を調べるために中庭の土壌を採取し観察を行った。次の問いに答えよ。

（京都西山高）

(1) 土壌生物には，植物や動物の死骸や排出物といった有機物を無機物にする生物がいる。その名称と生物例を1つ答えよ。ただし，名称は「～者」という形で答えよ。

名称（　　　者）　生物例（　　　）

(2) 土壌生物が有機物を分解している様子を調べるためにデンプンを入れた培地を作った。分解しているかどうかを調べるためには培地に何を加えたらよいか答えよ。また，分解していれば培地の表面がどのように変化するか答えよ。

培地に加えるもの（　　　）　変化の様子（　　　）

(3) 土壌生物以外にも有機物を無機物にする細菌や菌類などの微生物がいる。下の選択肢から菌類に属する生物をすべて答えよ。（　　　）

乳酸菌　　酵母菌　　納豆菌　　アオカビ　　ダニ

(4) 土壌生物が地球上からいなくなった場合，地球上のあらゆるところで落ち葉や生物の死骸が転がり，私たちの住むことができる場所はなくなってしまうかもしれない。さて，生産者がいなくなった場合，どのような影響が考えられるだろうか，下の語句を入れ記述せよ。

（　　　）

生産者　　消費者

2 図1は，自然界における炭素の循環を模式的にあらわしている。図中のA～Dは生物群集を，矢印は炭素の流れを示している。以下の問1～問6に答えなさい。

（花園高）

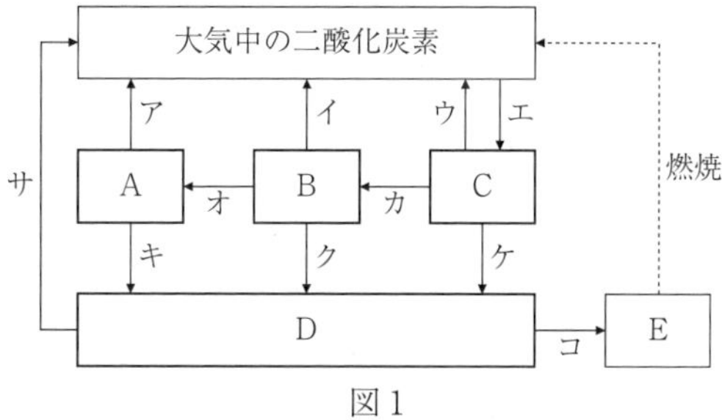

図1

問1．図1のA～Dの生物群集は一般に何と呼ばれるか。正しい組み合わせを①～⑥より1つ選びなさい。（　　　）

① A：生産者　B：消費者　C：消費者　D：分解者
② A：消費者　B：消費者　C：生産者　D：分解者
③ A：生産者　B：生産者　C：分解者　D：消費者
④ A：分解者　B：分解者　C：消費者　D：生産者
⑤ A：分解者　B：生産者　C：生産者　D：消費者
⑥ A：消費者　B：分解者　C：生産者　D：分解者

問2．図1の矢印エをあらわしているものとして正しいものを①～⑥より1つ選びなさい。(　　　)

①　呼吸　②　受精　③　捕食　④　被食　⑤　分裂　⑥　光合成

問3．図1の矢印アと同じはたらきを含むものとして正しいものを①～⑦より1つ選びなさい。

(　　　)

①　オ　②　カ　③　キ　④　ク　⑤　ケ　⑥　コ　⑦　サ

問4．図1のEをあらわすものとして正しくないものを①～⑤より2つ選びなさい。(　　　)

①　石油　②　石英　③　石炭　④　天然ガス　⑤　ウラン

問5．生物群集Dに属する生物として正しくないものを①～⑥より1つ選びなさい。(　　　)

①　ダンゴムシ　②　シイタケ　③　トビムシ　④　ミジンコ　⑤　ミミズ

⑥　アオカビ

問6．「食べる・食べられる」の関係として適当なものを①～④より1つ選びなさい。ただし，○→■は，○が■に食べられることを示している。(　　　)

①　ゾウリムシ→ケイソウ→ミジンコ→メダカ

②　イネ→テントウムシ→カマキリ→カブトムシ

③　コナラ（落ち葉)→ダンゴムシ→ミミズ→バッタ

④　バッタ→トノサマガエル→ヘビ→タカ

3　人間の生活と自然の関わりについて，次の文章を読み，あとの各問いに答えなさい。(奈良育英高)

下水処理場に届いた下水は，まず$_{ア}$土砂や大きなごみを除去します。次に$_{イ}$沈みやすい汚れを沈めた後，その上層の液を反応槽(そう)に送ります。反応槽では，微生物をふくんだ汚泥を加えて，$_{ウ}$空気を吹き込みながらかき混ぜ，微生物のはたらきを促進します。このことにより，下水に含まれている有機物が分解されます。そして，細かい浮遊物を沈めた後，$_{エ}$上澄みを消毒したきれいな水を，川や海にもどします。これらのことをもとに，次のような手順で実験を行いました。

［実験］

手順1．ビーカーにガーゼをかぶせ，落ち葉などが混ざった泥水を注ぎ，ガーゼでこしてⅠ液を得た。

手順2．2つのビーカーAとBを用意し，AのビーカーにはⅠ液を入れた。Bのビーカーには，Ⅰ液を十分に煮沸してから入れた。そしてビーカーAとBのそれぞれに，同量の0.5％デンプンのりを加え，ふたをした。

手順3．数日後，AとBの液を試験管にとり，ヨウ素溶液を加えて反応を調べた。

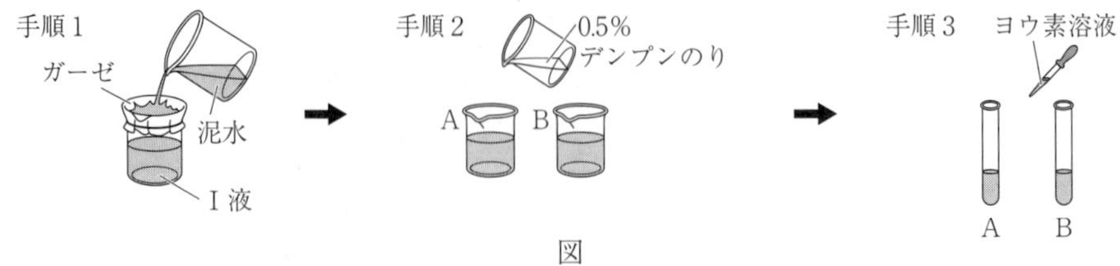

図

下水処理場がなければ，川や海が汚れて魚などの生物がすめなくなったり，伝染病が流行したりするなど，人間が生活するうえで様々な不利益が生じます。また，過去には熊本県や鹿児島県でメチル水銀を含んだ工場排水が海に流出することが原因でおこる「水俣病」が発生しました。水俣病は①生物が取り込んだメチル水銀が体内に蓄積されることにより生じます。水俣病が原因とされる死者数はおよそ2000人と言われていますが，正確な人数は把握できていません。

近年では，上下水道の整備が進み，工業排水にも水質基準が設けられたため②川や海への排水はきれいになりました。しかし，そのことが原因で漁業の漁獲量が下がっている地域もあります。これは，きれいになった排水の中には植物プランクトンの生育に必要な（ i ）やリンが含まれていないことが原因です。きれいな排水が川や海に流出することにより③植物プランクトンの数が減り，結果としてそれらを捕食する動物プランクトンや魚の数も減少します。

また，排水と同様に排気にも規制が設けられています。昨今，④化石燃料の大量消費による地球温暖化が懸念されています。この化石燃料の消費により窒素酸化物や硫黄酸化物も排出されます。これらが雨に溶けると（ ii ）となり，野外の金属を腐食させたり，湖や沼に生息する生物に被害を与えたりします。

(1) 文中の下線部ア～エのうち，実験の手順1で再現している下水処理場での操作はどれですか。最も適当なものを1つ選び，記号で答えなさい。（　　）

(2) 実験の結果，液が青むらさき色に変化するのは試験管A，Bのどちらですか。記号で答えなさい。（　　）

(3) 下線部①のように，生物が取り込んだ物質が体内に蓄積され，その濃度が周囲の環境より高くなる現象を何といいますか。（　　）

(4) 下線部②について，次のア～エのうち最もきれいな水に生息する生物を1つ選び，記号で答えなさい。（　　）

ア　ゲンジボタル　　イ　ナミウズムシ　　ウ　ミズカマキリ　　エ　コオニヤンマ

(5) 文中の（ i ）に適する物質を，次のア～エから1つ選び，記号で答えなさい。（　　）

ア　水素　　イ　酸素　　ウ　窒素　　エ　塩素

(6) 下線部③のような生物間の食べる・食べられるの関係を何といいますか。（　　）

(7) 下線部④について，バイオ燃料は化石燃料と比べて「地球温暖化に影響しにくい」と言われています。この理由について説明した次の文章の（　）のa，bに当てはまる語句を下のア～カからそれぞれ1つずつ選び，記号で答えなさい。ただし，同じ記号の（　）には，同じ語句が入ります。a（　　）　b（　　）

化石燃料は地下深くからほり出したものを地上で使用するため，その使用によって地上の（ a ）は増加する一方です。それに対して，バイオ燃料の原料は（ b ）であり，それに含まれる炭素は大気中の（ a ）に由来します。したがって，使用したバイオ燃料分の（ b ）を育てていけば，大気中の（ a ）の増加を防ぐことができると考えられています。

ア　動物　　イ　植物　　ウ　菌類　　エ　酸素　　オ　二酸化炭素　　カ　窒素

(8) 文中の（ ii ）に適する語句を答えなさい。（　　）

4　次の文章を読み，あとの問いに答えなさい。　(立命館高)

図１は生態系内での炭素の循環を表しています。生物の体を構成する炭素は，もとは大気中や海水中の二酸化炭素として存在しています。植物や植物プランクトンなどの生物Ａによる（ ① ）によって，二酸化炭素が生物Ａに取り込まれ，（ ② ）から（ ③ ）に変えられます。（ ③ ）に変えられた炭素は食物連鎖を通して生物Ｂ，生物Ｃに移行し，生物Ａ，生物Ｂ，生物Ｃの（ ④ ）によって，二酸化炭素として放出されます。生物の遺がいや排出物中の炭素は生物Ｄによる分解のはたらきによって，二酸化炭素として放出されます。

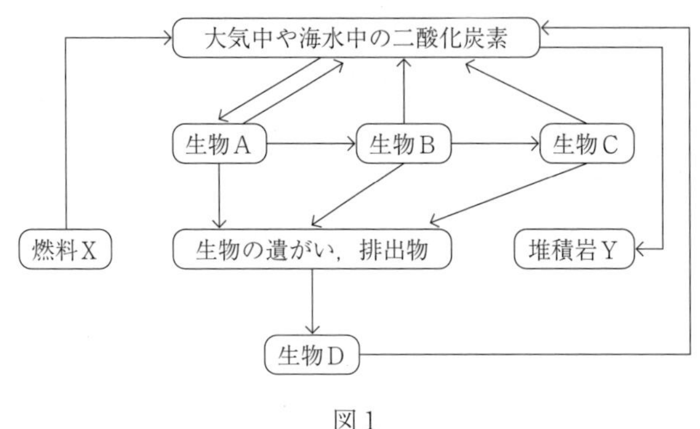

図１

〔１〕　文中の（ ① ）～（ ④ ）にあてはまる語句として最も適切なものを，次のア～カからそれぞれ１つ選び，記号で答えなさい。①(　　　)　②(　　　)　③(　　　)　④(　　　)

ア　有機物　　イ　無機物　　ウ　呼吸　　エ　光合成　　オ　中和　　カ　濃縮

〔２〕　図１の生物Ａは，生態系におけるはたらきから何と呼ばれますか。(　　　)

〔３〕　図１の燃料Ｘは石油や石炭などで，人間によって燃焼され，二酸化炭素を放出します。堆積岩Ｙは，海水にとけた二酸化炭素に由来する炭酸カルシウムを主成分としています。さらに堆積岩Ｙに塩酸をかけると気体が発生します。

①　燃料Ｘ，堆積岩Ｙをそれぞれ何といいますか。

燃料Ｘ(　　　)　堆積岩Ｙ(　　　)

②　図１で，燃料Ｘ，堆積岩Ｙに向かう矢印が抜けています。図１で抜けている２本の矢印を書き入れなさい。

〔４〕　ゾウリムシを育てる場合，稲わらなどを煮て冷ました溶液を用意します。その溶液にゾウリムシと細菌の１種である枯草菌(こそうきん)を加えます。しばらくすると繁殖した枯草菌をエサにゾウリムシの増殖が確認できます。枯草菌は図１の生物Ｄのはたらきをもつので（ あ ）にあたります。さらに，この溶液の中での枯草菌は（ い ）としてのはたらきももちます。

文章中の（ あ ）と（ い ）に適する語句をそれぞれ答えなさい。あ(　　　)　い(　　　)

図２は，生物Ｘ～Ｚが生息する生態系における食物連鎖と炭素の循環を，１年間で生物Ｘに取り込まれる二酸化炭素量をもとにして模式的に表したものです。S_1～S_3は１年のはじめの時点で生物Ｘ～Ｚがすでにもっている炭素の量，G_1～G_3は生物Ｘ～Ｚが１年間で成長することで増える炭素の量，C_1，C_2は食物連鎖の上位の生物から「食べられる」量，D_1～D_3は生物の遺がいや排出物に

おける炭素の量，R_1～R_3 は生物のはたらきによって消費・放出する炭素の量を表しています。ただし，この生態系において生物Zは他の生物に食べられないこととします。

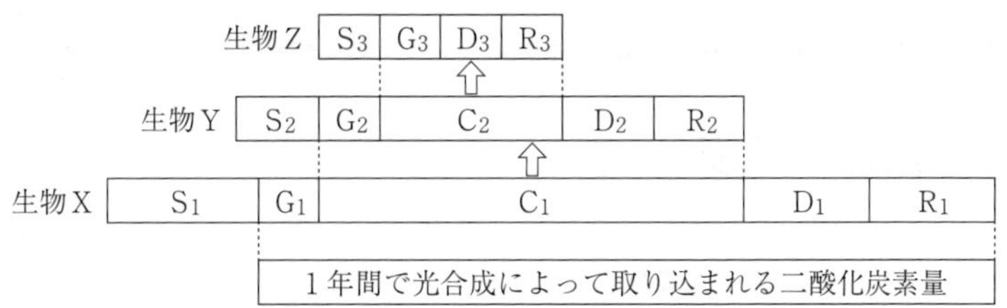

図2

〔5〕 各生物の個体数がほとんど変わらず，非常に安定している生態系において，図2の生物Xの S_1，G_1，C_1，D_1，R_1 の中で，ほとんど0になるものはどれですか。S_1，G_1，C_1，D_1，R_1 のうちいずれかの記号で答えなさい。(　　　)

〔6〕 1年間で光合成によって生物Xに取り込まれる二酸化炭素量のうち，R_1 が50％，D_1 が20％，C_1 が20％，G_1 が10％とします。また，生物Yが生物Xから取り込んだ量のうち，R_2 が50％，D_2 が30％，C_2 が10％，G_2 が10％で，生物Zが生物Yから取り込んだ量のうち，R_3 が40％，D_3 が50％，G_3 が10％であるとします。また，この生態系における食物連鎖の関係では，生物Yは生物Xしか食べず，生物Zは生物Yしか食べないものとし，生物の遺がいや排出物は，すべて図1の生物Dに取り込まれるものとします。このとき，次の量は1年間で光合成によって取り込まれる二酸化炭素量の何％になりますか。

① 生物Zが取り込んだ量。(　　　％)

② 図1の生物Dが取り込んだ量。(　　　％)

9　大地の変化

§1．火山と岩石，地層

1　図は，あるがけに見られた地層を模式的に表したものである。この地層は，流水によって運ばれた土砂が，海底に堆積(たいせき)してできたものである。以下の問いに答えなさい。　（京都両洋高）

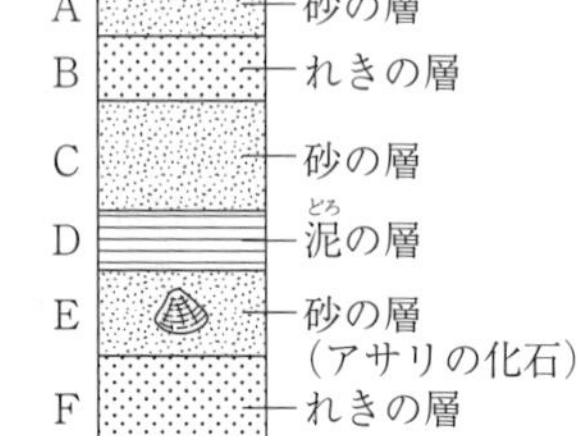

(1)　流水で運ばれた土砂の粒は，どのような形をしているか。

（　　　　　　）

(2)　流水の堆積作用によって，河口付近にできる地形は何か。（　　　）

(3)　海底に堆積してできたことを示している層はどれか。右図のA～Fから選びなさい。（　　　）

(4)　土砂が堆積した場所が，海岸に近い浅い海底からしだいに海岸からはなれた沖合の深い海底に変化していったのは，A～Fのどの層が堆積したときか。次のア～エから1つ選びなさい。（　　　）

ア　層C→層B→層Aと堆積したとき　　イ　層D→層C→層Bと堆積したとき

ウ　層E→層D→層Cと堆積したとき　　エ　層F→層E→層Dと堆積したとき

(5)　海底に集積した地層を陸上で見ることができるのは，地層に大きな力がはたらいて押し上げられたからである。地層にはたらく大きな力は，何の運動によって生じるか。（　　　）

2　以下の問いに答えなさい。　（大商学園高）

(1)　現在，活発に活動もしくは最近1万年以内に噴火した記録のある火山を何というか，名称を漢字で答えなさい。（　　　）

(2)　(1)で答えた火山の数は日本におよそどのくらい存在するか，次の①～④から1つ選び，番号で答えなさい。（　　　）

①　11　　②　110　　③　220　　④　330

(3)　阿蘇山(あそさん)のように大量の火山噴出物を噴出するときに火口付近の広い範囲にわたって円形のかん没した地形ができる。この地形を何というか，答えなさい。（　　　）

次のA～Cは火山を模式的に表したものである。

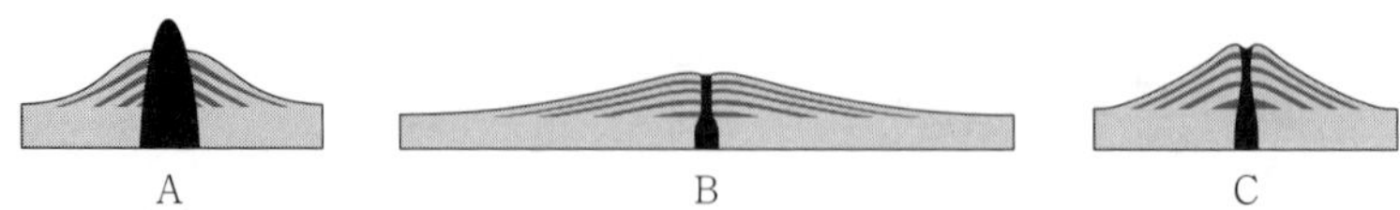

(4)　マグマの粘りけが弱い火山から強い火山へとなるようにA～Cを順に並べ替えなさい。

（弱　　⇒　　⇒　　強）

(5)　Bの火山にあてはまるものを次の①～④から1つ選び，番号で答えなさい。（　　　）

①　富士山　　②　昭和新山　　③　マウナロア（マウナケア）　　④　雲仙普賢岳(うんぜんふげんだけ)

(6) 次の文の（ X ），（ Y ）にあてはまる名称をそれぞれ，漢字で答えなさい。

X（　　　）Y（　　　）

マグマが冷えて固まった岩石を（ X ）という。地下深くで，十分に時間をかけて冷え固まった（ X ）を（ Y ）という。

3 火山の地下深くには，岩石が液体のマグマになっているところがある。表1はマグマが冷えて固まるときにできた結晶の種類を，表2はマグマが冷えて固まるときにできた岩石の種類を示している。次の各問いに答えなさい。（育英西高）

表1

	A	B	C	D	E
名前	クロウンモ	カクセン石	キ石	（　）	磁鉄鉱
色	黒色 黒褐色	黒色 黒緑色 黒褐色	黒色 黒緑色 黒褐色	うす緑色 黄褐色 茶褐色	黒色
割れ方など	決まった方向にうすくはがれる	柱状に割れやすい	柱状に割れやすい	不規則に割れる	磁石につく
	白っぽい岩石に多く含まれる ←→ 黒っぽい岩石に多く含まれる				

表2

Ⅰ	流紋岩	F	玄武岩
Ⅱ	花こう岩	せん緑岩	斑(はん)れい岩
色合いの濃い結晶の量	少ない ←→ 多い		

(1) 火山が噴火したときに噴き出すものをまとめて何というか，答えなさい。（　　　）

(2) 火山の色や形は，マグマの粘り気によって違う。粘り気の小さい火山の色と形として当てはまるものを，下のア～オから2つ選び，記号で答えなさい。（　　　）

ア 白っぽい　イ 黒っぽい　ウ 成層火山　エ 楯(たて)状火山　オ 溶岩ドーム

(3) 表1に示したような，マグマが冷えて固まるときにできた結晶を何というか，答えなさい。

（　　　）

(4) 表1のDに当てはまる結晶の名前を答えなさい。（　　　）

(5) 表1は，比較的色合いの濃い結晶だけを示している。これらの結晶をまとめて何というか，答えなさい。（　　　）

(6) 表1に対して，色が無色や白色の結晶にはどのようなものがあるか。結晶の名前を2つ答えなさい。（　　　）（　　　）

(7) 表2に示したような，マグマが冷えて固まるときにできた岩石を何というか，答えなさい。

（　　　）

(8) 表2のⅠは地表や地表付近で短時間で冷えて固まった岩石を，Ⅱは地下深くで長時間かけて冷えて固まった岩石を示している。Ⅰ，Ⅱに当てはまる岩石の名前をそれぞれ答えなさい。

Ⅰ（　　　）Ⅱ（　　　）

(9)　表２のＦに当てはまる岩石の名前を答えなさい。(　　　)

(10)　表１の結晶のうち，流紋岩に最も多く含まれる結晶はどれか，表１のＡ～Ｅの記号で答えなさい。(　　　)

4　京太郎さんと先生の会話を読み，以下の問に答えよ。　(京都教大附高)

先　生：日本にはたくさんの火山があります。教科書の写真でそれぞれの火山を比較して見てみましょう。何か気づいたことはありますか？

京太郎：それぞれの火山で，山の形や岩石の色が少しずつ異なっています。

先　生：よく気づきましたね。火山の特徴にはマグマの性質が関係していることが知られています。例えば，マグマのねばりけが小さい場合，（　Ａ　）火山ができます。

京太郎：そうなんですね。では，なぜ岩石の色が異なるのでしょうか。

先　生：それは岩石に含まれる鉱物の種類とその割合の違いが原因です。例えば，白っぽい岩石には（　Ｂ　）といった無色鉱物が多く含まれ，黒っぽい岩石には（　Ｃ　）といった有色鉱物が多く含まれています。マグマからできる岩石は，マグマの性質や冷え固まり方によって，いくつかの種類に分類できることが知られています。次回の授業では実際に観察してみましょう。

問１　文中の（　Ａ　）にあてはまるものとして最も適切なものを，次の(ア)～(エ)のうちから１つ選び，記号で答えよ。(　　　)

(ア)　傾斜が急で表面が黒っぽい

(イ)　傾斜が急で表面が白っぽい

(ウ)　傾斜がゆるやかで表面が黒っぽい

(エ)　傾斜がゆるやかで表面が白っぽい

問２　文中の（　Ｂ　）および（　Ｃ　）にあてはまる鉱物の組み合わせとして最も適切なものを，次の(ア)～(エ)のうちから１つ選び，記号で答えよ。(　　　)

選択肢	（　Ｂ　）	（　Ｃ　）
(ア)	セキエイやカンラン石	クロウンモやチョウ石
(イ)	セキエイやキ石	クロウンモやカクセン石
(ウ)	セキエイやカクセン石	クロウンモやキ石
(エ)	セキエイやチョウ石	クロウンモやカンラン石

問３　文中の下線部について，次の表はマグマの性質と岩石の種類や特徴をまとめたものである。表中の(　Ｄ　)～(　Ｆ　)に適する語を答えよ。

Ｄ(　　　)　Ｅ(　　　)　Ｆ(　　　)

〈表〉

マグマが急激に冷えてできる岩石 （　Ｄ　）岩	玄武岩	（　Ｅ　）岩	流紋岩
マグマがゆっくりと冷えてできる岩石 深成岩	斑れい岩	（　Ｆ　）岩	花こう岩
マグマのねばりけ	弱　い	←→	強　い

問4　後日，京太郎さんは先生が用意した2つの岩石Xおよび岩石Yを観察した。次の図は，京太郎さんが作成したレポートの一部である。

【岩石のスケッチ】

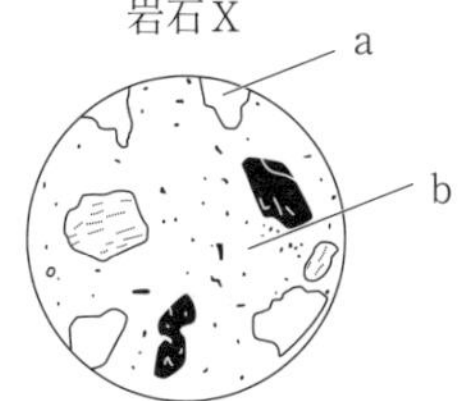

【気づいたこと】

・岩石Xは，ところどころに大きな鉱物が観察された。それに対し，岩石Yは大きな鉱物のみが観察された。

・岩石Xは無色鉱物が多く含まれていたのに対し，岩石Yは有色鉱物が多く含まれていた。

〈図〉

(1)　岩石Xのaおよびbの部分をそれぞれ何というか。a（　　　）　b（　　　）

(2)　京太郎さんのレポートから，岩石Yは何であると考えられるか。最も適切なものを，次の(ア)～(エ)のうちから1つ選び，記号で答えよ。（　　　）

(ア)　玄武岩　　(イ)　斑れい岩　　(ウ)　流紋岩　　(エ)　花こう岩

5　次の文章を読み，下の各問に答えなさい。　（大阪教大附高平野）

地球の内部では，熱などによって地下の岩石がとけてできたマグマが存在している。マグマが地上付近まで上昇して噴火が始まると，火山ガスや火山灰などの火山噴出物（かざんふんしゅつぶつ）がふき出されたり，マグマが（ア）として地表に流れたりする。

[1]マグマが冷え固まってできた岩石を（イ）といい，（ウ）と（エ）に分けられる。（ウ）は比較的大きな[2]鉱物からなる（オ）と，それを取り囲む（カ）からなり，このつくりを（キ）組織という。（エ）は地下深くにあるが，大地が隆起したり，地表部分がけずられたりすることで地表にあらわれることもある。

地表に出ている岩石は，[3]気温の変化や水のはたらきによって長い年月をかけてもろくなり，[4]雨水や流水によってけずりとられ，れき，砂，泥となる。これらが水のはたらきによって運ばれ，平野や海岸などの水の流れがゆるやかになるところで積み重なっていくことで，[5]地層をつくることがある。がけなどの露頭では，長い年月の間に形成された地層を見ることができる。[6]地層のようすから，その場所の昔の環境の変化を推測することができる。

問1　文章の空欄（ア）～（キ）に入る語句を答えよ。ただし，同じ記号には同じ語句が入る。

ア（　　　）　イ（　　　）　ウ（　　　）　エ（　　　）　オ（　　　）　カ（　　　）　キ（　　　）

問２　下線部［１］について，中学生の平野さんは，マグマの冷え方によってできる（ イ ）のつくりの違いを知るために，次の実験をおこなった。まずミョウバンを湯に飽和するまでとかし，ＡとＢの二つのペトリ皿に流し入れた。Ａのペトリ皿は湯につけたままゆっくり冷やしていき，Ｂのペトリ皿は氷水につけて急に冷やした。すると，どちらのペトリ皿にもミョウバンの結晶ができた。この実験について，以下の問いに答えよ。

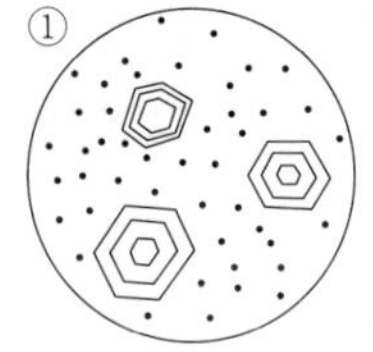

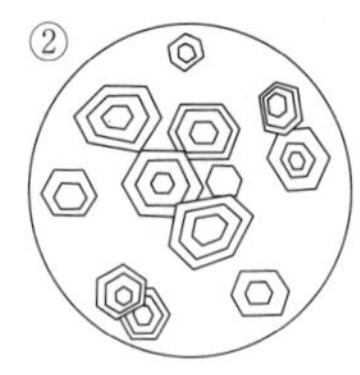

(1)　Ａのペトリ皿の中のようすを拡大したものとして適当なものを図の①，②から選び，番号で答えよ。（　　　）

(2)　安山岩のつくりのモデルとして適当なものを図の①，②から選び，番号で答えよ。（　　　）

問３　下線部［２］について，以下の問いに答えよ。

(1)　無色鉱物の正しい組合せを次の①～⑥から一つ選び，番号で答えよ。（　　　）

①　セキエイとクロウンモ　　②　カクセン石とキ石　　③　カンラン石とチョウ石
④　カンラン石とキ石　　⑤　セキエイとチョウ石　　⑥　カクセン石とクロウンモ

(2)　黒色で磁石につきやすい鉱物の名前を答えよ。（　　　）

問４　下線部［３］および［４］の現象を何というか。それぞれ漢字二字で答えよ。

［3］（　　　）［4］（　　　）

問５　下線部［５］について，以下の問いに答えよ。

(1)　水のはたらきによって運ばれたれき，砂，泥などの層が，その上に積もった層の重みなどによって，長い年月をかけておし固められて岩石になったものを何というか答えよ。（　　　）

(2)　石灰岩とチャートはどちらも生物の遺骸(いがい)や殻などからなる岩石であるが，ある薬品をかけることで，それらを見分けることができる。その薬品名を使って，石灰岩とチャートを見分ける方法を説明せよ。（　　　　　　　　　　）

問６　下線部［６］について，図は，ある地域の地点Ｃ，Ｄで観察された地層の一部をそれぞれ示したものである。ただし，この地域は，地層の上下の入れ替わりはなく，図のサとスは同じ年代の層であった。これについて，以下の問いに答えよ。

地点Ｃ（地表から）：ク れき岩／ケ 砂岩／コ 泥岩／サ 凝灰岩／シ 泥岩
地点Ｄ（地表から）：ス 凝灰岩／セ 泥岩／ソ 砂岩／タ れき岩

図

(1)　図のサとスの層が観察できることから，この地域では過去に何が起こったと考えられるか。簡単に説明せよ。

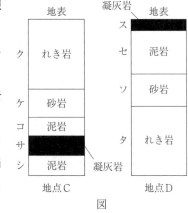

（　　　　　　　　　　）

(2)　ク，サ，セを年代が古い順に並べたものとして，最も適当なものを次の①～⑥から一つ選び，番号で答えよ。（　　　）

①　ク，サ，セ　　②　ク，セ，サ　　③　サ，ク，セ
④　サ，セ，ク　　⑤　セ，ク，サ　　⑥　セ，サ，ク

(3)　サの層が形成された後に起きた地点Ｃ付近の環境の変化として，最も適当なものを次の①～④から一つ選び，番号で答えよ。（　　　）

①　浅い海から深い海へと変わっていった。

② 深い海から浅い海へと変わっていった。

③ 浅い海から深い海となり，再び浅い海へと変わっていった。

④ 深い海から浅い海となり，再び深い海へと変わっていった。

6 図1に示した4つの地点でボーリング調査を行い，それぞれの地点における柱状図をつくった。図2は，A地点～C地点の柱状図である。A～D地点は図のように離れており，A・B地点とC・D地点はそれぞれ同緯度，またA・D地点とB・C地点はそれぞれ同経度であったものとし，以下の問いに答えよ。なお，観察を行った地点の周辺では，地層のしゅう曲や断層は無かったものとする。

（京都橘高）

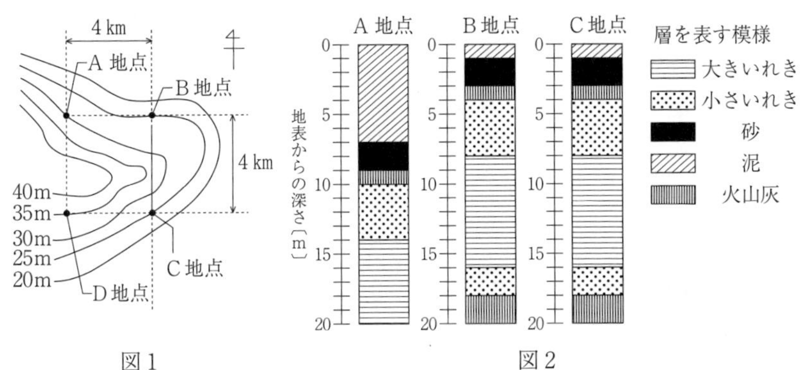

図1　　図2

(1) A地点の砂の層からビカリアの化石が発見されたため，この層が堆積した時代は新生代であることが特定された。

(i) このように堆積した地層の年代決定に役立つ化石を何というか答えよ。（　　　）

(ii) (i)の化石が，なぜ年代決定に用いることができるのかについて説明した文章として，最も適当なものを以下の選択肢から選び，記号で答えよ。（　　　）

ア．様々な環境で生息していたから。

イ．特定の環境でのみ生息していたから。

ウ．広範囲にわたって，長い期間繁栄したから。

エ．広範囲にわたって，短い期間のみ繁栄したから。

(2) A地点の柱状図から考えられる，この地域の海岸からの距離の変化として，最も適当なものを以下の選択肢から選び，記号で答えよ。（　　　）

ア．この地域は，海岸からの距離が長くなった。

イ．この地域は，海岸からの距離が短くなった。

ウ．この地域は，海岸からの距離が長くなったあと短くなった。

エ．この地域は，海岸からの距離が短くなったあと長くなった。

(3) この地域の地層は東・西・南・北のどちらか1方向にのみ向かって低くなるように傾いている。

(i) この地域の地層はどちらに向かって低くなっているか。最も適当なものを以下の選択肢から選び，記号で答えよ。（　　　）

ア．東　　イ．西　　ウ．南　　エ．北

(ii) この地域の地層は，1 km 進むごとに何 m 低くなっているか求めよ。(　　　m)

(4) D 地点における柱状図として最も適当なものを次の選択肢から選び，記号で答えよ。(　　　)

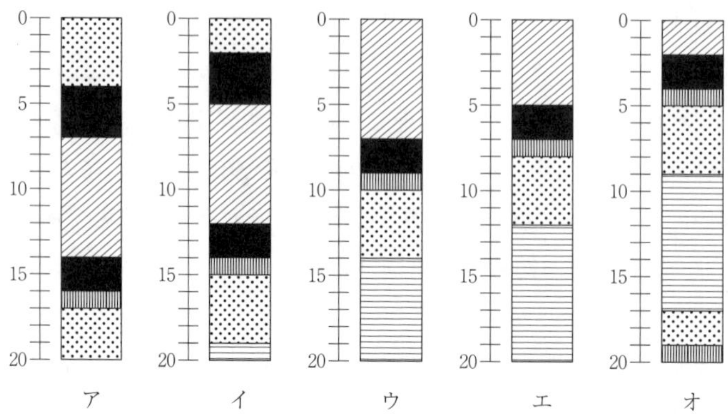

§ 2. 地　震

1　次の図 1 はある地震が発生した地下と地表の様子を，図 2 はその地震を 3 つの地点 A，B，C で観測したものである。ある地震が発生したのは，図 1 の点 P の地点であり，その真上の地表の地点を点 Q とする。これについて，あとの問いに答えなさい。　(大阪夕陽丘学園高)

〈図 1〉

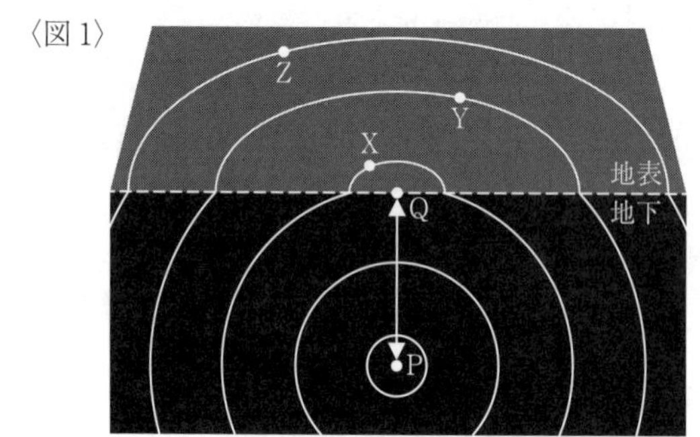

〈図 2〉

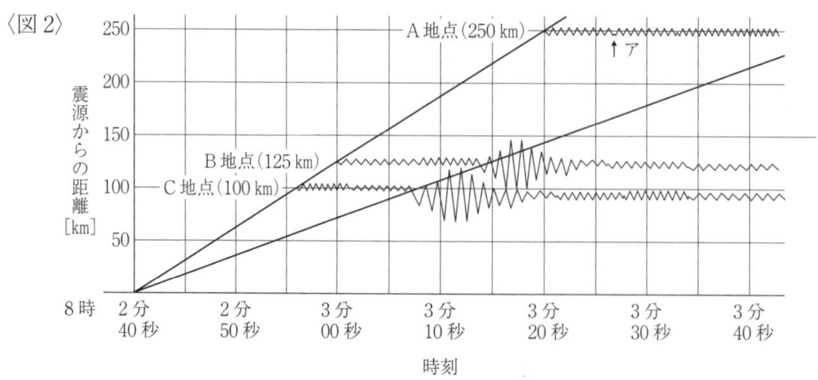

問 1　点 P と点 Q の名称を，次の①〜④より 1 つずつ選びなさい。P (　　　)　Q (　　　)

①　観測点　　②　断層　　③　震点　　④　震源　　⑤　震央

問2　図2で地震の観測がされた3つの地点A，B，Cは，図1の3つの地点X，Y，Zのいずれかである。地点A，B，Cと地点X，Y，Zの組み合わせとして，正しいものを次の①～⑥より1つ選びなさい。(　　　)

	①	②	③	④	⑤	⑥
A 地点	Z	X	X	Y	Y	Z
B 地点	X	Y	Z	X	Z	Y
C 地点	Y	Z	Y	Z	X	X

問3　図2のアのゆれを伝える波と，このゆれの名称を，次の①～⑧より1つずつ選びなさい。

波(　　　)　ゆれ(　　　)

①　小振動　②　主要動　③　初期微動　④　P波　⑤　マグニチュード

⑥　S波　⑦　α波　⑧　小振動波

問4　この地震が発生した時刻で，正しいものを次の①～④より1つ選びなさい。(　　　)

①　8時2分00秒　②　8時2分40秒　③　8時2分52秒　④　8時3分00秒

問5　A地点でゆれが確認できたのは，C地点でゆれが確認できてから何秒後か。次の①～④より1つ選びなさい。(　　　)

①　12秒後　②　16秒後　③　24秒後　④　42秒後

問6　図2のアの波が伝わる速さを，B地点の記録をもとに計算し，正しいものを次の①～④より1つ選びなさい。ただし，答えは小数第2位を四捨五入しなさい。(　　　)

①　3.6km/秒　②　6.3km/秒　③　6.7km/秒　④　8.3km/秒

2　図1は，ある日の夕方に起こった地震において，A～C地点の地震計の記録を表したものです。これについて，以下の各問いに答えなさい。　(大阪青凌高)

図1

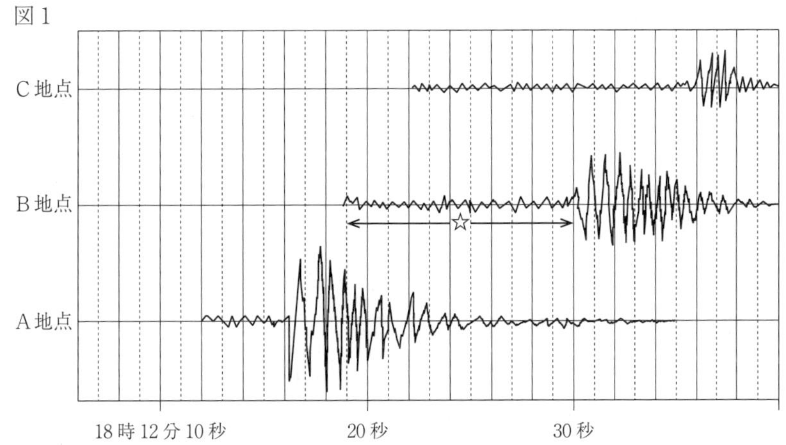

問1　地震について述べた次の文のうち，正しいものをすべて選び，記号で答えなさい。(　　　)

㋐　地震によるゆれの大きさは，震度で表され，0～7の8段階ある

㋑　地震のエネルギーの大きさは，マグニチュードで表され，マグニチュードが1だけ大きくなると，エネルギーは，2倍になる

㋒　日本列島付近では，地震はほとんど起こらず，小さなものを含めても，年に10回程度である

㋓　海溝付近で生じる地震を海溝型地震といい，震源付近の海水が持ち上げられ，津波を起こすことがある

㋔　大陸プレートと海洋プレートが接する境界では，大陸プレートの下に海洋プレートがしずみこむ

問2　図1中の☆の部分のゆれを何といいますか。(　　　)

問3　問2のゆれの後に来るゆれを何といいますか。(　　　)

問4　B地点，C地点の震源からの距離はそれぞれ，66km，84kmです。P波，S波の速さをそれぞれ整数で求めなさい。P波(　　　km/秒)　S波(　　　km/秒)

問5　この地震の発生時刻を求めなさい。(　　時　　分　　秒)

問6　A地点の震源からの距離を求めなさい。(　　　km)

問7　ある地点Dでは，震源，震央からの距離がそれぞれ25km，20kmでした。震源の深さはいくらですか。(　　　km)

問8　ある地点Eでは，問2の☆の部分のゆれが，7秒間続きました。E地点の震源からの距離はいくらですか。(　　　km)

3　地震と震源の深さについて，あとの問いに答えなさい。　(初芝富田林高)

図1は地震計の模式図です。

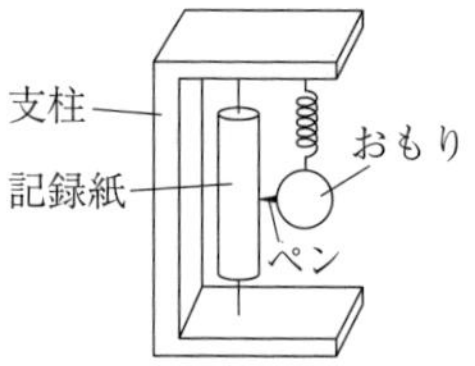

(1)　地震計で地面のゆれが記録される仕組みについて説明した次の文中の(ア)，(イ)に当てはまる語句の組み合わせとして，適切なものをあとの①〜④から1つ選びなさい。(　　　)

図1

地面のゆれに対して（ア）はほとんど動かないので記録紙にゆれを記録することができます。また，この地震計は地面の（イ）方向のゆれを記録することができます。

①　(ア)　支柱　　(イ)　上下　　②　(ア)　支柱　　(イ)　水平　　③　(ア)　おもり　　(イ)　上下

④　(ア)　おもり　　(イ)　水平

(2)　マグニチュードと震度について述べた次の文のうち，正しいものを次の①〜④から1つ選びなさい。(　　　)

①　同じマグニチュードの地震で震源距離が同じであっても，震度が異なることがある。

②　震度は，地震のゆれの大きさを0〜7の8階級で示す。

③　マグニチュードが1増えると地震のエネルギーは32倍，2増えると64倍になる。

④　地震計はマグニチュードを測定することができる。

ある時刻に地震が発生しました。図2は震源から50km離れたA地点，75km離れたB地点の2地点での地震計の記録を図に示したものです。ただし，地震のゆれが伝わった速さはどの地点でも一定であったものとします。

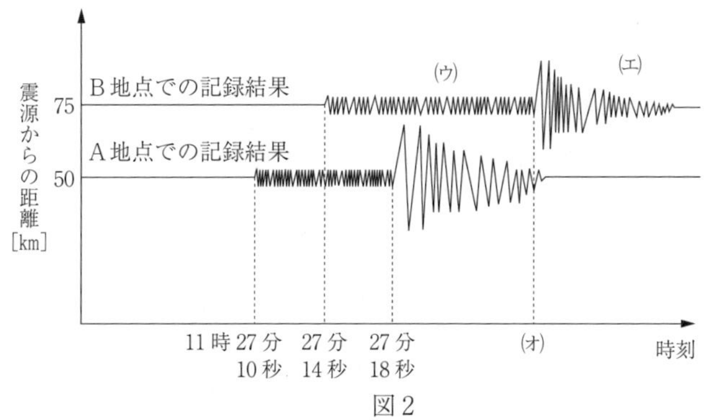

図2

(3)　図2の(ウ)のゆれを起こす波の名称と，(エ)のゆれの名称の組み合わせとして正しいものを次の①～④から1つ選びなさい。(　　　)

①　(ウ)　P波　　(エ)　主要動　　②　(ウ)　P波　　(エ)　初期微動

③　(ウ)　S波　　(エ)　主要動　　④　(ウ)　S波　　(エ)　初期微動

(4)　A地点で図2の(ウ)のゆれが続く時間は何秒ですか。正しいものを次の①～⑤から1つ選びなさい。(　　　)

①　4秒　　②　8秒　　③　10秒　　④　14秒　　⑤　18秒

(5)　B地点で図2の(エ)のゆれが始まった時刻である(オ)は11時何分何秒ですか。

(11時　　分　　秒)

(6)　図2の(ウ)のゆれを起こす波の伝わる速さは何km/sですか。最も近いものを次の①～⑤から1つ選びなさい。(　　　)

①　3km/s　　②　3.5km/s　　③　6km/s　　④　6.3km/s　　⑤　7km/s

(7)　地震発生時刻は何時何分何秒と考えられますか。(　　時　　分　　秒)

この地震の震源の深さを知るために図3のようなC地点，D地点で，図2の(ウ)のゆれが続く時間を調べたところ，C地点は2.4秒，D地点は3.2秒でした。C地点，D地点と震央は一直線上にあり，C地点とD地点の間の距離は7kmです。

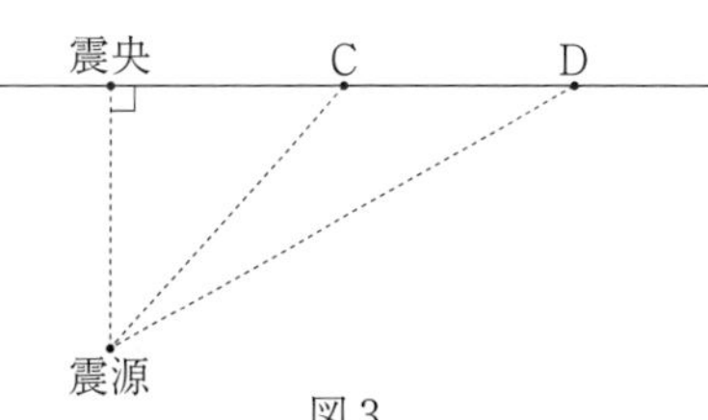

図3

(8)　C地点の震源からの距離は何kmですか。正しいものを次の①～④から1つ選びなさい。

(　　　)

①　9km　　②　12km　　③　15km　　④　20km

(9)　震源の深さは何kmですか。(　　　km)

4　次図は日本付近で発生した主な地震の名称・発生年・マグニチュードを示したものである。また，主な活断層，プレートの境界と地震の震源域を示したものである。次の問いに答えなさい。

(近江高)

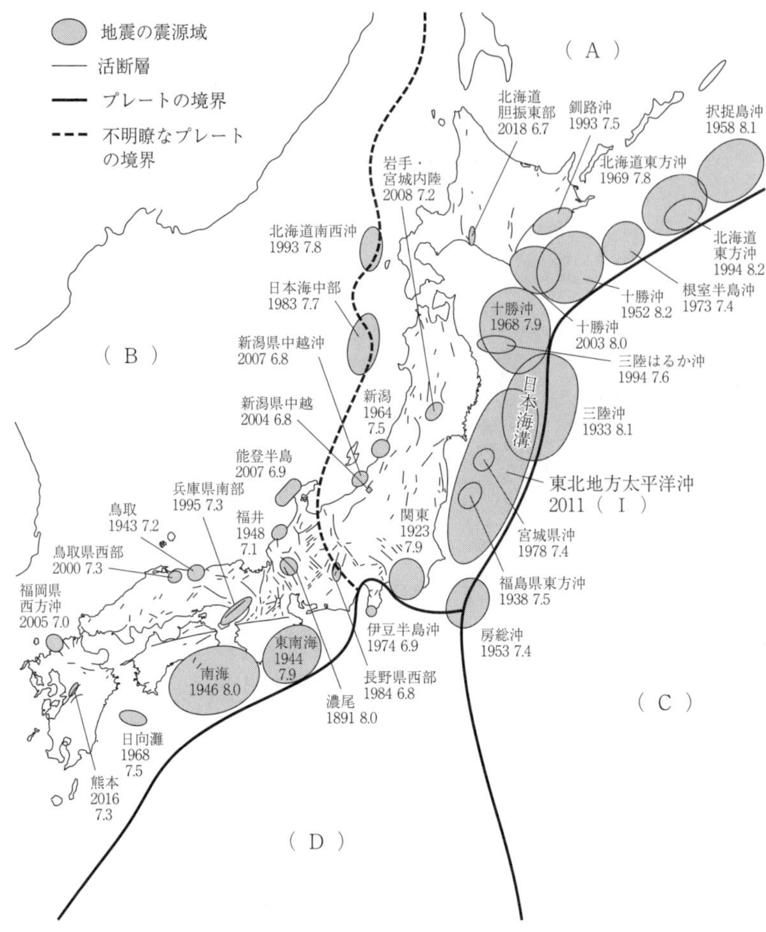

1．地震の発生にはプレートの動きが大きく影響している。図中の日本付近のプレート(A)～(D)に適する名称を次のア～カからそれぞれ選び，記号で答えなさい。

A(　　　) B(　　　) C(　　　) D(　　　)

ア　太平洋プレート　　イ　北アメリカプレート　　ウ　オホーツク海プレート
エ　ユーラシアプレート　　オ　日本海プレート　　カ　フィリピン海プレート

2．甚大な被害を出した東北地方太平洋沖地震の規模を表す図中の（ I ）の数値を次のア～エから一つ選び，記号で答えなさい。(　　　)

ア　7.5　　イ　8.0　　ウ　8.5　　エ　9.0

3．地震にともない海底が大きく変動し，沿岸部に被害をもたらすこともある自然災害の名称を答えなさい。(　　　)

4．プレートがうまれる場所の名称を答えなさい。(　　　)

5．次の表は兵庫県南部地震における大阪・彦根の震源からの距離と初期微動・主要動が始まった時刻である。

	震源からの距離	初期微動が始まった時刻	主要動が始まった時刻
大阪	50km	5時47分00秒	5時47分06秒
彦根	134km	5時47分14秒	5時47分30秒

(1) 表のデータより地震の発生時刻を求めなさい。ただし，秒を求める場合は小数第一位を四捨五入しなさい。(　　　)

(2) 兵庫県南部地震の発生当時に，現在利用されている緊急地震速報が運用されたとする。震源からの距離が12kmの地震計でP波を感知し，瞬時に震源からの距離が200kmの地点に緊急地震速報が伝わった。震源からの距離が200kmの地点に，緊急地震速報が伝わってから大きな揺れが到達するまでに何秒かかるか求めなさい。ただし，小数第一位を四捨五入しなさい。

(　　　)

5 地震波について，以下の問いに答えなさい。　(智辯学園高)

地震が起こると，速さの異なる2つの波が同時に発生してまわりに伝わっていきます。初めの小さなゆれを（ ① ），あとからくる大きなゆれを（ ② ）といいます。

図1は，ある観測点における地震計の記録を表しており，最初に到達する③地震波aと，やや遅れて到達する④地震波bが記録されています。震源距離L〔km〕は，この2つの地震波の⑤到達時間の差 t〔s〕に比例していることがわかっており，$L = kt$（k は比例定数）の式で震源距離を求めることができます。

図1

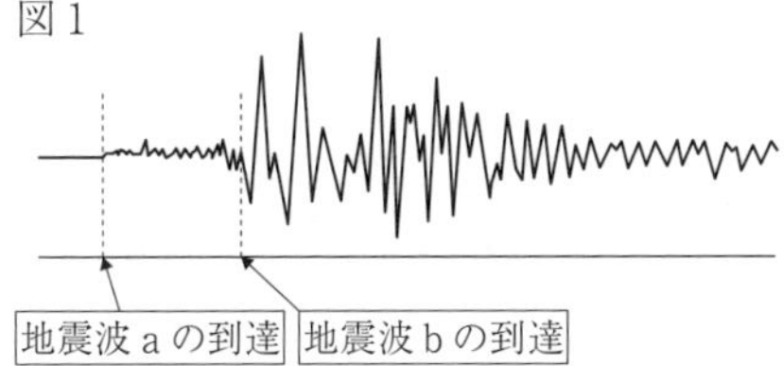

問1　文中の（ ① ），（ ② ）にあてはまる語句をそれぞれ答えなさい。

①(　　　)　②(　　　)

問2　文中の下線部③～⑤をそれぞれ何といいますか。③(　　　)　④(　　　)　⑤(　　　)

問3　図2のグラフは，図1の地震計で記録された地震における，地震波aと地震波bの到達時間と震源距離との関係を表しています。地震波aと地震波bの速さはそれぞれ何km/sか求めなさい。また，このときの $L = kt$ の式における比例定数 k の値を求めなさい。

地震波a(　　　km/s)　地震波b(　　　km/s)

比例定数 k (　　　)

図2

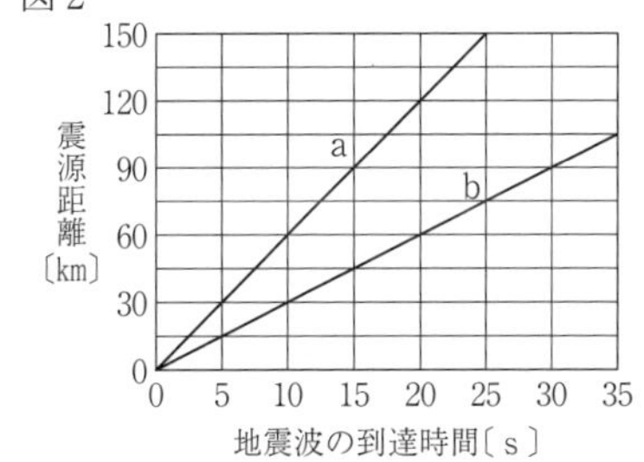

現在では，地震発生時に起こる地震波aを人工的に起こして，その伝わり方から地下のようすが調べられています。このとき，波の発生源Aから観測点Dまでの距離を変えて，波が到達するまでの時間を測定すると，図3のグラフのような結果が得られます。途中でグラフが折れ曲がる理由を調べてみたところ，次の2つのことがわかりました。

図3

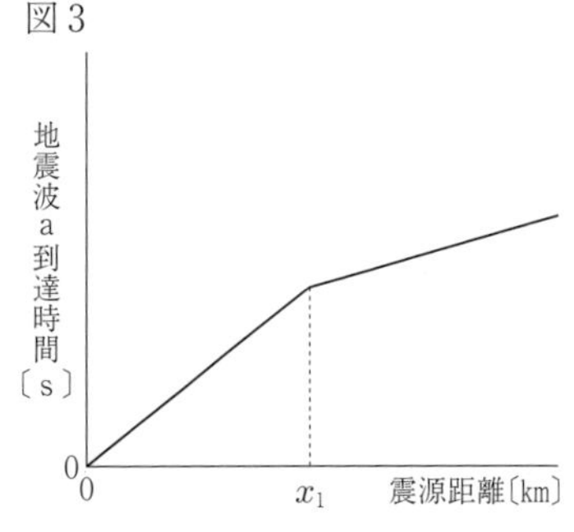

1．地中は図4のようにやわらかい地層Xの下にかたい地層Yがあり，地震波aが地層Yを伝わる速さは，地層Xを伝わる速さに比べて大きくなっている。

2．A 地点で発生した地震波が観測点 D に伝わるまでの経路には，図 4 の矢印のように 2 種類あり，地表を通って A → D と伝わる地震波は直接波，かたい地層 Y の表面に近いところを通って A → B → C → D と伝わる地震波は屈折波とよばれる。なお，図 4 中の d は地層 X の厚みを，r は屈折波が地層 X 内を進むときの地表となす角度を表している。

図 4

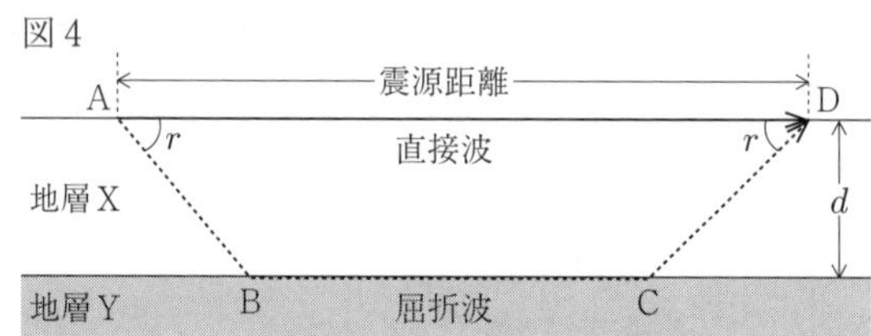

以上のことから，震源距離が近い地点では（ ⑥ ）が早く到達しますが，図 3 の震源距離 x_1〔km〕より遠い地点では（ ⑦ ）の方が観測点 D に早く到達するようになるため，震源距離 x_1〔km〕でグラフが折れ曲がることがわかりました。

問 4　文中の（ ⑥ ），（ ⑦ ）にあてはまる語句の組み合わせとして正しいものを，次の(ア)～(エ)から 1 つ選び，記号で答えなさい。(　　　)

(ア) ⑥ 直接波　⑦ 直接波　(イ) ⑥ 直接波　⑦ 屈折波

(ウ) ⑥ 屈折波　⑦ 直接波　(エ) ⑥ 屈折波　⑦ 屈折波

問 5　図 4 において，$r = 45°$，$d = 40$km のとき，図 3 の震源距離 x_1 は何 km になるか求めなさい。ただし，地震波 a が地層 X を伝わる速さは問 3 で求めた速さと同じものとし，地層 Y を伝わる速さはその 1.5 倍とします。また，$\sqrt{2} = 1.4$ とします。(　　　km)

10 天気とその変化

§1．湿度・雲のでき方

1 次の文章を読み，あとの各問いに答えなさい。 （大阪商大堺高）

A 大気中で起こる様々な現象を気象という。気象情報は，気温，湿度，気圧，風向，風力などの要素をもとにつくられるものであり，以下の内容はそのデータの一例である。

> 2022年5月5日（木）12:00
> 天気：晴れ　鯉のぼりが北東にたなびいている。　風力：3（ イ ）
> 気温：21℃　気圧：1013（ ア ）　湿度：70（ ウ ）

(1) このときの天気図記号を答えなさい。
ただし，作図するときは定規を使わずに描くこととする。

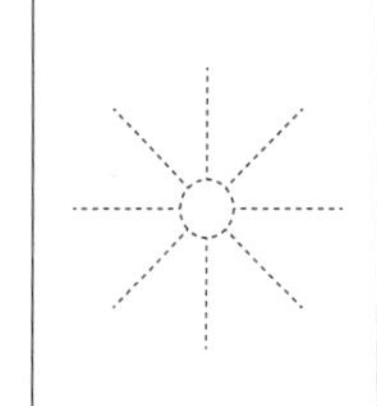

(2) （ ア ）～（ ウ ）に適する単位を答えなさい。ただし，ない場合は「なし」と答えなさい。ア（　　） イ（　　） ウ（　　）

(3) 海面からの高さが0mのところでは，約100000Paの大気圧がはたらいている。これは1 cm^2 の面に何gの物体をのせたときの圧力に等しいか答えなさい。ただし，100gの物体にはたらく重力の大きさを1Nとする。（　　）

B 水蒸気が水滴にかわりはじめるときの温度を調べるために次の実験を行った。

> 準備物：金属製のコップ，ガラス棒，温度計，室温と同じ温度である水，氷水
> 実験手順
> 手順1：室温と同じ温度である水を金属製のコップに1／3くらい入れ，水温を測る。
> 手順2：ガラス棒でかき混ぜながら少しずつ氷水を金属製のコップに入れ，水温を測る。
> 手順3：金属製のコップの表面がくもりはじめるまで手順2をくり返す。
> 結　果：室温が18℃であり，金属製のコップ内の水温が14℃となったとき，金属製のコップの表面がくもりはじめた。

(4) 金属製のコップを使う理由を15文字以内で答えなさい。［　　　　　　　　　　　　　　　］

(5) 金属製のコップの表面がくもりはじめる温度を何というか答えなさい。（　　）

実験結果と下の表を参考に(6)(7)を答えなさい。

温度[℃]	12	13	14	15	16	17	18
飽和水蒸気量[g/m^3]	10.7	11.4	12.1	12.8	13.6	14.5	15.4

(6) このときの空気1 m^3 当たりに含まれる水蒸気の量は何gか答えなさい。（　　）

(7)　このときの空気の湿度を答えなさい。ただし，小数第二位を四捨五入し，小数第一位まで答えなさい。(　　　)

2　図１は安子さんが見た乾湿計の一部のようすである。表１は乾湿計用湿度表である。次の問いに答えなさい。　　　　　　　　　　　　　　　　　　　　　　　　　　　　　　　　(平安女学院高)

図１

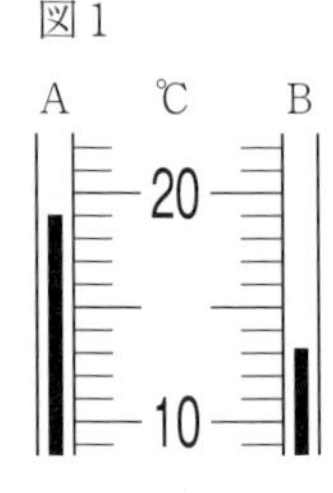

表１

乾湿計用湿度表

乾球の読み〔℃〕	乾球と湿球の目盛りの読みの差〔℃〕							
	0	1	2	3	4	5	6	7
20	100	91	81	73	64	56	48	40
19	100	90	81	72	63	54	46	38
18	100	90	80	71	62	53	44	36
17	100	90	80	70	61	51	43	34
16	100	89	79	69	50	50	41	32
15	100	89	78	68	58	48	39	30
14	100	89	78	67	57	46	37	27
13	100	88	77	66	55	45	34	25
12	100	88	76	65	53	43	32	22
11	100	87	75	63	52	40	29	19

問１　図のA，Bのうち，湿球温度計を表しているのはどちらですか。(　　　)

問２　乾湿計の乾球と湿球の示度に差ができる理由について述べた次の文の①～④に適する語句を答えなさい。［　②　］は当てはまる語句を，①，③，④は【　　】内より語句を選び答えなさい。ただし，同じ番号には同じ語句が入る。①(　　　)　②(　　　)　③(　　　)　④(　　　)

［①【乾球・湿球】］の球部についているガーゼの先は，［　②　］の入った容器の中に入っている。ガーゼから［　②　］が蒸発するとき球部から熱をうばうため，湿球の示度は乾球の示度より［③【高く・低く】］なる。この差は，湿度が低いほど［④【大きく・小さく】］なる。

問３　安子さんが観測した空気の湿度は何％ですか。(　　　％)

問４　この空気 $1\,m^3$ が含んでいる水蒸気量は何gと考えられますか。気温と飽和水蒸気量との関係を示した次の表を用いて，小数第２位を四捨五入し，小数第１位まで求めなさい。(　　　g)

気温〔℃〕	11	13	15	17	19	21
飽和水蒸気量〔g/m^3〕	10.0	11.4	12.8	14.5	16.3	18.3

問５　図２は気温が20℃で，異なる日の空気A，Bについて，$1\,m^3$ 中に含まれる水蒸気量をそれぞれ表したものです。湿度が高いのは，A，Bどちらの空気ですか。(　　　)

図２

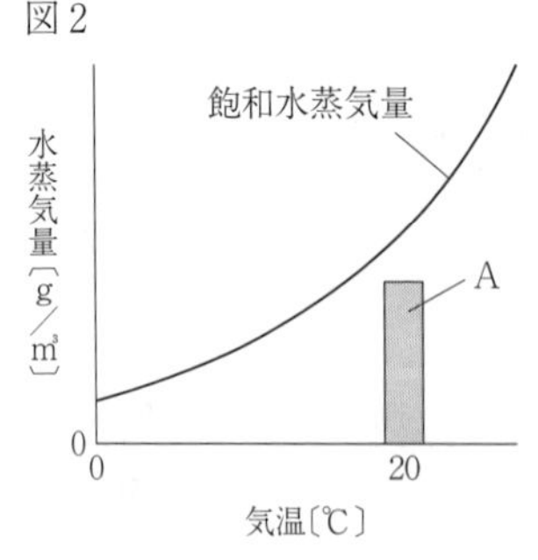

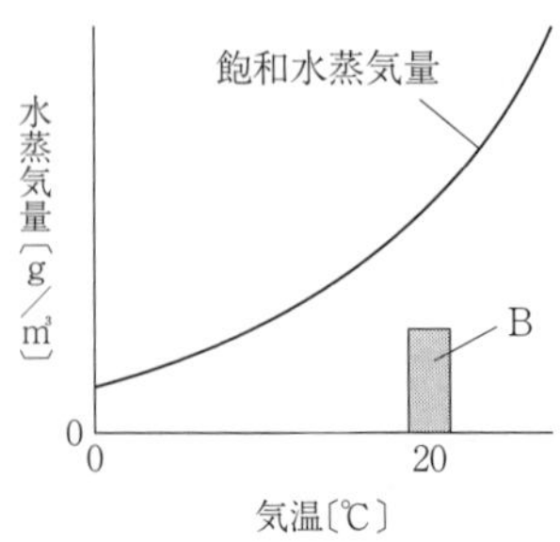

3 縦 1.1m，横 1.5m，高さ 2.4m のアクリルの箱 A があります。

以下の公式および表を参考に，次の各問いに答えなさい。ただし，問 1，2，4，5 の□には，例にならってそれぞれ 1 ケタの数字を入れなさい。 (大阪高)

例：答えが 3.14 で，解答欄が ア．イウ の場合 → アは 3，イは 1，ウは 4

$$湿度[\%] = \frac{水蒸気量[g/m^3]}{飽和水蒸気量[g/m^3]} \times 100$$

水蒸気量［g］＝その温度における飽和水蒸気量$[g/m^3]$×体積$[m^3]$×湿度[%]÷100

温度[℃]	5	6	7	8	9	10	11	12	13	14	15
飽和水蒸気量$[g/m^3]$	6.8	7.3	7.8	8.3	8.8	9.4	10	10.7	11.3	12.1	12.8

問 1．10 ℃で空気 1 m^3 中に含まれる水蒸気量が 1.88g のとき，湿度は アイ %です。

ア（　　） イ（　　）

問 2．5 ℃で湿度が 25 %のとき，空気 1 m^3 中に含まれる水蒸気量は ウ．エ g です。

ウ（　　） エ（　　）

問 3．温度を 15 ℃，湿度を 70 %に調節した箱 A の温度を下げていくと，ある温度で箱 A 内に水滴が生じました。何℃から何℃の間で生じましたか。適切なものを次のア～ウから 1 つ選び，記号で答えなさい。（　　）

ア．8 ℃～9 ℃　　イ．9 ℃～10 ℃　　ウ．10 ℃～11 ℃

問 4．箱 A の体積は オ．カキ m^3 です。オ（　　） カ（　　） キ（　　）

問 5．箱 A に湿った空気を入れ，温度を 11 ℃，湿度を 50 %に調節しました。このとき含まれる水蒸気量は クケ．コ g です。ク（　　） ケ（　　） コ（　　）

4 次の文章を読み，後の各問いに答えなさい。 (帝塚山学院泉ヶ丘高)

図 1 は，ふもと（A 地点）の空気が山の斜面に沿って上昇し，B 地点で雲ができ，その後 C 地点に移動したときの様子を示したものである。また，表 1 は気温と飽和水蒸気量との関係を示したものである。空気の上昇による温度の変化は，雲ができ始めるまでは，空気が 100m 上昇するごとに，温度は 1 ℃下がり，雲ができ始めてからは，100m 上昇するごとに，0.6 ℃下がるものとし，空気の下降による温度の変化は，100m 下降するごとに 1 ℃上がるものとする。

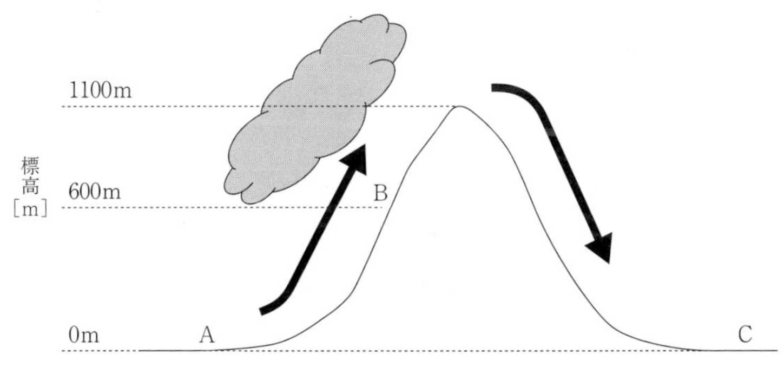

図 1

表 1

気温［℃］	8	9	10	11	12	13	14	15	16
飽和水蒸気量［g/m^3］	8.3	8.8	9.4	10.0	10.7	11.3	12.1	12.8	13.6

気温［℃］	17	18	19	20	21	22	23	24	25
飽和水蒸気量［g/m^3］	14.5	15.4	16.3	17.3	18.3	19.4	20.6	21.8	23.0

⑴　積乱雲のでき方と雨の降り方について最も適当な組み合わせを 1 つ選び，解答欄の記号を○で囲みなさい。（ ア　イ　ウ　エ ）

	でき方	雨の降り方
ア	空気が緩やかに上昇	長時間で穏やかな雨
イ	空気が緩やかに上昇	短時間で激しい雨
ウ	空気が急激に上昇	長時間で穏やかな雨
エ	空気が急激に上昇	短時間で激しい雨

⑵　次の文は，山の斜面を空気が上昇することで雲ができる仕組みを説明したものである。文中の空欄に当てはまる文を「気圧」，「空気の体積」を用いて答えなさい。

（　　　　　　　　　　　　　　　　　　　　）

「湿った空気のかたまりが上昇するにつれ，［　　　］ことで温度が下がる。温度が下がった空気が露点に達することで，雲ができる。」

⑶　A 地点から空気のかたまりが上昇すると，B 地点で雲ができた。B 地点での気温が 14 ℃であった。

①　空気のかたまりは B 地点において 1 m^3 あたり何 g の水蒸気を含みますか。（　　　g）

②　A 地点の気温は何℃ですか。（　　　℃）

③　A 地点での湿度は何％ですか。割り切れない場合は，小数第 1 位を四捨五入して整数で答えなさい。（　　　％）

⑷　C 地点での湿度は A 地点での湿度に比べてどのようになるか。最も適当なものを次から 1 つ選び，解答欄の記号を○で囲みなさい。（ ア　イ　ウ ）

ア．A 地点と比べて高くなる。

イ．A 地点と比べて低くなる。

ウ．A 地点と同じである。

5　次のグラフは，大阪府内のある場所で 3 時間ごとの気温，湿度を 2 日間にわたって記録したものである。グラフ中の A，B は気温あるいは湿度を表している。なお，この 2 日間において 1 日目は雨が降っていなかったが，2 日目の 0 時から 15 時頃まで雨が降っていた。この観測記録のグラフを見て以下の問いに答えよ。

（大阪星光学院高）

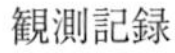

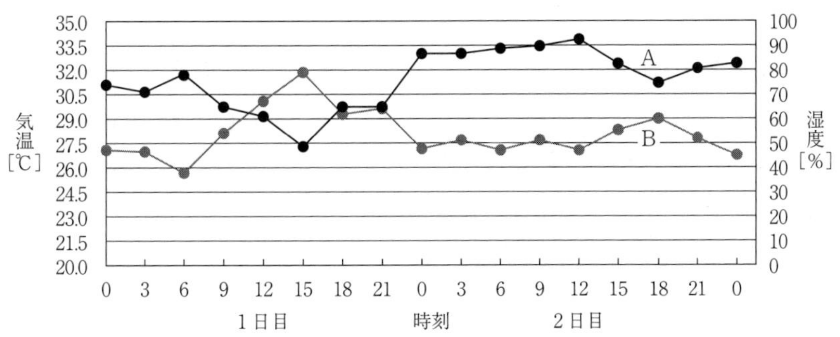

問1　下線部について，雨の天気記号を解答欄に図示せよ。

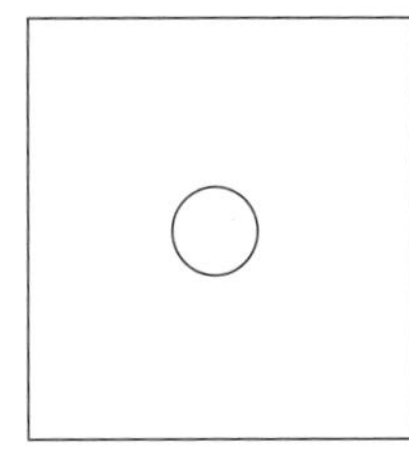

問2　観測した1日目の15時の天気がくもり，風向きが南西，風力が2であった。このことを，天気図で用いる記号で解答欄に図示せよ。

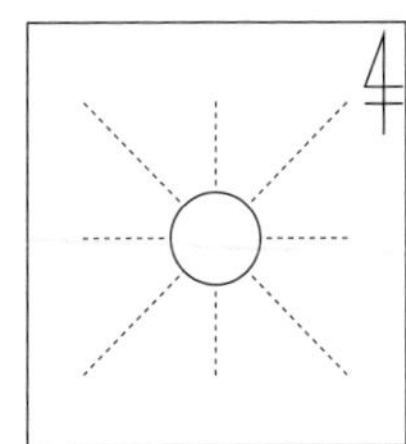

問3　上記の観測記録のグラフにおいて，気温の変化を表しているのはAまたはBのどちらか。AまたはBで答えよ。(　　　)

問4　右の飽和水蒸気量のグラフを参考にして，観測した2日目の9時の$1\,m^3$当たりの水蒸気量[g/m^3]を，小数第1位を四捨五入して整数値で求めよ。(　　　g/m^3)

問5　右の飽和水蒸気量のグラフを参考にして，観測した2日目の18時の露点[℃]を小数第1位まで求めよ。(　　　℃)

問6　観測した1日目の6時から15時において，$1\,m^3$当たりの水蒸気量はそれほど大きく変化してはいなかったが，湿度は大きく変化した。その理由について気温の変化に着目して簡単に述べよ。

(　　　　　　　　　　　　　　　　　　　　)

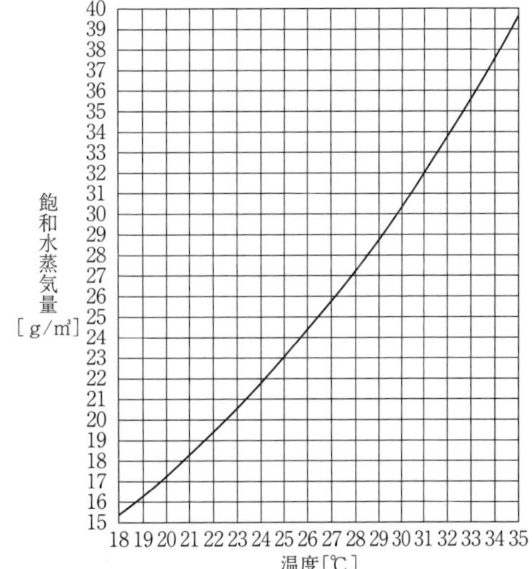

§2．天気の変化

1　右図は，日本付近における低気圧と前線を模式的に示したものである。以下の問いに答えなさい。　(大阪学院大高)

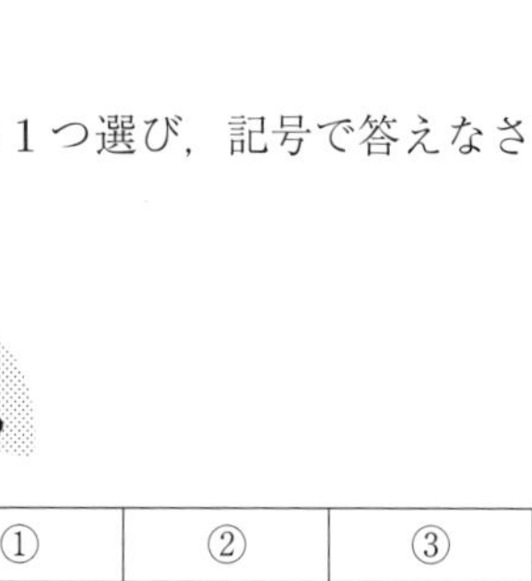

(1)　前線 AB，AC の名称の組み合わせとして適当なものを次のア～カから１つ選び，記号で答えなさい。(　　　)

ア．AB は温暖前線，AC は寒冷前線
イ．AB は温暖前線，AC は停滞前線
ウ．AB は停滞前線，AC は温暖前線
エ．AB は停滞前線，AC は寒冷前線
オ．AB は寒冷前線，AC は停滞前線
カ．AB は寒冷前線，AC は温暖前線

(2)　図の前線付近で，雨の降る範囲として適当なものを次のア～エから１つ選び，記号で答えなさい。ただし，雨の降る範囲を ▢ で示している。(　　　)

(3)　次の①～③の記述は「寒冷前線」,「温暖前線」,「停滞前線」のいずれかを説明したものである。①～③の記述と前線の組み合わせとして適当なものを右のア～カから１つ選び，記号で答えなさい。(　　　)

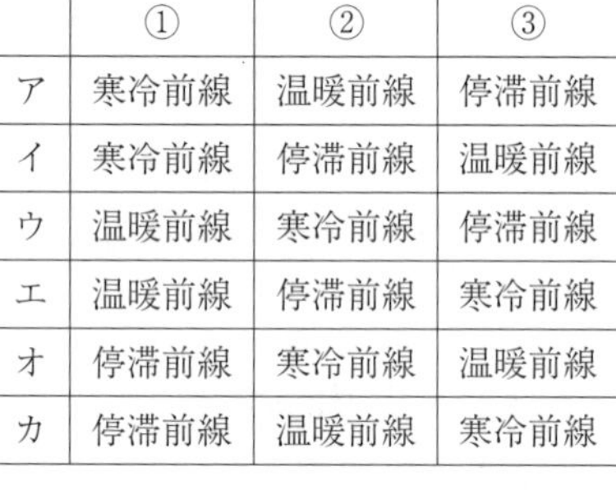

	①	②	③
ア	寒冷前線	温暖前線	停滞前線
イ	寒冷前線	停滞前線	温暖前線
ウ	温暖前線	寒冷前線	停滞前線
エ	温暖前線	停滞前線	寒冷前線
オ	停滞前線	寒冷前線	温暖前線
カ	停滞前線	温暖前線	寒冷前線

①　広い範囲に雲が広がり，雨が長く降る。この前線が通過すると気温が上昇する。

②　積乱雲が発達し，強い風と激しい雨を伴う。この前線が通過すると気温が下降する。

③　寒気と暖気の勢力がほぼ同じで，数日間にわたって雨が降ったりやんだりを繰り返し，すっきりしない天気が続く。

2　次の文を読んで，以下の問いに答えなさい。　(履正社高)

気温や湿度がほぼ一様な大きな空気のかたまりを気団という。右の図は，日本の四季に影響をあたえる代表的な気団の位置を示したものである。

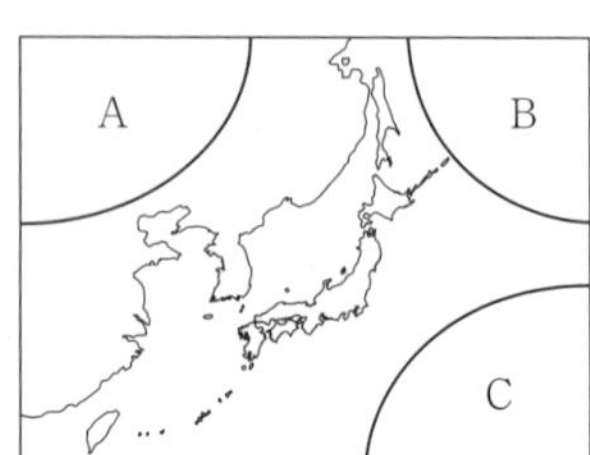

(1)　A～C の気団の名称を答えなさい。
A (　　　)　B (　　　)　C (　　　)

(2)　A～C の気団の性質は次のうちそれぞれどれか。１つ選んで記号で答えなさい。A (　　　)　B (　　　)　C (　　　)

(ア)　湿度の高い暖気団　(イ)　湿度の高い寒気団　(ウ)　乾燥した暖気団　(エ)　乾燥した寒気団

(3) 典型的な冬の気圧配置の説明として誤っているものは次のうちどれか。1つ選んで記号で答えなさい。(　　　)

(ア) Aが大きく発達している。　(イ) 西高東低といわれる気圧配置になっている。

(ウ) 強い北西の季節風がふく。　(エ) 太平洋沿岸を中心に大雪が降りやすくなる。

(4) 次の文中の空欄①と②には，気団を1つ選び，記号で答えなさい。空欄③には適当な語句を答えなさい。①(　　　)　②(　　　)　③(　　　)

日本では，夏が近づくころに気団（ ① ）と（ ② ）が接することによって生じる（ ③ ）前線の影響で雨の日が多くなる。やがて，気団（ ① ）がおとろえて気団（ ② ）が発達すると本格的な夏になる。

(5) 右の図は，日本付近でみられる低気圧と前線の模式図である。X—Yの地点での鉛直方向での断面のようすを南から見た図として，正しいものはどれか。1つ選んで記号で答えなさい。(　　　)

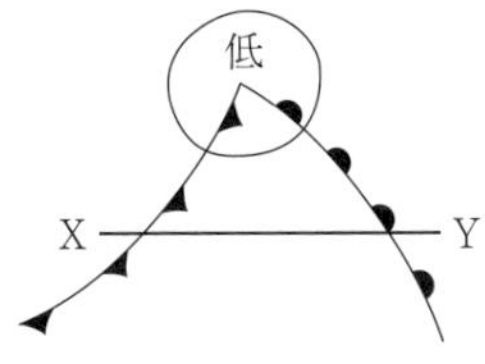

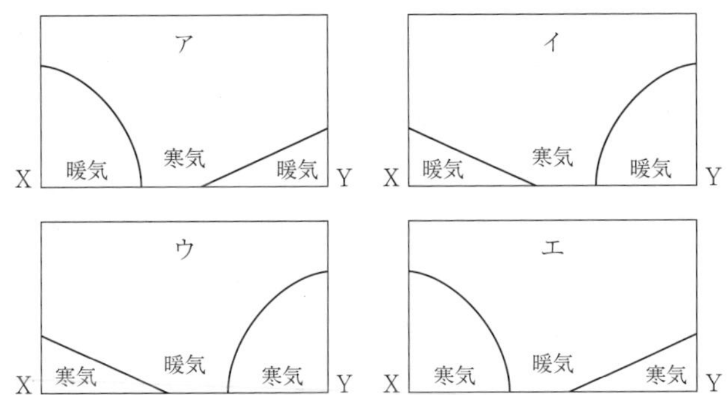

3 図1はある日の日本付近の天気図である。これについて，あとの各問いに答えなさい。

（関西大学高）

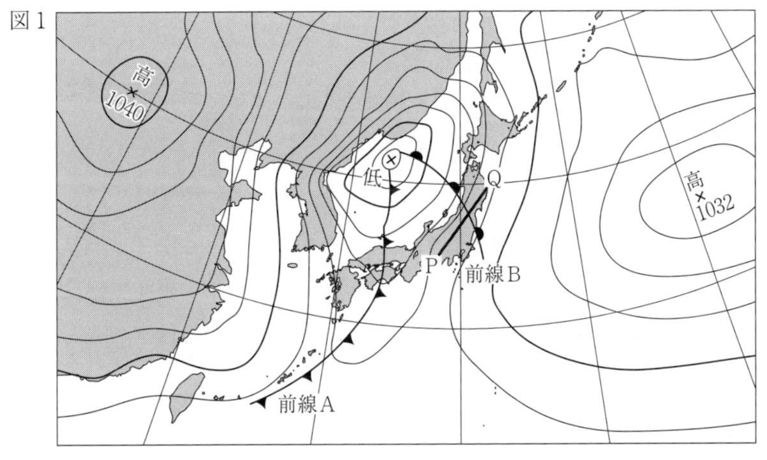

(1) 前線A，Bをともなう低気圧の中心付近の気圧は何hPaか。正しいものを次のア～エから1つ選び，記号で答えなさい。(　　　)

ア．1064hPa　　イ．1016hPa　　ウ．998hPa　　エ．992hPa

(2)　低気圧の中心付近では，どのような大気の流れがあるか。正しい組み合わせを次のア～エから1つ選び，記号で答えなさい。ただし，上段は地表に対して垂直な大気の流れ，下段は上空から見た地表付近の大気の流れを表したものである。(　　　)

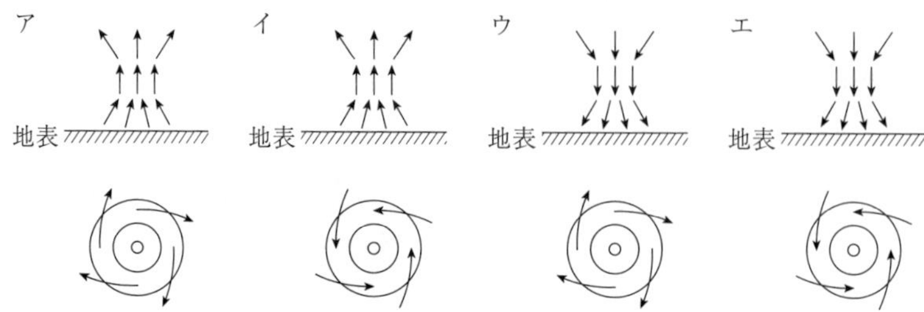

(3)　P—Q において，地表に対して垂直な断面のようすを正しく表したものを次のア～エから1つ選び，記号で答えなさい。(　　　)

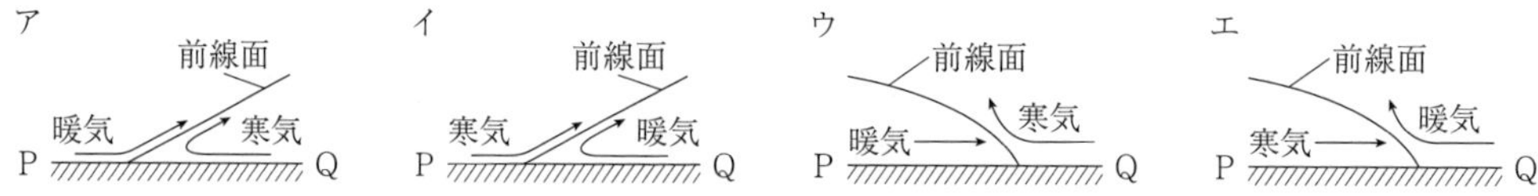

(4)　大阪での天気のようすについて正しく説明したものを次のア～エから1つ選び，記号で答えなさい。(　　　)

ア．乱層雲が発達して弱い雨が降っているが，前線A通過後には天気が回復し，気温が上がる。

イ．積乱雲が発達して強い雨が降っているが，前線A通過後には天気が回復し，気温が上がる。

ウ．おだやかに晴れているが，前線A通過後には乱層雲が発達して弱い雨が長時間降り，気温が下がる。

エ．おだやかに晴れているが，前線A通過後には積乱雲が発達して強いにわか雨が降り，気温が下がる。

(5)　図2は前線Aが前線Bに追いついたときにできる前線の地表に対して垂直な断面のようすを表したものである。①～③の大気を温度の高い順番に並べなさい。

(　　→　　→　　)

図2

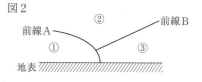

前線A　前線B　①　②　③　地表

4　気象に関する次の文を読み，あとの問いに答えよ。　(西大和学園高)

大陸や海洋では，気温や湿度などの性質が一様な空気のかたまりができる。この空気のかたまりを気団といい，日本付近では，シベリア大陸，オホーツク海，北太平洋中緯度で発生する気団がある。それぞれの気団に対応する高気圧があり，その性質の違いから日本へもたらす影響も異なっている。下の表は，それぞれの気団についてまとめたものである。

表

発生する場所	気団	対応する高気圧	性質	最も発達する時期
シベリア大陸	①	④	⑦	⑩
オホーツク海	②	⑤	⑧	⑪
北太平洋中緯度	③	⑥	⑨	⑫

(1) 表の①～③に適する気団の名称を答えよ。①(　　　)　②(　　　)　③(　　　)

(2) 表の④～⑥に適する高気圧の名称を答えよ。④(　　　)　⑤(　　　)　⑥(　　　)

(3) 表の⑦～⑨に最も適する性質を次の中から1つずつ選び，それぞれ記号で答えよ。

⑦(　　　)　⑧(　　　)　⑨(　　　)

ア．温暖・乾燥　　イ．温暖・湿潤　　ウ．寒冷・乾燥　　エ．寒冷・湿潤

(4) 表の⑩～⑫に最も適する時期を次の中から1つずつ選び，それぞれ記号で答えよ。

⑩(　　　)　⑪(　　　)　⑫(　　　)

ア．春　　イ．梅雨　　ウ．夏　　エ．秋　　オ．冬

次のA～Dは，日本列島付近で見られる代表的な天気図である。

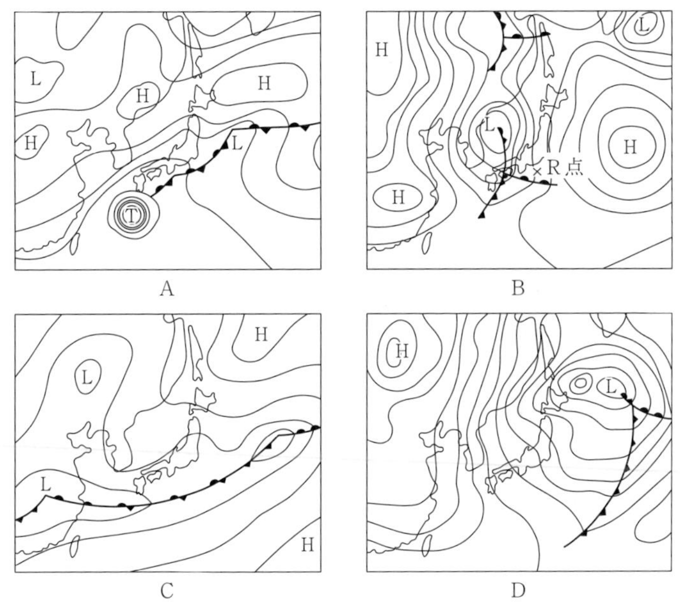

図の記号は，次のものを表している。
H：高気圧　L：低気圧　T：台風

(5) A～Dのうち，下の(i)，(ii)の天気図として最も特徴を示しているものを1つずつ選び，それぞれ記号で答えよ。

(i) 春一番が観測された日（　　　）

(ii) 冬（　　　）

(6) Bの天気図において，日本海の低気圧は北東へ進んでいるものとする。R点の気温は低気圧の通過にともなってどのように変化すると考えられるか。最も適するものを次の中から1つ選び，記号で答えよ。(　　　)

ア．低かった気温が上がる。　　イ．高かった気温が下がる。

ウ．低かった気温が上がり，その後下がる。　　エ．高かった気温が下がり，その後上がる。

オ．低かった気温がさらに下がる。　　カ．高かった気温がさらに上がる。

(7)　中心付近から南東側にのびる温暖前線と南西側にのびる寒冷前線をともなった温帯低気圧が，日本のある地域を通過した。図は，これらの前線が通過しているときの，この地域の観測点S，T，U，Vにおける風向，風力を示したものである。このときの前線を示した図として最も適するものを次の中から1つ選び，記号で答えよ。(　　　)

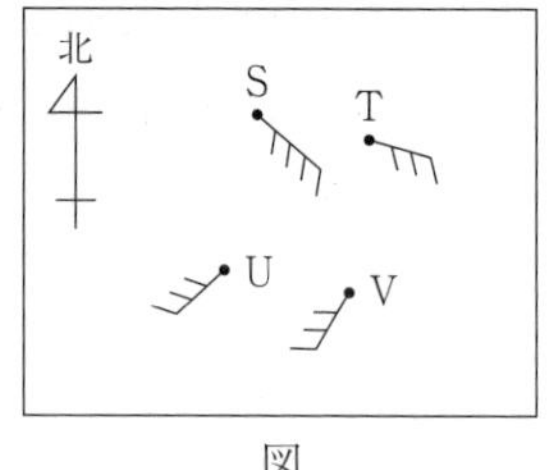

図

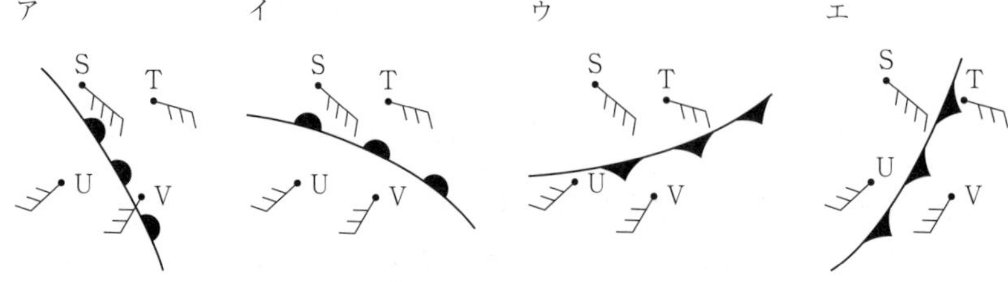

11 地球と宇宙

§1．恒星の日周運動と年周運動

[1] 図のA～Dは，日本の春分，夏至，秋分，冬至の日における地球の位置のいずれかを表したものです。あとの各問いに答えなさい。 (浪速高)

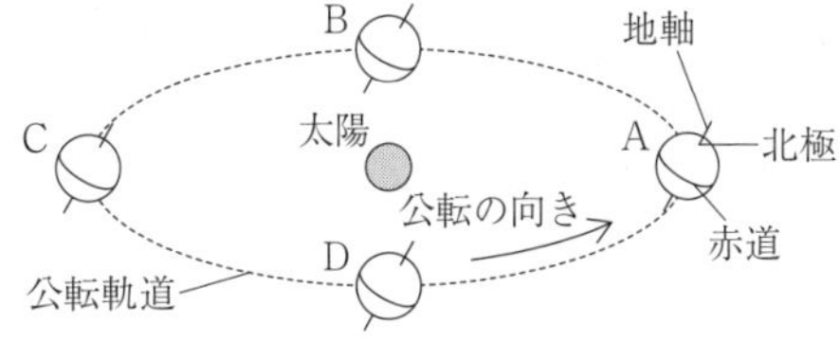

1 地球の公転軌道を含む平面を何といいますか。

( )

2 問1の平面に垂直な方向と，地球の地軸は約何度傾いていますか。小数第1位まで答えなさい。

(約 度)

3 夏至の日における地球の位置を表しているのはどれですか。A～Dの中から1つ選び，記号で答えなさい。( )

4 日本で，昼と夜の長さがほぼ同じになる日における地球の位置を表しているのはどれですか。A～Dの中からすべて選び，記号で答えなさい。( )

5 地球がDの位置である日に，日本で透明半球を使って太陽の1日の動きを記録しました。この透明半球を東側から見た図はどれですか。次のア～エの中から1つ選び，記号で答えなさい。

( )

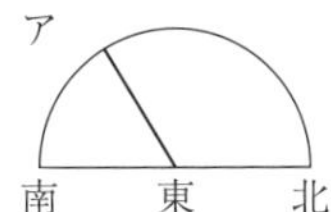

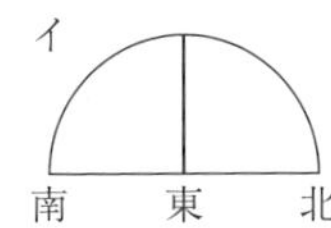

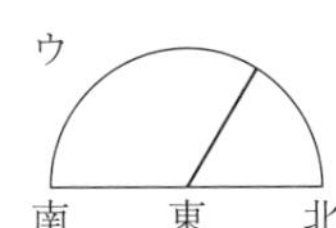

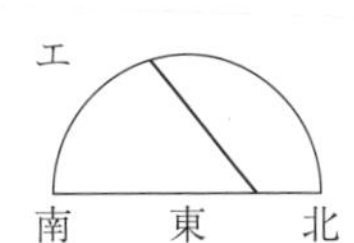

[2] 京都のある地点で，春分の日に天体観測を行いました。図は，春分，夏至，秋分，冬至における地球（a～dのいずれか）と太陽の位置関係を表しています。また，A～Dは，それらのまわりのおもな星座を表したものです。次の問いに答えなさい。 (大谷高)

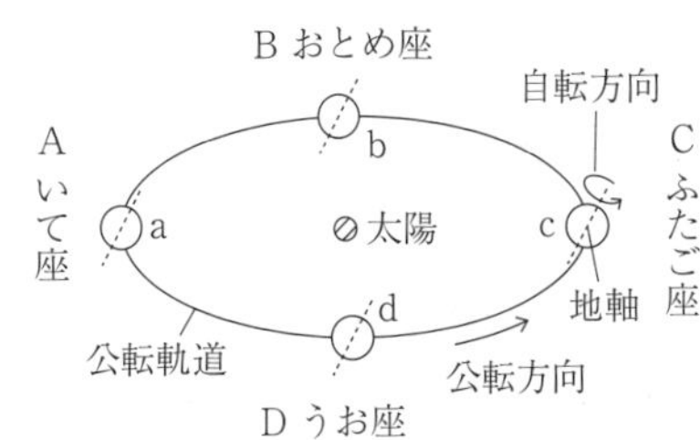

問1 太陽のように，自ら光輝く天体の名称を，次の あ～え から1つ選び，記号で答えなさい。( )

あ．衛星　　い．彗星　　う．惑星　　え．恒星

問2 春分における地球の位置として正しいものを，図のa～dから1つ選び，記号で答えなさい。

( )

問3 春分の日の日没から数時間，北の空の星座の動きを観察しました。19時20分から21時00分の間に，北の空の星座は，北極星を中心にどのように動いているように見えましたか。最も適当なものを，次の あ～か から1つ選び，記号で答えなさい。( )

あ．時計回りに25°動いているように見えた。

い．時計回りに50°動いているように見えた。

う．時計回りに75°動いているように見えた。

え．反時計回りに25°動いているように見えた。

お．反時計回りに50°動いているように見えた。

か．反時計回りに75°動いているように見えた。

問4　春分の日の真夜中に，南の空に見えた星座として正しいものを，図のA～Dから1つ選び，記号で答えなさい。(　　　)

問5　問4の星座が，真夜中に東の空に見えるのはいつですか。正しいものを，次のあ～うから1つ選び，記号で答えなさい。(　　　)

あ．夏至の日　　い．秋分の日　　う．冬至の日

3　星の日周運動について，次の各問いに答えなさい。　(開智高)

問1　北緯35度のある地点で北の空を観察すると，星Xを中心に他の星が同心円状に回っているように見えました。

(1)　星Xは何といいますか。(　　　)

(2)　星Xのように，自ら光を出してかがやく天体を何といいますか。(　　　)

(3)　星Xと地球の位置関係を表す図として最も適当なものを，下の①～④の中から1つ選び，番号で答えなさい。ただし，地球と星Xは十分遠いものとする。(　　　)

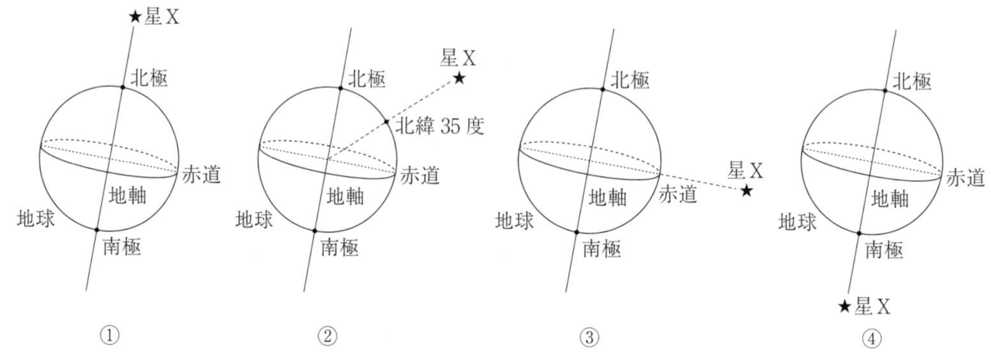

(4)　星Xの高度は何度ですか。(　　　度)

問2　〈図1〉，〈図2〉は日本のある地点で19時から22時の間，それぞれある方位の空の星の動きを表したものです。

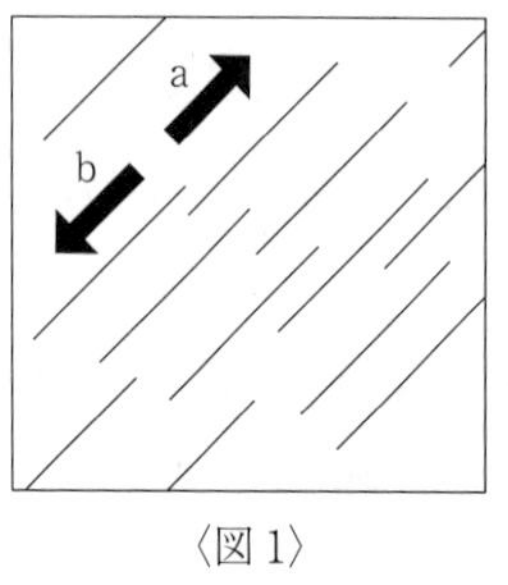

〈図1〉

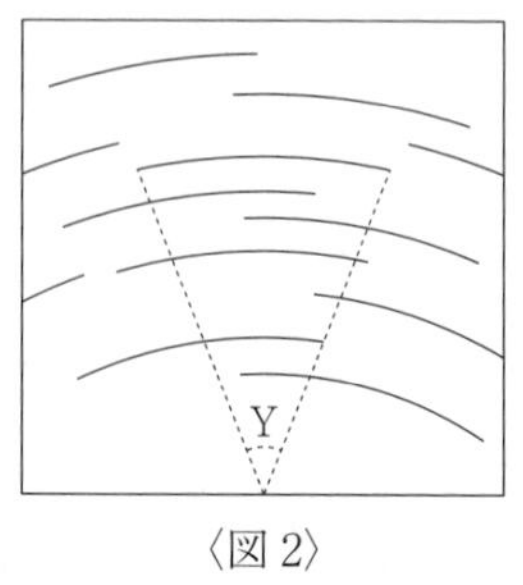

〈図2〉

(1) 〈図1〉の方位として最も適当なものを，下の①～④の中から1つ選び，番号で答えなさい。
( )

① 東　② 西　③ 南　④ 北

(2) 〈図1〉で星の動く向きを表しているのは，a，bのどちらですか。( )

(3) 〈図2〉のYの角度として最も適当なものを，下の①～④の中から1つ選び，番号で答えなさい。( )

① 15度　② 30度　③ 45度　④ 60度

問3 星の日周運動の原因は何ですか。簡単に説明しなさい。
( )

4 次の文を読んで，あとの問いに答えなさい。(同志社国際高)

夜空に見える星座の位置は，時刻や季節によって変わっていく。①<u>星座を数時間観察していると，時間とともに動いていく</u>。北の空の星は，北極星付近を中心として，1時間に約（ ア ）°の速さで（イ：時計，反時計）回りに回転する。（ ウ ）の空に見えた星は，時間とともに（ エ ）の空に移動し，やがて（ オ ）の地平線に沈む。また，②<u>1年を通して見える星座は移り変わっていく</u>。南の空に見えた星座を1か月後に同じ場所で同じ時刻に観察すると，（ カ ）の方向に約（ キ ）°移動する。

問1 文中の(ア)～(キ)にあてはまる語句や数値を答えなさい。ただし，（ イ ）については，正しい語句を選び，（ ウ ）（ エ ）（ オ ）（ カ ）には，「東」「西」「南」「北」のいずれかの方角を入れなさい。

ア( ) イ( ) ウ( ) エ( ) オ( ) カ( ) キ( )

問2 下線部①について，このような星座の運動を何というか答えなさい。( )

問3 下線部②について，星座にはそれぞれの季節を象徴する「季節の星座」がある。京都で星座を観測するとき，そのような「季節の星座」にはならない星座を次の(あ)～(え)から選び，記号で答えなさい。また，「季節の星座」にならない理由を答えなさい。

記号( ) 理由( )

(あ) オリオン座　(い) カシオペヤ座　(う) ペガスス座　(え) さそり座

問4 図1は北極側からみた地球と太陽，黄道12星座の位置関係を模式的に表したものである。ただし，これらの星座は等間隔に並んでいるものとする。図2は図1のBの地球を，同じ向きで拡大したものである。

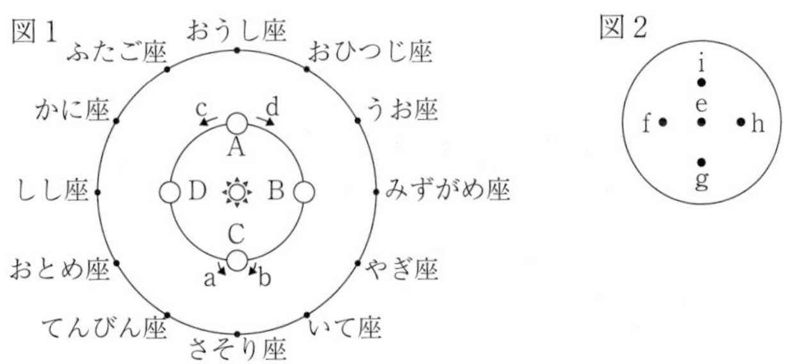

(1)　図1の地球の自転の向きはaかbのどちらか。また，公転の向きはcかdのどちらか。正しい組み合わせを次の(あ)〜(え)から選び，記号で答えなさい。(　　　)

(あ)　自転の向き：a　　公転の向き：c

(い)　自転の向き：a　　公転の向き：d

(う)　自転の向き：b　　公転の向き：c

(え)　自転の向き：b　　公転の向き：d

(2)　図2において，地球の北極点の位置は点e〜iのどれか。記号で答えなさい。(　　　)

(3)　それぞれの季節で，太陽の方向にある星は，一般に観測することができないが，ある条件のときには観測することができる。その条件を答えなさい。

(　　　　　　　　　　　　　　　　　　　　　　　　　　　　　　　　　　)

(4)　真夜中におうし座が南中するときの地球の位置はどこか。最も適当な位置を図1のA〜Dから選び，記号で答えなさい。(　　　)

(5)　地球がDの位置にあるとき，明け方の西の空に見える星座は何か。最も適当なものを次の(あ)〜(え)から選び，記号で答えなさい。(　　　)

(あ)　おうし座　　(い)　しし座　　(う)　さそり座　　(え)　みずがめ座

(6)　いて座が午前4時に南中するのは，地球がCの位置にあった日に対していつ頃か。最も適当なものを，次の(あ)〜(か)から選び，記号で答えなさい。(　　　)

(あ)　3ヶ月前　　(い)　2ヶ月前　　(う)　1ヶ月前　　(え)　1ヶ月後　　(お)　2ヶ月後

(か)　3ヶ月後

5　次の文を読み，問いに答えなさい。　(立命館守山高)

太陽やその他の星の動きを調べるために，天体観測を行いました。ただし，観測1を行った日は，春分，夏至，秋分，冬至のいずれかの日であったものとします。

【観測1】

Ⅰ　北緯35度の地点で水平に置いた透明半球上に太陽の1日の動きを記録しました。図1の曲線BDは観測した日の太陽の位置を9時から12時までの1時間ごとに点P〜S，太陽が最も高い位置になったときに点Tとして透明半球上に•印で記録したものです。曲線BDに沿って点P〜Sの各点の間の長さを測定するとすべて1.5cmで，点Bから点Pまでの長さは4.6cmでした。また，曲線EFは観測した日の2か月後の太陽の1日の動きを記録したものです。

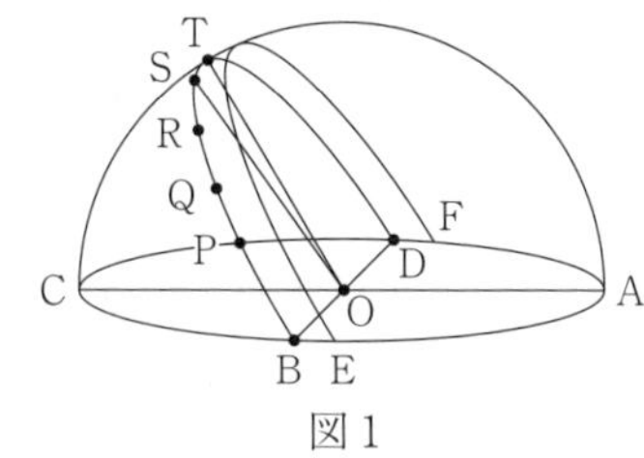

図1

Ⅱ　曲線BDを記録した日と同じ日に，地面に垂直に立てた棒のかげのようすを観察しました。図2のように，9時から15時まで1時間ごとの棒の先端のかげを方眼紙に記録しました。X，Yは9時と15時のいずれかを記録した点であり，a〜dは北，東，南，西のいずれかの方角でした。

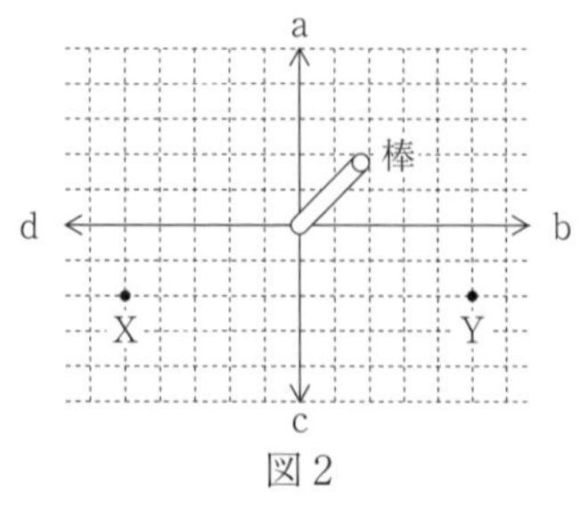

図2

【観測 2】【観測 1】で，曲線 BD の記録を行った日の夜に同じ観測地で，星座の観測をしました。

問 1　【観測 1】の I で，この日の日の出の時刻は何時何分ですか。（　　時　　分）

問 2　【観測 1】の I で，図 1 の∠TOC の角度は何度ですか。（　　　度）

問 3　【観測 1】の I で，太陽の 1 日の動きが，図 1 の曲線 EF で再び表されるのは曲線 BD を記録した日から何か月後ですか。正しいものを，次のア～エから 1 つ選び，記号で答えなさい。

（　　）

ア　3 か月後　　イ　4 か月後　　ウ　5 か月後　　エ　6 か月後

問 4　【観測 1】の I で，曲線 EF を記録した日に，地球上の南緯 35 度の地点で同じ観測を行い，太陽の動きを表す線を，透明半球の東側から西側に向かって外から真横に見たときを表したものとして最も適切なものを，次のア～カから 1 つ選び，記号で答えなさい。（　　）

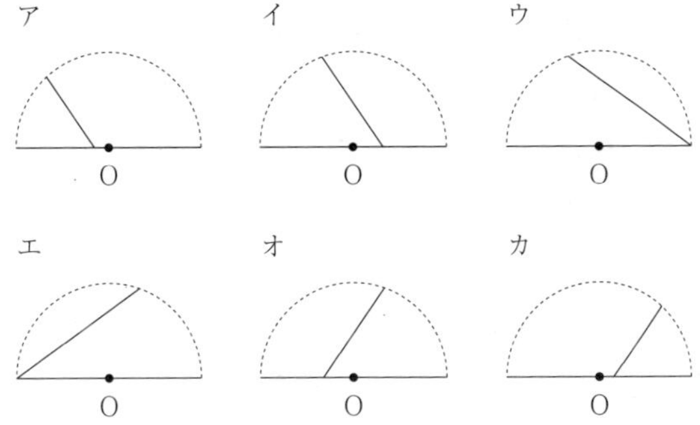

問 5　【観測 1】の II で，a の方角と 9 時の棒の先端のかげを表す点の組み合わせとして最も適切なものを，次のア～エから 1 つ選び，記号を書きなさい。（　　）

ア　a ＝北，9 時＝ X　　イ　a ＝北，9 時＝ Y　　ウ　a ＝南，9 時＝ X

エ　a ＝南，9 時＝ Y

問 6　【観測 1】の II で，9 時から 15 時まで 1 時間ごとの棒の先端のかげを記録した点を結んでできる線をかきなさい。

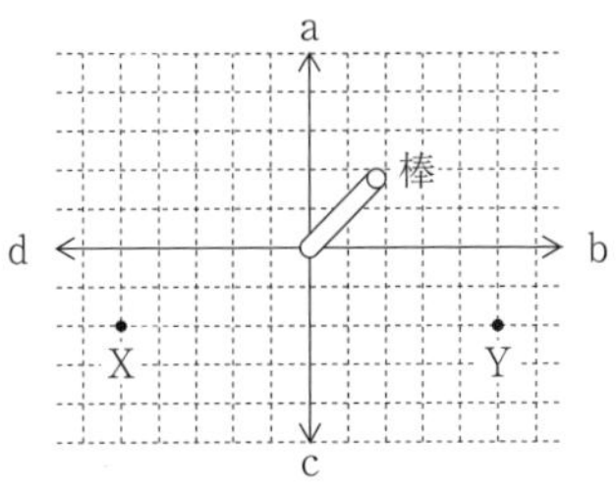

問 7　【観測 1】の I で曲線 EF を記録した日に，【観測 1】の II と同じ観測を行ったときの棒の先端のかげを記録した点を結んでできる線を模式的に表したものとして最も適切なものを，次のア～エから 1 つ選び，記号で答えなさい。（　　）

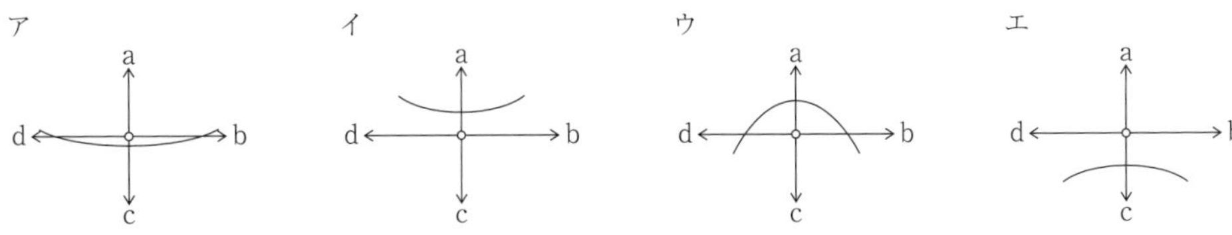

問８　図３は，太陽，地球，星座の位置関係を示しており，地球の位置は，春分，夏至，秋分，冬至のいずれかです。１年の間に，地球から見える星座は図３のように変化し，地球から見た太陽は，星座の中を動いていくように見えます。この星座の中の太陽の通り道を何といいますか。(　　　)

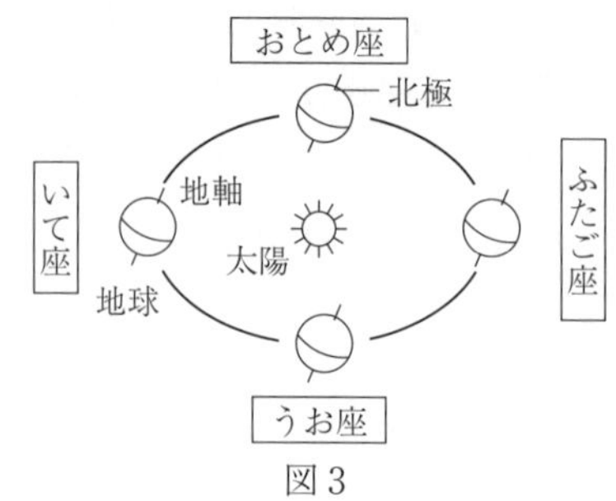

図３

問９　地球から見た太陽の動きについて述べた文として最も適切なものを，次のア～エから１つ選び，記号で答えなさい。(　　　)

ア　地球の公転によって，地球から見た太陽は星座の間を西から東へ１年間で１周する。

イ　地球の公転によって，地球から見た太陽は星座の間を東から西へ１年間で１周する。

ウ　地球の自転によって，地球から見た太陽は星座の間を西から東へ１年間で１周する。

エ　地球の自転によって，地球から見た太陽は星座の間を東から西へ１年間で１周する。

問10　【観測２】を行った日の真夜中に南中する星座は何ですか。図３の星座の中から１つ選び，名称を答えなさい。(　　　座)

問11　【観測２】を行った日から３か月後の真夜中に東の空からのぼる星座は何ですか。図３の星座の中から１つ選び，名称を答えなさい。(　　　座)

§2．太陽系の天体

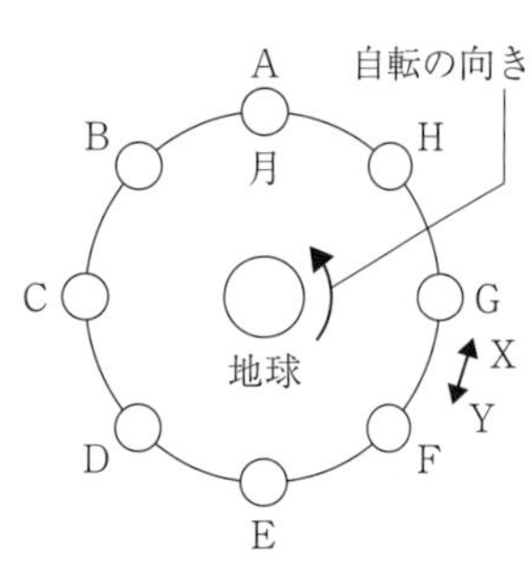

1　右の図のA～Hは，地球の周りをまわる月の位置を模式的に表した図である。このことについて下の問いに答えなさい。

(大阪体育大学浪商高)

(1)　地球から見て次の①，②の月は図中A～Hのどの位置にあるか。記号で答えなさい。

①　新月（　　　）　　②　下弦の月（　　　）

(2)　昨年の11月8日に日本で皆既月食が観察できた。このときの月は図中A～Hのどの位置にあると考えられるか。記号で答えなさい。

（　　　）

(3)　月の公転の向きは図中のX，Yのどちらか。記号で答えなさい。（　　　）

(4)　日本のある地点において日没後すぐに三日月が観察できた。三日月が見えた方角についてあてはまるものを下のア～エより1つ選び，記号で答えなさい。（　　　）

ア．ほぼ南中している　　イ．東の空に見ることができる　　ウ．西の空に見ることができる
エ．北の空に見ることができる

(5)　次の文中の空欄にあてはまる正しい数字および語句を下の選択肢よりそれぞれ選び答えなさい。

①（　　　）②（　　　）

月の南中時刻は1日で約（ ① ）分ずつ（ ② ）なる。

①の選択肢　30　　50　　60　　70　　90

②の選択肢　早く　　遅く

2　次の問に答えなさい。　(京都先端科学大附高)

私たちの暮らす地球は，太陽系に属する。太陽系は（ ア ）である太陽を中心に（ イ ）する惑星の集団である。夜，晴れた空を見上げると多くの星が輝いて見える。これらも多くは太陽と同じ（ ア ）である。パソコンのあるソフトウェアを使い，月の光や街の光の影響を取り除いて表示させると，帯状に密集した（ ア ）の集団が見える。

問1　文中の（ ア ）と惑星について述べた文として正しいものを1つ選び，その番号を答えなさい。（　　　）

①　（ ア ）は自ら光や熱を宇宙空間に放射する。

②　（ ア ）は自転も（ イ ）もしない。

③　惑星は地球上から望遠鏡で観察すると，どの惑星も常に円形に輝いて見える。

④　惑星が衛星を持つことは珍しく，太陽系では地球のみである。

問2　文中の（ イ ）について。

(1)　右の図は，地球の自転と（ イ ）のようすを模式的に表したものです。自転の向きと（ イ ）の向きとして適当な組み合わせを１つ選び，その番号を答えなさい。（　　）

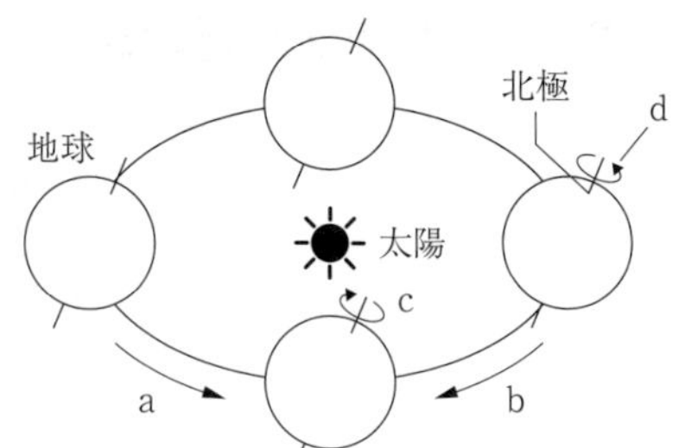

	自転	（ イ ）
①	a	c
②	a	d
③	b	c
④	b	d
⑤	c	a
⑥	c	b
⑦	d	a
⑧	d	b

(2)　地球は，（ イ ）面に垂直な方向に対して，地軸が 23.4° 傾きながら自転しています。もし，地球の地軸が（ イ ）面に対していつも垂直であるとしたら，どのようなことがおこると予想できますか。適当なものを次から１つ選び，その番号を答えなさい。（　　）

①　赤道直下の国で四季が見られる。

②　北極に大陸が形成される。

③　日本では１年を通じて太陽の南中高度は変化しない。

④　日本では１年のうち，太陽の沈まない時期がある。

問３　惑星である地球には月という衛星があります。図は，月が地球の周りを公転しているようすを模式的に表したものです。

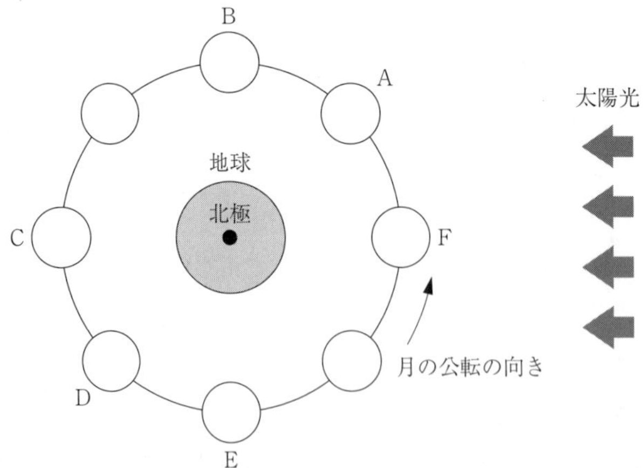

(1)　日本で右の図のように肉眼で夕方に月が観察されたとすると，月の位置は上の図のどこにあると考えられますか。適当なものを１つ選び，その番号を答えなさい。（　　）

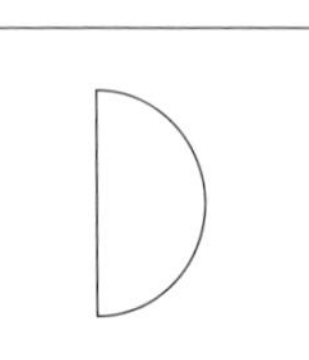

①　A　　②　B　　③　C　　④　D　　⑤　E　　⑥　F

(2) 月食が起こる条件として述べた次の文中の(ウ)~(オ)に当てはまる語句の組み合わせとして適当なものを1つ選び，その番号を答えなさい。(　　　)

月食は，太陽・(ウ)・(エ)がこの順に一直線上に並んだ(オ)の時に起こる。(オ)のたびに月食が起こらないのは，(ウ)の公転軌道と(エ)の公転軌道が少しずれているためである。

	(ウ)	(エ)	(オ)
①	地球	月	新月
②	月	地球	新月
③	地球	月	満月
④	月	地球	満月

(3) 月に映る地球の影は，地球から離れるにしたがって，どんどん小さくなっていきます。そうすると月に映った地球の影の大きさは，地球の本当の大きさより小さいことになります。次の条件下での月の直径を求め，適当なものを1つ選び，その番号を答えなさい。(　　　)

【条件】

・月に映る地球の影の直径は，本当の地球の直径より月の直径1つ分だけ小さい

・月の直径：地球の影の直径＝1：3

・地球の直径＝12700km

① 3200km　② 4000km　③ 6200km　④ 8000km

3 次の文は，和夫さんが「空のようす」について調べ，まとめたものの一部である。後の〔問1〕~〔問7〕に答えなさい。 (和歌山県)

2022年（令和4年）6月24日の午前4時頃に空を見ると，①太陽はまだのぼっておらず，細く光る②月と，その近くにいくつかの明るい星が見えました。

図1は，インターネットで調べた，この時刻の日本の空を模式的に表したものです。このとき，地球を除く太陽系のすべての③惑星と月が空に並んでいました。この日の太陽と地球，④金星の位置関係をさらに詳しく調べると，図2のようになっていたことがわかりました。

惑星という名称は「星座の中を惑う星」が由来であり，毎日同じ時刻，同じ場所で惑星を観測すると，惑星は複雑に動いて見えます。それは，公転周期がそれぞれ異なることで，⑤惑星と地球の位置関係が日々変化しているからです。

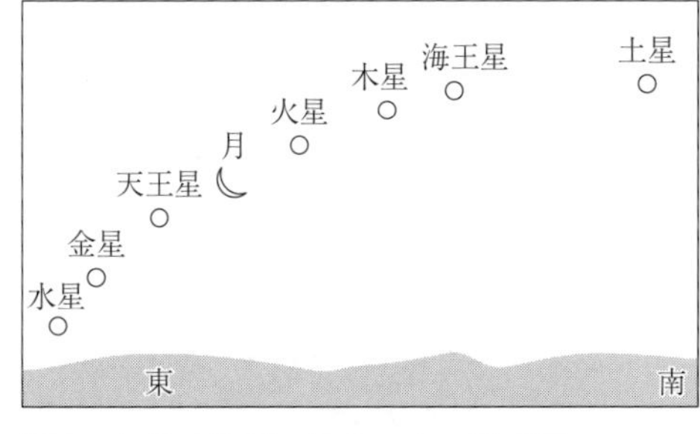

図1　午前4時頃の日本の空の模式図（2022年6月24日）

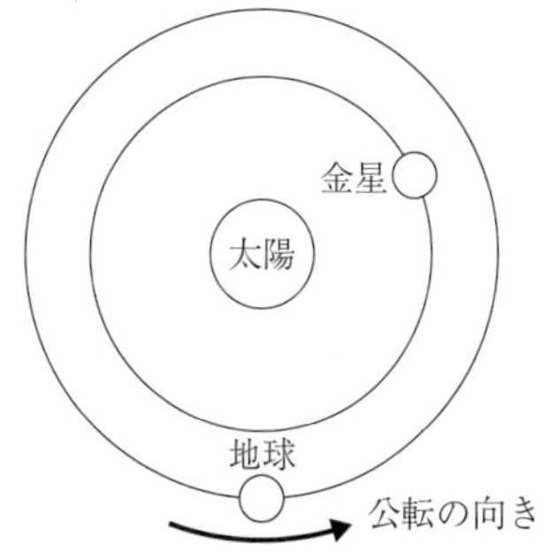

図2　太陽と地球，金星の位置関係（2022年6月24日）

〔問１〕　下線部①について，太陽のように，自ら光や熱を出してかがやいている天体を何というか，書きなさい。(　　　　)

〔問２〕　下線部②について，次の文は，月食について説明したものである。［ X ］にあてはまる適切な内容を書きなさい。ただし，「影」という語を用いること。(　　　　　　　　　　)

月食は，月が［ X ］現象である。

〔問３〕　下線部②について，図１の時刻のあと観測を続けると，月はどの向きに動くか。動く向きを→で表したとき，最も適切なものを，右のア～エの中から１つ選んで，その記号を書きなさい。(　　　　)

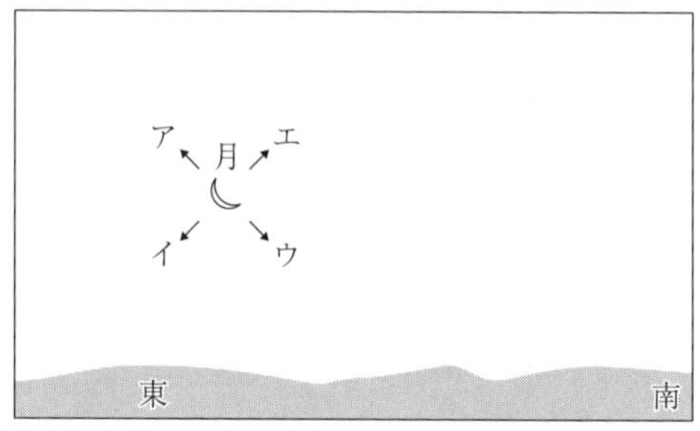

〔問４〕　下線部③について，太陽系の惑星のうち，地球からは明け方か夕方に近い時間帯にしか観測できないものをすべて書きなさい。(　　　　　)

〔問５〕　下線部③について，次の文は，太陽系の惑星を比べたときに，地球に見られる特徴を述べたものである。［ Y ］にあてはまる適切な内容を書きなさい。(　　　　　　　　　　)

地球は，酸素を含む大気におおわれていることや，適度な表面温度によって表面に［ Y ］があることなど，生命が存在できる条件が備わっている。また，活発な地殻変動や火山活動によって，地表は変化し続けている。

〔問６〕　下線部④について，図２の位置関係のときに地球から見える金星の形を表した図として最も適切なものを，次のア～オの中から１つ選んで，その記号を書きなさい。ただし，黒く示した部分は太陽の光があたっていない部分を表している。(　　　　)

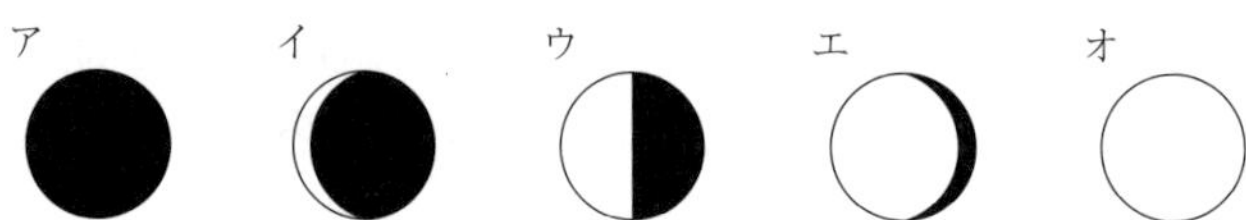

〔問７〕　下線部⑤について，地球から見える惑星が図１のように並んでいることから，図２に火星の位置をかき加えるとどのようになるか。最も適切なものを，次のア～エの中から１つ選んで，その記号を書きなさい。(　　　　)

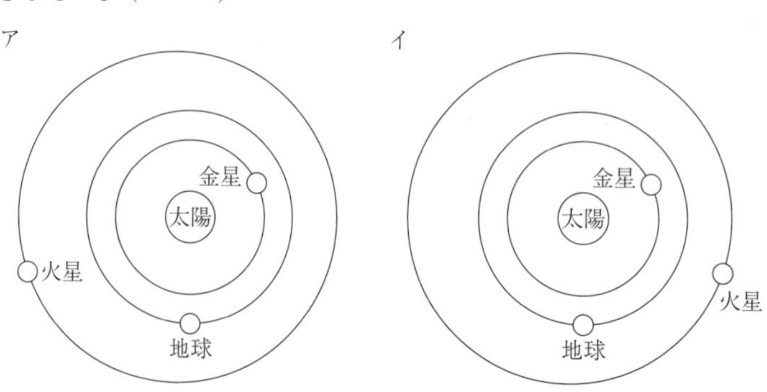

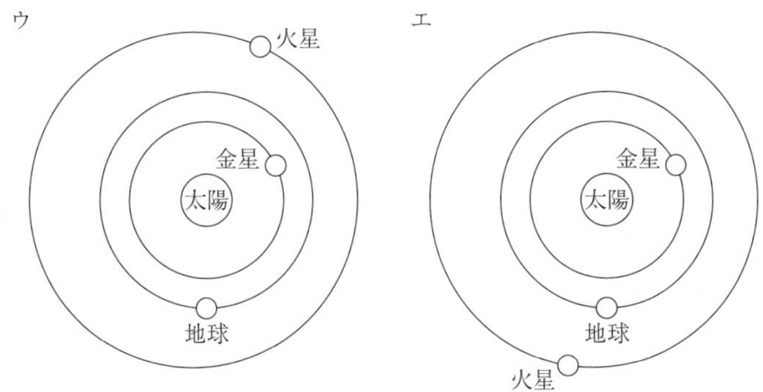

4 太郎さんは月の満ち欠けに興味をもち，滋賀県内のある場所で，3月から4月にかけて，日没後の午後7時の月の位置の変化を調べました。観察をはじめた日は，月は西の空の地平線付近に見えましたが，徐々に南の空に移り，やがて東の空に移っていきました（図1)。【太郎さんの考え】を読んで下の各問いに答えなさい。 （比叡山高）

図1 午後7時における月の位置の変化

7日目
14日目
1日目
東 南 西

【太郎さんの考え】

> 毎日，日没後の午後7時に観察を行うと，月は満月に近づきながら西の空から東の空へ位置を変化させていった。さらに観察を続けると，しばらく観察できない期間が続いたが，約30日で，みかけの位置と形がもとに戻った。このことから月は1日に約（ ① ）°ずつ位置を変化していくように見える。この位置の変化は主に（ ② ）によるもので，年間を通してほとんど変わらない。

問1 文中の①にあてはまる数値を次のア～カから1つ選び，記号で答えなさい。（　　）

ア 1　イ 8　ウ 12　エ 16　オ 20　カ 24

問2 文中の②にあてはまる語句を次のア～エから1つ選び，記号で答えなさい。（　　）

ア 地球の自転　イ 地球の公転　ウ 月の自転　エ 月の公転

太郎さんは，金星の満ち欠けにも興味を持ち，金星について調べることにしました。そこで，滋賀県内のある場所で，金星を観察しました。図2は北極側からみた，この年の5月から7月の太陽のまわりを回る金星と地球の軌道を模式的に描いたものです。また，図3は，7月4日にこの場所で金星を観察した図です。金星の公転周期は約225日，地球の公転周期は約365日として，後の各問いに答えなさい。ただし，太陽―金星―地球の順に並ぶ内合（ないごう）という現象はこの年の6月4日であったとします。

図2　金星と地球の軌道の模式図

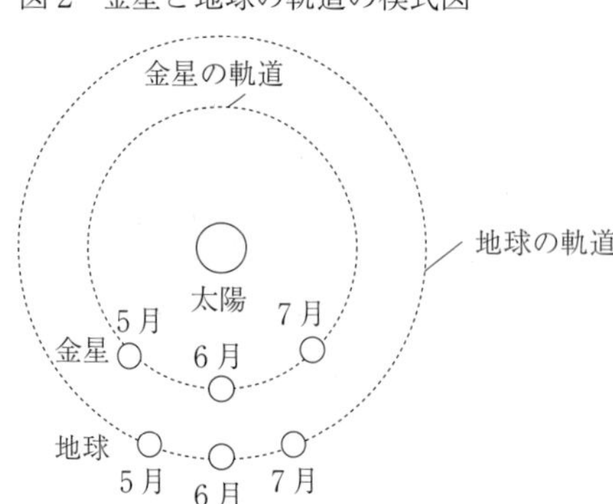

図3　7月4日の金星の動き

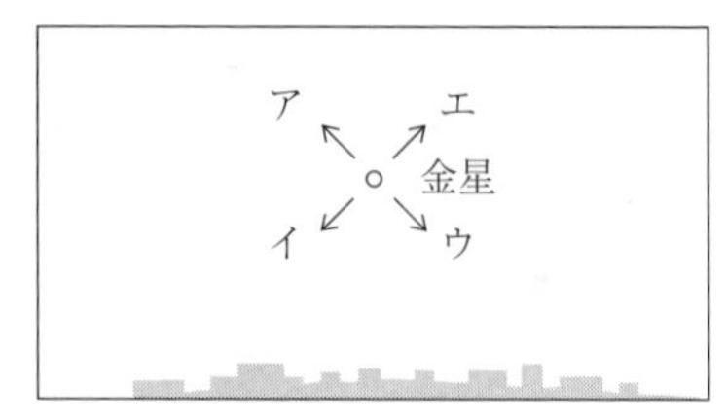

問3　金星や地球のように太陽のまわりを回っている天体を何といいますか。漢字で答えなさい。

(　　　)

問4　この年の5月4日に，この場所で，金星を観察することができました。観察できた時間と方角として最も適当なものを次のア～エから1つ選び，記号で答えなさい。(　　　)

ア　明け方の東の空に見える　　イ　明け方の西の空に見える　　ウ　夕方の東の空に見える

エ　夕方の西の空に見える

問5　太陽―金星―地球の順に並ぶ内合から次の内合まで約何日かかりますか。次のア～クから最も適当なものを1つ選び，記号で答えなさい。(　　　)

ア　約100日　　イ　約200日　　ウ　約300日　　エ　約400日　　オ　約500日

カ　約600日　　キ　約700日　　ク　約800日

問6　図3の金星は，その日に観察し続けると，どの向きに動くように見えますか。図3のア～エから1つ選び，記号で答えなさい。(　　　)

問7　図3のとき，金星のみかけの形で最も適当なものを次のア～キから1つ選び，記号で答えなさい。ただし，次のア～キは天体望遠鏡で観察した金星の見え方を，肉眼で見たときの向きに直したもので，大きさは全て同じ大きさに直して示しています。(　　　)

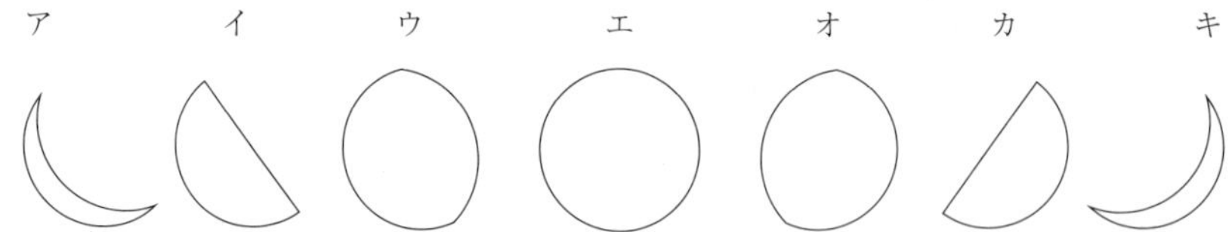

問8　月とは違い，金星を真夜中に観察することはできません。その理由を簡潔に答えなさい。

(　　　　　　　　　　　　　　　　　　　　　　　　)

5　帝塚山高等学校理科部天文班は，毎日太陽の黒点観測を行っています。天文班の太郎さんと花子さんは昼休み，学校の屋上に上がり，天体望遠鏡，しゃ光板，投影板を用いて，以下の手順で黒点の観測を行いました。なお，記録用紙には太陽の像が移動した方向を西として方位を記入しています。

(帝塚山高)

1　天体望遠鏡を南向きに設置し，しゃ光板，投影板を取り付けた。投影板には直径10cmの円を描いた記録用紙を固定した(図1)。

2 ①天体望遠鏡を太陽に向けたところ，図2のように太陽の像が記録用紙の円よりも小さく投影された。

3 ②図1の天体望遠鏡の向き，投影板と接眼レンズとの距離を調整して，太陽の像を記録用紙の円の大きさに合わせ，ピントを合わせた。そして，黒点の位置と形を素早く記録用紙に記入した(図3)。

4 しばらくすると，図4のように③太陽の像が記録用紙の円からずれた。

5 毎日同じ場所，同じ時刻に太陽を観測すると，黒点の位置は図5のように変化した。

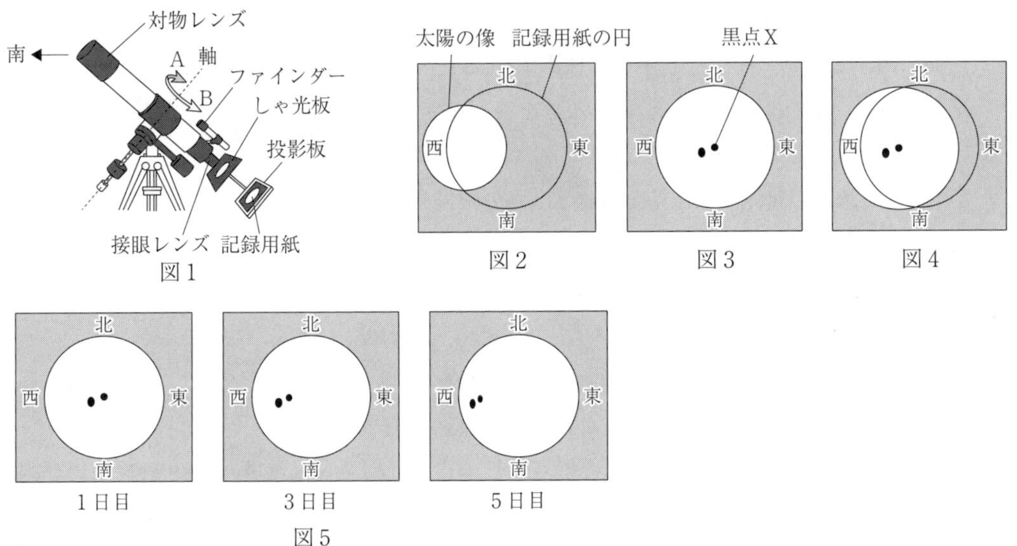

図1 図2 図3 図4

図5

問1 太陽について述べた文章として，誤っているものをすべて選びなさい。

(ア イ ウ エ オ)

ア 太陽の表面にある黒点は，その周りより温度が低い場所である。

イ 地球から太陽までの距離は約38万kmである。

ウ 太陽は，水素やヘリウムなどのガスからなる巨大なガスのかたまりである。

エ 太陽の質量は，地球の質量よりも小さい。

オ 太陽は恒星である。

問2 下線部①の操作として，最も適当なものを選びなさい。(ア イ ウ エ)

ア 接眼レンズをのぞきながら，天体望遠鏡を太陽の方へ向ける。

イ ファインダーをのぞきながら，天体望遠鏡を太陽の方へ向ける。

ウ 肉眼で直接太陽の方向を見ながら，天体望遠鏡を太陽の方へ向ける。

エ 天体望遠鏡の影を見ながら，天体望遠鏡を太陽の方へ向ける。

問3 下線部②の操作として，最も適当なものを選びなさい。(ア イ ウ エ)

ア 天体望遠鏡をAの向きに回転させて，投影板を接眼レンズから離す。

イ 天体望遠鏡をAの向きに回転させて，投影板を接眼レンズに近づける。

ウ 天体望遠鏡をBの向きに回転させて，投影板を接眼レンズから離す。

エ 天体望遠鏡をBの向きに回転させて，投影板を接眼レンズに近づける。

問4　下線部③の理由として，最も適当なものを選びなさい。(　ア　イ　ウ　エ　)

ア　太陽が自転しているため。　　イ　太陽が公転しているため。

ウ　地球が自転しているため。　　エ　地球が公転しているため。

問5　図3で見えた黒点Xは太陽の像のほぼ中央で，直径が2mmの円形でした。太陽の直径が地球の直径の109倍とすると，この黒点の直径は地球の直径の何倍ですか。答えは**四捨五入して整数**で答えなさい。(　　　倍)

問6　図3で見えた黒点は，28日後に再び図3と同じ位置にきました。以下は，太郎さんと花子さんの太陽の自転に関する会話です。会話中の空欄あに入る記号を選びなさい。また，空欄い～えに入る数を答えなさい。答えは**四捨五入して整数**で答えなさい。なお，図6は図3のときの地球の北極側から見た地球と太陽の位置を模式的に示したもので，図7は図3から28日後の地球の北極側から見た地球と太陽の位置を模式的に示したものです。

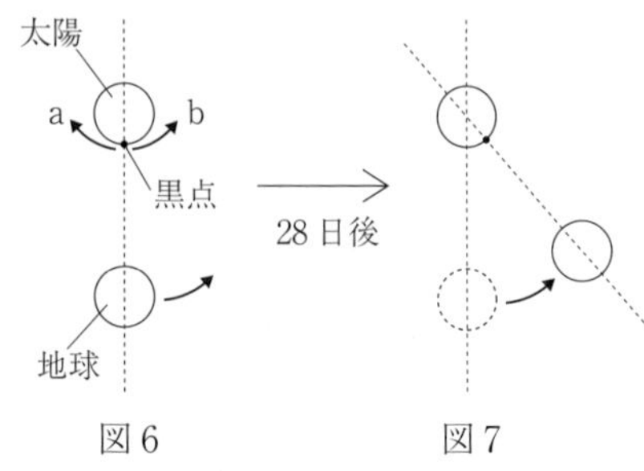

図6　　図7

あ(　ア　イ　)　い(　　　)　う(　　　)　え(　　　)

太郎さん「この前，太陽の自転についてインターネットで調べたんだけど，太陽の自転周期は緯度によって違っていて，25～30日なんだって。」

花子さん「それじゃ，今回観測した黒点付近の自転周期を考えた場合，28日後に再び同じ位置に見えたってことは，この黒点がある緯度付近での太陽の自転周期は28日だね。」

太郎さん「違うよ。28日後に黒点が同じ位置に見えたからといって，この間に太陽が360度自転したとは限らないよ。まず，黒点の観測結果と太陽の自転周期が25～30日というのを考えると，太陽の自転の方向は図6の$_{あ}$(ア　a　　イ　b)だよね。地球は図6から28日後には（　い　）度公転しているよね（図7)。この日に，前回と同じ場所，同じ時刻に黒点が観測できたので，28日間で太陽は（　う　）度自転したことになる。だから，この黒点がある緯度付近での太陽の自転周期を求めると（　え　）日だね。」

花子さん「なるほどね。それじゃ，これまで天文班で行った観測結果から，太陽の他の緯度の自転周期を求めてみよう！」

A book for You 赤本バックナンバーのご案内

赤本バックナンバーを1年単位で印刷製本しお届けします!

弊社発行の「**高校別入試対策シリーズ(赤本)**」の収録から外れた古い年度の過去問を1年単位でご購入いただくことができます。

「**赤本バックナンバー**」はamazon(アマゾン)の***プリント・オン・デマンドサービス**によりご提供いたします。

定評のあるくわしい解答解説はもちろん赤本そのまま,解答用紙も付けてあります。

志望校の受験対策をさらに万全なものにするために,「**赤本バックナンバー**」をぜひご活用ください。

⚠*プリント・オン・デマンドサービスとは,ご注文に応じて1冊から印刷製本し,お客様にお届けするサービスです。

ご購入の流れ

① 英俊社のウェブサイト https://book.eisyun.jp/ にアクセス

② トップページの「高校受験」 赤本バックナンバー をクリック

③ ご希望の学校・年度をクリックすると,amazon(アマゾン)のウェブサイトの該当書籍のページにジャンプ

④ amazon(アマゾン)のウェブサイトでご購入

⚠ 納期や配送,お支払い等,購入に関するお問い合わせは,amazon(アマゾン)のウェブサイトにてご確認ください。

⚠ 書籍の内容についてのお問い合わせは英俊社(06-7712-4373)まで。

国私立高校・高専 バックナンバー

⚠ 表中の×印の学校・年度は,著作権上の事情等により発刊いたしません。あしからずご了承ください。

(アイウエオ順)

※価格はすべて税込表示

学校名	2019年実施問題	2018年実施問題	2017年実施問題	2016年実施問題	2015年実施問題	2014年実施問題	2013年実施問題	2012年実施問題	2011年実施問題	2010年実施問題	2009年実施問題	2008年実施問題	2007年実施問題	2006年実施問題	2005年実施問題	2004年実施問題	2003年実施問題
大阪教育大附高池田校舎	1,540円 66頁	1,430円 60頁	1,430円 62頁	1,430円 60頁	1,430円 60頁	1,430円 58頁	1,430円 58頁	1,430円 60頁	1,430円 58頁	1,430円 56頁	1,430円 54頁	1,320円 50頁	1,320円 52頁	1,320円 52頁	1,320円 48頁	1,320円 48頁	
大阪星光学院高	1,320円 48頁	1,320円 44頁	1,210円 42頁	1,210円 34頁	×	1,210円 36頁	1,210円 30頁	1,210円 32頁	1,650円 88頁	1,650円 84頁	1,650円 84頁	1,650円 80頁	1,650円 86頁	1,650円 80頁	1,650円 82頁	1,320円 52頁	1,430円 54頁
大阪桐蔭高	1,540円 74頁	1,540円 66頁	1,540円 68頁	1,540円 66頁	1,540円 66頁	1,430円 64頁	1,540円 68頁	1,430円 62頁	1,430円 62頁	1,540円 68頁	1,430円 62頁	1,430円 62頁	1,430円 60頁	1,430円 62頁	1,430円 58頁		
関西大学高	1,430円 56頁	1,430円 56頁	1,430円 58頁	1,430円 54頁	1,320円 52頁	1,320円 52頁	1,430円 54頁	1,320円 50頁	1,320円 52頁	1,320円 50頁							
関西大学第一高	1,540円 66頁	1,430円 64頁	1,430円 64頁	1,430円 56頁	1,430円 62頁	1,430円 54頁	1,320円 48頁	1,430円 56頁	1,430円 56頁	1,430円 56頁	1,430円 56頁	1,320円 52頁	1,320円 52頁	1,320円 50頁	1,320円 46頁	1,320円 52頁	
関西大学北陽高	1,540円 68頁	1,540円 72頁	1,540円 70頁	1,430円 64頁	1,430円 62頁	1,430円 60頁	1,430円 60頁	1,430円 58頁	1,430円 58頁	1,430円 58頁	1,430円 56頁	1,430円 54頁					
関西学院高	1,210円 36頁	1,210円 36頁	1,210円 34頁	1,210円 34頁	1,210円 32頁	1,210円 32頁	1,210円 32頁	1,210円 32頁	1,210円 28頁	1,210円 30頁	1,210円 28頁	1,210円 30頁	×	1,210円 30頁	1,210円 28頁	×	1,210円 26頁
京都女子高	1,540円 66頁	1,430円 62頁	1,430円 60頁	1,430円 60頁	1,430円 60頁	1,430円 54頁	1,430円 56頁	1,430円 56頁	1,430円 56頁	1,430円 56頁	1,430円 56頁	1,430円 54頁	1,430円 54頁	1,320円 50頁	1,320円 50頁	1,320円 48頁	
近畿大学附属高	1,540円 72頁	1,540円 68頁	1,540円 68頁	1,540円 66頁	1,430円 64頁	1,430円 62頁	1,430円 58頁	1,430円 60頁	1,430円 58頁	1,430円 60頁	1,430円 54頁	1,430円 58頁	1,430円 56頁	1,430円 54頁	1,430円 56頁	1,320円 52頁	
久留米大学附設高	1,430円 64頁	1,430円 62頁	1,430円 58頁	1,430円 60頁	1,430円 58頁	1,430円 58頁	1,430円 58頁	1,430円 58頁	1,430円 56頁	1,430円 58頁	1,430円 54頁	×	1,430円 54頁	1,430円 54頁			
四天王寺高	1,540円 74頁	1,430円 62頁	1,430円 64頁	1,540円 66頁	1,210円 40頁	1,210円 40頁	1,430円 64頁	1,430円 64頁	1,430円 58頁	1,430円 62頁	1,430円 60頁	1,430円 60頁	1,430円 64頁	1,430円 58頁	1,430円 62頁	1,430円 58頁	
須磨学園高	1,210円 40頁	1,210円 40頁	1,210円 36頁	1,210円 42頁	1,210円 40頁	1,210円 40頁	1,210円 38頁	1,210円 38頁	1,320円 44頁	1,320円 48頁	1,320円 46頁	1,320円 48頁	1,320円 46頁	1,320円 44頁	1,210円 42頁		
清教学園高	1,540円 66頁	1,540円 66頁	1,430円 64頁	1,430円 56頁	1,320円 52頁	1,320円 50頁	1,320円 52頁	1,320円 48頁	1,320円 52頁	1,320円 50頁	1,320円 50頁	1,320円 46頁					
西南学院高	1,870円 102頁	1,760円 98頁	1,650円 82頁	1,980円 116頁	1,980円 112頁	1,980円 112頁	1,870円 110頁	1,870円 112頁	1,870円 106頁	1,540円 76頁	1,540円 76頁	1,540円 72頁	1,540円 72頁	1,540円 70頁			
清風高	1,430円 58頁	1,430円 54頁	1,430円 60頁	1,430円 60頁	1,430円 60頁	1,430円 60頁	1,430円 60頁	1,430円 60頁	1,430円 56頁	1,430円 58頁	×	1,430円 56頁	1,430円 58頁	1,430円 54頁	1,430円 54頁		

※価格はすべて税込表示

学校名	2019年 実施問題	2018年 実施問題	2017年 実施問題	2016年 実施問題	2015年 実施問題	2014年 実施問題	2013年 実施問題	2012年 実施問題	2011年 実施問題	2010年 実施問題	2009年 実施問題	2008年 実施問題	2007年 実施問題	2006年 実施問題	2005年 実施問題	2004年 実施問題	2003年 実施問題
清風南海高	1,430円 64頁	1,430円 64頁	1,430円 62頁	1,430円 60頁	1,430円 60頁	1,430円 58頁	1,430円 58頁	1,430円 60頁	1,430円 56頁	1,430円 56頁	1,430円 56頁	1,430円 56頁	1,430円 58頁	1,430円 58頁	1,320円 52頁	1,430円 54頁	
智辯学園和歌山高	1,320円 44頁	1,210円 42頁	1,210円 40頁	1,210円 40頁	1,210円 38頁	1,210円 38頁	1,210円 40頁	1,210円 38頁	1,210円 38頁	1,210円 40頁	1,210円 40頁	1,210円 38頁	1,210円 38頁	1,210円 38頁	1,210円 38頁	1,210円 38頁	
同志社高	1,430円 56頁	1,430円 56頁	1,430円 54頁	1,430円 54頁	1,430円 56頁	1,430円 54頁	1,320円 52頁	1,320円 52頁	1,320円 50頁	1,320円 48頁	1,320円 50頁	1,320円 50頁	1,320円 46頁	1,320円 48頁	1,320円 44頁	1,320円 48頁	1,320円 46頁
灘高	1,320円 52頁	1,320円 46頁	1,320円 48頁	1,320円 46頁	1,320円 46頁	1,320円 48頁	1,210円 42頁	1,320円 44頁	1,320円 50頁	1,320円 48頁	1,320円 46頁	1,320円 48頁	1,320円 48頁	1,320円 46頁	1,320円 44頁	1,320円 46頁	1,320円 46頁
西大和学園高	1,760円 98頁	1,760円 96頁	1,760円 90頁	1,540円 68頁	1,540円 66頁	1,430円 62頁	1,430円 62頁	1,430円 62頁	1,430円 64頁	1,430円 64頁	1,430円 62頁	1,430円 64頁	1,430円 64頁	1,430円 62頁	1,430円 60頁	1,430円 56頁	1,430円 58頁
福岡大学附属大濠高	2,310円 152頁	2,310円 148頁	2,200円 142頁	2,200円 144頁	2,090円 134頁	2,090円 132頁	2,090円 128頁	1,760円 96頁	1,760円 94頁	1,650円 88頁	1,650円 84頁	1,760円 88頁	1,760円 90頁	1,760円 92頁			
明星高	1,540円 76頁	1,540円 74頁	1,540円 68頁	1,430円 62頁	1,430円 62頁	1,430円 64頁	1,430円 64頁	1,430円 60頁	1,430円 58頁	1,430円 56頁	1,430円 56頁	1,430円 54頁	1,430円 54頁	1,430円 54頁	1,320円 52頁	1,320円 52頁	
桃山学院高	1,430円 64頁	1,430円 64頁	1,430円 62頁	1,430円 60頁	1,430円 58頁	1,430円 54頁	1,430円 56頁	1,430円 54頁	1,430円 58頁	1,430円 58頁	1,430円 56頁	1,320円 52頁	1,320円 52頁	1,320円 48頁	1,320円 46頁	1,320円 50頁	1,320円 50頁
洛南高	1,540円 66頁	1,430円 64頁	1,540円 66頁	1,540円 66頁	1,430円 62頁	1,430円 64頁	1,430円 62頁	1,430円 62頁	1,430円 62頁	1,430円 60頁	1,430円 58頁	1,430円 64頁	1,430円 60頁	1,430円 62頁	1,430円 58頁	1,430円 58頁	1,430円 60頁
ラ・サール高	1,540円 70頁	1,540円 66頁	1,430円 60頁	1,430円 62頁	1,430円 60頁	1,430円 58頁	1,430円 60頁	1,430円 60頁	1,430円 58頁	1,430円 54頁	1,430円 60頁	1,430円 54頁	1,430円 56頁	1,320円 50頁			
立命館高	1,760円 96頁	1,760円 94頁	1,870円 100頁	1,760円 96頁	1,870円 104頁	1,870円 102頁	1,870円 100頁	1,760円 92頁	1,650円 88頁	1,760円 94頁	1,650円 88頁	1,650円 86頁	1,320円 48頁	1,650円 80頁	1,430円 54頁		
立命館宇治高	1,430円 62頁	1,430円 60頁	1,430円 58頁	1,430円 58頁	1,430円 56頁	1,430円 54頁	1,430円 54頁	1,320円 52頁	1,320円 52頁	1,430円 54頁	1,430円 56頁	1,320円 52頁					
国立高専	1,650円 78頁	1,540円 74頁	1,540円 66頁	1,430円 64頁	1,430円 62頁	1,430円 62頁	1,430円 62頁	1,540円 68頁	1,540円 70頁	1,430円 64頁	1,430円 62頁	1,430円 62頁	1,430円 60頁	1,430円 58頁	1,430円 60頁	1,430円 56頁	1,430円 60頁

公立高校 バックナンバー

※価格はすべて税込表示

府県名·学校名	2019年 実施問題	2018年 実施問題	2017年 実施問題	2016年 実施問題	2015年 実施問題	2014年 実施問題	2013年 実施問題	2012年 実施問題	2011年 実施問題	2010年 実施問題	2009年 実施問題	2008年 実施問題	2007年 実施問題	2006年 実施問題	2005年 実施問題	2004年 実施問題	2003年 実施問題
岐阜県公立高	990円 64頁	990円 60頁	990円 60頁	990円 60頁	990円 58頁	990円 56頁	990円 58頁	990円 52頁	990円 54頁	990円 52頁	990円 52頁	990円 48頁	990円 50頁	990円 52頁			
静岡県公立高	990円 62頁	990円 58頁	990円 58頁	990円 60頁	990円 60頁	990円 56頁	990円 58頁	990円 58頁	990円 56頁	990円 54頁	990円 52頁	990円 54頁	990円 52頁	990円 52頁			
愛知県公立高	990円 126頁	990円 120頁	990円 114頁	990円 114頁	990円 114頁	990円 110頁	990円 112頁	990円 108頁	990円 108頁	990円 110頁	990円 102頁	990円 102頁	990円 102頁	990円 100頁	990円 100頁	990円 96頁	990円 96頁
三重県公立高	990円 72頁	990円 66頁	990円 66頁	990円 64頁	990円 66頁	990円 64頁	990円 66頁	990円 64頁	990円 62頁	990円 62頁	990円 58頁	990円 58頁	990円 52頁	990円 54頁			
滋賀県公立高	990円 66頁	990円 62頁	990円 60頁	990円 62頁	990円 62頁	990円 46頁	990円 48頁	990円 46頁	990円 48頁	990円 44頁	990円 44頁	990円 44頁	990円 46頁	990円 44頁	990円 44頁	990円 40頁	990円 42頁
京都府公立高(中期)	990円 60頁	990円 56頁	990円 54頁	990円 54頁	990円 56頁	990円 54頁	990円 56頁	990円 54頁	990円 56頁	990円 54頁	990円 52頁	990円 50頁	990円 50頁	990円 50頁	990円 46頁	990円 46頁	990円 48頁
京都府公立高(前期)	990円 40頁	990円 38頁	990円 40頁	990円 38頁	990円 38頁	990円 36頁											
京都市立堀川高 探究学科群	1,430円 64頁	1,540円 68頁	1,430円 60頁	1,430円 62頁	1,430円 64頁	1,430円 60頁	1,430円 60頁	1,430円 58頁	1,430円 58頁	1,430円 64頁	1,430円 54頁	1,320円 48頁	1,210円 42頁	1,210円 38頁	1,210円 36頁	1,210円 40頁	
京都市立西京高 エンタープライジング科	1,650円 82頁	1,540円 76頁	1,650円 80頁	1,540円 72頁	1,540円 72頁	1,540円 70頁	1,320円 46頁	1,320円 50頁	1,320円 46頁	1,320円 44頁	1,210円 42頁	1,210円 42頁	1,210円 38頁	1,210円 38頁	1,210円 40頁	1,210円 34頁	
京都府立嵯峨野高 京都こすもす科	1,540円 68頁	1,540円 66頁	1,540円 68頁	1,430円 64頁	1,430円 64頁	1,430円 62頁	1,210円 42頁	1,210円 42頁	1,320円 46頁	1,320円 44頁	1,210円 42頁	1,210円 40頁	1,210円 40頁	1,210円 36頁	1,210円 36頁	1,210円 34頁	
京都府立桃山高 自然科学科	1,320円 46頁	1,320円 46頁	1,210円 42頁	1,320円 44頁	1,320円 46頁	1,320円 44頁	1,210円 42頁	1,210円 38頁	1,210円 42頁	1,210円 40頁	1,210円 40頁	1,210円 38頁	1,210円 34頁	1,210円 34頁			

※価格はすべて税込表示

府県名・学校名	2019年 実施問題	2018年 実施問題	2017年 実施問題	2016年 実施問題	2015年 実施問題	2014年 実施問題	2013年 実施問題	2012年 実施問題	2011年 実施問題	2010年 実施問題	2009年 実施問題	2008年 実施問題	2007年 実施問題	2006年 実施問題	2005年 実施問題	2004年 実施問題	2003年 実施問題
大阪府公立高(一般)	990円 148頁	990円 140頁	990円 140頁	990円 122頁													
大阪府公立高(特別)	990円 78頁	990円 78頁	990円 74頁	990円 72頁													
大阪府公立高(前期)					990円 70頁	990円 68頁	990円 66頁	990円 72頁	990円 70頁	990円 60頁	990円 58頁	990円 56頁	990円 56頁	990円 54頁	990円 52頁	990円 52頁	990円 48頁
大阪府公立高(後期)					990円 82頁	990円 76頁	990円 72頁	990円 64頁	990円 64頁	990円 64頁	990円 62頁	990円 62頁	990円 62頁	990円 58頁	990円 56頁	990円 58頁	990円 56頁
兵庫県公立高	990円 74頁	990円 78頁	990円 74頁	990円 74頁	990円 74頁	990円 68頁	990円 66頁	990円 64頁	990円 60頁	990円 56頁	990円 58頁	990円 56頁	990円 58頁	990円 56頁	990円 56頁	990円 54頁	990円 52頁
奈良県公立高(一般)	990円 62頁	990円 50頁	990円 50頁	990円 52頁	990円 50頁	990円 52頁	990円 50頁	990円 48頁	990円 48頁	990円 48頁	990円 48頁	990円 48頁	×	990円 44頁	990円 46頁	990円 42頁	990円 44頁
奈良県公立高(特色)	990円 30頁	990円 38頁	990円 44頁	990円 46頁	990円 46頁	990円 44頁	990円 40頁	990円 40頁	990円 32頁	990円 32頁	990円 32頁	990円 32頁	990円 28頁	990円 28頁			
和歌山県公立高	990円 76頁	990円 70頁	990円 68頁	990円 64頁	990円 66頁	990円 64頁	990円 64頁	990円 62頁	990円 66頁	990円 62頁	990円 60頁	990円 60頁	990円 58頁	990円 56頁	990円 56頁	990円 56頁	990円 52頁
岡山県公立高(一般)	990円 66頁	990円 60頁	990円 58頁	990円 56頁	990円 58頁	990円 56頁	990円 58頁	990円 60頁	990円 56頁	990円 56頁	990円 52頁	990円 52頁	990円 50頁				
岡山県公立高(特別)	990円 38頁	990円 36頁	990円 34頁	990円 34頁	990円 34頁	990円 32頁											
広島県公立高	990円 68頁	990円 70頁	990円 74頁	990円 68頁	990円 60頁	990円 58頁	990円 54頁	990円 46頁	990円 48頁	990円 46頁	990円 46頁	990円 46頁	990円 44頁	990円 46頁	990円 44頁	990円 44頁	990円 44頁
山口県公立高	990円 86頁	990円 80頁	990円 82頁	990円 84頁	990円 76頁	990円 78頁	990円 76頁	990円 64頁	990円 62頁	990円 58頁	990円 58頁	990円 60頁	990円 56頁				
徳島県公立高	990円 88頁	990円 78頁	990円 86頁	990円 74頁	990円 76頁	990円 80頁	990円 64頁	990円 62頁	990円 60頁	990円 58頁	990円 60頁	990円 54頁	990円 52頁				
香川県公立高	990円 76頁	990円 74頁	990円 72頁	990円 74頁	990円 72頁	990円 68頁	990円 68頁	990円 66頁	990円 66頁	990円 62頁	990円 62頁	990円 60頁	990円 62頁				
愛媛県公立高	990円 72頁	990円 68頁	990円 66頁	990円 64頁	990円 68頁	990円 64頁	990円 62頁	990円 60頁	990円 62頁	990円 56頁	990円 58頁	990円 56頁	990円 54頁				
福岡県公立高	990円 66頁	990円 68頁	990円 68頁	990円 66頁	990円 60頁	990円 56頁	990円 56頁	990円 54頁	990円 56頁	990円 58頁	990円 52頁	990円 54頁	990円 52頁	990円 48頁			
長崎県公立高	990円 90頁	990円 86頁	990円 84頁	990円 84頁	990円 82頁	990円 80頁	990円 80頁	990円 82頁	990円 80頁	990円 80頁	990円 80頁	990円 78頁	990円 76頁				
熊本県公立高	990円 98頁	990円 92頁	990円 92頁	990円 92頁	990円 94頁	990円 74頁	990円 72頁	990円 70頁	990円 70頁	990円 68頁	990円 68頁	990円 64頁	990円 68頁				
大分県公立高	990円 84頁	990円 78頁	990円 80頁	990円 76頁	990円 80頁	990円 66頁	990円 62頁	990円 62頁	990円 62頁	990円 58頁	990円 58頁	990円 56頁	990円 58頁				
鹿児島県公立高	990円 66頁	990円 62頁	990円 60頁	990円 60頁	990円 60頁	990円 60頁	990円 60頁	990円 60頁	990円 60頁	990円 58頁	990円 58頁	990円 54頁	990円 58頁				

英語リスニング音声データのご案内

英語リスニング問題の音声データについて

赤本収録年度の音声データ　弊社発行の**「高校別入試対策シリーズ（赤本）」に収録している年度**の音声データは,以下の一覧の学校分を提供しています。希望の音声データをダウンロードし，赤本に掲載されている問題に取り組んでください。

赤本収録年度より古い年度の音声データ　**「高校別入試対策シリーズ（赤本）」に収録している年度よりも古い年度**の音声データは,6ページの国私立高と公立高を提供しています。赤本バックナンバー（1～3ページに掲載）と音声データの両方をご購入いただき，問題に取り組んでください。

ご購入の流れ

① 英俊社のウェブサイト https://book.eisyun.jp/ にアクセス

② トップページの「高校受験」 リスニング音声データ をクリック

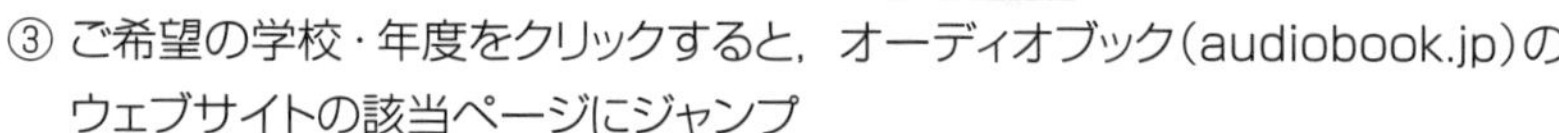

③ ご希望の学校・年度をクリックすると，オーディオブック（audiobook.jp）のウェブサイトの該当ページにジャンプ

④ オーディオブック（audiobook.jp）のウェブサイトでご購入。※初回のみ会員登録（無料）が必要です。

⚠ ダウンロード方法やお支払い等,購入に関するお問い合わせは,オーディオブック（audiobook.jp）のウェブサイトにてご確認ください。

音声データを入手できる学校と年度

赤本収録年度の音声データ

ご希望の年度を1年分ずつ,もしくは赤本に収録している年度をすべてまとめてセットでご購入いただくことができます。セットでご購入いただくと,1年分の単価がお得になります。

⚠ ×印の年度は音声データをご提供しておりません。あしからずご了承ください。

国私立高（アイウエオ順）

※価格は税込表示

学校名	税込価格				
	2020年	2021年	2022年	2023年	2024年
アサンプション国際高	¥550	¥550	¥550	¥550	¥550
5か年セット	¥2,200				
育英西高	¥550	¥550	¥550	¥550	¥550
5か年セット	¥2,200				
大阪教育大附高池田校	¥550	¥550	¥550	¥550	¥550
5か年セット	¥2,200				
大阪薫英女学院高	¥550	¥550	¥550	¥550	×
4か年セット	¥1,760				
大阪国際高	¥550	¥550	¥550	¥550	¥550
5か年セット	¥2,200				
大阪信愛学院高	¥550	¥550	¥550	¥550	¥550
5か年セット	¥2,200				
大阪星光学院高	¥550	¥550	¥550	¥550	¥550
5か年セット	¥2,200				
大阪桐蔭高	¥550	¥550	¥550	¥550	¥550
5か年セット	¥2,200				
大谷高	×	×	×	¥550	¥550
2か年セット	¥880				
関西創価高	¥550	¥550	¥550	¥550	¥550
5か年セット	¥2,200				
京都先端科学大附高(特進・進学)	¥550	¥550	¥550	¥550	¥550
5か年セット	¥2,200				

※価格は税込表示

学校名	税込価格				
	2020年	2021年	2022年	2023年	2024年
京都先端科学大附高(国際)	¥550	¥550	¥550	¥550	¥550
5か年セット	¥2,200				
京都橘高	¥550	×	¥550	¥550	¥550
4か年セット	¥1,760				
京都両洋高	¥550	¥550	¥550	¥550	¥550
5か年セット	¥2,200				
久留米大附設高	×	¥550	¥550	¥550	¥550
4か年セット	¥1,760				
神戸星城高	¥550	¥550	¥550	¥550	¥550
5か年セット	¥2,200				
神戸山手グローバル高	×	×	×	¥550	¥550
2か年セット	¥880				
神戸龍谷高	¥550	¥550	¥550	¥550	¥550
5か年セット	¥2,200				
香里ヌヴェール学院高	¥550	¥550	¥550	¥550	¥550
5か年セット	¥2,200				
三田学園高	¥550	¥550	¥550	¥550	¥550
5か年セット	¥2,200				
滋賀学園高	¥550	¥550	¥550	¥550	¥550
5か年セット	¥2,200				
滋賀短期大学附高	¥550	¥550	¥550	¥550	¥550
5か年セット	¥2,200				

国私立高（アイウエオ順）

※価格は税込表示

学校名	税込価格				
	2020年	2021年	2022年	2023年	2024年
樟蔭高	¥550	¥550	¥550	¥550	¥550
5か年セット	¥2,200				
常翔学園高	¥550	¥550	¥550	¥550	¥550
5か年セット	¥2,200				
清教学園高	¥550	¥550	¥550	¥550	¥550
5か年セット	¥2,200				
西南学院高（専願）	¥550	¥550	¥550	¥550	¥550
5か年セット	¥2,200				
西南学院高（前期）	¥550	¥550	¥550	¥550	¥550
5か年セット	¥2,200				
園田学園高	¥550	¥550	¥550	¥550	¥550
5か年セット	¥2,200				
筑陽学園高（専願）	¥550	¥550	¥550	¥550	¥550
5か年セット	¥2,200				
筑陽学園高（前期）	¥550	¥550	¥550	¥550	¥550
5か年セット	¥2,200				
智辯学園高	¥550	¥550	¥550	¥550	¥550
5か年セット	¥2,200				
帝塚山高	¥550	¥550	¥550	¥550	¥550
5か年セット	¥2,200				
東海大付大阪仰星高	¥550	¥550	¥550	¥550	¥550
5か年セット	¥2,200				
同志社高	¥550	¥550	¥550	¥550	¥550
5か年セット	¥2,200				
中村学園女子高（前期）	×	¥550	¥550	¥550	¥550
4か年セット	¥1,760				
灘高	¥550	¥550	¥550	¥550	¥550
5か年セット	¥2,200				
奈良育英高	¥550	¥550	¥550	¥550	¥550
5か年セット	¥2,200				
奈良学園高	¥550	¥550	¥550	¥550	¥550
5か年セット	¥2,200				
奈良大附高	¥550	¥550	¥550	¥550	¥550
5か年セット	¥2,200				

※価格は税込表示

学校名	税込価格				
	2020年	2021年	2022年	2023年	2024年
西大和学園高	¥550	¥550	¥550	¥550	¥550
5か年セット	¥2,200				
梅花高	¥550	¥550	¥550	¥550	¥550
5か年セット	¥2,200				
白陵高	¥550	¥550	¥550	¥550	¥550
5か年セット	¥2,200				
初芝立命館高	×	×	×	×	¥550
東大谷高	×	×	¥550	¥550	¥550
3か年セット	¥1,320				
東山高	×	×	×	×	¥550
雲雀丘学園高	¥550	¥550	¥550	¥550	¥550
5か年セット	¥2,200				
福岡大附大濠高（専願）	¥550	¥550	¥550	¥550	¥550
5か年セット	¥2,200				
福岡大附大濠高（前期）	¥550	¥550	¥550	¥550	¥550
5か年セット	¥2,200				
福岡大附大濠高（後期）	¥550	¥550	¥550	¥550	¥550
5か年セット	¥2,200				
武庫川女子大附高	×	×	¥550	¥550	¥550
3か年セット	¥1,320				
明星高	¥550	¥550	¥550	¥550	¥550
5か年セット	¥2,200				
和歌山信愛高	¥550	¥550	¥550	¥550	¥550
5か年セット	¥2,200				

公立高

※価格は税込表示

学校名	税込価格				
	2020年	2021年	2022年	2023年	2024年
京都市立西京高（エンタープライジング科）	¥550	¥550	¥550	¥550	¥550
5か年セット	¥2,200				
京都市立堀川高（探究学科群）	¥550	¥550	¥550	¥550	¥550
5か年セット	¥2,200				
京都府立嵯峨野高（京都こすもす科）	¥550	¥550	¥550	¥550	¥550
5か年セット	¥2,200				

赤本収録年度より古い年度の音声データ

以下の音声データは,赤本に収録以前の年度ですので,赤本バックナンバー(P.1～3に掲載)と合わせてご購入ください。
赤本バックナンバーは1年分が1冊の本になっていますので,音声データも1年分ずつの販売となります。

※価格は税込表示

国私立高(アイウエオ順)

学校名	税込価格																
	2003年	2004年	2005年	2006年	2007年	2008年	2009年	2010年	2011年	2012年	2013年	2014年	2015年	2016年	2017年	2018年	2019年
大阪教育大附高池田校		¥550	¥550	¥550	¥550	¥550	¥550	¥550	¥550	¥550	¥550	¥550	¥550	¥550	¥550	¥550	¥550
大阪星光学院高(1次)	¥550	¥550	¥550	¥550	¥550	¥550	¥550	¥550	¥550	¥550	×	¥550	×	¥550	¥550	¥550	¥550
大阪星光学院高(1.5次)			¥550	¥550	¥550	¥550	¥550	¥550	×	×	×	×	×	×	×	×	×
大阪桐蔭高						¥550	¥550	¥550	¥550	¥550	¥550	¥550	¥550	¥550	¥550	¥550	¥550
久留米大附設高				¥550	¥550	×	¥550	¥550	¥550	¥550	¥550	¥550	¥550	¥550	¥550	¥550	¥550
清教学園高														¥550	¥550	¥550	¥550
同志社高						¥550	¥550	¥550	¥550	¥550	¥550	¥550	¥550	¥550	¥550	¥550	¥550
灘高																¥550	¥550
西大和学園高				¥550	¥550	¥550	¥550	¥550	¥550	¥550	¥550	¥550	¥550	¥550	¥550	¥550	¥550
福岡大附大濠高(専願)											¥550	¥550	¥550	¥550	¥550	¥550	¥550
福岡大附大濠高(前期)				¥550	¥550	¥550	¥550	¥550	¥550	¥550	¥550	¥550	¥550	¥550	¥550	¥550	¥550
福岡大附大濠高(後期)				¥550	¥550	¥550	¥550	¥550	¥550	¥550	¥550	¥550	¥550	¥550	¥550	¥550	¥550
明星高															¥550	¥550	¥550
立命館高(前期)						¥550	¥550	¥550	¥550	¥550	¥550	¥550	¥550	×	×	×	×
立命館高(後期)						¥550	¥550	¥550	¥550	¥550	¥550	¥550	¥550	×	×	×	×
立命館宇治高										¥550	¥550	¥550	¥550	¥550	¥550	¥550	×

※価格は税込表示

公立高(府県順)

府県名・学校名	税込価格																
	2003年	2004年	2005年	2006年	2007年	2008年	2009年	2010年	2011年	2012年	2013年	2014年	2015年	2016年	2017年	2018年	2019年
岐阜県公立高				¥550	¥550	¥550	¥550	¥550	¥550	¥550	¥550	¥550	¥550	¥550	¥550	¥550	¥550
静岡県公立高				¥550	¥550	¥550	¥550	¥550	¥550	¥550	¥550	¥550	¥550	¥550	¥550	¥550	¥550
愛知県公立高(Aグループ)	¥550	¥550	¥550	¥550	¥550	¥550	¥550	¥550	¥550	¥550	¥550	¥550	¥550	¥550	¥550	¥550	¥550
愛知県公立高(Bグループ)	¥550	¥550	¥550	¥550	¥550	¥550	¥550	¥550	¥550	¥550	¥550	¥550	¥550	¥550	¥550	¥550	¥550
三重県公立高				¥550	¥550	¥550	¥550	¥550	¥550	¥550	¥550	¥550	¥550	¥550	¥550	¥550	¥550
滋賀県公立高	¥550	¥550	¥550	¥550	¥550	¥550	¥550	¥550	¥550	¥550	¥550	¥550	¥550	¥550	¥550	¥550	¥550
京都府公立高(中期選抜)	¥550	¥550	¥550	¥550	¥550	¥550	¥550	¥550	¥550	¥550	¥550	¥550	¥550	¥550	¥550	¥550	¥550
京都府公立高(前期選抜 共通学力検査)												¥550	¥550	¥550	¥550	¥550	¥550
京都市立西京高(エンタープライジング科)		¥550	¥550	¥550	¥550	¥550	¥550	¥550	¥550	¥550	¥550	¥550	¥550	¥550	¥550	¥550	¥550
京都市立堀川高(探究学科群)												¥550	¥550	¥550	¥550	¥550	¥550
京都府立嵯峨野高(京都こすもす科)		¥550	¥550	¥550	¥550	¥550	¥550	¥550	¥550	¥550	¥550	¥550	¥550	¥550	¥550	¥550	¥550
大阪府公立高(一般選抜)														¥550	¥550	¥550	¥550
大阪府公立高(特別選抜)														¥550	¥550	¥550	¥550
大阪府公立高(後期選抜)	¥550	¥550	¥550	¥550	¥550	¥550	¥550	¥550	¥550	¥550	¥550	¥550	¥550	×	×	×	×
大阪府公立高(前期選抜)	¥550	¥550	¥550	¥550	¥550	¥550	¥550	¥550	¥550	¥550	¥550	¥550	¥550	×	×	×	×
兵庫県公立高	¥550	¥550	¥550	¥550	¥550	¥550	¥550	¥550	¥550	¥550	¥550	¥550	¥550	¥550	¥550	¥550	¥550
奈良県公立高(一般選抜)	¥550	¥550	¥550	¥550	×	¥550	¥550	¥550	¥550	¥550	¥550	¥550	¥550	¥550	¥550	¥550	¥550
奈良県公立高(特色選抜)				¥550	¥550	¥550	¥550	¥550	¥550	¥550	¥550	¥550	¥550	¥550	¥550	¥550	¥550
和歌山県公立高	¥550	¥550	¥550	¥550	¥550	¥550	¥550	¥550	¥550	¥550	¥550	¥550	¥550	¥550	¥550	¥550	¥550
岡山県公立高(一般選抜)					¥550	¥550	¥550	¥550	¥550	¥550	¥550	¥550	¥550	¥550	¥550	¥550	¥550
岡山県公立高(特別選抜)												¥550	¥550	¥550	¥550	¥550	¥550
広島県公立高	¥550	¥550	¥550	¥550	¥550	¥550	¥550	¥550	¥550	¥550	¥550	¥550	¥550	¥550	¥550	¥550	¥550
山口県公立高					¥550	¥550	¥550	¥550	¥550	¥550	¥550	¥550	¥550	¥550	¥550	¥550	¥550
香川県公立高					¥550	¥550	¥550	¥550	¥550	¥550	¥550	¥550	¥550	¥550	¥550	¥550	¥550
愛媛県公立高					¥550	¥550	¥550	¥550	¥550	¥550	¥550	¥550	¥550	¥550	¥550	¥550	¥550
福岡県公立高				¥550	¥550	¥550	¥550	¥550	¥550	¥550	¥550	¥550	¥550	¥550	¥550	¥550	¥550
長崎県公立高					¥550	¥550	¥550	¥550	¥550	¥550	¥550	¥550	¥550	¥550	¥550	¥550	¥550
熊本県公立高(選択問題A)													¥550	¥550	¥550	¥550	¥550
熊本県公立高(選択問題B)													¥550	¥550	¥550	¥550	¥550
熊本県公立高(共通)					¥550	¥550	¥550	¥550	¥550	¥550	¥550	¥550	×	×	×	×	×
大分県公立高					¥550	¥550	¥550	¥550	¥550	¥550	¥550	¥550	¥550	¥550	¥550	¥550	¥550
鹿児島県公立高					¥550	¥550	¥550	¥550	¥550	¥550	¥550	¥550	¥550	¥550	¥550	¥550	¥550

受験生のみなさんへ

英俊社の高校入試対策問題集

各書籍のくわしい内容はこちら→

近畿の高校入試シリーズ

最新の近畿の入試問題から良問を精選。
私立・公立どちらにも対応できる定評ある問題集です。

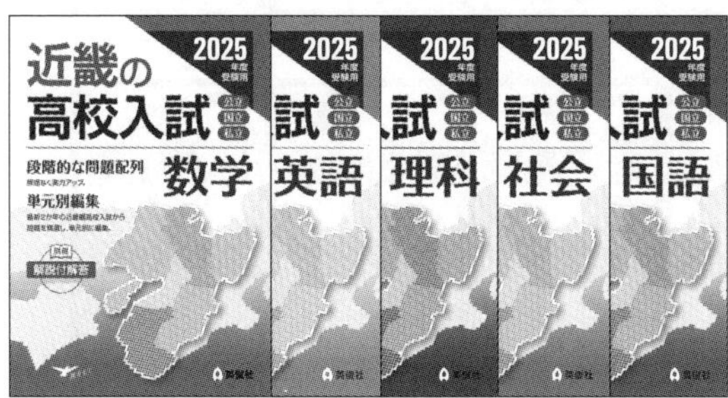

近畿の高校入試シリーズ

中1・2の復習

近畿の入試問題から1・2年生までの範囲で解ける良問を精選。
高校入試の基礎固めに最適な問題集です。

最難関高校シリーズ

最難関高校を志望する受験生諸君におすすめのハイレベル問題集。
灘、洛南、西大和学園、久留米大学附設、ラ・サールの最新7か年入試問題を単元別に分類して収録しています。

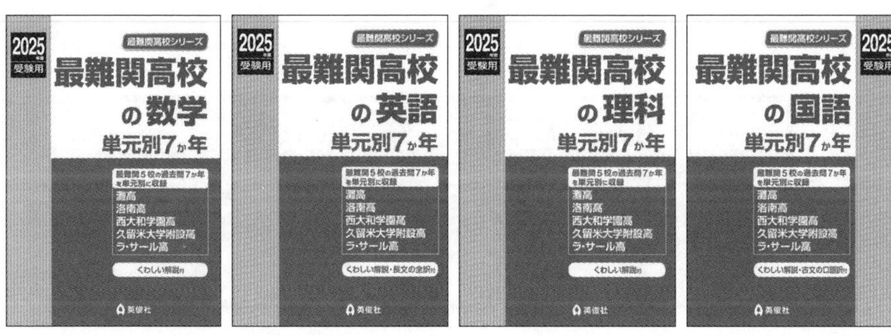

ニューウイングシリーズ　出題率

入試での出題率を徹底分析。出題率の高い単元、問題に集中して効率よく学習できます。

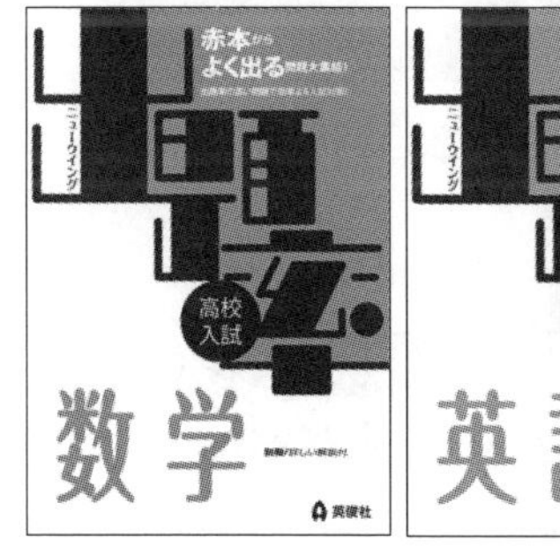

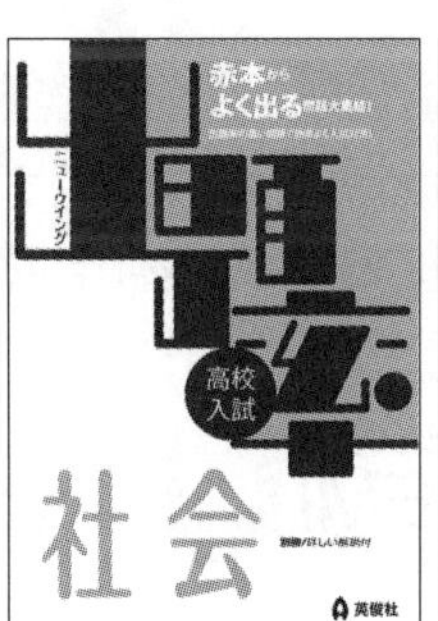

近道問題シリーズ

重要ポイントに絞ったコンパクトな問題集。苦手分野の集中トレーニングに最適です!

数学5分冊

01 式と計算
02 方程式･確率･資料の活用
03 関数とグラフ
04 図形〈1･2年分野〉
05 図形〈3年分野〉

英語6分冊

06 単語･連語･会話表現
07 英文法
08 文の書きかえ･英作文
09 長文基礎
10 長文実践
11 リスニング

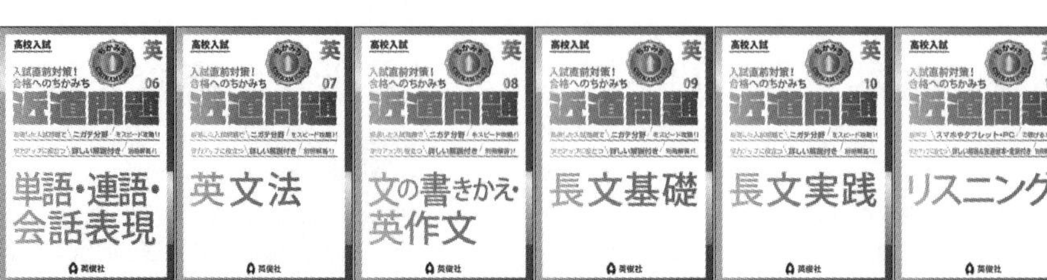

理科6分冊

12 物理
13 化学
14 生物･地学
15 理科計算
16 理科記述
17 理科知識

社会4分冊

18 地理
19 歴史
20 公民
21 社会の応用問題 ー資料読解･記述ー

国語5分冊

22 漢字･ことばの知識
23 文法
24 長文読解 ー攻略法の基本ー
25 長文読解 ー攻略法の実践ー
26 古典

学校･塾の指導者の先生方へ

赤本収録の**入試問題データベース**を利用して、**オリジナルプリント教材**を作成していただけるサービスが登場!!　生徒**ひとりひとりに合わせた**教材作りが可能です。

くわしくは KAWASEMI Lite 検索 で検索!
まずは**無料体験版**をぜひお試しください。

※指導者の先生方向けの専用サービスです。受験生など個人の方はご利用いただけませんので、ご注意ください。

→オモテ表紙側より続く

	番号	学校名	所在地	問題番号
	284	四天王寺東高	(藤井寺市)	15
	126	樟蔭高	(東大阪市)	13
	210	常翔学園高	(大阪市旭区)	
	151	常翔啓光学園高	(枚方市)	90
	192	城南学園高	(大阪市東住吉区)	
	167	昇陽高	(大阪市此花区)	
	204	神港学園高	(神戸市中央区)	
	200	須磨学園高	(神戸市須磨区)	
	260	精華高	(堺市中区)	
	163	清教学園高	(河内長野市)	
	161	星翔高	(摂津市)	41，115
	110	清風高	(大阪市天王寺区)	27，81
	133	清風南海高	(高石市)	18
	102	清明学院高	(大阪市住吉区)	30
	184	宣真高	(池田市)	
	187	相愛高	(大阪市中央区)	
	120	園田学園高	(尼崎市)	
【タ行】	158	大商学園高	(豊中市)	74，140
	132	太成学院大高	(大東市)	
	119	滝川高	(神戸市須磨区)	
	248	滝川第二高	(神戸市西区)	
	227	智辯学園高	(五條市)	104，151
	241	智辯学園和歌山高	(和歌山市)	
	199	帝塚山高	(奈良市)	131，174
	282	帝塚山学院泉ヶ丘高	(堺市南区)	72，155
	197	天理高	(天理市)	32
	236	東海大付大阪仰星高	(枚方市)	52
	193	同志社高	(京都市左京区)	
	221	同志社国際高	(京田辺市)	94，165
	179	東洋大附姫路高	(姫路市)	
【ナ行】	155	灘高	(神戸市東灘区)	
	131	浪速高	(大阪市住吉区)	14，163
	198	奈良育英高	(奈良市)	136
	286	奈良県立大附高	(奈良市)	
	243	奈良学園高	(大和郡山市)	60
	5004	奈良工業高専	(大和郡山市)	
	220	奈良女高	(奈良市)	
	217	奈良大附高	(奈良市)	
	218	奈良文化高	(大和高田市)	
	238	仁川学院高	(西宮市)	92，114
	252	西大和学園高	(奈良県河合町)	160
	278	ノートルダム女学院高	(京都市左京区)	
【ハ行】	144	梅花高	(豊中市)	
	249	白陵高	(高砂市)	
	188	羽衣学園高	(高石市)	37，62，101
	247	初芝富田林高	(富田林市)	148
	266	初芝橋本高	(橋本市)	111
	196	花園高	(京都市右京区)	126，135
	137	阪南大学高	(松原市)	118
	219	比叡山高	(大津市)	173
	159	東大阪大柏原高	(柏原市)	
	136	東大阪大敬愛高	(東大阪市)	
	209	東大谷高	(堺市南区)	
	139	東山高	(京都市左京区)	27，116
	269	日ノ本学園高	(姫路市)	
	239	雲雀丘学園高	(宝塚市)	86

近畿の高校入試

2025 年度受験用

理科

解答編

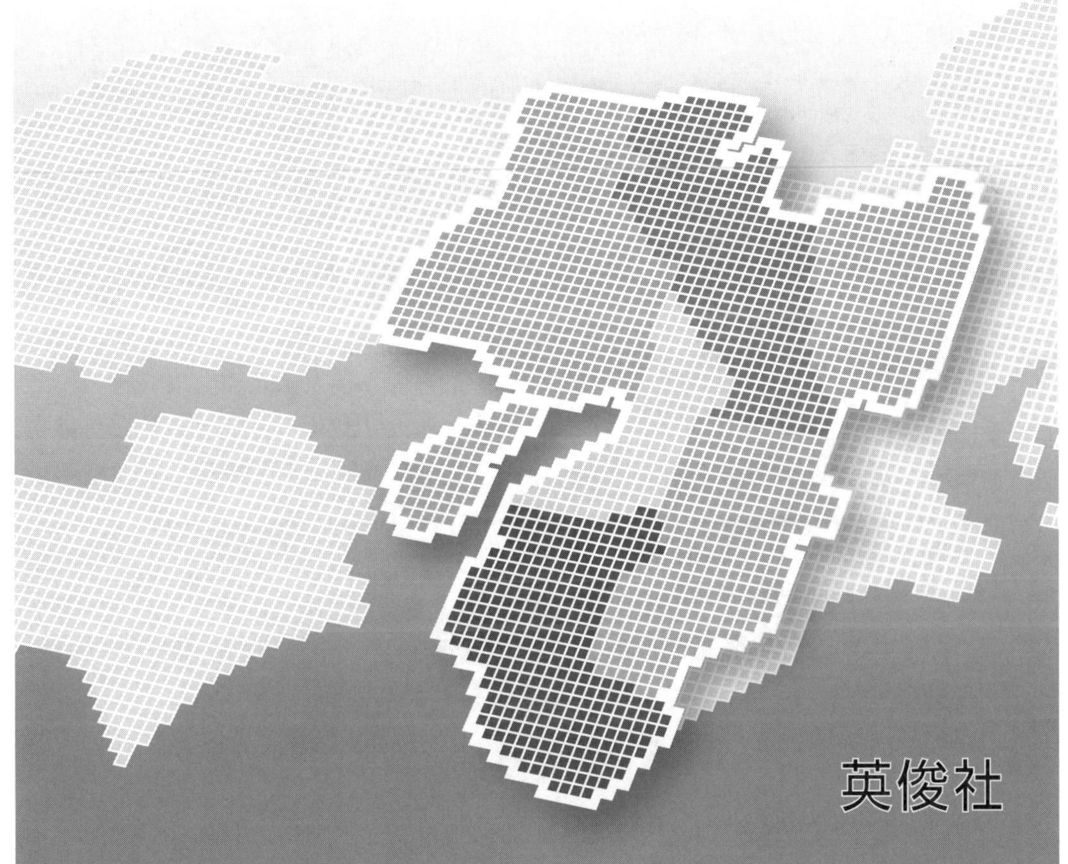

英俊社

1．光と音・力

§1．光と音 (3ページ)

☆☆☆ 標準問題 ☆☆☆ (3ページ)

1 Ⅰ．

(1) 図1より，物体は凸レンズの焦点より外側に置かれているので，スクリーンには上下左右が逆向きの実像ができる。

(2) 凸レンズの下半分を通過した光がスクリーンの同じ位置で集まって像が映るので，像の形は凸レンズの上半分を黒い布でおおう前と同じ。凸レンズを通過する光の量が半分になるので，映る像の明るさは暗くなる。

(4) 物体が凸レンズの焦点よりも内側にあるとき，凸レンズで屈折した光はスクリーン側に集まらなくなるので，スクリーンに像は映らない。

Ⅱ．

(6) 図2より，光が空気中からガラス中に進むときは，入射角＞屈折角となるように境界面で屈折し，ガラス中から空気中に進むときは，入射角＜屈折角となるように境界面で屈折する。

(8) 柱から出た光が右図のように屈折して目に進むので，ガラスを通過した光は実際の柱の位置よりも右から進んできた光であるように見える。

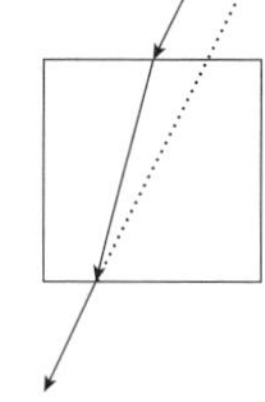

答 (1) ③　(2) ④　(3) ①　(4) ① イ　② ウ　(5) 虚像　(6) ①　(7) 屈折　(8) ③

2 (1) アの波形は，1回の振動に，

0.001 (秒) × 4 (目盛り) = 0.004 (秒)

かかっているので，1秒間に振動する回数は，

$1\,(回) \times \dfrac{1\,(秒)}{0.004\,(秒)} = 250\,(回)$ より，250Hz。

(3) 振動数が大きいほど音は高い。

(4) 縦軸は振幅を表すので，上下方向の波の高さが高いほど音は大きい。

(5) 表より，ことじの間隔とおもりの質量の関係を式にすると，

ことじの間隔(cm) × ことじの間隔(cm) × $\dfrac{1}{5}$ = おもりの質量(g)

よって，ことじの間隔を x cm とすると，

$x\,(\mathrm{cm}) \times x\,(\mathrm{cm}) \times \dfrac{1}{5} = 320\,(\mathrm{g})$

これを解いて，$x = 40$ (cm)

答 (1) 250 (Hz)　(2) A. ②　B. ②　(3) エ　(4) ア　(5) 40 (cm)

3 問2．A，Dの位置から出た光は，それぞれ2枚の鏡で反射して光源の方向に戻り，Cの位置から出た光は，鏡に垂直に当たるので，1枚の鏡で反射して光源の方向に戻る。Bの位置から出た光は1度しか反射できず，光源の方向には戻らない。

問3．Xに映る像は，2度反射してできた虚像なので，実物と同じ向きに見える。

問4．鏡に全身が映るとき，頭頂部から出た光が鏡で反射して目に届くことと，つま先から出た光が鏡で反射して目に届くことが必要で，これは鏡までの距離とは関係なく成り立つ。全身が映るとき，頭頂部—鏡—目を結ぶ三角形とつま先—鏡—目を結ぶ三角形はどちらも二等辺三角形なので，全身を映すのに必要な鏡の長さは，

$160\,(\mathrm{cm}) \times \dfrac{1}{2} = 80\,(\mathrm{cm})$

よって，実験に使用した鏡は，

$\dfrac{80\,(\mathrm{cm})}{30\,(\mathrm{cm})} \fallingdotseq 2.7$

より，3枚必要。

また，目からつま先までの長さが150cmより，目の高さより下には，

$150\,(\mathrm{cm}) \times \dfrac{1}{2} = 75\,(\mathrm{cm})$

の鏡が必要なので，図の鏡の下に2枚の鏡をつなげる。

答 問1. (1) 反射　(2) 虚　問2. B　問3. ア　問4. エ

4 1．$\dfrac{85\,(\mathrm{m})}{0.25\,(秒)} = 340\,(\mathrm{m/s})$

3．音の高低は振動数によってきまり，低い音は振動数が小さい。

6．$\frac{2100\,(\text{m})}{6.0\,(\text{秒})} = 350\,(\text{m/s})$

7．気温が高いほど音の速さは速い。

8．当日の音の速さは350m/s。2回目の雷雲までの距離は，

$350\,(\text{m/s}) \times 3.0\,(\text{秒}) = 1050\,(\text{m})$

雲が到着するまでにかかる時間は，

$\frac{1050\,(\text{m})}{6.0\,(\text{m/s})} = 175\,(\text{秒})$

答 1. 340 (m/s)　2. イ

3. 小さ(または，少な・低)　4. エ

5. ①（光）○　（音）×　②（光）○　（音）○

6. 350 (m/s)　7. 速(または，大き)

8. 175 (秒後)

5 Ⅰ．

問1．光の速さは，密度が小さいものの中を進むときの方が速くなる。

問2．光が空気からガラスに進むときは，屈折角は入射角より小さくなり，ガラスから空気に進むときは，屈折角は入射角より大きくなる。

Ⅱ．

問4．物体の像は，鏡をはさんで物体と対称の位置に見える。

問5．図3の状態から1秒後には，物体はオに，平面鏡はケに移動する。

このとき，物体の像は，鏡をはさんで物体と対称の位置に見えるので，スに見える。

よって，像の位置は1秒間でツからスに移動するので，左に毎秒5mで動くように見える。

問6．身長の半分の長さの鏡があれば，全身をうつすことができる。

Ⅲ．

問7．物体が凸レンズに近づくほど，像の位置は遠ざかり，像の大きさは大きくなるので，アのときの像が最も大きくなる。アのとき，距離 a と距離 b の比は，

$10\,(\text{cm}) : 30\,(\text{cm}) = 1 : 3$

なので，物体と像の大きさの比も1：3になる。

よって，像の大きさは，

$5\,(\text{cm}) \times \frac{3}{1} = 15\,(\text{cm})$

問8．レンズの下半分をおおっても，レンズの上半分を光が通過するので，像はそのままの形でできるが，レンズを通過する光が減るので像は暗くなる。

答 問1. ア　問2.（図1）エ　（図2）ウ

問3. イ・エ　問4. ツ

問5. 左(に毎秒) 5 (m)　問6. 85 (cm)

問7.（記号）ア　（像の大きさ）15 (cm)

問8. ウ

6 (2) 物体から出て凸レンズの手前の焦点を通った光は，凸レンズで屈折して光軸と平行に進む。

(3) 物体が凸レンズから焦点距離の2倍の位置にあるとき，凸レンズの反対側に同じ大きさの実像ができる。物体の位置が焦点距離の2倍より遠いときは物体より小さい実像ができ，焦点距離の2倍と焦点の間のときは物体より大きい実像ができる。

(4) 凸レンズを通る光の量が減るので，像は暗くなる。

(5)・(6) 物体を焦点距離の2倍の位置に置いたとき，物体と同じ大きさの実像が凸レンズの反対側の焦点距離の2倍の位置にできる。実験2ではaとbの値が等しいことから，24cmが焦点距離の2倍の長さになる焦点距離は，

$24\,(\text{cm}) \times \frac{1}{2} = 12\,(\text{cm})$

物体の大きさは，このときの像の大きさと同じ6cm。

(7) 次図のように，凸レンズの中心をO，物体の軸上の点をX，先端をX′，像の軸上の点をY，先端をY′とする。

$\triangle XX'O \backsim \triangle YY'O$

より，

$\frac{YY'}{XX'} = \frac{b}{a}$

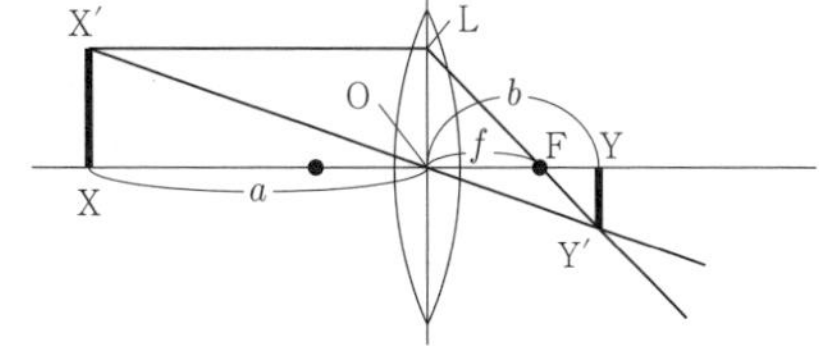

(8)　△XX′O ∽△YY′O

より，

XX′：YY′ ＝ a：b

また，X′から出て軸と平行に進んだ光がレンズと交わる点をL，像ができた側の焦点をF，焦点距離を f cmとすると，

△OLF ∽△YY′F

より，

LO：YY′ ＝ f：$(b-f)$

ここで，

LO ＝ XX′

より，

$a:b = f:(b-f)$，$bf = a(b-f)$

式を整理すると，

$$\frac{1}{a}+\frac{1}{b}=\frac{1}{f}$$

焦点距離は一定なので，

$$\frac{1}{a}+\frac{1}{b}$$

が等しい。

【別解】ア．実験1より，

$$\frac{1}{18}+\frac{1}{36}=\frac{3}{36}=\frac{1}{12},$$

実験2より，

$$\frac{1}{24}+\frac{1}{24}=\frac{2}{24}=\frac{1}{12},$$

実験3より，

$$\frac{1}{48}+\frac{1}{16}=\frac{4}{48}=\frac{1}{12}$$

よって，

$$\frac{1}{a}+\frac{1}{b}$$

は一定と考えられる。

イ．実験1より，

$$\frac{1}{18}-\frac{1}{36}=\frac{1}{36},$$

実験2より，

$$\frac{1}{24}-\frac{1}{24}=0$$

なので，不適。

ウ．実験1より，

$$\frac{1}{18}\times\frac{1}{36}=\frac{1}{648},$$

実験2より，

$$\frac{1}{24}\times\frac{1}{24}=\frac{1}{576}$$

なので，不適。

エ．実験1より，

$$\frac{1}{18}\div\frac{1}{36}=2,$$

実験2より，

$$\frac{1}{24}\div\frac{1}{24}=1$$

なので，不適。

(9)　(8)より，

$$\frac{1}{a}+\frac{1}{b}$$

が一定なので，物体から凸レンズまでの距離が a の場合と b の場合の2か所でスクリーン上に像ができる。

(10) b．$\dfrac{1}{15\,(\text{cm})}+\dfrac{1}{b}=\dfrac{1}{12\,(\text{cm})}$

より，b = 60 (cm)

(像の大きさ) $6\,(\text{cm})\times\dfrac{60\,(\text{cm})}{15\,(\text{cm})}=24\,(\text{cm})$

答 (1) 屈折　(2) ⑤　(3) ウ　(4) エ　(5) 12 (cm)　(6) 6 (cm)　(7) オ　(8) ア　(9) イ　(10) b．60 (cm)　(像の大きさ) 24 (cm)

★★★ 発展問題 ★★★ (11ページ)

1 (2)　表1より，物体と凸レンズの距離 a と，凸レンズとスクリーンの距離 b が等しくなるのはそれぞれ16cmのときで，これは焦点距離の2倍の位置なので，焦点距離は，

$$16\,(\text{cm})\times\frac{1}{2}=8\,(\text{cm})$$

表1より，a の値をだんだん大きくすると，像ができるスクリーンの位置は焦点に近づいていくことがわかる。

(4)　レンズの上半分は光が通過し，焦点距離も変わらないので，像は下半分を黒い紙で覆う前と同じ位置に同じ形の像ができるが，光の通過する量は半分になるので，像の明るさは暗くなる。

(5)(あ)　物体が対物レンズの焦点よりも外側の位置にあるので，(あ)の像は実像。

(い)　対物レンズによってできた像(あ)が，接眼レンズの焦点の内側にあるので，接眼レンズの上方より観察するときに見える像は虚像。

(6) (い)ができる場所は，図 4 で作図により求める。(次図イ)

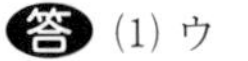 (1) ウ　(2) イ　(3) (次図ア)

(4) (位置) イ　(明るさ) ウ　(形) イ

(5) (あ) 実像　(い) 虚像　(6) B

図ア

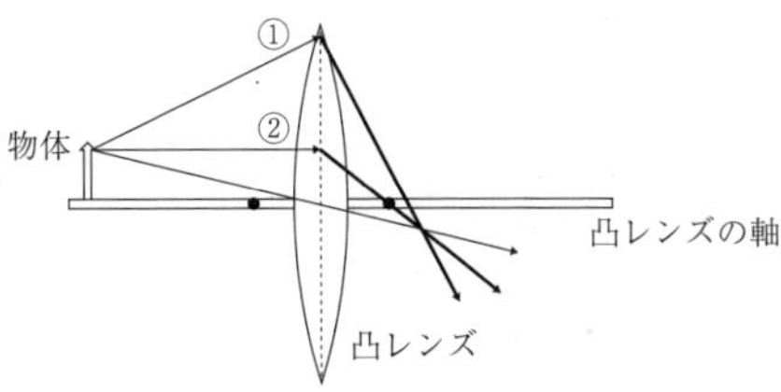

図イ

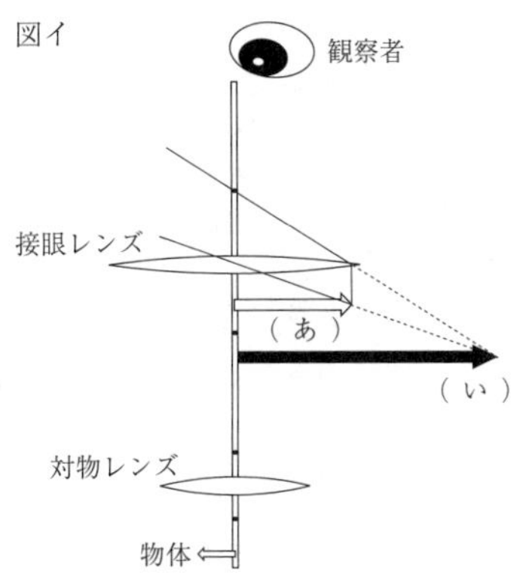

§2．力 (13 ページ)

☆☆☆ **標準問題** ☆☆☆ (13 ページ)

1 (2) グラフより，おもりを 5 個つるしたときのばね A の長さが 25cm なので，おもりを 5 個つるしたときのばね A の伸びは，

$$25\ (\text{cm}) - 15\ (\text{cm}) = 10\ (\text{cm})$$

よって，おもりを 2 個つるしたときのばね A の伸びは，

$$10\ (\text{cm}) \times \frac{2\ (\text{個})}{5\ (\text{個})} = 4\ (\text{cm})$$

(3) おもり 1 個にはたらく重力の大きさは，

$$1\ (\text{N}) \times \frac{50\ (\text{g})}{100\ (\text{g})} = 0.5\ (\text{N})$$

なので，おもり 2 個にはたらく重力の大きさは，

$$0.5\ (\text{N}) \times 2\ (\text{個}) = 1\ (\text{N})$$

(2)より，1 N の力を加えたときのばね A の伸びは 4 cm なので，1 cm 伸ばすのに必要な力は，

$$1\ (\text{N}) \times \frac{1\ (\text{cm})}{4\ (\text{cm})} = 0.25\ (\text{N})$$

(4) おもりを 5 個つるしたときのばね A の伸びが 10cm なので，おもりを 6 個つるしたときのばね A の伸びは，

$$10\ (\text{cm}) \times \frac{6\ (\text{個})}{5\ (\text{個})} = 12\ (\text{cm})$$

よって，ばね A 全体の長さは，

$$15\ (\text{cm}) + 12\ (\text{cm}) = 27\ (\text{cm})$$

(5) おもりにはたらく重力の大きさが $\frac{1}{6}$ になると，ばねの伸びも $\frac{1}{6}$ になるので，月面上でのばね A の伸びは，

$$12\ (\text{cm}) \times \frac{1}{6} = 2\ (\text{cm})$$

よって，

$$15\ (\text{cm}) + 2\ (\text{cm}) = 17\ (\text{cm})$$

(6) ばね A とばね B の自然長はどちらも 15cm で，ばね B におもりを 6 個つるしたときのばね B 全体の長さと，ばね A におもりを 3 個つるしたときのばね A 全体の長さが同じなので，ばねを 1 cm 伸ばすのに必要な力の大きさはばね B がばね A の 2 倍になる。

よって，(3)より，

$$0.25\ (\text{N}) \times 2 = 0.5\ (\text{N})$$

(7) ばね B に 3 N の力を加えると，ばね A にも 3 N の力が加わり，ばね A は 0.25N の力で 1 cm 伸びるばねなので，

$$1\ (\text{cm}) \times \frac{3\ (\text{N})}{0.25\ (\text{N})} = 12\ (\text{cm})$$

(8) ばね A とばね B を合わせた全体の長さが 39cm のときのばね A とばね B の伸びの合計は，

$$39\ (\text{cm}) - 15\ (\text{cm}) - 15\ (\text{cm}) = 9\ (\text{cm})$$

ばね A とばね B に同じ大きさの力を加えたときの伸びの比は，ばね A：ばね B = 2：1 なので，ばね A の伸びは，

$$9\ (\text{cm}) \times \frac{2}{2+1} = 6\ (\text{cm})$$

(3)より，

$$0.25\ (\text{N}) \times \frac{6\ (\text{cm})}{1\ (\text{cm})} = 1.5\ (\text{N})$$

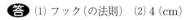

答 (1) フック (の法則)　(2) 4 (cm)

(3) 0.25 (N)　(4) 27 (cm)　(5) 17 (cm)
(6) 0.5 (N)　(7) 12 (cm)　(8) 1.5 (N)

2 問1．$1\ (\mathrm{N}) \times \dfrac{400\ (\mathrm{g})}{100\ (\mathrm{g})} = 4\ (\mathrm{N})$

問2．800g の直方体にはたらく重力の大きさは，

$$1\ (\mathrm{N}) \times \frac{800\ (\mathrm{g})}{100\ (\mathrm{g})} = 8\ (\mathrm{N})$$

図1より，Cの面の面積は，

$5\ (\mathrm{cm}) \times 10\ (\mathrm{cm}) = 50\ (\mathrm{cm}^2)$

より，$0.005\mathrm{m}^2$。

よって，$\dfrac{8\ (\mathrm{N})}{0.005\ (\mathrm{m}^2)} = 1600\ (\mathrm{N/m}^2)$

問3．図1より，Aの面の面積は，

$10\ (\mathrm{cm}) \times 20\ (\mathrm{cm}) = 200\ (\mathrm{cm}^2)$

Bの面の面積は，

$20\ (\mathrm{cm}) \times 5\ (\mathrm{cm}) = 100\ (\mathrm{cm}^2)$

問2より，Cの面の面積は $50\mathrm{cm}^2$。スポンジに加わる力の大きさが同じとき，スポンジに接する面積が小さいほどスポンジにはたらく圧力が大きくなる。

問4．力を受ける面の面積が大きいほど圧力は小さくなる。

答 問1. 4 (N)　問2. 1600 ($\mathrm{N/m}^2$)
問3. ⑥　問4. ④
問5. 標高が上がり大気圧が小さくなり，菓子袋内の気圧が大気圧より大きくなるため。
問6. ②　問7. 浮力

3 1．

① 1kg = 1000g より，

$$1\ (\mathrm{N}) \times \frac{1000\ (\mathrm{g})}{100\ (\mathrm{g})} = 10\ (\mathrm{N})$$

② 8kg = 8000g より，

$$1\ (\mathrm{N}) \times \frac{8000\ (\mathrm{g})}{100\ (\mathrm{g})} = 80\ (\mathrm{N})$$

③ 27kg = 27000g より，

$$1\ (\mathrm{N}) \times \frac{27000\ (\mathrm{g})}{100\ (\mathrm{g})} = 270\ (\mathrm{N})$$

2．

① 底面積は，

$10\ (\mathrm{cm}) \times 10\ (\mathrm{cm}) = 100\ (\mathrm{cm}^2)$

より，$0.01\mathrm{m}^2$。

1より，立方体にはたらく重力の大きさは 10N なので，

$$\frac{10\ (\mathrm{N})}{0.01\ (\mathrm{m}^2)} = 1000\ (\mathrm{Pa})$$

② 底面積は，

$20\ (\mathrm{cm}) \times 20\ (\mathrm{cm}) = 400\ (\mathrm{cm}^2)$

より，$0.04\mathrm{m}^2$。

1より，立方体にはたらく重力の大きさは 80N なので，

$$\frac{80\ (\mathrm{N})}{0.04\ (\mathrm{m}^2)} = 2000\ (\mathrm{Pa})$$

③ 底面積は，

$30\ (\mathrm{cm}) \times 30\ (\mathrm{cm}) = 900\ (\mathrm{cm}^2)$

より，$0.09\mathrm{m}^2$。

1より，立方体にはたらく重力の大きさは 270N なので，

$$\frac{270\ (\mathrm{N})}{0.09\ (\mathrm{m}^2)} = 3000\ (\mathrm{Pa})$$

3．図2より，質量が大きい立方体2つを組み合わせたとき，組み合わせた立方体にはたらく重力の大きさが大きくなり，床から受ける垂直抗力の大きさも大きくなる。

4．1，2より，aのとき床を押す圧力の大きさは，

$$\frac{10\ (\mathrm{N}) + 80\ (\mathrm{N})}{0.04\ (\mathrm{m}^2)} = 2250\ (\mathrm{Pa})$$

bのとき床を押す圧力の大きさは，

$$\frac{10\ (\mathrm{N}) + 270\ (\mathrm{N})}{0.09\ (\mathrm{m}^2)} \fallingdotseq 3111\ (\mathrm{Pa})$$

cのとき床を押す圧力の大きさは，

$$\frac{10\ (\mathrm{N}) + 80\ (\mathrm{N})}{0.01\ (\mathrm{m}^2)} = 9000\ (\mathrm{Pa})$$

dのとき床を押す圧力の大きさは，

$$\frac{10\ (\mathrm{N}) + 270\ (\mathrm{N})}{0.01\ (\mathrm{m}^2)} = 28000\ (\mathrm{Pa})$$

eのとき床を押す圧力の大きさは，

$$\frac{80\ (\mathrm{N}) + 270\ (\mathrm{N})}{0.09\ (\mathrm{m}^2)} \fallingdotseq 3889\ (\mathrm{Pa})$$

fのとき床を押す圧力の大きさは，

$$\frac{80\ (\mathrm{N}) + 270\ (\mathrm{N})}{0.04\ (\mathrm{m}^2)} = 8750\ (\mathrm{Pa})$$

答 1. ① 10 (N)　② 80 (N)　③ 270 (N)
2. ① 1000 (Pa)　② 2000 (Pa)
③ 3000 (Pa)
3. e・f　4. a

4 (3) おもりの質量が100gのとき，ばねAの伸びは2.5cmなので，おもりの質量が300gのとき，ばねAの伸びは，

$$2.5\ (\text{cm}) \times \frac{300\ (\text{g})}{100\ (\text{g})} = 7.5\ (\text{cm})$$

(4) おもりBの質量は200gなので，おもりBにはたらく重力の大きさは，

$$1.0\ (\text{N}) \times \frac{200\ (\text{g})}{100\ (\text{g})} = 2.0\ (\text{N})$$

おもりBが完全に水中にあるとき，ばねAの伸びは2.0cmなので，このとき，ばねAにはたらく下向きの力の大きさは，

$$1.0\ (\text{N}) \times \frac{2.0\ (\text{cm})}{2.5\ (\text{cm})} = 0.8\ (\text{N})$$

よって，浮力の大きさは，

$2.0\ (\text{N}) - 0.8\ (\text{N}) = 1.2\ (\text{N})$

(5)(i) 図3より，水そうの底からおもりBの底面までの距離3.0cm～6.0cmがおもりBの高さにあたるので，

$6.0\ (\text{cm}) - 3.0\ (\text{cm}) = 3.0\ (\text{cm})$

(ii) おもりBが完全に水中から出た瞬間は，水そうの底からおもりBの底面までの距離が6.0cm。

(iii) 図3より，水そうの底からおもりBの底面までの距離が4.0cmのとき，ばねAの伸びは3.0cm。

このとき，ばねAにはたらく下向きの力の大きさは，

$$1.0\ (\text{N}) \times \frac{3.0\ (\text{cm})}{2.5\ (\text{cm})} = 1.2\ (\text{N})$$

よって，浮力の大きさは，

$2.0\ (\text{N}) - 1.2\ (\text{N}) = 0.8\ (\text{N})$

(6) おもりCが水に浮く場合，おもりCにはたらく重力の大きさと浮力の大きさは等しいので，浮力の大きさは2.0N。(4)より，おもりBが完全に水中にあるときにはたらく浮力の大きさは1.2N。浮力の大きさは水中にある物体の体積に比例するので，

$$\frac{2.0\ (\text{N})}{1.2\ (\text{N})} \fallingdotseq 1.7\ (倍)$$

おもりCは一部が水面上に出ているので，1.7倍以上になる。

(7)(i) $密度(\text{g/cm}^3) = \dfrac{物質の質量(\text{g})}{物質の体積(\text{cm}^3)}$

の関係より，同じ体積で密度が2倍のおもりDは質量も2倍なので，

$200\ (\text{g}) \times 2 = 400\ (\text{g})$

(ii) 水中の体積が同じなら浮力の大きさも同じになる。形も同じなので，おもりDを用いた場合のグラフはおもりBを用いた場合と同じ。

答 (1) 比例　(2) フック(の法則)　(3) 7.5

(4) 1.2 (N)

(5) (i) 3 (cm)　(ii) 6 (cm)　(iii) 0.8 (N)

(6) 1.7 (倍)　(7) (i) 400 (g)　(ii) (次図)

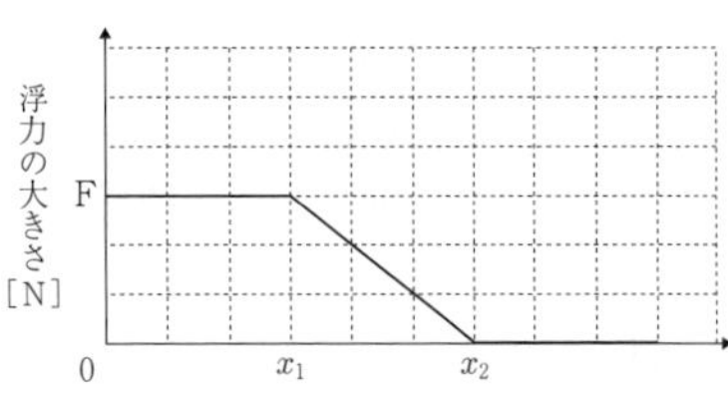

5 (1) 水面下にある立方体の体積は，

$500\ (\text{cm}^3) \times 0.7 = 350\ (\text{cm}^3)$

水面下にある立方体がおしのけた水の質量は，

$1.0\ (\text{g/cm}^3) \times 350\ (\text{cm}^3) = 350\ (\text{g})$

立方体にはたらく浮力は，立方体がおしのけた水にはたらく重力の大きさに等しく，立方体にはたらく重力とつりあっているので，立方体の質量は350g。

よって，立方体の密度は，

$$\frac{350\ (\text{g})}{500\ (\text{cm}^3)} = 0.7\ (\text{g/cm}^3)$$

(2) 立方体と小物体5個の質量の和は，

$350\ (\text{g}) + 40\ (\text{g}) \times 5\ (個) = 550\ (\text{g})$

立方体と小物体5個にはたらく重力と浮力の大きさがつりあうので，立方体と小物体5個が水中でおしのけた水の質量が550gであればよい。したがって，立方体と小物体5個の体積の和は，

$$\frac{550\ (\text{g})}{1.0\ (\text{g/cm}^3)} = 550\ (\text{cm}^3)$$

小物体5個の体積は，

$550\ (\text{cm}^3) - 500\ (\text{cm}^3) = 50\ (\text{cm}^3)$

よって，小物体1個の体積は，

$$\frac{50\ (\mathrm{cm}^3)}{5\ (\text{個})} = 10\ (\mathrm{cm}^3)$$

(3)　立方体と小物体5個にはたらく重力と浮力の大きさがつりあうので，(2)より，水面下にある立方体が水中でおしのけた食塩水の質量が550gになる。

したがって，食塩水の密度は，

$$\frac{550\ (\mathrm{g})}{500\ (\mathrm{cm}^3)} = 1.1\ (\mathrm{g/cm}^3)$$

もとの水の量が20Lだったので，水の質量は，$20\mathrm{L} = 20000\mathrm{cm}^3$ より，

$1.0\ (\mathrm{g/cm}^3) \times 20000\ (\mathrm{cm}^3) = 20000\ (\mathrm{g})$

できた食塩水の質量は，

$1.1\ (\mathrm{g/cm}^3) \times 20000\ (\mathrm{cm}^3) = 22000\ (\mathrm{g})$

よって，溶解した食塩の質量は，

$22000\ (\mathrm{g}) - 20000\ (\mathrm{g}) = 2000\ (\mathrm{g})$

答 (1) $0.7\ (\mathrm{g/cm}^3)$　(2) $10\ (\mathrm{cm}^3)$

(3) $2000\ (\mathrm{g})$

6　問1．

①　図1より，立方体が押しのけた水の体積は，

$10\ (\mathrm{cm}) \times 10\ (\mathrm{cm}) \times 3\ (\mathrm{cm}) = 300\ (\mathrm{cm}^3)$

②　立方体が押しのけた水の質量は，

$300\ (\mathrm{cm}^3) \times 1\ (\mathrm{g/cm}^3) = 300\ (\mathrm{g})$

アルキメデスの原理より，このときはたらいている浮力の大きさは，

$$1\ (\mathrm{N}) \times \frac{300\ (\mathrm{g})}{100\ (\mathrm{g})} = 3\ (\mathrm{N})$$

③　図2より，立方体が押しのけた水の体積は，

$10\ (\mathrm{cm}) \times 10\ (\mathrm{cm}) \times 10\ (\mathrm{cm})$

$= 1000\ (\mathrm{cm}^3)$

立方体が押しのけた水の質量は，

$1000\ (\mathrm{cm}^3) \times 1\ (\mathrm{g/cm}^3) = 1000\ (\mathrm{g})$

よって，このときはたらいている浮力の大きさは，

$$1\ (\mathrm{N}) \times \frac{1000\ (\mathrm{g})}{100\ (\mathrm{g})} = 10\ (\mathrm{N})$$

④　立方体がさらに沈んでも，立方体が押しのけた水の重さは変わらないので，浮力の大きさは変わらない。

問2．

(1)　点Pで糸がばねを引く力は，動滑車の糸が立方体Aを引く力と等しい。立方体Aの質量は300g，滑車は動滑車なので，点Pで糸がばねを引く力の大きさは，

$$1\ (\mathrm{N}) \times \frac{300\ (\mathrm{g})}{100\ (\mathrm{g})} \times \frac{1}{2} = 1.5\ (\mathrm{N})$$

(2)　糸が立方体Bを上向きに引く力の大きさは，動滑車の糸が立方体Aを引く力の大きさと等しいので，(1)より，1.5N。立方体Bの質量は800gなので，立方体Bにはたらく重力の大きさは，

$$1\ (\mathrm{N}) \times \frac{800\ (\mathrm{g})}{100\ (\mathrm{g})} = 8\ (\mathrm{N})$$

よって，立方体Bが水そうの底から受けている垂直抗力の大きさは，

$8\ (\mathrm{N}) - 1.5\ (\mathrm{N}) = 6.5\ (\mathrm{N})$

(3)　水そうに底から2cmまで水が入ったとき，立方体Bが押しのけた水の体積は，

$10\ (\mathrm{cm}) \times 10\ (\mathrm{cm}) \times 2\ (\mathrm{cm}) = 200\ (\mathrm{cm}^3)$

立方体Bが押しのけた水の質量は，

$200\ (\mathrm{cm}^3) \times 1\ (\mathrm{g/cm}^3) = 200\ (\mathrm{g})$

このとき立方体Bにはたらく浮力の大きさは，

$$1\ (\mathrm{N}) \times \frac{200\ (\mathrm{g})}{100\ (\mathrm{g})} = 2\ (\mathrm{N})$$

(2)より，立方体Bが水そうの底から受けている垂直抗力の大きさは，

$6.5\ (\mathrm{N}) - 2\ (\mathrm{N}) = 4.5\ (\mathrm{N})$

答 問1．① 300　② 3　③ 10　④ (イ)

問2．(1) 1.5 (N)　(2) 6.5 (N)　(3) 4.5 (N)

7　問1．図2より，ばねAのもとの長さは33cm。ばねAに質量が10gのおもりをつるしたとき，ばねAの伸びは1cm。質量が10gのおもりにはたらく重力の大きさは，

$$1\ (\mathrm{N}) \times \frac{10\ (\mathrm{g})}{100\ (\mathrm{g})} = 0.1\ (\mathrm{N})$$

ばねAを1.5Nの力でゆっくり引っ張ったときのばねの伸びは，

$$1\ (\mathrm{cm}) \times \frac{1.5\ (\mathrm{N})}{0.1\ (\mathrm{N})} = 15\ (\mathrm{cm})$$

よって，ばねAの長さは，

$33\ (\mathrm{cm}) + 15\ (\mathrm{cm}) = 48\ (\mathrm{cm})$

問2．図2より，ばねBに質量が10gのおもりをつるしたとき，ばねBの伸びは2cm。

よって，ばねBの伸びが15cmのとき，ばね

Bにつるしたおもりの質量は，

$$10\,(\text{g})\times\frac{15\,(\text{cm})}{2\,(\text{cm})}=75\,(\text{g})$$

問3．斜面が水平面と30°の角をなすとき，直角三角形の辺の比の関係より，おもりにはたらく重力の斜面に平行な分力の大きさは，おもりにはたらく重力の大きさの $\frac{1}{2}$ 倍になる。

おもりの質量が120gのとき，斜面に平行な分力の大きさは，

$$1\,(\text{N})\times\frac{120\,(\text{g})}{100\,(\text{g})}\times\frac{1}{2}=0.6\,(\text{N})$$

このときばねAの伸びは，

$$1\,(\text{cm})\times\frac{0.6\,(\text{N})}{0.1\,(\text{N})}=6\,(\text{cm})$$

よって，ばねAの長さは，

$$33\,(\text{cm})+6\,(\text{cm})=39\,(\text{cm})$$

問4．斜面の角度を大きくすると，おもりにはたらく重力の斜面に平行な分力の大きさは大きくなり，ばねAにはたらく力が大きくなる。

問5．ばねAにつるされているおもりの質量は50gなので，図2より，ばねAの長さは38cm。ばねBにつるされているおもりの質量は，

$$50\,(\text{g})+50\,(\text{g})=100\,(\text{g})$$

ばねBの伸びは，

$$2\,(\text{cm})\times\frac{100\,(\text{g})}{10\,(\text{g})}=20\,(\text{cm})$$

図2より，ばねBのもとの長さは23cm。よって，ばねBの長さは，

$$23\,(\text{cm})+20\,(\text{cm})=43\,(\text{cm})$$

問6．ばねAにつないだおもりの質量がXgのとき，ばねAには，斜面に平行な方向に，質量が，

$$\frac{1}{2}X\,(\text{g})=0.5X\,(\text{g})$$

のおもりがつるされているのと同じ力がはたらく。ばねBには質量が，

$$X\,(\text{g})+0.5X\,(\text{g})=1.5X\,(\text{g})$$

のおもりがつるされているのと同じ力がはたらく。ばねBの伸びは，

$$32\,(\text{cm})-23\,(\text{cm})=9\,(\text{cm})$$

したがって，ばねBにつるしたおもりの質量は，

$$10\,(\text{g})\times\frac{9\,(\text{cm})}{2\,(\text{cm})}=45\,(\text{g})$$

これが1.5Xgと等しいので，

$1.5X\,(\text{g})=45\,(\text{g})$ より，$X=30$

ばねAには斜面に平行な方向に，質量が，

$$30\,(\text{g})\times0.5=15\,(\text{g})$$

のおもりがつるされているのと同じ力がはたらく。ばねAの伸びは，

$$1\,(\text{cm})\times\frac{15\,(\text{g})}{10\,(\text{g})}=1.5\,(\text{cm})$$

よって，ばねAの長さは，

$$33\,(\text{cm})+1.5\,(\text{cm})=34.5\,(\text{cm})$$

問7．問6と同様に，ばねAには質量0.5Yg，ばねBには質量1.5Ygのおもりがつるされているのと同じ力がはたらくと考えられる。ばねAの伸びは，

$$1\,(\text{cm})\times\frac{0.5Y\,(\text{g})}{10\,(\text{g})}=0.05Y\,(\text{cm})$$

なので，ばねAの長さは，$(33+0.05Y)$ cmと表される。ばねBの伸びは，

$$2\,(\text{cm})\times\frac{1.5Y\,(\text{g})}{10\,(\text{g})}=0.3Y\,(\text{cm})$$

なので，ばねBの長さは，$(23+0.3Y)$ cmと表される。ばねAとばねBの長さが等しいので，

$$(33+0.05Y)\,(\text{cm})=(23+0.3Y)\,(\text{cm})$$

より，$Y=40$

よって，ばねの長さは，

$$23\,(\text{cm})+0.3\times40\,(\text{cm})=35\,(\text{cm})$$

答 問1．48 (cm)　問2．75 (g)

問3．39 (cm)　問4．ア

問5．(ばねA) 38 (cm)　(ばねB) 43 (cm)

問6．34.5 (cm)　問7．35 (cm)

★★★ 発展問題 ★★★（19ページ）

1 [A]

(1)　ロープCにはたらく水平方向の力は，相手がロープCを水平左向きに引っ張る力，AさんがロープCを水平右向きに引っ張る力，ロープDがロープCを水平右向きに引っ張る力。Aさんにはたらく水平方向の力は，ロープCがAさんを水平左向きに引っ張る力，床

からAさんに水平右向きにはたらく摩擦力。

(2) 1．(1)より，ロープは図2の状態で静止しているので，ロープCにはたらく水平方向の3つの力はつり合っている。水平左向きの力の大きさはF (N)，水平右向きの力の大きさは f_A (N) と f (N) なので，$F = f_A + f$

2．図2より，ロープDにはたらく水平方向の力は，ロープCがロープDを水平左向きに引っ張る力，BさんがロープDを水平右向きに引っ張る力。ロープは図2の状態で静止しているので，水平左向きの力の大きさ f (N) と水平右向きの力の大きさ f_B (N) は等しい。よって，$f = f_B$

[B]

(3) 3．表1より，T = 2.50N，$h = d$ = 19.4cm を基準とする。T = 5.00N となるとき，Tの大きさは基準の，

$$\frac{5.00\ (\mathrm{N})}{2.50\ (\mathrm{N})} = 2\ (倍)$$

また，h = 11.3cm，d = 22.6cm なので，

$$\frac{d}{h} = \frac{22.6\ (\mathrm{cm})}{11.3\ (\mathrm{cm})} = 2\ (倍)$$

よって，Tの大きさは $\frac{d}{h}$ に比例するので，定数 k を用いて文字式で表すと，

$$T = k \times \frac{d}{h}$$

4・5．3より，

$$T = k \times \frac{d}{h},$$

k が定数なので，d を大きくするほど，また，h を小さくするほど，Tの値は大きくなる。

答 (1)（次図）　(2) 1．$F = f_A + f$　2．$f = f_B$

(3) 3．ウ　4．キ　5．カ

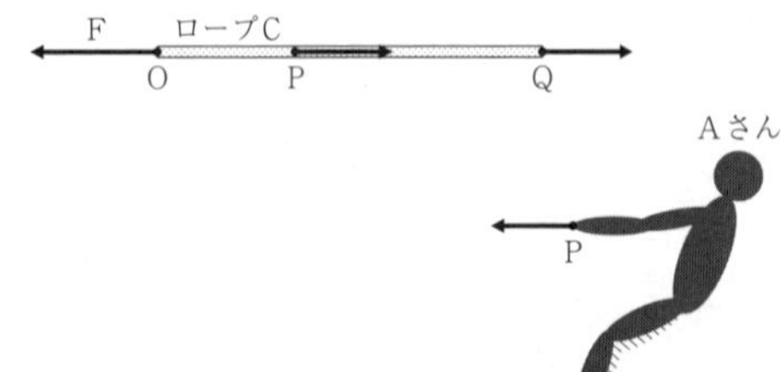

2．電流とその利用

§1．電流回路（22ページ）

☆☆☆ 標準問題 ☆☆☆（22ページ）

1　1．ストローとこすり合わせたティッシュペーパーは，ストローと異なる種類の電気を帯びる。ストローAとストローBは同じ種類の電気を帯びる。同じ種類の電気の間にはしりぞけ合う力，異なる種類の電気の間には引き合う力がはたらく。

5．図6で十字板の影ができたので，放電管内では，－極の電極から電流のもととなる粒子が出て，＋極の電極に向かっていると考えられる。

答 1．イ

2．ティッシュペーパーからストローに電子が移動したから。（同意可）

3．ポリ塩化ビニルのパイプに蓄えられた静電気が蛍光灯の中を通ることで，電流が流れたから。（同意可）

4．真空放電　5．ウ

2　(1)　50mA = 0.05A

なので，オームの法則より，

$$\frac{1.5\ (\mathrm{V})}{0.05\ (\mathrm{A})} = 30\ (\Omega)$$

(2)　点(a)と点(b)の間に加わる電圧は1.0Vより，電源の電圧は1.0V。回路全体の抵抗の大きさは，

$$30\ (\Omega) + 20\ (\Omega) = 50\ (\Omega)$$

回路全体に流れる電流の大きさは，

$$\frac{1.0\ (\mathrm{V})}{50\ (\Omega)} = 0.02\ (\mathrm{A})$$

よって，抵抗器Yの両端に加わる電圧は，

$$0.02\ (\mathrm{A}) \times 20\ (\Omega) = 0.4\ (\mathrm{V})$$

(3)　点(b)に流れる電流の大きさは，回路全体に流れる電流の大きさと同じなので，(2)より，

0.02A = 20mA。

(4)　抵抗器Xに加わる電圧は，

$$0.02\ (\mathrm{A}) \times 30\ (\Omega) = 0.6\ (\mathrm{V})$$

並列回路では各抵抗器に加わる電圧は等しいので，抵抗器Zの両端にも0.6Vの電圧が加わる。

(5)　抵抗器Zに流れる電流の大きさは，

$\frac{0.6\ (V)}{10\ (\Omega)} = 0.06\ (A)$

並列回路では回路全体に流れる電流は各抵抗器に流れる電流の和に等しいので，

0.02 (A) + 0.06 (A) = 0.08 (A)より，80mA。

(6)(ア)　抵抗器 X に流れる電流の大きさは，

$\frac{1.0\ (V)}{30\ (\Omega)} = \frac{1}{30}\ (A)$

消費電力は，

$1.0\ (V) \times \frac{1}{30}\ (A) \fallingdotseq 0.03\ (W)$

(イ)　抵抗器 X に加わる電圧は，

$0.02\ (A) \times 30\ (\Omega) = 0.6\ (V)$

消費電力は，

$0.6\ (V) \times 0.02\ (A) = 0.012\ (W)$

(ウ)　(2)より，抵抗器 Y の両端に加わる電圧は 0.4V。

よって，

$0.4\ (V) \times 0.02\ (A) = 0.008\ (W)$

答 (1) 30 (Ω)　(2) 0.4 (V)　(3) 20 (mA)
(4) 0.6 (V)　(5) 80 (mA)　(6) (ア)

3　1．直列回路ではそれぞれの抵抗に加わる電圧の和が電源の電圧と等しく，並列回路ではそれぞれの抵抗の両端に加わる電圧が電源の電圧と等しい。

2．

(2)　図 3 より，

$\frac{3.0\ (V)}{0.4\ (A)} = 7.5\ (\Omega)$

(3)　電流計の－端子は 500mA に接続されているので，最大目盛りを 500mA として読み取る。

(4)　図 3 より，抵抗器 B は，

$\frac{5\ (V)}{0.4\ (A)} = 12.5\ (\Omega)$

抵抗器 C は，

$\frac{3\ (V)}{0.1\ (A)} = 30\ (\Omega)$

(3)のとき，

100mA = 0.1A

より，抵抗の大きさは，

$\frac{1.25\ (V)}{0.1\ (A)} = 12.5\ (\Omega)$

よって，抵抗器 B。

(5)　$\frac{9\ (V)}{30\ (\Omega)} = 0.3\ (A)$

3．電球の消費電力は，

$100\ (V) \times 0.6\ (A) = 60\ (W)$

LED 電球の消費電力は，

$100\ (V) \times 0.1\ (A) = 10\ (W)$

よって，

$\frac{10\ (W)}{60\ (W)} \times 100 \fallingdotseq 17\ (\%)$

答 1．イ・ウ・オ・カ
2．(1) オームの法則　(2) 7.5 (Ω)　(3) 100mA
(4) B　(5) 0.3 (A)
3．17 (%)

4　(1)　電圧計の値は 5.0V で一定なので，電流の大きさが小さいほどニクロム線の消費電力が小さい。表より，電流の大きさが最も小さいのは断面積 $0.01mm^2$，端子 A からみのむしクリップまでの距離が 60cm のとき。

(2)　表より，断面積 $0.1mm^2$ で端子 A からみのむしクリップまでの距離が 20cm のときの電流の大きさは 2.50A。電圧の大きさは 5.0V なので，オームの法則より，

$\frac{5.0\ (V)}{2.50\ (A)} = 2\ (\Omega)$

(3)　(2)より，断面積 $0.1mm^2$ で端子 A からみのむしクリップまでの距離が 20cm のとき，抵抗の大きさは 2 Ω。表より，断面積 $0.1mm^2$ で端子 A からみのむしクリップまでの距離が 40cm のときの電流の大きさは 1.25A なので，抵抗の大きさは，

$\frac{5.0\ (V)}{1.25\ (A)} = 4\ (\Omega)$

したがって，ニクロム線の抵抗の大きさは，断面積が等しい場合，長さに比例している。断面積 $0.05mm^2$ で端子 A からみのむしクリップまでの距離が 20cm のときの電流の大きさは 1.25A なので，抵抗の大きさは 4 Ω。

よって，ニクロム線の抵抗の大きさは，長さが等しい場合，断面積に反比例している。

(4)①　(3)より，ニクロム線の抵抗の大きさは長さに比例するので，

$$10\,(\mathrm{cm}) \times \frac{40\,(\Omega)}{10\,(\Omega)} = 40\,(\mathrm{cm})$$

②・③　①より，10 Ωの抵抗を長さ 10cm のニクロム線，40 Ωの抵抗を長さ 40cm のニクロム線と考えると，全体では長さ，

$$10\,(\mathrm{cm}) + 40\,(\mathrm{cm}) = 50\,(\mathrm{cm})$$

のニクロム線と考えられる。回路全体の抵抗の大きさは 10 Ωの抵抗の，

$$\frac{50\,(\mathrm{cm})}{10\,(\mathrm{cm})} = 5\,(倍)$$

④・⑤　並列に接続したニクロム線は断面積が 2 倍になったと考えられる。(3)より，ニクロム線の抵抗の大きさは断面積に反比例するので，断面積が 2 倍になると，抵抗の大きさは $\frac{1}{2}$ 倍になる。

答 (1) (断面積) 0.01 (mm^2)　(距離) 60 (cm)
(2) 2 (Ω)　(3) ① 比例　② 反比例
(4) ① 40　② 50　③ 5　④ 2　⑤ $\frac{1}{2}$

5　2．R_1 に流れた電流は，R_2 を流れた電流と R_3 を流れた電流の和なので，R_2 を流れた電流は，

$$4\,(\mathrm{A}) - 2\,(\mathrm{A}) = 2\,(\mathrm{A})$$

3．並列部分にかかる電圧は等しいので，1：1。

4．R_1 に流れる電流は 4 A なので，オームの法則より，

$$\frac{8\,(\mathrm{V})}{4\,(\mathrm{A})} = 2\,(\Omega)$$

5．R_2，R_3 の抵抗値は，

$$\frac{8\,(\mathrm{V})}{2\,(\mathrm{A})} = 4\,(\Omega)$$

よって，抵抗値が最も小さいのは R_1。

6．回路全体にかかる電圧が 16V，回路を流れる電流が 4 A なので，

$$\frac{16\,(\mathrm{V})}{4\,(\mathrm{A})} = 4\,(\Omega)$$

7．16 (V) × 4 (A) = 64 (W)

8．64 (W) × 21 (s) = 1344 (J)

$$1\,(\mathrm{cal}) \times \frac{1344\,(\mathrm{J})}{4.2\,(\mathrm{J})} = 320\,(\mathrm{cal})$$

答 1. 電流計(または，検流計)　2. 2 (A)
3. (R_2：R_3 =) 1：1　4. 2 (Ω)　5. R_1
6. 4 (Ω)　7. 64 (W)　8. 320 (cal)

9．エネルギー保存(の法則)

6　問 1．図 1 より，抵抗 X に 2 V の電圧をかけると 0.1A の電流が流れたので，抵抗 X の抵抗値は，オームの法則より，

$$\frac{2\,(\mathrm{V})}{0.1\,(\mathrm{A})} = 20\,(\Omega)$$

問 2．図 2 で，電源装置の電圧を 12V にすると 0.25A の電流が流れたので，回路全体の抵抗値は，

$$\frac{12\,(\mathrm{V})}{0.25\,(\mathrm{A})} = 48\,(\Omega)$$

直列回路なので，抵抗 Y の抵抗値は，

$$\frac{48\,(\Omega)}{2} = 24\,(\Omega)$$

問 3．並列回路なので，それぞれの抵抗に 6 V の電圧がかかる。
したがって，1 つの抵抗 Y に流れる電流の大きさは，

$$\frac{6\,(\mathrm{V})}{24\,(\Omega)} = 0.25\,(\mathrm{A})$$

よって，検流計の値は，

$$0.25\,(\mathrm{A}) \times 2 = 0.5\,(\mathrm{A})$$

問 4．図 2 の回路で消費する電力は，

$$12\,(\mathrm{V}) \times 0.25\,(\mathrm{A}) = 3\,(\mathrm{W})$$

問 3 より，図 3 の回路で消費する電力は，

$$6\,(\mathrm{V}) \times 0.5\,(\mathrm{A}) = 3\,(\mathrm{W})$$

問 5．図 4 より，電球に 2 V の電圧をかけて 0.5A の電流が流れたときの抵抗値は，

$$\frac{2\,(\mathrm{V})}{0.5\,(\mathrm{A})} = 4.0\,(\Omega)$$

また，6 V の電圧をかけて 0.8A の電流が流れたときの抵抗値は，

$$\frac{6\,(\mathrm{V})}{0.8\,(\mathrm{A})} = 7.5\,(\Omega)$$

$\frac{7.5\,(\Omega)}{4\,(\Omega)} = 1.875$ より，1.9 倍。

問 6．図 5 の回路では電球と 30 Ωの抵抗に 0.8A の電流が流れたので，図 4 より，電球には 6 V の電圧がかかり，30 Ωの抵抗には，

$$30\,(\Omega) \times 0.8\,(\mathrm{A}) = 24\,(\mathrm{V})$$

の電圧がかかった。よって，電源装置の電圧は，

$$6\,(\mathrm{V}) + 24\,(\mathrm{V}) = 30\,(\mathrm{V})$$

問7．10 Ωの抵抗にかかった電圧は，

$10\,(\Omega) \times 0.2\,(A) = 2\,(V)$

電球にも2Vの電圧がかかったので，図4より，電球に0.5Aの電流が流れる。

問8．問7より，抵抗Zにかかった電圧は，

$30\,(V) - 2\,(V) = 28\,(V)$

抵抗Zに流れた電流は，

$0.2\,(A) + 0.5\,(A) = 0.7\,(A)$

よって，抵抗Zの抵抗値は，

$$\frac{28\,(V)}{0.7\,(A)} = 40\,(\Omega)$$

答 問1．20（Ω） 問2．24（Ω）
問3．0.5（A） 問4．（図2：図3＝）1：1
問5．① 4.0 ② 1.9 問6．30（V）
問7．0.5（A） 問8．40（Ω）

★★★ 発展問題 ★★★（29ページ）

1 問1．右手の親指以外の4本の指を電流の向きに合わせて握ると，立てた親指の向きが磁界の向きになる。

よって，図1のコイルでは下側がN極，上側（指針側）がS極になる。電流が流れたときに指針が右に振れるためには，左側の磁極は指針側の極としりぞけ合うS極であればよい。

問2．メーター部分の3.6 Ωの抵抗に

$30mA = 0.03A$

の電流が流れるときに加わる電圧の大きさは，オームの法則より，

$0.03\,(A) \times 3.6\,(\Omega) = 0.108\,(V)$

3.6 ΩのメーターR部分とR Ωの抵抗器は並列つなぎなので，R Ωの抵抗器に加わる電圧の大きさも0.108Vになる。

よって，

$270mA = 0.27A$

より，

$$\frac{0.108\,(V)}{0.27\,(A)} = 0.4\,(\Omega)$$

問3．

ア．抵抗R_1，R_2，R_3の直列つなぎと，メーター部分の抵抗の並列回路なので，抵抗R_1，R_2，R_3の直列つなぎに加わる電圧の大きさと，メーター部分の抵抗に加わる電圧の大きさが等しくなる。

イ．$500\,(mA) - 5\,(mA) = 495\,(mA)$

ウ．＋端子と500mAの－端子をつなぐと，抵抗R_2とR_3の直列つなぎと，メーター部分の抵抗と抵抗R_1の直列つなぎの並列回路になる。

エ．5A＝5000mAより，

$5000\,(mA) - 5\,(mA) = 4995\,(mA)$

オ．＋端子と5Aの－端子をつなぐと，メーター部分の抵抗，抵抗R_1，R_2の直列つなぎと，抵抗R_3の並列回路になる。

カ～ク．＋端子と50mAの－端子をつないだときの関係式より，

$R_1 + R_2 + R_3 = 1$

＋端子と500mAの－端子をつないだときの関係式より，

$-R_1 + 99R_2 + 99R_3 = 9$

＋端子と5Aの－端子をつないだときの関係式より，

$-R_1 - R_2 + 999R_3 = 9$

これらを連立させて解いて，

$R_1 = 0.9\,(\Omega)$，$R_2 = 0.09\,(\Omega)$，

$R_3 = 0.01\,(\Omega)$

答 問1．S（極） 問2．0.4（Ω）
問3．ア．9.0 イ．495 ウ．$(R_1 + 9.0)$
エ．4995 オ．$(R_1 + R_2 + 9.0)$ カ．0.9
キ．0.09 ク．0.01

§2．電流と磁界（30ページ）

1 問2．$320mA = 0.32A$

オームの法則より，

$$\frac{8\,(V)}{0.32\,(A)} = 25\,(\Omega)$$

問3．

(1) 磁石の磁界はN極からS極の向き。

(2) アルミニウム棒に流れる電流の向きは右から左なので，アルミニウム棒のまわりには左に向かって右回りの磁界ができる。磁界を合成すると，電流のつくる磁界と磁石の磁界が同じ上向きになるアルミニウム棒の手前側の磁界が強まり，磁界の強いほうから弱いほう

に向かってアルミニウム棒に力がはたらく。

問4.

(イ) 電磁誘導を利用して連続的に電流をとり出す装置。

(ウ) 磁界中でコイルに流れる電流が力を受けることを利用して，連続的に回転させるようにした装置。

(オ) コイルのまわりに磁石が固定されていて，電流（音の信号）が流れると磁界内でコイルが振動する。この振動が振動板に伝わり，空気を振動させて音になる。

答 問1. あ. 抵抗　い. 電流　問2. 25 (Ω)
問3. (1) ア　(2) エ　問4. (ウ)・(オ)

2 (1) 図1のように，コイルの上側にS極を近づけるとアの向きに電流が流れるので，コイルの上側にN極が近づくときと，コイルの上側からS極が遠ざかるときは，流れる電流の向きは逆のイになる。コイルの上側からN極が遠ざかるときは，同じ向きのアになる。

(3) 磁石を動かさなければコイル内の磁界が変化しないので，誘導電流は流れない。

答 (1) ① イ　② イ　③ ア
(2) A. 電磁誘導　B. 誘導電流　(3) (c)
(4)（「速さ」or「速く」）磁石の動きを速くする。(11字)
（「コイル」）コイルの巻数を増やす。(11字)

3 Ⅰ.

(1) 導線に電流を流すと，電流の流れる向きに対して時計まわりの磁界ができる。図2より，上から見て時計まわりの磁界ができているので，電流は上から下に向かって流れている。

Ⅱ.

(4) 図3で棒Bにかかる力は左上の向き，磁界は上向きなので，棒Bに流れる電流の向きはイの向き。

(5) (4)より，棒Bに流れる電流がイの向きなので，棒Aに流れる電流の向きはアの向き。磁界は上向きなので，棒Aにかかる力はエの向き。

答 (1) 下(向き)　(2) ②　(3) ウ　(4) イ　(5) エ

4 (1) 図1では，コイルの上側にS極が生じることで検流計の針が＋側に振れた。図2でも，コイルの上側にS極が生じるので，検流計の針は図1と同じ＋側に振れる。

(3) S極がコイルの上から近づくときは検流計の針は＋側に振れる。棒磁石がコイルを通過したあと，N極がコイルの下から遠ざかるので，検流計の針は−側に振れる。

答 (1) ＋側に振れる
(2) 棒磁石をより速く動かす　(3) イ　(4) ア
(5) 磁石は自由落下しており，上側よりも下側のコイルを通過する速さのほうが大きいから

5 (1) 電流が進む向きに対して時計回りの磁界ができる。方位磁針のN極は磁界の向きを示す。

(2) 導線から離れると電流による磁界の影響が小さくなり，地球の磁界の影響が大きくなる。

(3) 800mA = 0.8A
抵抗器にかかる電圧は，
$2.0\,(\Omega) \times 0.8\,(\mathrm{A}) = 1.6\,(\mathrm{V})$
よって，抵抗器にはたらく電力は，
$1.6\,(\mathrm{V}) \times 0.8\,(\mathrm{A}) = 1.28\,(\mathrm{W})$

(4) 棒磁石が㋐から㋑に移動するときはコイルに近づき，㋑から㋒に移動するときはコイルから遠ざかる。

答 (1) エ　(2) オ　(3) 1.28 (W)　(4) ウ　(5) ウ

§3. 電流と発熱 (35ページ)

1 問1. 表より，液晶テレビの消費電力は210Wなので，

$$\frac{210\,(\mathrm{W})}{100\,(\mathrm{V})} = 2.1\,(\mathrm{A})$$

問2. ドライヤーの消費電力は1200Wなので，流れる電流は，

$$\frac{1200\,(\mathrm{W})}{100\,(\mathrm{V})} = 12\,(\mathrm{A})$$

オームの法則より，電熱線の電気抵抗は，

$$\frac{100\,(\mathrm{V})}{12\,(\mathrm{A})} \fallingdotseq 8.3\,(\Omega)$$

問3. エアコンの消費電力は660Wなので，
$660\,(\mathrm{W}) \times (15 \times 60)\,(\mathrm{s}) = 594000\,(\mathrm{J})$

問4. 問1・問2より，液晶テレビとドライヤーに流れる電流はそれぞれ2.1Aと12A。電子レンジの消費電力は1500Wなので，流れる

電流は，

$$\frac{1500\,(\mathrm{W})}{100\,(\mathrm{V})}=15\,(\mathrm{A})$$

エアコンの消費電力は660Wなので，流れる電流は，

$$\frac{660\,(\mathrm{W})}{100\,(\mathrm{V})}=6.6\,(\mathrm{A})$$

冷蔵庫の消費電力は250Wなので，流れる電流は，

$$\frac{250\,(\mathrm{W})}{100\,(\mathrm{V})}=2.5\,(\mathrm{A})$$

よって，流れる電流が，

$20\,(\mathrm{A})-15\,(\mathrm{A})=5\,(\mathrm{A})$

以下になる家電製品を選ぶ。

問5．冷蔵庫の消費電力は250Wなので，

$250\,(\mathrm{W})\times(24\times7)\,(\mathrm{h})=42000\,(\mathrm{Wh})$

より，42kWh。

答 問1．2.1（A） 問2．8.3（Ω）
問3．594000（J） 問4．液晶テレビ・冷蔵庫
問5．42（kWh）
問6．複数の家電製品を使用したときに，すべての家電製品に同じ電圧が加わるようにするため。

2 (1) ワット（W）は電力の単位。

(2) 1Vの電圧で1Aの電流が流れたときの電力が1Wなので，

$$\frac{1200\,(\mathrm{W})}{100\,(\mathrm{V})}=12\,(\mathrm{A})$$

(3) 1Wの電力を1秒間利用したときの熱量が1Jなので，

$1200\,(\mathrm{W})\times(5\times60)\,(\mathrm{s})=360000\,(\mathrm{J})$

(4) 1Whは，1Wの電力を1時間消費したときの電力量。20Wのライトを3日間使用したときの電力量は，

$20\,(\mathrm{W})\times(3\times24)\,(\mathrm{h})=1440\,(\mathrm{Wh})$

よって，

$$0.025\,(円)\times\frac{1440\,(\mathrm{Wh})}{1\,(\mathrm{Wh})}=36\,(円)$$

(5) 水の温度上昇は，

$100\,(℃)-20\,(℃)=80\,(℃)$

水1Lの質量は1000g。水が得た熱量は，

$$4.2\,(\mathrm{J})\times\frac{1000\,(\mathrm{g})}{1\,(\mathrm{g})}\times\frac{80\,(℃)}{1\,(℃)}$$

$=336000\,(\mathrm{J})$

電流による発熱に x 秒かかったとすると，

$1500\,(\mathrm{W})\times x\,(\mathrm{s})=336000\,(\mathrm{J})$

これを解いて，

$x=224\,(\mathrm{s})$ より，3分44秒。

答 (1) ア (2) 12（A） (3) 360000（J）
(4) 36（円） (5) 3（分）44（秒）

3 (1)①

$$\frac{1000\,(\mathrm{W})}{100\,(\mathrm{V})}=10\,(\mathrm{A})$$

②

$$\frac{1200\,(\mathrm{W})}{100\,(\mathrm{V})}=12\,(\mathrm{A})$$

なので，

$10\,(\mathrm{A})+12\,(\mathrm{A})=22\,(\mathrm{A})$

(2) 並列でつながった電気器具では，1つの電気器具のスイッチを切っても，他の電気器具に加わる電圧の大きさは変わらないので，他の電気器具の使う電力は変わらず，他の電気器具に流れる電流の大きさも変わらない。

(3) (1)の①より，100Vの電圧を加えると10Aの電流が流れるので，オームの法則より，

$$\frac{100\,(\mathrm{V})}{10\,(\mathrm{A})}=10\,(\Omega)$$

(4) (3)より，100V—1000Wのドライヤーの抵抗が10Ωなので，230Vの電圧を加えたときに流れる電流の大きさは，

$$\frac{230\,(\mathrm{V})}{10\,(\Omega)}=23\,(\mathrm{A})$$

よって，

$$\frac{23\,(\mathrm{A})}{10\,(\mathrm{A})}=2.3\,(倍)$$

(5) 15Aまでの電流で使えるコンセントを100Vの電圧で使用するには，電気器具の消費電力の合計が，

$15\,(\mathrm{A})\times100\,(\mathrm{V})=1500\,(\mathrm{W})$

まで接続することができる。

よって，100V—1000Wのドライヤーと同時に使える電気器具の組み合わせは，(掃除機)・(加湿器)・(テレビ)・(携帯電話)・(加湿器とテレビ)・(加湿器と携帯電話)・(テレビと携帯電話)・(加湿器とテレビと携帯電話)の8通りになる。

(6) 1本の導線の中を電子は－極から＋極に移動し，電流が＋極から－極に流れる。

答 (1) ① 10　② 22　③ 並列　(2) イ・エ
(3) 10 (Ω)　(4) 2.3 (倍)　(5) 8 (通り)　(6) エ

4 問1．グラフより，加熱時間と水の上昇温度は比例する。5分後の水の上昇温度は5℃なので，15分後の水の上昇温度は，

$$5\,(℃)\times\frac{15\,(分)}{5\,(分)}=15\,(℃)$$

15分後の水の温度は，

$20\,(℃)+15\,(℃)=35\,(℃)$

問2．水の量と水の上昇温度は反比例する。問1より，水180gでの15分後の上昇温度は15℃なので，水90gでの15分後の上昇温度は，

$$15\,(℃)\times\frac{180\,(g)}{90\,(g)}=30\,(℃)$$

15分後の水の温度は，

$20\,(℃)+30\,(℃)=50\,(℃)$

問3．
(1)エ・オ．電圧が2倍になると，電流も2倍になるので，電力は，

$2\,(倍)\times 2\,(倍)=4\,(倍)$

また，電圧が3倍になると，電流も3倍になるので，電力は，

$3\,(倍)\times 3\,(倍)=9\,(倍)$

(2) 表より，水180gを15Vで5分間加熱すると，上昇温度は，

$65\,(℃)-20\,(℃)=45\,(℃)$

よって，

$$20\,(℃)+45\,(℃)\times\frac{180\,(g)}{270\,(g)}=50\,(℃)$$

答 問1．35℃　問2．50℃
問3．(1) ア．電圧　イ．電流　ウ．オーム　エ．4　オ．9　(2) 50℃

5 (1) 水100gの水温を10℃上昇させた熱量は，

$4.2\,(J/℃)\times 100\,(g)\times 10\,(℃)=4200\,(J)$

(2) 回路全体の消費電力は，

$$\frac{4200\,(J)}{10\times 60\,(s)}=7\,(W)$$

(3) 図1は直列回路なので流れる電流の大きさはどこも等しい。(2)より，電熱線Aを流れる電流の大きさは，

$$\frac{7\,(W)}{3.5\,(V)}=2.0\,(A)$$

(4) 電圧を，

$$\frac{7\,(V)}{3.5\,(V)}=2\,倍$$

にすると，オームの法則より，流れる電流の大きさも2倍になる。消費電力は，

$2\times 2=4$ 倍

になる。

(5) 電熱線1個の抵抗の大きさを1として考えると，図1は直列回路なので2，図2は並列回路なので，$\frac{1}{2}$ となる。図1と比べて図2の抵抗の大きさは，$\frac{1}{2}\div 2=\frac{1}{4}$ 倍になる。電圧は等しいので流れる電流の大きさは4倍になり，回路全体の消費電力は4倍，かかる時間は，$\frac{1}{4}$ 倍になる。

(6) 発生した熱量は，

$1000\,(W)\times 90\,(s)=90000\,(J)$

(7) $1\,(g/cm^3)\times 200\,(cm^3)=200\,(g)$

の水の温度を，

$100\,(℃)-20\,(℃)=80\,(℃)$

上昇させるのに必要な熱量は，

$4.2\,(J/℃)\times 200\,(g)\times 80\,(℃)=67200\,(J)$

(6)より，水が失った熱量は，

$90000\,(J)-67200\,(J)=22800\,(J)$

答 (1) ⑤　(2) 7W (または，7J/s)　(3) ③
(4) ③　(5) ④　(6) ④　(7) ④

6 **答** ㋐〔消費〕電力　㋑ ワット　㋒ W　㋓ V・I
㋔ $R\cdot\frac{P^2}{V^2}$　㋕ 大き　㋖ 100 (または，200)

7 問1．図1より，3Vで0.5Aの電流が流れるので，オームの法則より，

$$\frac{3\,(V)}{0.5\,(A)}=6\,(Ω)$$

問2．図1より，9Vの電圧を加えると電熱線aに1.5A，電熱線bに0.5Aの電流が流れるので，電圧が等しいとき，電熱線bには電熱線aの，

$$\frac{0.5\,(A)}{1.5\,(A)}=\frac{1}{3}\,(倍)$$

の電流が流れる。水の量が同じで，電圧と電流を流した時間が同じとき，水の温度変化は

電流の大きさに比例する。表より，電熱線 a に 3 分間電流を流したときの水の温度変化は，

$21.1\,(℃) - 16.6\,(℃) = 4.5\,(℃)$

電熱線 b に 3 分間電流を流したときの水の温度変化は，

$$4.5\,(℃) \times \frac{1}{3} = 1.5\,(℃)$$

よって，3 分後の水温は，

$16.6\,(℃) + 1.5\,(℃) = 18.1\,(℃)$

問 3．図 1 より，電熱線 a に 12V の電圧を加えると 2 A の電流が流れる。図 3 は直列回路で，回路に流れる電流は抵抗の数に反比例するので，$x = 2$ のとき，流れる電流は，

$$2\,(\mathrm{A}) \times \frac{1}{1+2} \fallingdotseq 0.67\,(\mathrm{A})$$

図 4 は並列回路で，電熱線 a と区間 X にそれぞれ 12V の電圧が加わる。$x = 2$ のとき，区間 X に流れる電流は，

$$2\,(\mathrm{A}) \times \frac{1}{2} = 1\,(\mathrm{A})$$

回路全体に流れる電流は電熱線 a に流れる電流と区間 X に流れる電流の和なので，

$1\,(\mathrm{A}) + 2\,(\mathrm{A}) = 3\,(\mathrm{A})$

問 4．水の量が同じで，電流を流した時間も同じなので，水の温度変化は電力の大きさに比例する。直列回路に加わる電圧は各抵抗に加わる電圧の和と等しいので，$x = 3$ のとき，図 3 の電熱線 a には，

$$12\,(\mathrm{V}) \times \frac{1}{1+3} = 3\,(\mathrm{V})$$

の電圧が加わり，問 3 より，

$$2\,(\mathrm{A}) \times \frac{1}{1+3} = 0.5\,(\mathrm{A})$$

の電流が流れる。

また，問 3 より，図 4 の電熱線 a には 12V の電圧が加わり，2 A の電流が流れる。

よって，図 4 の水の温度変化は図 3 の水の温度変化の，

$$\frac{12\,(\mathrm{V}) \times 2\,(\mathrm{A})}{3\,(\mathrm{V}) \times 0.5\,(\mathrm{A})} = 16\,(倍)$$

となる。

問 5．問 4 と同様，電力の大きさについて考えればよい。図 3 では，電熱線 a に加わる電圧と流れる電流がともに電熱線の数に反比例するので，x が大きくなると電力はだんだん小さくなる。図 4 では，電熱線 a に加わる電圧は 12V のまま変わらず，2 A の電流が流れるので電力は一定になる。

答 問 1．② 問 2．18.1
問 3．（図 3）② （図 4）⑤ 問 4．⑥
問 5．（図 3）① （図 4）③

8 (1)① 回路全体の抵抗の大きさは，オームの法則より，

$$\frac{6.0\,(\mathrm{V})}{1.0\,(\mathrm{A})} = 6.0\,(\Omega)$$

よって，電熱線 c の抵抗は，

$6.0\,(\Omega) - 2\,(\Omega) - 1\,(\Omega) = 3\,(\Omega)$

② 直列回路では各電熱線に流れる電流の大きさは等しいので，一定時間の発熱量は電熱線の抵抗の大きさに比例する。

よって，

$$2.4\,(℃) \times \frac{3\,(\Omega)}{2\,(\Omega)} = 3.6\,(℃)$$

(2)① 電熱線 c に加わる電圧は，

$1.0\,(\mathrm{A}) \times 3\,(\Omega) = 3\,(\mathrm{V})$

並列つなぎの電熱線 b にも 3 V の電圧が加わるので，電熱線 b に流れる電流は，

$$\frac{3\,(\mathrm{V})}{1\,(\Omega)} = 3\,(\mathrm{A})$$

したがって，電熱線 a に流れる電流は，

$1.0\,(\mathrm{A}) + 3\,(\mathrm{A}) = 4\,(\mathrm{A})$

電熱線 a に加わる電圧は，

$4\,(\mathrm{A}) \times 2\,(\Omega) = 8\,(\mathrm{V})$

よって，回路全体に加わる電圧は，

$3\,(\mathrm{V}) + 8\,(\mathrm{V}) = 11\,(\mathrm{V})$

② 一定時間の発熱量は電力の大きさに比例する。各電熱線の電力を求めると，電熱線 a は，

$8\,(\mathrm{V}) \times 4\,(\mathrm{A}) = 32\,(\mathrm{W})$

電熱線 b は，

$3\,(\mathrm{V}) \times 3\,(\mathrm{A}) = 9\,(\mathrm{W})$

電熱線 c は，

$3\,(\mathrm{V}) \times 1\,(\mathrm{A}) = 3\,(\mathrm{W})$

一定時間の水の温度上昇がすべて等しいことから，電力の比が水の質量の比になっている。

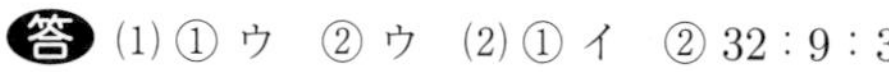

答 (1) ① ウ ② ウ (2) ① イ ② 32 : 9 : 3

3．運動とエネルギー

§1．運　　動（43ページ）

1 (1) XY間では，台車に重力の斜面方向の分力がはたらき続けるので，速さは一定の割合で増加する。YZ間では，運動の向きに力ははたらいていないので等速直線運動をする。

(2) 1打点は $\frac{1}{60}$ 秒なので，6打点するのにかかる時間は，

$$\frac{1}{60}\,(秒) \times 6 = 0.1\,(秒)$$

(3) 0.1秒間に6.0cm移動したので，平均の速さは，

$$\frac{6.0\,(\mathrm{cm})}{0.1\,(秒)} = 60\,(\mathrm{cm}/秒)$$

(4) Bのテープの長さは6.0cmなので，0.2秒間で増えた長さは，

$$8.4\,(\mathrm{cm}) - 6.0\,(\mathrm{cm}) = 2.4\,(\mathrm{cm})$$

よって，求める速さは，

$$\frac{2.4\,(\mathrm{cm})}{0.2\,(秒)} = 12\,(\mathrm{cm}/秒)$$

(5) YZ間は一定の速さで移動するので，テープの長さはそれぞれ同じ。0.1秒間に9.0cm移動したので，YZ間の距離は，

$$9.0\,(\mathrm{cm}) \times \frac{1.5\,(秒)}{0.1\,(秒)} = 135\,(\mathrm{cm})$$

(6) XY間では，速さは一定の割合で増加するので時間に比例し，グラフは原点を通る直線。YZ間では，速さは一定なので，グラフは横軸に平行になる。

答 (1) (エ)　(2) 0.1（秒）　(3) 60（cm/秒）　(4) 12（cm/秒）　(5) 135（cm）　(6) (オ)

2 問2．100.0（cm）－ 81.0（cm）＝ 19（cm）

問3．19cm ＝ 0.19m　打点間の時間は0.1秒なので，

$$\frac{0.19\,(\mathrm{m})}{0.1\,(秒)} = 1.9\,(\mathrm{m}/秒)$$

問4．表1で，手を離してから0.5秒後はE点で，O点からE点までの距離は25.0cm。O点からJ点までの距離は100.0cmなので，三角形の辺の比の関係より，O点のE点からの高さは，

$$20\,(\mathrm{cm}) \times \frac{25.0\,(\mathrm{cm})}{100.0\,(\mathrm{cm})} = 5\,(\mathrm{cm})$$

手を離して0.5秒後にJ点を通過させるには，小球をJ点からの高さが5cmの位置に置く。

問5．小球にはたらく力は，重力と斜面からの垂直抗力。

問6．表1より，O点からの距離は経過時間の2乗に比例する。

問7．小球がO点にあるときの位置エネルギーが実験①より大きいので，力学的エネルギー保存の法則より，J点での速さは実験①より速い。斜面が実験①よりも急なので小球の加速度は実験①よりも大きく，OJ間の距離は実験①と変わらないので，J点に達した時間は短い。

問8．P点の高さは実験①のO点と同じなので，J点での速さは実験①と変わらない。小球の加速度は実験①より大きく，PJ間の距離が短くなったので，J点に達した時間は短い。

答 問1. ア　問2. 19（cm）　問3, 1.9（m/秒）　問4. 5（cm）　問5. イ　問6. ウ　問7. ア　問8. イ

3 問1．台車は運動を始めてから0.2秒後に点Bに達するので，0.2秒間に台車が進んだ距離は，図2より，

$$3.6\,(\mathrm{cm}) + 10.8\,(\mathrm{cm}) = 14.4\,(\mathrm{cm})$$

問2．0.1秒～0.2秒の間に台車が進んだ距離は，図2より，10.8cm。

よって，台車の平均の速さは，

$$\frac{10.8\,(\mathrm{cm})}{0.1\,(秒)} = 108\,(\mathrm{cm}/秒)$$

問3．台車がBC間を通過するのにかかる時間は，

$$0.4\,(秒) - 0.2\,(秒) = 0.2\,(秒)$$

図2より，BC間の距離は，

$$14.4\,(\mathrm{cm}) \times 2 = 28.8\,(\mathrm{cm})$$

よって，BC間での台車の速さは，

$$\frac{28.8\,(\mathrm{cm})}{0.2\,(秒)} = 144\,(\mathrm{cm}/秒)$$

問4．0.5秒～0.6秒の間に台車が進んだ距離は，図2より，9.0cm。

よって，0.5秒～0.6秒の間の台車の平均の速

さは，

$$\frac{9.0\,(\text{cm})}{0.1\,(\text{秒})} = 90\,(\text{cm/秒})$$

問 5．力学的エネルギー保存の法則より，台車の速さが 0 になるとき，位置エネルギーが最大になり，台車は A と同じ高さまで到達する。

答 問 1．14.4 (cm)　問 2．108 (cm/秒)
問 3．144 (cm/秒)　問 4．90 (cm/秒)
問 5．イ

4 (1) 走った距離が 40m のときのスプリットタイムを比べる。表より，選手 A は 5.33 秒，選手 B は 5.44 秒，選手 C は 5.18 秒，選手 D は 5.22 秒，選手 E は 5.21 秒なので，選手 C が最も速かった。

(2) 走った距離が 40m のときのラップタイムを比べる。表より，選手 A は 0.98 秒，選手 B は 0.96 秒，選手 C・D・E は 0.97 秒なので，選手 B が最も速かった。

(3) 表より，選手 A は 60m の距離を 7.24 秒で走ったので，選手 A の 0 m～60m の間の平均の速さは，

$$\frac{60\,(\text{m})}{7.24\,(\text{s})} \fallingdotseq 8.3\,(\text{m/s})$$

(4) 50m～100m の間に選手 E が走った距離は，

$100\,(\text{m}) - 50\,(\text{m}) = 50\,(\text{m})$

表より，選手 E のスプリットタイムは，50m のときが 6.15 秒，100m のときが 10.85 秒なので，50m の距離を，

$10.85\,(\text{秒}) - 6.15\,(\text{秒}) = 4.70\,(\text{秒})$

で走ったことがわかる。

よって，選手 E の 50m～100m の間の平均の速さは，

$$\frac{50\,(\text{m})}{4.7\,(\text{s})} \fallingdotseq 10.6\,(\text{m/s})$$

(5) 表より，20m～100m のスプリットタイムから選手 D の順位を調べる。20m 地点では，選手 C が 3.20 秒，選手 D が 3.22 秒，選手 E が 3.23 秒，選手 A が 3.29 秒，選手 B が 3.42 秒なので，選手 D の順位は 2 位。同様にして，選手 D は 30m 地点で 3 位になり，その後 90m 地点まで変わらず 3 位だったが，100m 地点を 2 位でゴールしたことがわかる。

よって，選手 D は 20m～30m までの間で 1 人に追い抜かれ，90m～100m までの間で 1 人を追い抜いた。

(6) 表より，最も速いラップタイムは，選手 A が 0.95 秒，選手 B・E が 0.92 秒，選手 C・D が 0.94 秒なので，選手 A の最高速は他の選手に比べてやや遅い。最高速になってからゴール直前まで選手 A のラップタイムは 0.95 秒のまま変わっていないので，選手 A はゴール直前まで同じ速さで走っている。

(7) 10m 地点と 20m 地点とを比べると，選手 B のラップタイムは，

$$\frac{1.14\,(\text{秒})}{2.28\,(\text{秒})} = \frac{1}{2}$$

になっているので，速さは 2 倍になっている。その後ゴールするまでの間ラップタイムは少しずつ短くなっているので，速さは少しずつ速くなっている。

答 (1) C　(2) B　(3) 8.3 (m/s)　(4) 10.6 (m/s)
(5) (追い抜かれた) 1 (人)　(追い抜いた) 1 (人)
(6) エ　(7) ウ

5 (1) 送風機から生じた風が空気を押すことによって，空気から押し返される力を受ける。

(2)(a) 速さは，経過時間が 1.0s から 2.0s へ 2 倍になると，

$$\frac{8.0\,(\text{cm/s})}{4.0\,(\text{cm/s})} = 2\,(\text{倍})$$

になり，1.0s から 4.0s へ 4 倍になれば，

$$\frac{16\,(\text{cm/s})}{4.0\,(\text{cm/s})} = 4\,(\text{倍})$$

になっていることから，速さは経過時間に比例している。1.0s から 3.0s は 3 倍なので，

$4.0\,(\text{cm/s}) \times 3 = 12\,(\text{cm/s})$

(b) 移動距離は，経過時間が 1.0s から 2.0s へ 2 倍になると，

$$\frac{2.0\,(\text{cm})}{8.0\,(\text{cm})} = 4\,(\text{倍})$$

になり，1.0s から 3.0s へ 3 倍になると，

$$\frac{18\,(\text{cm/s})}{2.0\,(\text{cm/s})} = 9\,(\text{倍})$$

になっていることから，移動距離は経過時間の 2 乗に比例している。1.0s から 4.0s にな

ると,

$2.0\ (\mathrm{cm}) \times 4^2 = 32\ (\mathrm{cm})$

(3)　送風機の強さが「強」になると，速さや移動距離の変化の割合が大きくなる。

答 (1) イ　(2) (a) 12　(b) 32　(3) ① イ　② ウ

6 (問1)　1秒間に60打点する記録タイマーが1打点するのにかかる時間は $\frac{1}{60}$ 秒なので,

$\frac{1}{60}$ (秒) × 6 (打点) = 0.1 (秒)

(問2)

①　50 (cm) + 21.5 (cm) = 71.5 (cm)

②　$\frac{18\ (\mathrm{cm})}{0.2\ (秒)}$ = 90 (cm/秒)

(問4) $\mathrm{D} = at^2$ とすると，表より，$t = 0.2$ のとき，D = 2 なので，$2 = 0.04a$ より，$a = 50$

(問5)

④　図2より，d は t に比例し，$t = 0.1$ (秒)，0.3 (秒)，0.5 (秒)のとき，$d = 2$ (cm)，6 (cm)，10 (cm)になっている。よって，$d = at$ に $t = 0.1$, $d = 2$ を代入すると，$2 = 0.1a$ より，$a = 20$

⑤　$d = 22$ のときにおもりが床に衝突するので，$22 = 20t$ より，$t = 1.1$

⑥　台車が動き始める前のおもりの床からの高さは，おもりが床に衝突するまでの台車の移動距離と等しい。(問4)より，$\mathrm{D} = 50t^2$ なので，$t = 1.1$ を代入すると,

$\mathrm{D} = 50 \times 1.1^2 = 60.5$

答 (問1) 0.1　(問2) ① 71.5　② 90
(問3) 等速直線運動　(問4) 50
(問5) ④ 20　⑤ 1.1　⑥ 60.5

§2．仕事とエネルギー (49ページ)

1 答 ア．⑦　イ．⑩　ウ．⑪　エ．①　オ．⑧　カ．⑨　キ．③　ク．⑥　ケ．④　コ．②　サ．⑤

2 (1)　ふりこの支点の真下の位置がもっとも低く，位置エネルギーはもっとも小さい。

(2)　おもりがもっとも高い位置では運動エネルギーは0。

(3)・(4)　力学的エネルギーの大きさは一定なので，それぞれの位置での位置エネルギーと運動エネルギーの和は一定。

(5)　力学的エネルギー保存の法則より，おもりは動き始めと同じ高さまで上がる。

(7)　Dの位置ではおもりは静止するので，糸の張力がなくなるとおもりにはたらく力は重力だけになる。

答 (1) B
(2) (位置エネルギー) B
(運動エネルギー) A・D
(3) $p + q = r + s$　(4) ㋔　(5) ウ
(6) Aより高い位置から離す。
(7) 重力がはたらいて真下に自由落下運動する。

3 (問1)　力学的エネルギーは位置エネルギーと運動エネルギーの和で一定。位置エネルギーの大きさは小球の高さに比例して点Bで最小になる。位置エネルギーが運動エネルギーに移り変わり，運動エネルギーは点Bで最大になる。

(問2)　(問1)より，小球は点Aと同じ高さまで上がる。

(問3)　飛び出した後の小球の速さは0にはならないので，運動エネルギーをもち，その分位置エネルギーは小さくなるので，点Aと同じ高さまで上がることができない。

答 (問1) ① (い)　② (え)　③ (あ)　(問2) D
(問3) F

4 (1)　方法1のとき，糸を引く力の大きさは，台車にはたらく重力の大きさと等しいので,

$1.0\ (\mathrm{N}) \times \frac{500\ (\mathrm{g})}{100\ (\mathrm{g})} = 5.0\ (\mathrm{N})$

(2)　動滑車を用いると，2本の糸で台車を引き上げることになり，糸を引く力の大きさは，直接引き上げるときの力の大きさの $\frac{1}{2}$ 倍になる。(1)より，方法2のとき，糸を引く力の大きさは,

$5.0\ (\mathrm{N}) \times \frac{1}{2}$ (倍) = 2.5 (N)

(3)　方法2のとき，糸を引く力の大きさは，直接引き上げるときの力の大きさの $\frac{1}{2}$ 倍になるが，糸を引く距離は2倍になる。

よって，30 (cm) × 2 (倍) = 60 (cm)

(4) (1)より，糸を引く力がする仕事の大きさは，
5.0 (N) × 0.3 (m) = 1.5 (J)

(7) 方法3のときも方法1と仕事の量は変わらないので，(4)より，糸を引く距離は，

$\frac{1.5\ (\text{J})}{3.0\ (\text{N})} = 0.5\ (\text{m})$ より，50cm。

(8)(方法1) 糸を引く距離は30cmなので，仕事をするのにかかる時間は，

$$\frac{30\ (\text{cm})}{2.0\ (\text{cm/s})} = 15\ (\text{s})$$

よって，仕事率は，

$$\frac{1.5\ (\text{J})}{15\ (\text{s})} = 0.10\ (\text{W})$$

(方法2) (3)より，仕事をするのにかかる時間は，

$$\frac{60\ (\text{cm})}{2.0\ (\text{cm/s})} = 30\ (\text{s})$$

よって，仕事率は，

$$\frac{1.5\ (\text{J})}{30\ (\text{s})} = 0.050\ (\text{W})$$

(方法3) (7)より，仕事をするのにかかる時間は，

$$\frac{50\ (\text{cm})}{2.0\ (\text{cm/s})} = 25\ (\text{s})$$

よって，仕事率は，

$$\frac{1.5\ (\text{J})}{25\ (\text{s})} = 0.060\ (\text{W})$$

答 (1) キ (2) オ (3) カ (4) オ (5) ウ
(6) 仕事の原理 (7) オ
(8) (方法1) カ (方法2) ウ (方法3) エ

5 問2．図2より，質量10gの小球を10cmの高さで離すと物体は4cm移動するので，物体を12cm移動させるのに必要な高さは，

$$10\ (\text{cm}) \times \frac{12\ (\text{cm})}{4\ (\text{cm})} = 30\ (\text{cm})$$

問3．図3より，高さ10cmのとき小球の質量と物体の移動距離は比例していることがわかる。質量10gの小球を転がしたとき物体は4cm移動するので，物体を20cm移動させるのに必要な小球の質量は，

$$10\ (\text{g}) \times \frac{20\ (\text{cm})}{4\ (\text{cm})} = 50\ (\text{g})$$

問4．小球の持つ位置エネルギーは高さに比例するのでグラフは右下がりの直線になる。力学的エネルギー保存の法則より，位置エネルギーと運動エネルギーの和は一定なので，運動エネルギーを表すグラフは右上がりの直線になる。

問5．5kg = 5000gより，物体にはたらく重力の大きさは，

$$1\ (\text{N}) \times \frac{5000\ (\text{g})}{100\ (\text{g})} = 50\ (\text{N})$$

仕事の大きさは，
50 (N) × 1.2 (m) = 60 (J)

問6．$\frac{60\ (\text{J})}{6\ (\text{秒})} = 10\ (\text{W})$

答 問1．比例 問2．30 (cm) 問3．50 (g)
問4．(イ) 問5．60 (J) 問6．10 (W)

6 (2) 2力の合力は，右向きに，
6.0 (N) − 3.4 (N) = 2.6 (N)

(4) 図Ⅱより，AC間の距離は，
1.2 (m) + 1.2 (m) = 2.4 (m)
物体が動き始めてから1.6秒後に物体の前面がCを通過するので，物体の平均の速さは，

$$\frac{2.4\ (\text{m})}{1.6\ (\text{s})} = 1.5\ (\text{m/s})$$

(5)① 図Ⅲより，AB間の距離は1.2mなので，力F_1が物体にした仕事は，
1.8 (N) × 1.2 (m) ≒ 2.2 (J)

② 仕事率は，$\frac{\text{仕事(J)}}{\text{仕事にかかった時間(s)}}$で表されるので，物体の速さが速くなり，仕事にかかった時間が短くなるほど仕事率は大きくなる。

(6)① つりあう2力は1つの物体にはたらく。

(7) 図Ⅲと図Ⅴでの物体の速さは等しいので，運動エネルギーが等しくなる。

答 (1) ウ (2) 2.6 (N) (3) 等速直線運動
(4) 1.5 (m/s) (5) ① 2.2 (J) ② ⓐ イ ⓑ ウ
(6) ① ウ ② 慣性
(7) 運動エネルギーは等しい（同意可）

7 (1)① 表1より，

$$\frac{1.8\ (\text{N})}{3.6\ (\text{N})} = \frac{1}{2}\ (\text{倍})$$

② 表1より，

$$\frac{20\ (\text{cm})}{10\ (\text{cm})} = 2\ (\text{倍})$$

③ 実験1で手が台車にした仕事は，

$3.6\ (\text{N}) \times 0.10\ (\text{m}) = 0.36\ (\text{J})$

実験2で手が台車にした仕事は，

$1.8\ (\text{N}) \times 0.20\ (\text{m}) = 0.36\ (\text{J})$

滑車を使っても使わなくても仕事の大きさは変わらない。

(2) (1)より，仕事率は，

$$\frac{0.36\ (\text{J})}{4\ (\text{s})} = 0.09\ (\text{W})$$

(3) 分力は，台車にはたらく重力を対角線とする平行四辺形の隣り合う2辺になる。

(4) 手が台車にした仕事は実験1〜3で変わらないので，実験3で糸を引いた距離は，

$$\frac{0.36\ (\text{J})}{1.6\ (\text{N})} = 0.225\ (\text{m})$$ より，22.5cm。

(5) 道具を使っても仕事の大きさが変わらないことを仕事の原理という。

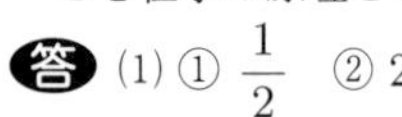

答 (1) ① $\frac{1}{2}$　② 2

③ 0.36

(2) 0.09W　(3) (右図)

(4) 22.5 (cm)　(5) オ

8 問1.

(1) 物体に加えた力の向きは上向きで，動いた向きは水平なので，仕事をしたことにはならない。

(2) 人の体重にはたらく重力の大きさは，

$$10\ (\text{N}) \times \frac{50\ (\text{kg})}{1\ (\text{kg})} = 500\ (\text{N})$$

物体にはたらく重力の大きさは，

$$10\ (\text{N}) \times \frac{10\ (\text{kg})}{1\ (\text{kg})} = 100\ (\text{N})$$

上向きに持ち上げる力の和は，

$500\ (\text{N}) + 100\ (\text{N}) = 600\ (\text{N})$

人がした仕事は，

$600\ (\text{N}) \times 2.0\ (\text{m}) = 1200\ (\text{J})$

(3) $100\ (\text{N}) \times 2.0\ (\text{m}) = 200\ (\text{J})$

問2.

(1)A. 動滑車は2本のひもで物体の重力を支えるので，ひもAにはたらく力の大きさは，

$$100\ (\text{N}) \times \frac{1}{2} = 50\ (\text{N})$$

B. ひもBにはたらく力の大きさは，

$$50\ (\text{N}) \times \frac{1}{2} = 25\ (\text{N})$$

C. ひもCにはたらく力の大きさは，

$$25\ (\text{N}) \times \frac{1}{2} = 12.5\ (\text{N})$$

(2) 物体がされた仕事は，

$100\ (\text{N}) \times 2.0\ (\text{m}) = 200\ (\text{J})$

人がひもCを引く力は12.5 (N)なので，人が引くひもの長さは，

$$\frac{200\ (\text{J})}{12.5\ (\text{N})} = 16\ (\text{m})$$

問3.

(1) $$\frac{4.8\ (\text{m})}{8\ (\text{秒})} = 0.6\ (\text{m/s})$$

(2) モーターAがした仕事は，

$100\ (\text{N}) \times 4.8\ (\text{m}) = 480\ (\text{J})$

仕事率は，

$$\frac{480\ (\text{J})}{8\ (\text{秒})} = 60\ (\text{W})$$

(3) 斜面がつくる直角三角形の斜面の長さと高さの比は，

$9.6\ (\text{m}) : 4.8\ (\text{m}) = 2 : 1$

この比は物体にはたらく重力の大きさと，重力の斜面と平行な向きの分力の大きさの比と等しいので，物体にはたらく重力の斜面と平行な向きの分力の大きさは，

$$100\ (\text{N}) \times \frac{1}{2} = 50\ (\text{N})$$

(4) モーターBが物体を引き上げるのにかかった時間は，

$$\frac{9.6\ (\text{m})}{0.8\ (\text{m/s})} = 12\ (\text{秒})$$

仕事の原理より，モーターBがした仕事はモーターAがした仕事と等しいので，モーターBの仕事率は，

$$\frac{480\ (\text{J})}{12\ (\text{秒})} = 40\ (\text{W})$$

(5) 仕事率が大きいほど効率がよい。

(6) モーターAにかかる電圧は，

$$\frac{60\ (\text{W})}{1.2\ (\text{A})} = 50\ (\text{V})$$

(7) モーターが使用した電力量はモーターがした仕事と等しいから，A，B ともに 480J。使用した電力量が等しいので，水の温度上昇も等しい。

答 問 1. (1) 0 (J) (2) 1200 (J) (3) 200 (J)
問 2. (1) A. 50 (N) B. 25 (N)
C. 12.5 (N) (2) 16 (m)
問 3. (1) 0.6 (m/s) (2) 60 (W) (3) 50 (N)
(4) 40 (W) (5) A (6) 50 (V) (7) 2.3 (℃)

9 (1) a．100g の物体にはたらく重力の大きさが 1 N より，1 kg = 1000g のおもりにはたらく重力の大きさは，

$$1\,(\mathrm{N}) \times \frac{1000\,(\mathrm{g})}{100\,(\mathrm{g})} = 10\,(\mathrm{N})$$

b．おもりは斜面上にないので，引く力の大きさは 10N。

c．物体を 1 N の力で力の向きに 1 m 動かすときの仕事の大きさが 1 J なので，

$$10\,(\mathrm{N}) \times 5\,(\mathrm{m}) = 50\,(\mathrm{J})$$

(2) なめらかな斜面上の物体にはたらく力は，地球が物体を引く重力，斜面が物体を押し返す垂直抗力，ひもを引く力の 3 つである。重力は物体の中心(重心)から下向きの矢印で表す。

(3) 仕事の原理により，斜面を使うと，力の大きさは $\dfrac{\text{高さ}}{\text{斜面の長さ}}$ 倍になるが，ひもを引く距離は $\dfrac{\text{斜面の長さ}}{\text{高さ}}$ 倍になり，仕事の大きさは変わらない。

(4) 1 つの角が 30° の直角三角形の辺の比は，$1:2:\sqrt{3}$。
よって，

$$5\,(\mathrm{m}) \times \frac{2}{1} = 10\,(\mathrm{m})$$

(5) (3)・(4)より，

$$10\,(\mathrm{N}) \times \frac{1}{2} = 5\,(\mathrm{N})$$

(6) 重力は斜面に沿った力より大きく，運動方向にはたらく力が大きいほど速さのふえ方も大きい。水平面からの高さが同じなので，同じ大きさの位置エネルギーをもっている。水平面に到達したとき，すべての位置エネルギーが運動エネルギーに変わるので，運動エネルギーの大きさは同じになり，速さは同じ。

答 (1) a. 10 b. 10 c. 50 (2) (エ) (3) (ウ)
(4) 10 (m) (5) 5 (N) (6) (イ)

10 1．それぞれの仕事の大きさについて，ア・イは，力の向きに物体が移動していないので 0 J。ウは，10kg = 10000g，

$$1\,(\mathrm{N}) \times \frac{10000\,(\mathrm{g})}{100\,(\mathrm{g})} = 100\,(\mathrm{N})$$

より，

$$100\,(\mathrm{N}) \times 1\,(\mathrm{m}) = 100\,(\mathrm{J})$$

エは，

$$30\,(\mathrm{N}) \times 2\,(\mathrm{m}) = 60\,(\mathrm{J})$$

2．20kg = 20000g より，荷物にはたらく重力の大きさは，

$$1\,(\mathrm{N}) \times \frac{20000\,(\mathrm{g})}{100\,(\mathrm{g})} = 200\,(\mathrm{N})$$

荷物がされる仕事の大きさは，

$$200\,(\mathrm{N}) \times 2\,(\mathrm{m}) = 400\,(\mathrm{J})$$

動滑車が荷物を引く力は 2 本のひもに分かれるので，点 A にかかる力は，

$$200\,(\mathrm{N}) \times \frac{1}{2} = 100\,(\mathrm{N})$$

3．1000kg = 1000000g より，おもりにはたらく重力の大きさは，

$$1\,(\mathrm{N}) \times \frac{1000000\,(\mathrm{g})}{100\,(\mathrm{g})} = 10000\,(\mathrm{N})$$

図 2 より，動滑車がおもりを引く力は 10 本分のひもに分かれるので，クレーンが引く力の大きさは，

$$10000\,(\mathrm{N}) \times \frac{1}{10} = 1000\,(\mathrm{N})$$

答 1. ① ア・イ ② ウ
2. (仕事の大きさ) 400 (J)
(点 A にかかる力) 100 (N)
3. 1000 (N)

11 (1) 位置エネルギーの大きさは基準面からの高さに比例する。位置 A と F は同じ高さなので，物体を静かに離した直後の P と Q の位置エネルギーの大きさは等しい。

(2) 斜面の角度が大きいほど，物体にはたらく重力の斜面に平行な分力の大きさは大きくなる。斜面の角度は斜面 AC の方が大きいので，物体

にはたらく重力の斜面に平行な分力はＰの方が大きい。

(3) 物体を静かに離した直後のＰとＱの位置エネルギーの大きさは等しく，力学的エネルギーは保存されるので，位置Ｂ，Ｅで物体Ｐ，Ｑが持つ力学的エネルギーの大きさは等しい。位置Ｂ，Ｅの水平面からの高さは等しいので，物体Ｐ，Ｑが持つ位置エネルギーの大きさは等しく，運動エネルギーの大きさも等しい。

(4) 物体にはたらく重力の斜面に平行な分力の大きさはＰの方が大きいので，速さの変化もＰの方が大きくなり，Ｐが位置Ｂを通過する時刻の方が早くなる。

(5) 水平面CDを動いている間は，物体Ｐ，Ｑともに物体にはたらく重力と水平面からの垂直抗力がつり合い，物体に力がはたらいていない状態となる。

(6) 物体Ｐが斜面ACを下る時間と物体Ｑが斜面FDを下る時間では物体Ｐの方が短い。
また，物体Ｐが斜面EDを上る時間と物体Ｑが斜面BCを上る時間では物体Ｑの方が短い。下る斜面より上る斜面の方が短く，水平面CDでの物体Ｐ，Ｑの速さは等しいので，物体Ｐが先に位置Ｅに到達する。

(7) 反対側の斜面を上って物体Ｐは位置Ｆ，物体Ｑは位置Ａで静止する。力学的エネルギー保存の法則より，そのときの物体Ｐ，Ｑの力学的エネルギーの大きさは等しい。

(8) (1)より，物体Ｐ，Ｑの力学的エネルギーは等しい。物体Ｐ，Ｑは同じ面を運動するので，位置エネルギーと運動エネルギーの移り変わりの合計は等しくなり，静かに手を離してから一瞬止まるまでの時間は等しくなる。

答 (1) ウ　(2) ア　(3) ウ　(4) ア　(5) エ　(6) ア　(7) ウ　(8) ウ

4．身の回りの物質

§1．気体の性質（62ページ）

1 (1) Ａは二酸化炭素，Ｂはアンモニア，Ｃは塩化水素，Ｄは酸素，Ｅは硫化水素，Ｆは一酸化炭素。水に溶けにくい気体は水上置換法で集める。塩化水素の水溶液は塩酸で酸性。

(2) $NaOH + NH_4Cl \rightarrow NH_3 + NaCl + H_2O$
水を加えたのは反応を進みやすくするためで，水自身は変化しない。

(3) Ｅ（硫化水素）に含まれる硫黄Ｓが鉄分と反応した。鉄と硫黄が結びついた硫化鉄は黒色。

答 (1) (a) 水上置換法　(b) 石灰水　(c) 青(色→)赤(色)　(2) 塩化アンモニウム　(3) E. H_2S　(e) FeS

2 問1・問2．加熱したときに発生する気体は，アが二酸化炭素，イが酸素，ウが二酸化炭素，エがアンモニア。二酸化炭素が溶けた水溶液は酸性。フェノールフタレイン溶液は，アルカリ性のときだけ赤色となる。

問3・問4．エを加熱したときに発生するアンモニアは，水に溶けやすく空気よりも密度が小さいので，上方置換法でしか集めることができない。

問5．アを加熱する実験をしたときの反応は，炭酸水素ナトリウム→炭酸ナトリウム＋二酸化炭素＋水なので，後に残った固体は炭酸ナトリウム。

問6．イを加熱する実験をしたときの反応は，酸化銀→銀＋酸素

答 問1. CO_2　問2. ④　問3. アンモニア　問4. NH_3　問5. Na_2CO_3　問6. $2Ag_2O \rightarrow 4Ag + O_2$

3 2．上方置換法は空気より軽い気体を集める方法。

5．ドライアイスで冷やされた空気の温度が露点より低くなり，空気中の水蒸気が水滴になって現れた。

8．キャップを緩める前のペットボトルの質量は，
520 (g) + 1.0 (g) = 521.0 (g)
キャップを緩めたときにペットボトルの外に出ていった気体の質量は，

$521.0\,(\mathrm{g}) - 520.82\,(\mathrm{g}) = 0.18\,(\mathrm{g})$

よって，出て行った気体の体積は，

$$\frac{0.18\,(\mathrm{g})}{0.0018\,(\mathrm{g/cm^3})} = 100\,(\mathrm{cm^3})$$

10. 発生する気体は，アは水素，イは二酸化炭素，ウはアンモニア，エは酸素，オは二酸化炭素。

答 1. 二酸化炭素　2. エ　3. 昇華　4. ア
5. ウ　6. 黄(色)　7. 白く濁った。
8. 100 $(\mathrm{cm^3})$
9. $CaCO_3 + 2HCl \rightarrow CaCl_2 + H_2O + CO_2$
10. イ・オ

§2．水溶液の性質 (64ページ)

1　問1．15％硫酸銅水溶液をつくるために30gの硫酸銅を x gの水に溶かしたとすると，

$$\frac{30\,(\mathrm{g})}{x\,(\mathrm{g}) + 30\,(\mathrm{g})} = \frac{15}{100}$$

が成り立つ。

$x = 170$

より，170gの水に溶かせばよい。

問2．水に溶けにくい気体は水上置換，水に溶けやすく空気より密度が小さい気体は上方置換で集める。

問3．有色の水溶液は硫酸銅水溶液。

問4．

(1)・(2)　水酸化ナトリウム水溶液はアルカリ性，塩酸は酸性，その他は中性を示す。pHの値は中性が7で，アルカリ性が強いほど大きく，酸性が強いほど小さい。

(3)・(4)　問2より実験1は硫酸銅水溶液。(1)より，実験2で赤色になった水溶液は水酸化ナトリウム水溶液，実験3で濃い赤色になった水溶液は塩酸なので，実験4で食塩水，砂糖水，硫酸亜鉛水溶液を用いたことがわかる。食塩と硫酸亜鉛は水溶液中で電離して電流が流れるが，砂糖は電離しないので電流が流れない。食塩水に電流を流すと塩素が発生し，プールの消毒液のようなにおいがする。

よって，試薬びんにはいっていたのは硫酸亜鉛水溶液。

答 問1. ア. ①　イ. ⑦　ウ. ⓪
問2. ①・④　問3. ②
問4. (1) ①　(2) ④　(3) ③　(4) ⑤

2　(2)　しょうゆ15cm^{3}の質量は，

$1.2\,(\mathrm{g/cm^3}) \times 15\,(\mathrm{cm^3}) = 18\,(\mathrm{g})$

実験により得られた食塩の質量は2.5gなので，しょうゆに含まれる食塩の割合は，

$$\frac{2.5\,(\mathrm{g})}{18\,(\mathrm{g})} \times 100 \fallingdotseq 14\,(\%)$$

答 (1) ろ過して，ろ紙を通った水溶液から水を蒸発させる（同意可）
(2) 14 (％)

3　問3．㋐は塩化ナトリウム，㋑は硫酸銅，㋓は硝酸カリウムの結晶。

問4．表1・表2より，水溶液の温度が35℃のとき，物質Aだけ結晶が見られた。35℃で最も溶ける量が少ない物質はミョウバンなので，物質Aはミョウバン。水溶液の温度が5℃のとき，物質Cだけが全て溶けていた。5℃で最も溶ける量が多い物質は塩化ナトリウムなので，物質Cは塩化ナトリウム。

よって，残った物質Bは硝酸カリウム。

問5．硝酸カリウム50gが溶けている水溶液の質量パーセント濃度が25％なので，水溶液の質量は，

$$\frac{50\,(\mathrm{g})}{0.25} = 200\,(\mathrm{g})$$

よって，溶媒である水の質量は，

$200\,(\mathrm{g}) - 50\,(\mathrm{g}) = 150\,(\mathrm{g})$

表1より，5℃の水150gに溶ける硝酸カリウムの質量は，

$$11.6\,(\mathrm{g}) \times \frac{150\,(\mathrm{g})}{100\,(\mathrm{g})} = 17.4\,(\mathrm{g})$$

結晶としてでてきた硝酸カリウムは，

$50\,(\mathrm{g}) - 17.4\,(\mathrm{g}) = 32.6\,(\mathrm{g})$

答 問1. NaCl　問2. 溶解　問3. ㋒
問4. ㋕　問5. 32.6 (g)
問6. (水溶液を)加熱して，水を蒸発させる。(17字)

4　問2．図5より，40℃の水100gには物質Aを60g溶かすことができるので，40℃の水150gに溶かすことのできる物質Aの質量は，

$$60\,(g) \times \frac{150\,(g)}{100\,(g)} = 90\,(g)$$

よって，質量パーセント濃度は，

$$\frac{90\,(g)}{90\,(g) + 150\,(g)} \times 100 \fallingdotseq 38\,(\%)$$

問3．問2より，40℃の水100gに物質Aを溶かした飽和水溶液の質量は，

$$60\,(g) + 100\,(g) = 160\,(g)$$

飽和水溶液300g中の物質Aの質量は，

$$60\,(g) \times \frac{300\,(g)}{160\,(g)} \fallingdotseq 113\,(g)$$

問4．20℃での溶解度と5℃での溶解度の差の半分が生じる結晶の質量になるので，図5より，水溶液Aが最も多い。

問5．60℃の水100gに同じ割合で物質Bを溶かしたとすると，溶かした物質Bの質量は，

$$20\,(g) \times \frac{100\,(g)}{80\,(g)} = 25\,(g)$$

図5より，物質Bの溶解度が25gになるのは10℃のとき。

問6．図5より，物質Bの70℃での溶解度と20℃での溶解度の差は，

$$70\,(g) - 30\,(g) = 40\,(g)$$

水150gの飽和水溶液から取り出すことのできる結晶の質量は，

$$40\,(g) \times \frac{150\,(g)}{100\,(g)} = 60\,(g)$$

問7．図5より，物質Bの40℃での溶解度と20℃での溶解度の差は，

$$45\,(g) - 30\,(g) = 15\,(g)$$

40℃の水100gでつくった物質Bの飽和水溶液の質量は，

$$45\,(g) + 100\,(g) = 145\,(g)$$

なので，435gの飽和水溶液から取り出すことのできる結晶の質量は，

$$15\,(g) \times \frac{435\,(g)}{145\,(g)} = 45\,(g)$$

問8．質量パーセント濃度が15％の飽和水溶液の質量は，

$$300\,(cm^3) \times 1.3\,(g/cm^3) = 390\,(g)$$

溶けている物質Cの質量は，

$$390\,(g) \times \frac{15}{100} \fallingdotseq 59\,(g)$$

答 問1．ア．溶質　イ．溶媒　ウ．溶解　エ．溶解度　オ．再結晶
問2．38（％）　問3．113（g）
問4．（水溶液）A　問5．10（℃）
問6．60（g）　問7．45（g）　問8．59（g）

§3．状態変化 （69ページ）

1 (1) 水の融点は0℃。水と氷が共存し，氷がすべて水に変化するまでは温度は0℃で一定。

(4) 混合物の場合，沸騰し始めてからも温度は少しずつ上昇し，沸点は一定とはならない。水は純粋な物質。

(5) 量に関係なく，融点，沸点はそれぞれ物質によってきまっている。

(6) 物質の量が2倍になると，状態変化しているときの時間が長くなる。

答 (1) ア　(2) C　(3) 融点　(4) イ　(5) ウ　(6) ア

2 問1．水とエタノールの混合物の体積は，

$$20.0\,(cm^3) + 5.0\,(cm^3) = 25.0\,(cm^3)$$

密度は，

$$\frac{23.95\,(g)}{25.0\,(cm^3)} \fallingdotseq 0.96\,(g/cm^3)$$

問2．水 $20.0cm^3$ の質量は20.0gなので，エタノール $5.0cm^3$ の質量は，

$$23.95\,(g) - 20.0\,(g) = 3.95\,(g)$$

エタノールの密度は，

$$\frac{3.95\,(g)}{5.0\,(cm^3)} = 0.79\,(g/cm^3)$$

問3．問2より，エタノールの質量は3.95gなので，質量パーセント濃度は，

$$\frac{3.95\,(g)}{23.95\,(g)} \times 100 \fallingdotseq 16.5\,(\%)$$

問5．温度計の液だめは枝付きフラスコの枝の高さにする。

また，試験管に入れたガラス管の先は，たまった液体の中に入らないようにする。

問6．水とエタノールの混合物が沸騰し始めたのは，グラフの傾きが小さくなったときなので，図2より，およそ3分後。

問7．加熱を終了する前に，ガラス管を試験管からぬいておく。

問8．表より，試験管Aの液体にはエタノール，試験管Cの液体には水が多く含まれている。ポリプロピレンの小片はエタノールに沈み，水に浮いたので，ポリプロピレンの密度はエタノールより大きく，水より小さいことがわかる。図3より，イの密度は，

$$\frac{2.7\,(\mathrm{g})}{3.0\,(\mathrm{cm^3})} = 0.90\,(\mathrm{g/cm^3})$$

で，エタノールの$0.79\mathrm{g/cm^3}$より大きく，水の$1\,\mathrm{g/cm^3}$より小さい。ウ・エの密度は水より大きく，ア・オの密度はエタノールより小さい。

問9．混合物の量を半分にすると，グラフの傾きが小さくなる温度は変化しないが，その温度になるまでの時間は短くなる。

答 問1．0.96（$\mathrm{g/cm^3}$）　問2．0.79（$\mathrm{g/cm^3}$）
問3．16.5（%）　問4．沸騰石　問5．ウ
問6．イ　問7．オ→イ→ウ→エ→ア
問8．イ　問9．イ　問10．(1) 蒸留　(2) イ

§4．物質の分類（72ページ）

1 (3) 金属には特有の光沢があり，電気を通しやすく，熱を伝えやすく，たたいて広げたり引きのばしたりできる性質がある。磁石につくのは鉄など一部の金属のみで，金属に共通する性質ではない。

答 (1) 二酸化炭素　(2) イ・ウ・エ・ク　(3) c

2 (1) 磁石につく金属は，鉄，コバルト，ニッケルの3種類。
よって，Cは鉄。

(2) BとEは炭素を含む化合物。加熱により，酸素の供給が十分でないとこげて炭素が炭として残る。

(3) 黒い酸化銀を加熱すると，銀と酸素に分解する。

$$2Ag_2O \rightarrow 4Ag + O_2$$

(4) 気体aは水素。水素は水に溶けにくいので水上置換法で集める。

(5) 加熱しても変化しないAは食塩。BとEの有機物のうち，Bは冷水に溶けるので砂糖，Eは冷水にほとんど溶けないのででんぷん。よって，Fは炭酸水素ナトリウム。気体bは二酸化炭素。炭酸水素ナトリウムとうすい塩酸との反応は，

$$NaHCO_3 + HCl \rightarrow NaCl + H_2O + CO_2$$

(6) 卵の殻の成分は炭酸カルシウム。

$$CaCO_3 + 2HCl \rightarrow CaCl_2 + H_2O + CO_2$$

アは水素，ウはアンモニア，エは硫化水素が発生。

(7)① メスシリンダーの読みは$12.3\mathrm{cm^3}$。Dのかたまりの体積は，

$$12.3\,(\mathrm{cm^3}) - 9.5\,(\mathrm{cm^3}) = 2.8\,(\mathrm{cm^3})$$

② うすい塩酸に溶けて水素を発生するDとHは金属のアルミニウムとマグネシウムのいずれか。Dの密度は，

$$\frac{7.6\,(\mathrm{g})}{2.8\,(\mathrm{cm^3})} \fallingdotseq 2.7\,(\mathrm{g/cm^3})$$

密度が等しい物質は同じ物質といえるので，Dはアルミニウム。

答 (1) 鉄　(2) 有機物　(3) 銀　(4) ア　(5) オ
(6) イ　(7) ① 2.8（$\mathrm{cm^3}$）　② Al

3 (1) 炭素を含む物質を有機物といい，有機物以外の物質を無機物という。

(3) 常温で液体の物質は融点が20℃より低く，沸点が20℃より高い水銀とエタノール。

(4) この物質の密度は，

$$\frac{47.4\,(\mathrm{g})}{6.0\,(\mathrm{cm^3})} = 7.9\,(\mathrm{g/cm^3})$$

表より，鉄の密度$7.87\mathrm{g/cm^3}$に最も近い。

(5) 表より，(4)と同じ体積のアルミニウムの質量は，

$$2.70\,(\mathrm{g/cm^3}) \times 6.0\,(\mathrm{cm^3}) = 16.2\,(\mathrm{g})$$

答 (1) ア・イ・カ
(2) 固体が液体に変化する温度　(3) 2（個）
(4)（密度）7.9（$\mathrm{g/cm^3}$）（物質名）鉄
(5) 16.2（g）

4 問1．目の高さをへこんだ液面の最下部と同じ高さにして，最下部を最小めもりの$\frac{1}{10}$まで目分量で読む。読みは$25.0\mathrm{cm^3}$。

問2．$\dfrac{50\,(\mathrm{g})}{200\,(\mathrm{g}) + 50\,(\mathrm{g})} \times 100 = 20\,(\%)$

問3．食品の密度が食塩水の密度よりも大きいと

食品は食塩水に沈み，小さいと食品は食塩水に浮く。

よって，食塩水の密度は，浮いたたまごの密度より大きく，沈んだニンジンの密度より小さい。

問4．砂糖水の密度は，浮いたキュウリの密度より大きく，沈んだたまごの密度より小さいので，1.05g/cm^3 より大きく 1.10g/cm^3 より小さい。

よって，砂糖水の密度は食塩水の密度より小さい。

$$密度(g/cm^3) = \frac{質量(g)}{体積(cm^3)}$$

より，質量は 250g で同じなので，密度の小さい方が体積は大きい。

問5．密度が大きなものから，食塩水に沈んだニンジン，砂糖水に沈んだたまご。ダイコンとキュウリの密度の大小は，0.95g/cm^3 より大きく 1.05g/cm^3 より小さい液体を用いれば，密度の大きい方のキュウリが沈み，密度の小さい方のダイコンが浮く。

答 問1. ア　問2. 20（%）　問3. エ
問4. ア　問5. ウ

5．化学変化とエネルギー

§1．原子・分子・イオン (77ページ)

1 **答** (1) A. 電子　B. 陽子　C. 中性子
(2) 原子核　(3) イ　(4) イ　(5) ウ　(6) 同位体
(7) ア　(8) 陽イオン　(9) イ　(10) 陰イオン
(11) 2（個）

2 (2)　(ウ)は1種類の元素からできている物質，(ア)は同じ元素からできている単体で性質が異なる物質どうしの関係。

(3)　(ア)は固体から液体に変化すること，(イ)は電流を流して物質を分解すること（電気分解）。

(4)・(5)　$CuCl_2$ は銅イオン1個と塩化物イオン2個が結びついている。

(6)・(7)　マグネシウム原子は電子を放出してマグネシウムイオンになり，硫酸亜鉛水溶液中の亜鉛イオンが電子を受けとって亜鉛原子になる。

答 (1) (a) (エ)　(b) (カ)　(c) (オ)　(d) (キ)　(e) (イ)
(f) (ア)　(g) (ウ)
(2) (イ)　(3) (ウ)　(4) $CuCl_2 \rightarrow Cu^{2+} + 2Cl^-$
(5)（銅原子：塩素原子＝）1：2　(6) Zn
(7) 亜鉛よりマグネシウムの方がイオンになりやすいから
(8) 化学(エネルギーを)電気(エネルギーに変換したもの)

§2．物質どうしの化学変化 (79ページ)

1 (2)　塩化銅水溶液を電気分解すると，陽極から気体の塩素が発生し，陰極には銅が付着する。電極Aでは気体が発生したので陽極。

(4)　うすい塩酸を電気分解すると，陽極から気体の塩素，陰極から気体の水素が発生する。

(5)　(2)より，電極Bに付着したのは金属の銅。金属は電流を通す。

(6)　塩化銅は水溶液中で，陽イオンである Cu^{2+} と陰イオンである Cl^- に電離している。(2)より，電極Aが陽極なので，電極Bは陰極となり，陽イオンである Cu^{2+} が引き寄せられる。

答 (1) ① 青色
② 水溶液中の銅イオンが減少したため

(2) 陽極　(3) 直接，鼻を近づけないで手で仰ぐ
(4) エ　(5) ① ア　② ウ
(6) ア．電離　イ．Cu^{2+}　ウ．電子

2 問1．加熱によって生じた液体が，加熱部分に流れて試験管が割れるのを防ぐ。

問2．

(1) 炭酸水素ナトリウムを加熱すると，白色粉末の炭酸ナトリウムと水と二酸化炭素に分解される。

(2) 二酸化炭素の固体はドライアイス。

(3) 水は青色の塩化コバルト紙をうすい赤色に変化させる。

問4．炭酸水素ナトリウムの水溶液は弱いアルカリ性。

問5．炭酸ナトリウムの水溶液は強いアルカリ性。フェノールフタレイン溶液は弱いアルカリ性のときにうすい赤色，強いアルカリ性のときに濃い赤色を示す。

答 問1．試験管の口を低くする
問2．(1) オ　(2) ウ・オ　(3) エ
問3．$2NaHCO_3 \rightarrow Na_2CO_3 + H_2O + CO_2$
問4．赤(色)　問5．イ

3 問2．図2より，発生した水素と酸素の体積比は2：1になる。発生した水素が$30cm^3$のとき，発生した酸素は，

$$30\,(cm^3) \times \frac{1}{2} = 15\,(cm^3)$$

よって，発生した水素の質量は，

$$30\,(cm^3) \times X\,(g/cm^3) = 30X\,(g)$$

酸素の質量は，

$$15\,(cm^3) \times Y\,(g/cm^3) = 15Y\,(g)$$

質量保存の法則により，これらの質量の和が電気分解された水の質量になる。

答 問1．A．H_2　B．O_2
問2．30X + 15Y (g)

4 問1～問3．鉄と硫黄が結びつき，黒色の硫化鉄が生じた。

問4．鉄と硫黄の反応は発熱反応。

問5．試験管Aでは硫化鉄と塩酸，試験管Bでは鉄と塩酸が反応する。

問6．アは酸素，ウは塩素の性質。

問7．

(1) 硫化水素H_2Sは水素原子2個と硫黄原子1個が結びついている。水素と硫黄の原子1個の質量比は1：32なので，硫化水素の分子1個は，

$$32 \times 1 + 1 \times 2 = 34$$

試験管Aで発生した硫化水素に含まれる硫黄の質量は，

$$0.85\,(g) \times \frac{32}{34} = 0.80\,(g)$$

で，鉄1.4gと硫黄0.8gが反応したことがわかる。問2より，鉄原子1個と硫黄原子1個が結びつくので，鉄と硫黄の原子1個の質量比は，

$$1.4\,(g) : 0.8\,(g) = 7 : 4$$

(2) (1)より，反応せずに残った硫黄は，

$$3\,(g) - 0.8\,(g) = 2.2\,(g)$$

答 問1．ウ　問2．$Fe + S \rightarrow FeS$　問3．イ
問4．ア　問5．A．硫化水素　B．水素
問6．A．エ　B．イ
問7．(1) (鉄：硫黄＝) 7：4　(2) 2.2 (g)

§3．酸素が関わる化学変化 (83ページ)

1 問1．炭素Cが酸化銅から酸素を奪って二酸化炭素CO_2に変化する。

問2．石灰水に二酸化炭素を通すと白くにごる。

問3．

(1) グラフより，CuOを5g還元すると銅が4g生成したので，CuOを12.0g還元すると，銅は，

$$12.0\,(g) \times \frac{4\,(g)}{5\,(g)} = 9.6\,(g)$$

生成する。

(2) (1)より，5gのCuOを還元したとき，CuOが失った酸素の質量は，

$$5\,(g) - 4\,(g) = 1\,(g)$$

銅が10.0g生成したとき，CuOが失った酸素の質量は，

$$1\,(g) \times \frac{10.0\,(g)}{4\,(g)} = 2.5\,(g)$$

問4．問3より，CuOを4.5g還元すると，

$$4\,(\mathrm{g})\times\frac{4.5\,(\mathrm{g})}{5\,(\mathrm{g})}=3.6\,(\mathrm{g})$$

の銅が生成する。銅は5.6g生成したので，Cu_2O を4.5g還元して，

$5.6\,(\mathrm{g})-3.6\,(\mathrm{g})=2.0\,(\mathrm{g})$

の銅が生成したことがわかる。グラフは(4.5, 2.0)を通る直線である。

答 問1. ①　問2. ④　問3. (1) ①　(2) ②
問4. ③

2 問2. 電流を通す，うすい塩酸に入れると反応する，磁石に引きつけられるのは燃焼前のスチールウール（鉄）の性質。

問3. スチールウールは炭素を含まないので燃焼しても二酸化炭素は発生しない。スチールウールと結びついた分だけ酸素が減少したので，集気びんの外に比べて集気びん内の気圧が低くなり，集気びん内の水面が上昇した。

問4. 酸化銅と炭素を加熱すると銅が生じ，二酸化炭素が発生する。アは水素，イはアンモニア，ウは酸素が発生する。

問6. 表より，試験管Bは酸化銅4.0gと炭素0.3gが過不足なく反応して銅3.2gが生じたことがわかる。化学反応に関係する物質の質量比は一定なので，酸化銅6.0gがすべて反応して，

$$3.2\,(\mathrm{g})\times\frac{6.0\,(\mathrm{g})}{4.0\,(\mathrm{g})}=4.8\,(\mathrm{g})$$

の銅が得られる。

答 問1. ア　問2. ウ　問3. エ　問4. エ
問5. (次図)　問6. 4.8 (g)　問7. ウ

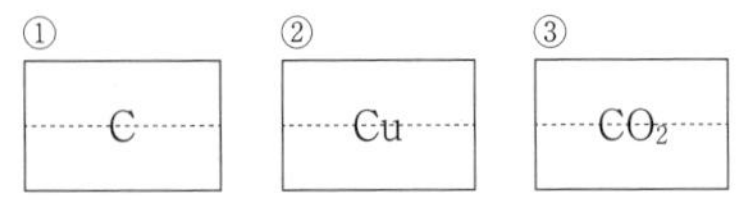

3 (1)・(2)　酸化銅は黒色。酸化マグネシウムは白色。

(4)　金属を加熱すると酸化物ができる。

(5)　できた物質の質量は，マグネシウムの質量と，マグネシウムと結びついた酸素の質量の和となる。表2より，マグネシウムと酸素の質量の比は，

$0.45\,(\mathrm{g}):(0.75-0.45)\,(\mathrm{g})=3:2$

(6)　表1より，銅と酸素の質量の比は，

$0.20\,(\mathrm{g}):(0.25-0.20)\,(\mathrm{g})=4:1=8:2$

(5)より，一定量の酸素と結びつく銅とマグネシウムの質量の比は，8：3。

(7)　元の粉末に x g のマグネシウムが含まれていたとすると，元の粉末に含まれていた銅の質量は，$(1.62-x)$ g と表すことができる。(5)より，マグネシウムと酸化マグネシウムの質量の比は，

$3:(3+2)=3:5$

(6)より，銅と酸化銅の質量の比は，

$4:(4+1)=4:5$

加熱後にできた物質の質量について，

$$\frac{5}{3}x\,(\mathrm{g})+\frac{5}{4}(1.62-x)\,(\mathrm{g})=2.25\,(\mathrm{g})$$

が成り立つ。$x=0.54$ より，マグネシウムは，0.54g含まれていた。

(8)　(5)より，0.36gのマグネシウムと結びつく酸素の質量は，

$$0.36\,(\mathrm{g})\times\frac{2}{3}=0.24\,(\mathrm{g})$$

混合気体に含まれる酸素と窒素の体積比は1：4，同じ体積の酸素と窒素の質量の比は8：7なので，混合気体に含まれる酸素と窒素の質量の比は，

$(8\times1):(7\times4)=2:7$

マグネシウムを完全に酸化させるために必要な混合気体の質量は，

$$0.24\,(\mathrm{g})\times\frac{2+7}{2}=1.08\,(\mathrm{g})$$

答 (1) 酸化銅　(2) ウ　(3) 酸化　(4) オ
(5) (マグネシウム：酸素＝) 3：2
(6) (銅：マグネシウム＝) 8：3　(7) 0.54 (g)
(8) 1.08 (g)

4 (問1)　塩化水素は水に溶けると塩酸になる。セッケンとアンモニアは水に溶けるとアルカリ性を示す。

(問3)　酸化銅＋水素→銅＋水という反応が起こる。酸化銅の化学式は CuO，水素は H_2，銅は Cu，水は H_2O で，化学反応式では化学変化の前後で原子の種類と数が変化しないように分子の数を合わせる。

(問4)　実験1より，1.2gのマグネシウムと結びつく酸素の質量は，

$2.0\,(\mathrm{g})-1.2\,(\mathrm{g})=0.8\,(\mathrm{g})$

なので，マグネシウムと酸素の質量比は，

1.2（g）：0.8（g）＝3：2

実験2より，0.40gの銅を加熱すると0.50gの酸化銅になるので，0.40gの銅と結びつく酸素の質量は，

0.50（g）－0.40（g）＝0.10（g）

よって，銅と酸素の質量比は，

0.40（g）：0.10（g）＝4：1＝8：2

なので，マグネシウム：銅：酸素＝3：8：2

（問5） 3回目のデータより，結びついた酸素の質量は，

1.44（g）－1.20（g）＝0.24（g）

なので，結びついた銅の質量は，

$0.24\,(\mathrm{g}) \times \dfrac{4}{1} = 0.96\,(\mathrm{g})$

よって，反応したのは銅の，

$\dfrac{0.96\,(\mathrm{g})}{1.20\,(\mathrm{g})} \times 100 = 80\,(\%)$

（問6） 水の化学式はH_2Oで，水素原子と酸素原子の質量比が1：16より，水に含まれる水素と酸素の質量比は，

（1×2）：（16×1）＝1：8

なので，0.9gの水に含まれる酸素の質量は，

$0.9\,(\mathrm{g}) \times \dfrac{8}{1+8} = 0.8\,(\mathrm{g})$

酸化銅に含まれる酸素の質量が0.8gなので，その酸素と結びついている銅の質量は，

$0.8\,(\mathrm{g}) \times \dfrac{4}{1} = 3.2\,(\mathrm{g})$

よって，酸化銅の質量は，

3.2（g）＋0.8（g）＝4（g）

（問8） 酸化銅の化学式はCuO，銅イオンはCu^{2+}なので，酸化物イオンはO^{2-}と考えられる。

答 （問1）ウ　（問2）イ

（問3）$CuO + H_2 \rightarrow Cu + H_2O$

（問4）（マグネシウム：銅＝）3：8

（問5）④ 3　⑤ 80　（問6）4

（問7）⑦ 還元　⑧ 酸化　（問8）O^{2-}

5〔2〕 エタンを完全燃焼させたときの化学反応式は，

$2C_2H_6 + 7O_2 \rightarrow 4CO_2 + 6H_2O$

エタン分子と酸素分子の数の比は2：7なので，

$50\,(\text{個}) \times \dfrac{7}{2} = 175\,(\text{個})$

〔3〕 左辺の炭素原子の数は$(n+1)$個なので，bにあてはまる文字式は$n+1$。

また，左辺の水素原子の数は$2n$個なので，cにあてはまる文字式は，

$\dfrac{2n\,(\text{個})}{2\,(\text{個})} = n$

よって，右辺の酸素原子の数は，

$2\,(\text{個}) \times (n+1) + 1\,(\text{個}) \times n$

$= 3n + 2\,(\text{個})$

aにあてはまる文字式は，

$\dfrac{3n+2\,(\text{個})}{2\,(\text{個})} = \dfrac{3}{2}n + 1$

〔4〕〔2〕より，反応したエタンと酸素の体積の比は2：7なので，エタン30mLと反応し，結びついた酸素の体積は，

$30\,(\mathrm{mL}) \times \dfrac{7}{2} = 105\,(\mathrm{mL})$

〔5〕 実験で残った気体は，生成した二酸化炭素と，エタンと反応しなかった酸素。〔2〕より，反応したエタンと生成した二酸化炭素の体積の比は2：4なので，エタン30mLが反応したとき，生成した二酸化炭素の体積は，

$30\,(\mathrm{mL}) \times \dfrac{4}{2} = 60\,(\mathrm{mL})$

〔4〕より，エタン30mLと反応した酸素の体積は105mLなので，反応せずに残った酸素の体積は，

200（mL）－105（mL）＝95（mL）

よって，実験で残った気体の体積は，

60（mL）＋95（mL）＝155（mL）

〔6〕 反応後の気体から水を取り除き，残った気体を水酸化ナトリウム水溶液に通すと気体がすべて吸収されたので，炭化水素の完全燃焼で生成したのは水と二酸化炭素のみである。これより，反応した炭化水素と酸素，生成した二酸化炭素の体積の比は，

20（mL）：110（mL）：80（mL）

＝2：11：8

炭化水素をX，生成した水の係数をyとすると，化学反応式は，

$2X + 11O_2 \rightarrow 8CO_2 + yH_2O$

と表せる。右辺の炭素原子の数は 8 個なので，左辺の炭素原子の数も 8 個となり，X にふくまれる炭素原子の数は，

$\frac{8\,(個)}{2} = 4\,(個)$

酸素分子と二酸化炭素分子にふくまれる酸素原子の数の差は，

$2\,(個) \times 11 - 2\,(個) \times 8 = 6\,(個)$

したがって，水分子にふくまれる酸素原子の数が 6 個となるので，$y = 6$　右辺の水素原子の数は，

$2\,(個) \times 6 = 12\,(個)$

左辺の水素原子の数も 12 個となり，X にふくまれる水素原子の数は，

$\frac{12\,(個)}{2} = 6\,(個)$

よって，X の化学式は C_4H_6。

答〔1〕① 石灰水に通すと白くにごる（12 字）
② 温室効果ガス
③ メタン(または，一酸化二窒素・フロンガス)
〔2〕175 (個)
〔3〕a. $\frac{3}{2}n + 1$　b. $n + 1$　c. n
〔4〕105 (mL)　〔5〕155 (mL)　〔6〕ウ

§4．いろいろな化学変化 (90 ページ)

1 (2) イオンになりやすい亜鉛板が－極，イオンになりにくい銅板が＋極になる。

(3) ＋極では銅イオンが 2 個の電子を受け取って銅原子になる。

(4) (3)より，2 個の電子が流れたとき 1 個の銅イオンが銅原子になる。

よって，$\frac{100\,(個)}{2} = 50\,(個)$の銅イオンが銅原子に変化したと考えられる。

(5) －極では(3)のイの反応が起こり，亜鉛原子が亜鉛イオンになって溶け出す。

(6) ガラスはイオンを通さないので，(5)より，陽イオンの亜鉛イオンが増えていく。

(8) イオンになろうとする性質が強い順に，マグネシウム＞亜鉛＞銅。イオンになりやすいほうが－極になる。アは，銅が＋極，マグネシウムが－極。イは，同じ種類の金属板どうしなので電流が流れない。ウは，マグネシウムが－極，亜鉛が＋極。エは，亜鉛が＋極，マグネシウムが－極。ウでは電流が逆向きに流れるので，プロペラは逆向きに回転する。

(10) 燃料電池は化学エネルギーを直接電気エネルギーに変換する装置で，水素を供給し続ければ連続的に使用できる。有害な物質を発生せず，自動車の動力にも使用されている。

答 (1)〔化学〕電池　(2) 銅板　(3) ウ　(4) 50 (個)
(5) ウ　(6) ウ　(7) エ　(8) ウ　(9) 燃料電池
(10) イ

2 (3) 表 1 より，加えた塩酸が $4\,cm^3$ のとき水溶液が中性になっているので，それ以上塩酸を加えた水溶液は酸性になる。

(5) 塩酸には水素イオン（H^+）と塩化物イオン（Cl^-）が含まれ，水酸化ナトリウム水溶液にはナトリウムイオン（Na^+）と水酸化物イオン（OH^-）が含まれる。塩酸と水酸化ナトリウム水溶液を混ぜると，水素イオンと水酸化物イオンは結びつき水になるので，水溶液中に水酸化物イオンが存在しなくなるまで（水溶液が中性になるまで)，水溶液中に水素イオンは存在しない。うすい水酸化ナトリウム水溶液 $4\,cm^3$ とうすい塩酸 $4\,cm^3$ が過不足なく反応するので，水酸化物イオンと水素イオンは同じ体積に同数入っていると考えられる。

よって，水溶液が中性になった後は塩酸を加えるごとに水素イオンは増加し，グラフより，塩酸を $2\,cm^3$ 加えるごとに縦軸の目盛り 1 目盛り分増加する。

また，水酸化ナトリウム水溶液中には塩化物イオンは存在せず，塩化物イオンとナトリウムイオンは水溶液中では結びつかないので，塩化物イオンのグラフは原点を通り，塩酸を加えるほど増加する③のグラフになる。

(6) うすい水酸化ナトリウム水溶液は，

$4\,(cm^3) \times 6 = 24\,(cm^3)$，

うすい塩酸は，

$2\,(cm^3) + 4\,(cm^3) + 6\,(cm^3) + 8\,(cm^3) + 10\,(cm^3) = 30\,(cm^3)$

加えたことになり，うすい水酸化ナトリウム水

溶液とうすい塩酸は同体積で過不足なく反応するので，ビーカー中の水溶液はうすい塩酸が過剰に加えられた状態になっている。

よって，水溶液は酸性なので黄色になる。

(7) (6)より，うすい塩酸 $30cm^3$ と過不足なく反応するうすい水酸化ナトリウム水溶液は $30cm^3$ なので，ビーカー中の水溶液を中性にするには，うすい水酸化ナトリウム水溶液を，

$$30\,(cm^3) - 24\,(cm^3) = 6\,(cm^3)$$

加える必要がある。

答 (1) 塩化水素　(2) アルカリ(性)　(3) 黄色

(4) $NaOH + HCl \rightarrow NaCl + H_2O$

(5) ⅰ) ⑤　ⅱ) ③　(6) 黄色

(7) 水酸化ナトリウム水溶液，$6\,(cm^3)$

3 (2) 表より，完全に中和したときに生じる沈殿の質量は 2.2g。うすい硫酸 $20cm^3$ に水酸化バリウム水溶液 $4\,cm^3$ を加えたとき，生じた沈殿の質量は 0.8g なので，沈殿 2.2g が生じるのに必要な水酸化バリウム水溶液は，

$$4\,(cm^3) \times \frac{2.2\,(g)}{0.8\,(g)} = 11\,(cm^3)$$

(3) BTB 液は，アルカリ性で青色を示す。(2)より，水酸化バリウム水溶液を $11cm^3$ より多く加えたとき，水溶液はアルカリ性になる。

(4) ビーカーⅢでは，まだ完全に中和していないので，水溶液中には硫酸だけが残っており，硫酸 1 個は 2 個の水素イオンと 1 個の硫酸イオンに電離するので，水素イオンの数がもっとも多い。ビーカーⅤでは，ちょうど中和するより多くの水酸化バリウム水溶液を加えているので，水溶液中には水酸化バリウムだけが残っており，水酸化バリウム 1 個は 2 個の水酸化物イオンと 1 個のバリウムイオンに電離するので，水酸化物イオンの数がもっとも多い。

(5) 硫酸 1 個は 2 個の水素イオンと 1 個の硫酸イオンに電離するので，うすい硫酸 $20cm^3$ に含まれる水素イオンの数は $2x$ 個と表せる。1 個の水素イオンと 1 個の水酸化物イオンが反応して 1 個の水分子が生成し，(2)より，$20cm^3$ のうすい硫酸と $11cm^3$ の水酸化バリウム水溶液がちょうど中和するので，水酸化バリウム水溶液 $11cm^3$ に含まれる水酸化物イオンの数は $2x$ 個。ビーカーⅠにおいて，水酸化バリウム水溶液 $4\,cm^3$ に含まれる水酸化物イオンの数は，

$$2x\,(個) \times \frac{4\,(cm^3)}{11\,(cm^3)} = \frac{8}{11}x\,(個)$$

で，これはすべて中和して水分子になる。

よって，ビーカーⅠで中和によってできた水分子の数は $\frac{8}{11}x$ (個)。ビーカーⅣにおいて，うすい硫酸 $20cm^3$ に含まれる水素イオンは，すべて中和して水分子になるので，ビーカーⅣで中和によってできた水分子の数は $2x$ 個。

(6) はじめ硫酸イオンは水溶液中に一定数存在する。水酸化バリウム水溶液を加えていくと，硫酸イオンはバリウムイオンと反応して硫酸バリウムとなって沈殿するので，数は徐々に減少し，ちょうど中和するとき 0 になる。その後，水酸化バリウム水溶液を加えても硫酸イオンの数は変化しない。

答 (1) $BaSO_4$　(2) $11\,(cm^3)$　(3) Ⅳ・Ⅴ

(4) Ⅲ．H^+　Ⅴ．OH^-

(5) Ⅰ．$\frac{8}{11}x$ (個)　Ⅳ．$2x$ (個)　(6) イ

4 (1) 炭酸カルシウム＋塩酸→塩化カルシウム＋水＋二酸化炭素の反応が起こる。

(2)・(3) 化学変化の前後で反応に関わる物質全体の質量は変化しない。

(4) アは上方置換法，イは下方置換法，ウは水上置換法。二酸化炭素は密度が空気より大きく，水に少ししか溶けないので，下方置換法や水上置換法で集める。

(5) (1)より，二酸化炭素の発生によってガラス容器内の気圧が高くなっている。ふたを開けると容器内の気体が一瞬で外に逃げるので，質量は急激に減少する。容器内の気体は空気よりも二酸化炭素の割合が多く，密度が大きくなっている。容器内の気体は徐々に空気と入れ替わり，空気と同じ組成に近づいていくので，全体の質量は小さくなっていく。

(6) $Zn + 2HCl \rightarrow ZnCl_2 + H_2$

の反応が起こる。水素は水に溶けにくいので，水上置換法で集める。

(7) (6)より，水素の発生によってガラス容器内の

気圧が高くなっている。(5)と同様に，ふたを開けると容器内の気体が一瞬で外に逃げるので，質量は急激に減少する。容器内の気体は空気よりも水素の割合が多く，密度が小さくなっている。容器内の気体は徐々に空気と入れ替わり，空気と同じ組成に近づいていくので，全体の質量は大きくなっていく。

答 (1) $CaCO_3 + 2HCl$

$\rightarrow CaCl_2 + H_2O + CO_2$

(2) イ　(3) 質量保存(の法則)　(4) ア　(5) ア

(6) (名称) 水素　(記号) ウ　(7) エ

5 問1．

ウ．マグネシウムイオンはMg^{2+}，亜鉛イオンはZn^{2+}なので，どちらも最も外側の層に電子が2個ある。

エ．硫酸に亜鉛板と銅板を入れると，亜鉛が亜鉛イオンになり，銅板の表面から水素が発生する。銅板の表面が水素の泡で覆われると，銅板で電子の受け渡しができなくなる。

問2．

(1)　硫酸亜鉛水溶液と硫酸銅水溶液が混ざってしまうと，イオン化傾向が小さい銅が，イオン化傾向が大きい亜鉛板上に析出する。

(2)　素焼きの板の穴を通過していた水溶液中のイオンが通過できないので，電気的な偏りができる。

問3．表より，亜鉛0.20gがすべて反応すると$76cm^3$の水素が発生し，塩酸300mLがすべて反応すると741mLの水素が発生するので，

$$0.20\,(g) \times \frac{741\,(mL)}{76\,(mL)} = 1.95\,(g)$$

問4．マグネシウムと塩酸の反応を表す化学反応式と，亜鉛と塩酸の反応を表す化学反応式はマグネシウムと亜鉛の元素記号を置き換えればよいので，発生する水素の体積が同じときの亜鉛とマグネシウムの質量比が，亜鉛原子1個とマグネシウム原子1個の質量比になる。表より，亜鉛1.30gとマグネシウム0.48gが塩酸と反応したときに発生する水素の体積がどちらも$494cm^3$になっているので，

$$1.30\,(g) : 0.48\,(g) = 65 : 24$$

問5．表より，0.20gの亜鉛が反応すると$76cm^3$の水素が発生するので，Xgの亜鉛が反応したときに発生する水素の体積は，

$$76\,(cm^3) \times \frac{X\,(g)}{0.20\,(g)} = \frac{76}{0.2}X\,(cm^3)$$

になり，0.12gのマグネシウムが反応すると$123.5cm^3$の水素が発生するので，Ygのマグネシウムが反応したときに発生する水素の体積は，

$$123.5\,(cm^3) \times \frac{Y\,(g)}{0.12\,(g)}$$

$$= \frac{123.5}{0.12}Y\,(cm^3)$$

になる。

答 問1. ア．MgO　イ．白　ウ．2　エ．水素　オ．硫酸亜鉛　カ．硫酸銅

キ．$Mg + 2HCl \rightarrow MgCl_2 + H_2$

問2. (1) 亜鉛板上に銅が析出する。

(2) 電気的な偏りができるため。

問3. 1.95g

問4. (亜鉛原子1個：マグネシウム原子1個＝)

65：24

問5. $\begin{cases} X + Y = 2.7 \\ \frac{76}{0.2}X + \frac{123.5}{0.12}Y = 1805 \end{cases}$ (同意可)

6．植物の生活・種類

§1．植物のつくりと分類 (96 ページ)

1 [A]

(3) a は胚珠。b は花粉のう。

(4) A に胚珠があるので，A が種子をつくる雌花でまつかさになる。

[B]

(7) タンポポは合弁花類。

答 (1) イ．胚珠　オ．子房　(2) 受粉

(3) a．イ　b．ウ　(4) A　(5) 維管束

(6) ② カ　③ オ　④ ウ　(7) F

2 (2) A と B が葉，D が根。

(3) シダ植物は花をつけない。

(4) 対物レンズとプレパラートが接触しないように，プレパラートと対物レンズを離すようにしながらピントを合わせる。

(5) 視野の明るさを調節するところなので，(オ)のしぼり。(ア)は接眼レンズ，(イ)は調節ねじ，(ウ)はレボルバー，(エ)は対物レンズ。

(6) 0.05mm を 2cm に拡大するときの倍率は，2cm = 20mm より，

$$\frac{20\ (\text{mm})}{0.05\ (\text{mm})} = 400\ (\text{倍})$$

(ア)の倍率は，

$10 \times 4 = 40$ (倍)，

(イ)は，

$10 \times 10 = 100$ (倍)，

(ウ)は，

$10 \times 40 = 400$ (倍)，

(エ)は，

$15 \times 4 = 60$ (倍)，

(オ)は，

$15 \times 10 = 150$ (倍)，

(カ)は，

$15 \times 40 = 600$ (倍)

答 (1) 胞子　(2) C　(3) (イ)

(4) ((ア)→)(オ)→(イ)→(エ)→(ウ)　(5) (オ)　(6) (ウ)

3 (2) 胞子は雌株でつくられる。

(4) c は茎，d は根。

(6)③　①・⑤・⑥は被子植物。③はコケ植物。

答 (1) 胞子　(2) X　(3) 胞子のう　(4) a・b

(5) 仮根

(6) ① 分類　② 種子で増えるか増えないか

③ Z．②　W．④

4 (問1)　a・e はシダ植物，b・f はコケ植物，c・d は単子葉類，g・h・l・m・n・o・p は双子葉類，i・j・k は裸子植物。

(問2)　a～p の植物は陸上で育ち，光合成を行う。

①　シダ植物・コケ植物は種子をつくらない。

②　コケ植物は根・茎・葉の区別がない。

(問5)　①は単子葉類，②は双子葉類に分けられる。(い)はシダ植物・コケ植物，(お)は裸子植物の特徴。

答 (問1) (か)　(問2) ① (い)　② (え)　③ (う)

(問3) 種子植物

(問4) (太い根) 主根　(細い根) 側根

(問5) ① (あ)・(え)・(か)・(き)　② (あ)・(う)・(か)・(く)

§2．光合成・呼吸・蒸散 (100 ページ)

1 3．ア・エは植物細胞にだけ見られる。

5．表より，B と D で BTB 溶液の色が緑色から黄色になっているので，二酸化炭素が増えていて，緑色のピーマンも赤色のピーマンも呼吸を行っていることがわかる。

また，C でも BTB 溶液の色が緑色から黄色になっているので，赤色のピーマンは光が当たっているときも呼吸を行っていることがわかる。

A で BTB 溶液の色が緑色から青色になっているのは，緑色のピーマンは光があたっているときには呼吸よりも光合成を活発に行っているからと考えられる。

答 1．対物レンズとプレパラートがぶつかることを避けるため。(同意可)

2．葉緑体　3．イ・ウ

4．緑色のピーマンに光をあてたものでは，BTB 溶液の色が緑色から青色に変色したことから，光合成によってピーマンが二酸化炭素を吸収したと考えられるため。(同意可)

5．ウ・カ

2 問1．図より，ふの部分ではなく，日の当たっていた部分でデンプンがつくられる。

問3．葉緑体としてもよい。

問5．お湯につけて葉をやわらかくした後，エタノールにつけて葉を脱色し，水でエタノールを洗い流す。

答 問1．ア　問2．B・C・F　問3．葉緑素
問4．ア．E　イ．B　ウ．A
問5．エ．⑤　オ．⑥　カ．④
問6．葉の中のデンプンをなくすため

3 (2) Aは葉の表と裏と茎，Bは葉の表と茎，Cは葉の裏と茎，Dは茎から失われた水の量を調べている。表1のAより，葉の表と裏と茎から失われた水の量は8.6cm^3。CとDの差より，葉の裏から失われた水の量は，

$6.5\ (\mathrm{cm^3}) - 1.3\ (\mathrm{cm^3}) = 5.2\ (\mathrm{cm^3})$

(3) BとCで茎から失われた水の量は等しいと考える。(2)と同様にして，BとDの差より，葉の表から失われた水の量は，

$3.4\ (\mathrm{cm^3}) - 1.3\ (\mathrm{cm^3}) = 2.1\ (\mathrm{cm^3})$

と求めることができる。

(4) ホウセンカは双子葉類。ア・イは単子葉類，ウ・エは双子葉類の茎の断面を表している。水の通り道である道管は茎の中心に近いほうにある。

(5) アは裸子植物，イ・ウ・エ・オは単子葉類。

答 (1)（はたらき）蒸散　（細胞）孔辺細胞
(2)（葉と茎）8.6 (cm^3)　（葉の裏）5.2 (cm^3)
(3) エ　(4) エ　(5) カ　(6) ク

4 問4．LED電球は点灯時にほとんど発熱しないが，白熱電球は点灯時に発熱する。

答 問1．① 根　② 気孔　③ 二酸化炭素
④ 光　⑤ デンプン
問2．カイワレダイコンが光合成をせず，呼吸だけを行ったから。
問3．⑥ (ア)　⑦ (ア)　⑧ (ア)
問4．光合成で吸収した二酸化炭素の量と，呼吸で発生した二酸化炭素の量が等しいから。
問5．白熱電球から生じる熱の影響を防ぐため。

7．動物の生活・種類

§1．動物のつくりと分類 (106ページ)

1 (1) 表より，Aの呼吸の方法は，子はえら，親は皮ふと肺なので，両生類。BとCの体表はうろこなので，魚類かは虫類。Cの呼吸の方法は肺なので，は虫類。

したがって，Bは魚類。Dは仲間のふやし方が卵生で，魚類，両生類，は虫類以外なので鳥類。よって，Eはほ乳類。鳥類の体表は羽毛，ほ乳類の体表は毛。

(2) (1)より，Xは魚類の呼吸の方法なのでえら，Yはほ乳類の呼吸の方法なので肺。

(3) 殻のない卵を水中に産むものは魚類と両生類。

(4) バッタ，ミミズ，イカは無セキツイ動物。

(6) エは鳥類の特徴。

答 (1) P．ウ　Q．エ　(2) X．ウ　Y．イ
(3) A・B
(4) A．カ　B．イ　C．ア　D．オ　E．ク
(5) 進化　(6) ア・イ・ウ

2 (1)② Aは無セキツイ動物の軟体動物，Fは無セキツイ動物の節足動物。

(3)・(4) 鳥類のE，ハ虫類のCは一生肺で呼吸し，両生類のDは幼生時にはえら呼吸，成体時には肺呼吸を行う。

(5) 図2の動物aは恒温動物で，気温が変化しても体温は一定に保たれる。グラフの横軸は気温を表している。

(6) 恒温動物は哺乳類と鳥類。

答 (1) ① A・B・D　② B・C・D・E・G
(2) 胎生　(3) ア　(4) イ　(5) 縦軸　(6) E・G

3 (4) ハチュウ類としての特徴は，歯がある，前足に爪がある，尾に骨があるなど。鳥類としての特徴は，翼を持つ，羽毛がある，くちばしがあるなど。

(6) 光合成には光のエネルギーが必要なので夜間は行われない。

答 (1) 両生類
(2)（エビ）外骨格　（イカ）外とう膜　(3) (ア)
(4)（例）a．歯や爪を持つ　b．翼や羽毛を持つ
(5) 胎生　(6) 夜間　(7) 魚類　(8) O_2

4 問1．昆虫のからだは頭，胸，腹に分かれていて，3対の足はすべて胸についている。

問2．セキツイ動物（b・c・d）か無セキツイ動物（a・e・f・g）か，恒温動物（d）か変温動物（a・b・c・e・f・g）か，胎生（d）か卵生（a・b・c・e・f・g）か，などでなかま分けができる。

問3．節足動物（a・e・g）は外骨格をもつ。

問4．共通点は，親が肺呼吸することなど。相違点は，は虫類の体表はうろこで両生類の体表は湿った皮膚。は虫類は殻のある卵をうみ両生類は殻のない卵をうむなど。

問5．哺乳類と他と異なる点は，胎生か卵生か，恒温動物か変温動物かなど。

問6．軟体動物は，イカ，タコ，貝のなかま。ミミズは環形動物，ウナギは魚類。

答 問1．（右図）　（例）

問2．（例）a・e・f・g（と）b・c・d

（なかま分けの基準）背骨をもつかどうか

問3．（名前）外骨格　（記号）a・e

問4．（分類名）b．両生類　c．は虫類

（共通点）（例）成体は肺で呼吸する。

（相違点）（例）体表が，カエルは湿った皮膚でおおわれているが，ヘビはうろこでおおわれている。

問5．（記号）d　（分類名）哺乳類

（特徴）子を産む（または，胎生）

問6．⑤

§2．消化・吸収・排出・呼吸（110ページ）

1 (1)①　正しい手順は，(エ)→(オ)→(ア)→(ウ)→(カ)→(キ)→(イ)。

②・③　Bは血小板，Cは白血球，Dは血しょう。(イ)・(カ)はD，(エ)はAのはたらき。(ア)の血液の各成分は骨髄でつくられる。

(2)①　肺は左右に1つずつある。

②　あは右心房，いは右心室，うは左心房，えは左心室。心房が収縮して心房から心室へ血液が流れこむ。

③　全身に血液を送り出す左心室の筋肉のかべが最も厚い。

⑤　(ウ)を分解してできた(エ)と，(カ)を分解してできた(イ)は小腸で吸収されて肝臓へ送られるので，小腸を通過した直後の血液に多く含まれる。(ア)・(キ)は小腸で吸収されたあと，再び(オ)になってリンパ管に入る。

答 (1)①（2番目）(オ)　（6番目）(キ)

②赤血球　③B．(オ)　C．(ウ)　④(ア)

⑤(イ)　アミノ酸を構成する元素として窒素が含まれているため。

(2)①(イ)　②(イ)　③え　④(ウ)　⑤(イ)・(エ)

⑥(ウ)

2 (1)　A，D，Eは消化液を出しているが，食物は通過しない。

(2)・(3)・(5)・(6)　表1より，だ液が有機物Ⅱだけを分解するので，有機物Ⅱはデンプン。有機物Ⅰ～Ⅲをすべて分解する消化酵素が含まれるのはすい液なので，器官Yはすい臓。デンプンではない有機物Ⅰだけを分解する消化酵素は，胃液に含まれるペプシンで，ペプシンはタンパク質を分解するので，器官Zは胃，有機物Ⅰはタンパク質。

よって，有機物Ⅲは脂肪。タンパク質とデンプンを分解する消化酵素が含まれるのは，小腸の壁から出される消化液なので，器官Xは小腸。

(7)　消化酵素は体温に近い温度でよくはたらく。

(9)　試験管AとCではヨウ素液を加えているので，デンプンの有無を調べることができる。だ液が入っている試験管Aではヨウ素液の色が変化しないので，デンプンがなくなっていることがわかる。試験管BとDではベネジクト液を加えているので，糖の有無を調べることができる。だ液が入っている試験管Bに赤褐色の沈殿ができるので，試験管Bに糖が含まれていることがわかる。

答 (1)オ　(2)ウ　(3)カ　(4)アミラーゼ　(5)ウ

(6)ア　(7)イ　(8)エ

(9)（AとC）エ　（BとD）ア

3 (3)　魚類は1心房1心室，鳥類とホニュウ類は2心房2心室。

(5)　肺動脈を流れる血液は肺へ向かうので，酸素の少ない静脈血が流れている。

(6) 心臓には血液の逆流を防ぐ弁がある。

答 (1) A. 赤血球　B. 白血球　C. 血小板

(2) ウ　(3) ウ・カ

(4) 血圧が低くなり，血液が逆流するのを防ぐため。(22字)

(5) 静脈血　(6) エ　(7) ウ

4 (2) Cは肺胞。赤血球に含まれるヘモグロビンは酸素と結びつき，酸素を全身へ運ぶ。血しょうは二酸化炭素，養分，老廃物を運ぶ液体成分。

(3)① 吸う息のうち，体内に取り入れる酸素の割合は，

21 (%) − 17 (%) = 4 (%)

これがはく息の二酸化炭素の割合になると考えられる。

② $500cm^3 = 0.5L$

より，1分間で体内に取り入れる酸素の体積は，

$$0.5\,(L) \times \frac{4}{100} \times 20 = 0.4\,(L)$$

24時間では，

0.4 (L)×(60 × 24)(分) = 576 (L)

答 (1) A. ウ　B. オ　(2) ア

(3) ① イ　② 576 (L)

§3. 刺激と反応 (116ページ)

1 問2. 腕を曲げ伸ばしする筋肉は，一方が縮むときには他方がゆるむ。

問3. Bは筋肉を骨につなぐ腱。

問4. 熱いものにふれたときに起こる反射では，感覚器官で受け取った刺激の信号がせきずいに伝わると，刺激が脳に伝わるより先に，せきずいが直接命令の信号を出す。

答 問1. ③

問2. (腕を曲げるとき) ④

(腕を伸ばすとき) ②

問3. ①　問4. ③

2 答 1. c　2. ① ア　② イ　③ ウ　3. e

4. ① イ　② ウ

3 問3. 皮膚で受け取った刺激は，感覚神経を通ってせきずいに伝わる。反射では，せきずいから直接命令の信号が出される。

問6. 表より，5回の操作で，ものさしが落ちた距離の和は，

12.5 (cm) + 10.5 (cm) + 11.2 (cm) + 12.7 (cm) + 10.6 (cm) = 57.5 (cm)

よって，1回の操作でものさしが落ちた距離の平均値は，

$$\frac{57.5\,(cm)}{5\,(回)} = 11.5\,(cm)$$

図2より，ものさしが落ちた距離が11.5cmのときの，ものさしが落ちるのに要する時間を読み取る。

答 問1. イ　問2. 反射

問3. (皮膚→)エ→ア→ウ(→筋肉)　問4. 腱

問5. 網膜　問6. 0.15 (秒)

4 (4)② 図2で光源から出た光はc上で像を結ぶ。凸レンズの中心を通る光は直進することから，光源の先端と凸レンズの中心を通る直線を引くと，ウの矢印とc上で交わるとわかる。

答 (1) A. 単細胞生物　B. 多細胞生物

(2) イ　(3) 感覚器官

(4) ① (記号) a　(名称) 虹彩　② ウ

5 問1. 明るいところではひとみが小さくなり，目の中に入る光が少なくなる。

問2. 鼓膜が音を空気の振動として受けとる。

問3. aは右心房，bは右心室，cは左心房，dは左心室。肺静脈とつながっているのは左心房。

問7. 反射は，無意識に反応を起こすことで，危険から体を守ったり，体のはたらきを調節したりするのに役立つ。

問10. 図8より，頭から指先までの神経の長さの和は，

70 (cm) + 30 (cm) = 100 (cm)

100cm = 1mなので，神経の中を刺激や命令が伝わる速さは，

$$\frac{1\,(m)}{100\,(m/s)} = 0.01\,(秒)$$

問13. 図7より，ものさしが落ちた距離の平均は，

$$\frac{(20.2 + 19.8 + 18.1 + 17.9)\,(cm)}{4}$$

= 19 (cm)

このときものさしが落ちるのに要した時間は，図9より0.2秒。

よって，脳で刺激に対して判断し，命令を出

すまでにかかる時間は，

0.2（秒）－ 0.01（秒）＝ 0.19（秒）

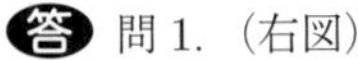

答 問1．（右図）

問2．ア　問3．c

問4．まがる

問5．エ　問6．反射

問7．（例）刺激を受けてから反応するまでの時間が短い。

問8．オ　問9．エ　問10．0.01（秒）

問11．R．網膜　S．せきずい

問12．中枢神経　問13．0.19（秒）

8．生物のつながり

§1．細胞・生殖（123ページ）

1 (2)イ．Aは，雄の親が持つ遺伝子と雌の親が持つ遺伝子を受け継いでいる。

エ．Eの1つの細胞に含まれる染色体の本数は，Aの細胞に含まれる染色体の本数と同じ。

(3) 生殖細胞は減数分裂によってつくられ，親の染色体の本数の半分になる。図2より，親Pがつくる生殖細胞の染色体はア，親Qがつくる生殖細胞の染色体はアまたはイ。受精では親Pがつくる生殖細胞の染色体と親Qがつくる生殖細胞の染色体を受け継ぐので，子の体細胞が持つ染色体はウまたはオ。

答 (1)（Aの名称）精巣

（生殖細胞の名称）精子

(2) ア・ウ・オ

(3)（親Pがつくる生殖細胞）ア

（親Qがつくる生殖細胞）ア・イ

（子の体細胞）ウ・オ

2 (2) 対物レンズを4倍から40倍に変えると観察物の長さが，

$$\frac{40}{4} = 10\text{（倍）}$$

に拡大されたことになるので，視野の面積は，

$$\frac{1}{10} \times \frac{1}{10} = \frac{1}{100}$$

になる。視野が狭くなると光の量が少なくなるので視野は暗くなる。

(3) 顕微鏡で見える像は上下左右が逆になっているので，視野の右上にある観察物の実際の位置は左下にある。

答 (1)(ア) 接眼レンズ　(イ) レボルバー

(ウ) 対物レンズ　(エ) ステージ　(オ) しぼり

(2) ⑥　(3) ②

(4)（処理2）②　（処理3）④　（処理4）①

(5) ((エ)→)(オ)→(イ)→(ウ)→(ア)

3 問2．ヨウ素液はデンプンの有無を調べる薬品。

問3．①は細胞どうしをばらばらにするために必要な操作，④は細胞の重なりを減らすための操作。

問4．図1より，AB間は細胞分裂をさかんに行っているので，分裂中の細胞が見られる。根もとに近い部分ほど，細胞が大きくなっているので，CD間で見られる細胞はBC間で見られる細胞よりも大きい。

問5．細胞分裂の順は，染色体が現れる(オ)→染色体が中央に並ぶ(ウ)→染色体が両端に移動する(イ)→しきりができはじめる(エ)。

問6．染色体の複製は，細胞分裂がはじまる前に行われる。

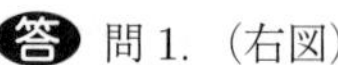
答　問1.（右図）

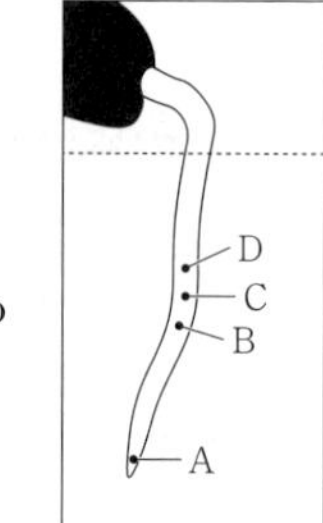

問2. 酢酸オルセイン
問3. ①・④
問4.（AB間）c　（BC間）b　（CD間）a
問5.（ア→）オ→ウ→イ→エ
問6. ア

4 問1．新しいいもをつくり出す生殖は白矢印イとエ。イは有性生殖，エは無性生殖をあらわす。

問2．精細胞と卵細胞の染色体数は，それぞれ体細胞の染色体数の半分なので，

$$48\,(\text{本}) \times \frac{1}{2} = 24\,(\text{本})$$

Aの精細胞とBの卵細胞が受精してできた種子の染色体数は，

$$24\,(\text{本}) + 24\,(\text{本}) = 48\,(\text{本})$$

種子から生じたDの染色体数は48本のまま変わらない。

問3．A，Bから遺伝子の半分ずつがDに受け継がれる。いもからふやしたCはAと全く同じ遺伝子をもつ。

問6．①・②・④は分裂でふえる単細胞生物，③は多細胞生物。

答　問1. ②　問2. ④　問3. ①　問4. ①　問5. ②　問6. ③

5 問1．正しい順に，操作a→操作d→操作c→操作e→操作b。

問2．正しい順に，操作k→操作h→操作f→操作g→操作i→操作j。

問5．顕微鏡の倍率を，

$$\frac{600\,(\text{倍})}{150\,(\text{倍})} = 4\,(\text{倍})$$

高くしたので，視野は，

$$\frac{1}{4} \times \frac{1}{4} = \frac{1}{16}$$

になった。

よって，150倍で観察していたときに見られた細胞は，

$$100\,(\text{個}) \times 16 = 1600\,(\text{個})$$

問7．タマネギは被子植物の単子葉類に分類される。イ・カは裸子植物，ウはシダ植物，エは被子植物の双子葉類。

問8．

(1)　図より，0時間から72時間の間に細胞数は100個から800個になったので，

$$\frac{800\,(\text{個})}{100\,(\text{個})} = 8\,(\text{倍})$$

に増えている。1回の分裂で細胞数は2倍になるので，$8 = 2^3$ より，3回分裂したことになる。

(2)　(1)より，1回の分裂にかかる時間は，

$$\frac{72\,(\text{時間})}{3} = 24\,(\text{時間})$$

問9．精細胞や卵細胞は，減数分裂によって染色体の数が体細胞の半分になる。減数分裂でつくられる細胞以外は，分裂しても染色体の数は変わらない。

答　問1.（2番目）d　（4番目）e
問2.（2番目）h　（4番目）g
問3. 細胞どうしの接着をゆるめるため。
問4.（A→）E→D→B→C
問5. 1600(個)
問6.（植物細胞では）細胞板（または，しきり）ができ（，動物細胞では）外側からくびれる（。）
問7. ア・オ・キ
問8. (1) 3(回)　(2) 24(時間)
問9. ア．花粉管　イ．核　ウ．減数分裂　エ．$2n$　オ．$2n$

§2．遺伝の規則性 (128ページ)

1 (6)②　【実験1】でできた子の遺伝子の組み合わせはAaで，【実験2】でできた種子の4通りの遺伝子の組み合わせは，AA，Aa，Aa，aaな

ので，丸い種子としわの種子の比は3：1。
よって，丸い種子の数は，

$$1405\,(個) \times \frac{3}{4} \fallingdotseq 1054\,(個)$$

(7)② イは裸子植物，エは藻類。

答 (1) 対立形質 (2) 自家受粉 (3) 胚珠
(4) 卵細胞 (5) 減数分裂
(6) ① 顕性 ② エ ③ 純系 ④ 分離の法則
(7) ① 胞子 ② ア・ウ・オ

2 問3．①と②は父親由来の生殖細胞，③と④は母親由来の生殖細胞。

問4．

(1) 子Xの遺伝子の組み合わせはAAまたはAa。毛色が黒色の遺伝子の組み合わせはaa。AAまたはAaとaaのかけ合わせで，うまれた子の毛色が2匹は茶色，2匹は黒色になるようなかけ合わせは，Aa × aa → Aa，Aa，aa，aa。
したがって，子Xの遺伝子の組み合わせはAa。図で，子Xの遺伝子aは④に由来するので，Qはa。子の毛色はすべて茶色なので，Pをaにすると子に毛色が黒色のaaができるので矛盾する。
よって，PはA。

(2) Aa，Aa，aa，aaのうち，茶色の個体はAa。Aa × Aa → AA，Aa，Aa，aa。

答 問1．イ 問2．減数分裂 問3．ア
問4．(1) イ (2) キ

3 問3．

(3)① 無性生殖によって生じた個体は親の染色体をそのまま受け継ぐ。

② 有性生殖によって生じた個体は，両親から半分ずつ染色体を受け継ぐ。

問4．

(1) 無性生殖では子は親と同じ遺伝子をもつ。

(2) 遺伝子の組み合わせは，丸い種子をつくる純系の親がAA，しわの種子をつくる純系の親がaaで，子は両親の遺伝子を半分ずつ受け継ぐので，子の体細胞の遺伝子の組み合わせはAa。

(3) 孫の遺伝子の組み合わせはAA，Aa，Aa，aaの4通りで，遺伝子Aを含むと種子は丸くなり，遺伝子Aを含まないときだけ種子はしわになる。
また，精細胞と卵細胞は偶然に結びつくため，1つのさやの中でも遺伝子の異なる個体が混じる。

(4) 孫の丸い種子の遺伝子の組み合わせはAA，Aa，Aaの3通り。孫の遺伝子の組み合わせがAAのとき，得られる種子の遺伝子の組み合わせは4通りともAA。孫の遺伝子の組み合わせがAaのとき，得られる種子の遺伝子の組み合わせはAA，Aa，Aa，aa。
よって，得られる種子の遺伝子の組み合わせの比は，

AA：Aa：aa
＝(4 ＋ 1 × 2)：(2 × 2)：(1 × 2)
＝ 6：4：2

このうちAAとAaの遺伝子をもつ種子は丸で，aaの遺伝子をもつ種子はしわなので，

丸：しわ＝(6 ＋ 4)：2 ＝ 5：1

答 問1．あ．メンデル い．精細胞 う．胚
問2．被子植物
問3．(1) 発生 (2) 栄養生殖 (3) ① イ ② エ
問4．(1) イ (2) Aa (3) ウ
(4)（丸い種子：しわの種子＝）5：1

4 ［A］

(1)ア．顕性（優性）の法則について述べたもの。
エ．顕性形質を現す純系の親と潜性形質を現す純系の親をかけあわせて生まれた子どうしをかけあわせて生まれた個体は，顕性形質を現すものと潜性形質を現すものとの割合が約3：1になる。

(2) 表1より，チャボ型同士を交配すると3種類の形質が現れた。交配させたときの遺伝子の組合せが3種類となるのは，顕性遺伝子のRと潜性遺伝子のrをどちらも持つときなので，チャボ型の遺伝子の組合せはRrとなる。
したがって，チャボ型同士を交配させて得られた受精卵の遺伝子の組合せの比は，

RR：Rr：rr ＝ 1：2：1

普通型は潜性形質なので，遺伝子の組合せはrr。よって，ふ化しなかった卵の遺伝子の組合せはRRとなる。

(3) (2)より，遺伝子の組合せがRRのときはふ化せず，Rrのときはチャボ型となる。会話文より，遺伝子を1つ持つとふ化はできるが足が短くなり，2つ持つとふ化できなくなってしまうとあるので，1つの遺伝子はR。
また，2つの形質はチャボ型のヒヨコ（形質B）とふ化しなかった卵（形質C）となる。

[B]

(4) (2)より，チャボ型の遺伝子の組合せはRr，普通型の遺伝子の組合せはrrなので，交配させて得られる受精卵の遺伝子の組合せは，
Rr：rr ＝ 1：1
ふ化しない卵は得られないので，普通型のヒヨコの卵：チャボ型のヒヨコの卵：ふ化しない卵＝1：1：0

(5) 比率2より，同数のチャボ型と普通型を入れて飼育を始めた場合，次世代は普通型のヒヨコの方が多く得られる。
よって，世代を重ねるごとに普通型のヒヨコの比率が高くなっていくと考えられるので，チャボ型のヒヨコの割合は減少していく。

答 (1) イ　(2) あ．Rr　い．rr　う．RR
(3) ウ　(4) え．1　お．1　か．0　(5) ウ

§3．自然と人間 (135ページ)

1 (1) 土中の小動物や微生物が分解者。土中の小動物には，ダンゴムシ，ミミズ，ヤスデ，シデムシなどがいる。

(2) デンプンにヨウ素液を加えると青紫色になる。デンプンが他の物質に変化していれば，ヨウ素液の反応は見られない。

(3) 菌類はカビ，キノコのなかま。

答 (1) (名称) 分解(者)　(生物例) ダンゴムシ
(2) (培地に加えるもの) ヨウ素液〔と土壌生物〕
(変化の様子) 変化が見られない。
(3) アオカビ
(4) 生産者がいなくなるとそれらを食べていた消費者もいなくなる。

2 問1・問2．Cは植物で，光合成で大気中の二酸化炭素を取り入れる。Bは草食動物，Aは肉食動物で，DはA〜Cの遺骸や排出物などの有機物を分解する。

問3．矢印ア〜ウ，サは呼吸をあらわしている。

問4．生物の遺骸などの有機物が長い年月を経て，石油，石炭，天然ガスなどの化石燃料となる。
②は鉱物，⑤は放射性物質。

問5．④はBに属する。

問6．
① ケイソウはゾウリムシに食べられる。
② カブトムシは樹液を食べる。
③ ダンゴムシ，ミミズは分解者で，落ち葉やバッタの遺骸などを食べる。

答 問1．②　問2．⑥　問3．⑦　問4．②・⑤
問5．④　問6．④

3 (1) 実験1より，ガーゼによって泥水から土砂や大きなゴミが除去されている。

(2) AのビーカーにI入れたI液には菌類や細菌類が含まれているので，そのはたらきによってデンプンが分解される。Bのビーカーに入れたI液中の菌類や細菌類は煮沸によって死滅したので，デンプンが分解されずにビーカーに残る。

(4) ゲンジボタル，コオニヤンマはややきれいな水，ミズカマキリはきたない水に生息する。

(7) 化石燃料は有機物なので，燃焼させると二酸化炭素が発生する。

答 (1) ア　(2) B　(3) 生物濃縮　(4) イ　(5) ウ
(6) 食物連鎖　(7) a．オ　b．イ　(8) 酸性雨

4 〔2〕 生物Aは光合成によって有機物をつくるので生産者。

〔3〕
② 化石燃料，石灰岩ともに生物の遺がい，排出物が堆積したものが長い年月をかけて変化したもの。

〔4〕 枯草菌は稲わらにふくまれていた有機物をもとに繁殖しているので，消費者としてのはたらきももつ。

〔5〕 各生物の個体数がほとんど変わらず，非常に安定している生態系では，生物が成長することがないので，1年間で成長することで増える炭素の量も0となる。

〔6〕
① C_1は1年間で光合成によって取り込まれる二酸化炭素量の20％，C_2は生物Yが生物

X から取り込んだ量の 10 %。図 2 より，生物 Z が取り込んだ量は C_2 と等しく，C_2 は C_1 の 10 %となるので，

$$20\,(\%)\times\frac{10}{100}=2\,(\%)$$

② 図 1 の生物 D が取り込んだ量は，D_1～D_3 の 1 年間で光合成によって取り込まれる二酸化炭素量に対する割合の合計。C_1・D_1 は，どちらも 1 年間で光合成によって取り込まれる二酸化炭素量の 20 %。①より，C_2 は 1 年間で光合成によって取り込まれる二酸化炭素量の 2 %。D_2 は生物 Y が生物 X から取り込んだ量の 30 %なので，1 年間で光合成によって取り込まれる二酸化炭素量の，

$$20\,(\%)\times\frac{30}{100}=6\,(\%)$$

D_3 は生物 Z が生物 Y から取り込んだ量の 50 %なので，

$$2\,(\%)\times\frac{50}{100}=1\,(\%)$$

よって，図 1 の生物 D が取り込んだ量は，

$$20\,(\%)+6\,(\%)+1\,(\%)=27\,(\%)$$

答 〔1〕①エ　②イ　③ア　④ウ

〔2〕生産者

〔3〕①（燃料 X）化石燃料　（堆積岩 Y）石灰岩

②（次図）

〔4〕あ．分解者　い．消費者　〔5〕G_1

〔6〕① 2（%）　② 27（%）

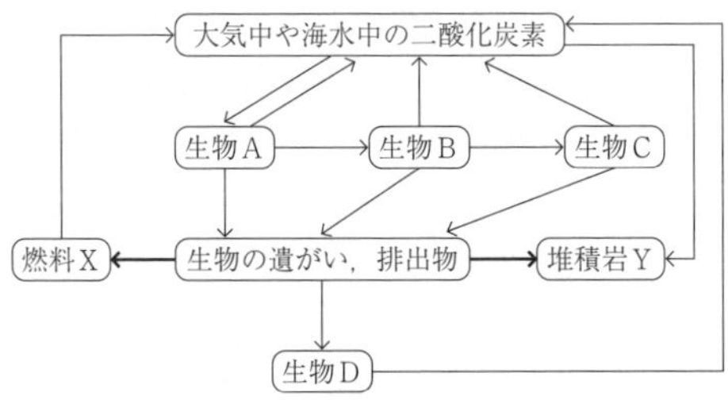

9．大地の変化

§1．火山と岩石，地層（140 ページ）

1 (1) 流水によって運ばれる途中でぶつかったり，川底などとの摩擦により，角がすりへっている。

(2) 河口付近まで流れた水は流速が小さくなって，運搬作用が低下し，砂，泥が堆積したのが三角州。

(3) アサリは浅い海に生息する。アサリの化石を含む層は海底で堆積した。

(4) 図より，層 F→層 E→層 D と堆積すると，れき→砂→泥と上の層ほど粒が小さくなっている。粒の小さいものほど沖合まで運ばれるので，海岸線からだんだんはなれていったとわかる。

答 (1) 丸みを帯びている　(2) 三角州　(3) E

(4) エ　(5) プレート

2 (2) 気象庁によると現在 111 の活火山が存在する。

(4) マグマの粘りけが弱いと B のような傾斜のゆるやかな形になり，マグマの粘りけが強いと A のような盛り上がった形になる。

(5) ①は C の火山，②・④は A の火山。

答 (1) 活火山　(2) ②　(3) カルデラ

(4)（弱）B ⇒ C ⇒ A（強）　(5) ③

(6) X．火成岩　Y．深成岩

3 **答** (1) 火山噴出物　(2) イ・エ　(3) 鉱物

(4) カンラン石　(5) 有色鉱物

(6) セキエイ・チョウ石　(7) 火成岩

(8) Ⅰ．火山岩　Ⅱ．深成岩　(9) 安山岩　(10) A

4 問 1．(イ)はマグマのねばりけが大きい場合。

問 2．無色鉱物はセキエイ・チョウ石で，それ以外は有色鉱物。

問 4．

(2) 有色鉱物が多く含まれているので，マグマのねばりけは弱い。図より，岩石 Y は等粒状組織なので深成岩。問 3 より，マグマのねばりけが弱い深成岩は斑れい岩。

答 問 1．(ウ)　問 2．(エ)

問 3．D．火山　E．安山　F．せん緑

問 4．(1) a．斑晶　b．石基　(2) (イ)

5 問 2．

(1) A のペトリ皿はゆっくり冷やしていったの

で，大きな結晶となったものが多い。

(2) 安山岩は火山岩なので，マグマが急に冷やされてできた斑状組織となっている。斑状組織のモデルとなっているペトリ皿は①。

問6.

(2) 地層の上下の入れ替わりがないので，下の層ほど古い。サとスは同じ年代の層なので，最も古い層はセ，最も新しい層はク。

(3) 図より，サの層が形成された後の地点C付近は，泥岩→砂岩→れき岩の順に堆積している。粒が大きいものほど浅い海で堆積するので，サの層が形成された後の地点C付近は深い海から浅い海へと変わっていった。

答 問1. ア. 溶岩　イ. 火成岩　ウ. 火山岩　エ. 深成岩　オ. 斑晶　カ. 石基　キ. 斑状
問2. (1) ②　(2) ①　問3. (1) ⑤　(2) 磁鉄鉱
問4. [3] 風化　[4] 侵食
問5. (1) 堆積岩
(2) うすい塩酸を石灰岩にかけると二酸化炭素が発生するが，チャートにかけても発生しない。
問6. (1) 火山の噴火があった。(2) ⑥　(3) ②

6 (2) 海岸から遠いほど堆積物の粒は小さくなる。A地点の柱状図で，火山灰を除いて下から上に，大きいれき，小さいれき，砂，泥と粒が小さくなっている。このことは，A地点が海岸から遠くなったことを示す。

(3)(i) 火山灰層をかぎ層として，各地点の火山灰層の上面の標高を比較する。図1より，A地点の標高は30m。図2より，A地点において，火山灰層の上面の地表からの深さは9m。したがって，A地点の火山灰層の上面の標高は，

$$30\ (\mathrm{m}) - 9\ (\mathrm{m}) = 21\ (\mathrm{m})$$

同様に，B地点では，

$$25\ (\mathrm{m}) - 3\ (\mathrm{m}) = 22\ (\mathrm{m})$$

C地点では，

$$25\ (\mathrm{m}) - 3\ (\mathrm{m}) = 22\ (\mathrm{m})$$

よって，A地点はB，C地点よりも火山灰層の標高が低いので，西に向かって地層は下がっている。

(ii) A地点とB地点の火山灰層の標高の差は，

$$22\ (\mathrm{m}) - 21\ (\mathrm{m}) = 1\ (\mathrm{m})$$

図1より，A地点とB地点の距離は4kmなので，4kmで1m低くなっている。

よって，1kmでは，

$$1\ (\mathrm{m}) \times \frac{1\ (\mathrm{km})}{4\ (\mathrm{km})} = 0.25\ (\mathrm{m})$$

(4) D地点の火山灰層の上面の標高は，A地点と同じ21m。図1より，D地点の標高は35m。D地点において，火山灰層の上面の地表からの深さをxmとすると，

$$35\ (\mathrm{m}) - x\ (\mathrm{m}) = 21\ (\mathrm{m})$$

よって，$x = 14$

地表からの深さが14mの地点に火山灰層の上面があるのはイ。

答 (1)(i) 示準化石　(ii) エ　(2) ア
(3)(i) イ　(ii) 0.25 (m)　(4) イ

§2. 地　　震（146ページ）

1 問2. 震源から遠くなるほど，地震が発生してからゆれはじめるまでの時間は長くなる。

問4. 図2より，初期微動と主要動が同時に発生している時刻を読み取る。

問5. 図2より，A地点でゆれが確認できたのは8時3分20秒。

また，C地点でゆれが確認できたのは8時2分56秒。

よって，A地点でゆれが確認できたのは，C地点でゆれが確認できた時刻の，

8時3分20秒－8時2分56秒＝24 (秒後)

問6. 図2より，B地点の震源からの距離は125km。P波が震源からB地点まで到達するのにかかる時間は，

8時3分00秒－8時2分40秒＝20 (秒)

よって，P波が伝わる速さは，

$$\frac{125\ (\mathrm{km})}{20\ (秒)} \fallingdotseq 6.3\ (\mathrm{km/秒})$$

答 問1. P. ④　Q. ⑤　問2. ⑥
問3. (波) ④　(ゆれ) ③　問4. ②　問5. ③
問6. ②

2 問1.

㋐ 震度は0～4，5弱，5強，6弱，6強，7の10段階。

㋑　マグニチュードが1大きくなると，エネルギーは約32倍になる。

㋒　日本列島付近では地震が発生しやすく，震度1以上の地震だけでも年に1000回以上起こる。

問4．B地点からC地点までの距離は，

84 (km) − 66 (km) = 18 (km)

図1より，B地点とC地点の初期微動がはじまる時刻の差は3秒なので，P波は18kmを3秒で進む。

したがって，P波の速さは，

$$\frac{18\,(\text{km})}{3\,(秒)} = 6\,(\text{km}/秒)$$

主要動が始まる時刻の差は6秒なので，S波は18kmを6秒で進む。

よって，S波の速さは，

$$\frac{18\,(\text{km})}{6\,(秒)} = 3\,(\text{km}/秒)$$

問5．問4より，P波の速さは6km/秒。B地点の震源からの距離は66kmなので，P波が伝わるのにかかった時間は，

$$\frac{66\,(\text{km})}{6\,(\text{km}/秒)} = 11\,(秒)$$

B地点で初期微動がはじまった時刻は18時12分19秒なので，地震の発生時刻はその11秒前の18時12分8秒。

問6．図1より，A地点で初期微動がはじまった時刻は18時12分12秒。問5より，地震の発生時刻は18時12分8秒なので，震源からA地点までP波が伝わるのにかかった時間は，

18時12分12秒－18時12分8秒＝4 (秒)

問4より，P波の速さは6km/sなので，A地点の震源からの距離は，

6 (km/秒) × 4 (秒) = 24 (km)

問7．地点D，震源，震央を直線で結ぶと，震央の部分が直角である直角三角形となる。震源の深さを$x$kmとすると，三平方の定理より，

$$\{x\,(\text{km})\}^2 + \{20\,(\text{km})\}^2 = \{25\,(\text{km})\}^2$$

よって，$x = 15$ (km)

問8．初期微動継続時間は震源からの距離に比例する。図1より，震源からの距離が66kmであるB地点の初期微動継続時間は11秒間なので，初期微動継続時間が7秒間続くE地点の震源からの距離は，

$$66\,(\text{km}) \times \frac{7\,(\text{s})}{11\,(\text{s})} = 42\,(\text{km})$$

答　問1．㋓・㋔　問2．初期微動

問3．主要動

問4．(P波) 6 (km/秒)　(S波) 3 (km/秒)

問5．18 (時) 12 (分) 8 (秒)

問6．24 (km)　問7．15 (km)

問8．42 (km)

3　(1)　ばねが上下にのび縮みするので，おもりとペンは動かない。

(2)　震度5と6には強弱があり，震度は0～7の10階級で示す。マグニチュードが2増えると地震のエネルギーは1000倍になる。地震計で地面のゆれを測定して，そのデータをもとにマグニチュードを計算する。

(4)　図2より，

11時27分18秒－11時27分10秒＝8 (秒)

(5)　(ウ)のゆれが続く時間（初期微動継続時間）は震源からの距離に比例する。(4)より，B地点での初期微動継続時間は，

$$8\,(\text{s}) \times \frac{75\,(\text{km})}{50\,(\text{km})} = 12\,(\text{s})$$

図2より，B地点で主要動が始まった時刻は11時27分14秒の12秒後なので，

11時27分14秒＋12 (秒)＝11時27分26秒

(6)　図2より，A地点とB地点の震源からの距離の差は，

75 (km) − 50 (km) = 25 (km)

P波は25kmを伝わるのに，

11時27分14秒－11時27分10秒＝4 (秒)

かかる。

よって，P波の伝わる速さは，

$$\frac{25\,(\text{km})}{4\,(\text{s})} = 6.25\,(\text{km/s})$$ より，6.3km/s。

(7)　(6)より，P波が震源からの距離が50kmのA地点に伝わるのにかかった時間は，

$$\frac{50\,(\text{km})}{6.25\,(\text{km/s})} = 8\,(\text{s})$$

地震発生時刻は，P波がA地点に伝わった11時27分10秒の8秒前なので，

11時27分10秒 − 8(秒) = 11時27分2秒

(8) C地点の震源からの距離は，(5)より，

$$50\,(\text{km}) \times \frac{2.4\,(\text{s})}{8\,(\text{s})} = 15\,(\text{km})$$

(9) (8)と同様にして，D地点の震源からの距離は，

$$50\,(\text{km}) \times \frac{3.2\,(\text{s})}{8\,(\text{s})} = 20\,(\text{km})$$

図3で震央をP地点，震源をO地点とすると，三平方の定理より，直角三角形CPOについて，

$CP^2 + OP^2 = 15^2$……①

直角三角形DPOについて，

$(CP + 7)^2 + OP^2 = 20^2$……②

が成り立つ。② − ①をCPについて解いて，

CP = 9

①に代入して，OP = 12

答 (1) ③　(2) ①　(3) ①　(4) ②

(5) (11時) 27 (分) 26 (秒)　(6) ④

(7) 11 (時) 27 (分) 2 (秒)　(8) ③　(9) 12 (km)

4 5.

(1) 大阪と彦根の距離は，

134 (km) − 50 (km) = 84 (km)

大阪と彦根で初期微動が始まった時刻の差は，

5時47分14秒 − 5時47分00秒 = 14 (秒)

よって，P波が進む速さは，

$$\frac{84\,(\text{km})}{14\,(\text{秒})} = 6\,(\text{km/s})$$

震源から大阪までの50kmを進むのにかかる時間は，

$$\frac{50\,(\text{km})}{6\,(\text{km/s})} \fallingdotseq 8\,(\text{秒})$$

より，地震発生時刻は，

5時47分00秒 − 8(秒) = 5時46分52秒

(2) 大阪と彦根で主要動が始まった時刻の差は，

5時47分30秒 − 5時47分06秒 = 24 (秒)

よって，S波が進む速さは，

$$\frac{84\,(\text{km})}{24\,(\text{秒})} = 3.5\,(\text{km/s})$$

これより，震源から200kmの地点でS波を感知するまでの時間は，

$$\frac{200\,(\text{km})}{3.5\,(\text{km/s})} \fallingdotseq 57\,(\text{秒})$$

地震計が地震波を感知するまでにかかる時間は，

$$\frac{12\,(\text{km})}{6\,(\text{km/s})} = 2\,(\text{秒})$$

よって，緊急地震速報が出されてから200kmの地点でS波を感知するまでにかかる時間は，

57 (秒) − 2 (秒) = 55 (秒)

答 1. A. イ　B. エ　C. ア　D. カ

2. エ　3. 津波　4. 海嶺

5. (1) 5時46分52秒　(2) 55秒

5 問3．図2より，地震波aは15秒で90km進むので，地震波aの速さは，

$$\frac{90\,(\text{km})}{15\,(\text{s})} = 6\,(\text{km/s})$$

同様に，地震波bは30秒で90km進むので，

$$\frac{90\,(\text{km})}{30\,(\text{s})} = 3\,(\text{km/s})$$

90km地点の初期微動継続時間は，

30 (s) − 15 (s) = 15 (s)

なので，

90 (km) = k × 15 (s)より，$k = 6$

問5．A地点を出た直接波がD地点に到達するのにかかる時間は，

$$\frac{x_1}{6\,(\text{km/s})}\,(\text{s})$$

A地点からB点までの距離は，三平方の定理より，$\sqrt{2}d$ km

同様に，C点からD点までの距離も $\sqrt{2}d$ km

屈折波がA→BとC→Dの2区間を進むのにかかる時間は，

$$\frac{2\sqrt{2}d\,(\text{km})}{6\,(\text{km/s})}$$

次に，B点からC点までの距離は，

$(x_1 - 2d)$ km

なので，屈折波がB→C間を進むのにかかる時間は，

$$\frac{x_1 - 2d\,(\text{km})}{6\,(\text{km/s}) \times 1.5}$$

震源からの距離が$x_1$kmのときは，直接波と屈折波の到達時間が等しいので，

$$\frac{x_1}{6\,(\text{km/s})}\,(\text{s}) = \frac{2\sqrt{2}d\,(\text{km})}{6\,(\text{km/s})} + \frac{x_1 - 2d\,(\text{km})}{6\,(\text{km/s}) \times 1.5}$$

これより，

$x_1=(6\sqrt{2}-4)\,d\,(\mathrm{s})$

ここに $d=40\,(\mathrm{km})$ と $\sqrt{2}=1.4$ を代入して，

$x_1=176\,(\mathrm{km})$

答 問1. ① 初期微動　② 主要動

問2. ③ P波　④ S波　⑤ 初期微動継続時間

問3. (地震波a) 6 (km/s)

(地震波b) 3 (km/s)　(比例定数 k) 6

問4. (イ)　問5. 176 (km)

10. 天気とその変化

§1. 湿度・雲のでき方 (153ページ)

1 A.

(1) 天気図記号は，天気が晴れ，風力が3，風向は鯉のぼりが北東にたなびいていることから南西で表す。

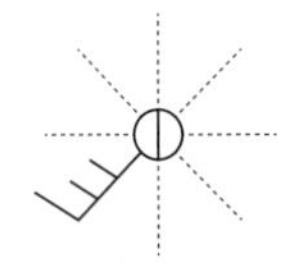

(3) 100000Paは $1\,\mathrm{m}^2$ の面に100000Nの力がはたらいており，$1\,\mathrm{m}^2=10000\mathrm{cm}^2$ なので，

$1\,\mathrm{cm}^2$ の面に，$\dfrac{100000\,(\mathrm{N})}{10000\,(\mathrm{cm}^2)}=10\,(\mathrm{N})$ の力がはたらいている。100gの物体にはたらく重力の大きさが1Nなので，

$$100\,(\mathrm{g})\times\frac{10\,(\mathrm{N})}{1\,(\mathrm{N})}=1000\,(\mathrm{g})$$

B.

(6) コップの表面がくもり始めたときの温度が14℃なので，表より，$12.1\mathrm{g/m^3}$。

(7) 18℃の飽和水蒸気量が $15.4\mathrm{g/m^3}$ なので，

$$\frac{12.1\,(\mathrm{g/m^3})}{15.4\,(\mathrm{g/m^3})}\times100\fallingdotseq78.6\,(\%)$$

答 (1) (前図)

(2) ア. hPa　イ. なし　ウ. %

(3) 1000g

(4) 熱が伝わりやすいから。(11字)

(5) 露点　(6) 12.1g　(7) 78.6 %

2 問2. 湿度が低いほど水の蒸発がさかんになる。

問3. 図1より，乾球と湿球の示度の差は，

$19\,(℃)-13\,(℃)=6\,(℃)$

だから，表1で乾球と湿球の目盛りの読みの差6℃と乾球の読み19℃の交わったところの数値を読む。

問4. 表より，気温19℃の飽和水蒸気量は $16.3\mathrm{g/m^3}$ なので，

$16.3\,(\mathrm{g/m^3})\times0.46\fallingdotseq7.5\,(\mathrm{g/m^3})$

問5. 湿度はそのときの気温での飽和水蒸気量に対する空気中の水蒸気量の割合。空気 $1\,\mathrm{m}^3$ 中に含まれる水蒸気量は空気Aの方が大きい。

答 問1. B

問2. ① 湿球　② 水　③ 低く　④ 大きく

問 3. 46（%）　問 4. 7.5（g）　問 5. A

3　問 1．表より，10 ℃の飽和水蒸気量が 9.4g/m^3 なので，

$$\frac{1.88\,(g/m^3)}{9.4\,(g/m^3)} \times 100 = 20\,(\%)$$

問 2．5 ℃の飽和水蒸気量が 6.8g/m^3 なので，

$$6.8\,(g/m^3) \times \frac{25}{100} = 1.7\,(g)$$

問 3．15 ℃の飽和水蒸気量が 12.8g/m^3 なので，湿度が 70 %のときの空気に含まれる水蒸気量は，

$$12.8\,(g/m^3) \times \frac{70}{100} = 8.96\,(g/m^3)$$

飽和水蒸気量が 8.96g/m^3 である温度まで下げると水滴ができ始めるので，表より，9 ℃と 10 ℃の間である。

問 4．1.1（m）× 1.5（m）× 2.4（m）= 3.96（m^3）

問 5．11 ℃の飽和水蒸気量が 10g/m^3 なので，問 4 より，

$$10\,(g/m^3) \times 3.96\,(m^3) \times \frac{50}{100} = 19.8\,(g)$$

答 問 1. ア. 2　イ. 0　問 2. ウ. 1　エ. 7　問 3. イ　問 4. オ. 3　カ. 9　キ. 6　問 5. ク. 1　ケ. 9　コ. 8

4　(1) 積乱雲は垂直に発達するので，せまい範囲に激しい雨が短時間降る。

(2) 上空にいくほどその高さに相当する分だけ大気の重さが減るので，気圧は低くなる。

(3)① 雲ができ始めたときの気温（露点）が 14 ℃なので，このときの空気 1 m^3 あたりの水蒸気量は，気温 14 ℃のときの飽和水蒸気量に等しい。

② 空気が A 地点から B 地点に上昇したとき，温度は，

$$1\,(℃) \times \frac{600\,(m)}{100\,(m)} = 6\,(℃)$$

下がる。よって，14（℃）+ 6（℃）= 20（℃）

③ 表 1 より，気温 20 ℃の飽和水蒸気量は 17.3g/m^3 なので，

$$\frac{12.1\,(g/m^3)}{17.3\,(g/m^3)} \times 100 \fallingdotseq 70\,(\%)$$

(4) 温度の変化は，雲ができ始めてからは 100m 上昇するごとに 0.6 ℃下がるが，100m 下降するごとに 1 ℃上がる。

よって，C 地点の温度は A 地点より高くなる。空気中の水蒸気量が一定の場合，気温が上昇すると飽和水蒸気量が大きくなるため，湿度は低くなる。

答 (1) エ

(2) 気圧が低くなり，空気の体積が大きくなる

(3) ① 12.1（g）　② 20（℃）　③ 70（%）

(4) イ

5　問 3．晴れの日の気温は，夜明け前に最も低くなり，14 時頃に最も高くなるので，B が気温の変化を表すグラフと考えられる。

問 4．観測記録のグラフより，2 日目の 9 時の気温は約 27.5 ℃，湿度は約 90 %。飽和水蒸気量のグラフより，27.5 ℃のときの飽和水蒸気量は約 26.5g/m^3 なので，

$$26.5\,(g/m^3) \times \frac{90}{100} \fallingdotseq 24\,(g/m^3)$$

問 5．2 日目の 18 時の気温は約 29 ℃，湿度は約 75 %。29 ℃の飽和水蒸気量は約 28.8g/m^3 なので，空気に含まれる水蒸気量は，

$$28.8\,(g/m^3) \times \frac{75}{100} = 21.6\,(g/m^3)$$

よって，飽和水蒸気量のグラフより，飽和水蒸気量が 21.6g/m^3 になるときの温度は約 23.7 ℃。

答 問 1.（次図ア）　問 2.（次図イ）　問 3. B　問 4. 24（g/m^3）　問 5. 23.7（℃）
問 6. 気温が上昇し，飽和水蒸気量が大きくなったため。

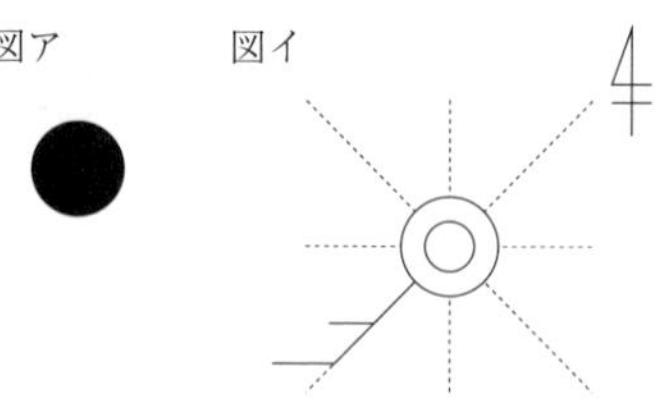

§ 2．天気の変化（158 ページ）

1　(2) 日本付近の温帯低気圧では，寒冷前線と温暖前線の北側で雨が降り，寒冷前線では雨の降る範囲が狭く，温暖前線では雨の降る範囲が広い。

答 (1) カ (2) ア (3) ウ

2 (2) 北にある気団は寒気団，南にある気団は暖気団。
また，大陸にある気団は乾燥しており，海洋にある気団は湿度が高い。
(3) 日本海沿岸を中心に大雪が降りやすくなる。
(5) X 側は寒冷前線，Y 側は温暖前線。寒冷前線付近では寒気が暖気を押し上げながら進み，温暖前線付近では暖気が寒気の上をはい上がりながら進む。

答 (1) A. シベリア気団 B. オホーツク海気団 C. 小笠原気団
(2) A. (エ) B. (イ) C. (ア) (3) (エ)
(4) ① B ② C ③ 梅雨 (5) エ

3 (1) 等圧線は 4 hPa ごとに細線，20hPa ごとに太線が引かれている。低気圧のすぐ外側の太線が 1000hPa となり，低気圧の中心付近は 992hPa。
(2) 低気圧の中心付近では上昇気流が発生しており，地表付近では中心に向かって反時計まわりに風が吹き込んでいる。
(3) 前線 B は温暖前線。温暖前線付近では，暖気が寒気の上をはい上がっていくように移動する。
(4) 前線 A は寒冷前線。低気圧はおよそ西から東へ移動するので，大阪ではしばらくすると寒冷前線が通過する。アは温暖前線が通過したときの天気のようす。
(5) 図 2 において，①，③が寒気，②が暖気で，①が③の下に入りこむように進んでいるので，①の方が③より温度が低い。

答 (1) エ (2) イ (3) ア (4) エ (5) ②→③→①

4 (3) 高緯度にあるシベリア気団とオホーツク海気団は寒冷で，低緯度にある小笠原気団は温暖。大陸上にあるシベリア気団は乾燥し，海洋上にあるオホーツク海気団と小笠原気団は湿潤。
(5) (i) 春一番は冬から春に移り変わる時期に吹くので，冬のような気圧配置だが，日本海上に低気圧があって南よりの風が吹く B と考えられる。(ii) 西高東低の気圧配置で，日本付近で等圧線が縦じま模様になっている D が冬の天気図。
(6) 温暖前線が通過した後に寒冷前線が通過するので，温暖前線が通過すると気温が上がり，寒冷前線が通過すると気温が下がる。
(7) 寒冷前線が通過すると南よりから北よりの風に変わり，温暖前線が通過すると東よりから南よりの風に変わるので，図の風向から通過したのは温暖前線と考えられ，温暖前線が通過する前の観測点 V と通過後の観測点 U の風向が同じアは正しくない。

答 (1) ① シベリア気団 ② オホーツク海気団 ③ 小笠原気団
(2) ④ シベリア高気圧 ⑤ オホーツク海高気圧 ⑥ 太平洋高気圧
(3) ⑦ ウ ⑧ エ ⑨ イ
(4) ⑩ オ ⑪ イ ⑫ ウ (5) (i) B (ii) D
(6) ウ (7) イ

11．地球と宇宙

§1．恒星の日周運動と年周運動

（163ページ）

1　3．図より，地球の北極側が太陽の方に傾いているときが夏至の日。

4．3より，地球がCの位置にあるときは夏至の日なので，Dの位置にあるときは秋分の日，Aの位置にあるときは冬至の日，Bの位置にあるときは春分の日。昼と夜の長さがほぼ同じになるのは春分の日と秋分の日。

5．4より，地球がDの位置にあるときは秋分の日。秋分の日の太陽は，真東から出て南の空を通り，真西に沈む。

答 1．公転面　2．（約）23.4（度）　3．C　4．B・D　5．ア

2　問2．図より，地球の北極側が太陽の方に傾いているときが北半球における夏で，地球の位置はa。地球は太陽のまわりを反時計まわりに公転しているので，dが秋分，cが冬至，bは春分における地球の位置。

問3．北の空の星は，北極星を中心にして1時間に15°の速さで反時計まわりに動いている。19時20分から21時00分までは1時間40分＝100分なので，動く角度は，

$$15° \times \frac{100\,(分)}{60\,(分)} = 25°$$

問4．問2より，春分における地球の位置はb。真夜中に南の空に見える星座は，太陽と反対方向なのでおとめ座。

問5．図より，地球の位置がcのとき，真夜中の南の空はふたご座の方向で，おとめ座は東の方向となる。

答 問1．え　問2．b　問3．え　問4．B　問5．う

3　問1．

(3)　北極星は地軸の北極側の延長線上にある。

(4)　北極星の高度は観測地点の緯度と等しい。

問2．

(3)　星は日周運動により1時間に15°動いて見える。Yは，

$$22\,(時) - 19\,(時) = 3\,(時間)$$

の間に星が動いた角度なので，

$$15° \times \frac{3\,(時間)}{1\,(時間)} = 45°$$

答 問1．(1) 北極星　(2) 恒星　(3) ①　(4) 35（度）

問2．(1) ①　(2) a　(3) ③

問3．地球が自転しているため。

4　問4．

(2)　図1で夏の代表的な星座がさそり座なので，地球がCの位置にあるとき，日本では夏至の日になる。日本で夏至の日の地球では，地軸の北極側が太陽の方向に傾いているので，Cの位置にある地球で，北極側からみたときの北極点の位置は図2のiになり，地球は地軸を傾けたまま太陽の周りを公転しているので，Bの位置の地球の北極点もiの位置になる。

(4)　真夜中に南中する星座は，地球から見ると太陽と反対側にある星座になる。地球がAの位置にあるとき，地球から見る太陽とおうし座は反対の方向にあるので，おうし座が真夜中に南中する。

(5)　明け方に西の空に見えるのは，地球から見ると太陽と反対側にある星座。

(6)　地球がCの位置にあるとき，真夜中（午前0時）に南中するのがさそり座で，いて座は午前2時，やぎ座は午前4時に南中する。いて座が午前4時に南中するときの地球の位置は，Cの位置から30°時計回り（公転とは逆回り）に移動させたところになるので，1ヶ月前になる。

答 問1．ア．15　イ．反時計　ウ．東　エ．南　オ．西　カ．西　キ．30

問2．日周運動

問3．（記号）(い)

（理由）北極星の近くにあり，1年中見えるから。

問4．(1) (あ)　(2) i　(3)〔皆既〕日食のとき　(4) A　(5) (い)　(6) (う)

5　問1．曲線の1.5cmが1時間分なので，4.6cmの時間は，

$$1\,(時間) \times \frac{4.6\,(\mathrm{cm})}{1.5\,(\mathrm{cm})} = \frac{184}{60}\,(時間)$$

より，3時間4分。点Pが9時なので，日の出の時刻はその3時間4分前の5時56分。

問2．図1より，曲線がCの方向に傾いているので，Cが南。

よって，Aは北，Bは東，Dは西。太陽が真東から出て真西に沈んでいるので，観測した日は春分の日か秋分の日。

よって，南中高度は，

$90° - 緯度 = 90° - 35° = 55°$

問3．図1より，点E，点Fはそれぞれ真東，真西より北寄りになっているので，曲線EFを記録したのは春分の日と秋分の日の間となり，曲線BDを記録した日は春分の日となる。

よって，曲線EFを記録した日は春分の日の2か月後の5月ごろ。太陽の1日の動きが5月ごろと同じになるのは7月ごろなので，春分の日から4か月後。

問4．南半球での季節は日本と反対になるので，曲線EFを記録した日の南半球での太陽の1日の動きは，日本の秋分の日と春分の日の間のころのようになる。

また，日の出，日の入りの位置も日本と反対になるので，太陽は真東より北寄りから出て，北の空を通り，真西より北寄りに沈む。

問5・問6．曲線BDを記録したのは春分の日。春分の日の太陽は真東から出て南の空を通り，真西に沈むので，かげは1日中北側にできる。したがって，cが北となり，aが南，bが西，dが東。9時の太陽は東にあるので，かげは西にできる。

よって，9時のかげはY。

また，春分の日の棒の先端のかげを結ぶと直線になる。

問7．曲線EFを記録したのは5月ごろなので，太陽は真東より北寄りから出て南の空を通り，真西より北寄りに沈む。

よって，日の出・日の入りのころのかげは南寄りにでき，正午ごろのかげは北寄りにできる。

問10．観測2を行った日は春分の日。図3において，地球の北極側が太陽の方向に傾いている，いて座の付近にある地球が夏。地球は太陽の周りを北極側から見て反時計まわりに公転しているので，春分の日は地球がおとめ座の付近にあるとき。

よって，真夜中に南中する星座はおとめ座。

問11．問10より，観測2を行った日は春分の日なので，3か月後の地球の位置はいて座の付近。このときの真夜中は，地球の中心の方向が北，真夜中のいて座の方向が南になるので，東はうお座の方向。

答 問1．5(時)56(分)　問2．55(度)

問3．イ　問4．カ　問5．エ　問6．(次図)

問7．ア　問8．黄道　問9．ア

問10．おとめ(座)　問11．うお(座)

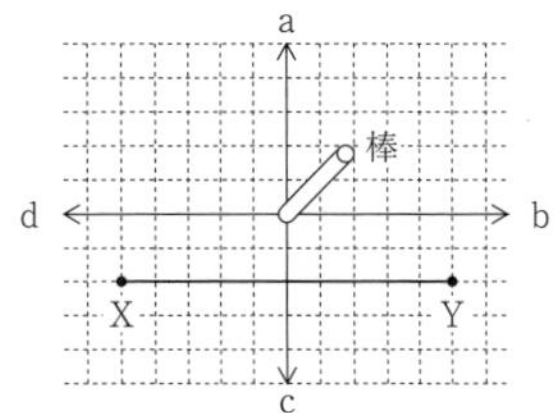

§2．太陽系の天体 (169ページ)

1 (1) 図より，新月は月が太陽の方向にあるときなので，月の位置はA。下弦の月は左側が半分光っている月で，地球から見たとき月の左半分に太陽の光が当たるときなので，月の位置はG。

(2) 月食は太陽，地球，月の順に一直線に並ぶときに起こるので，図より，月の位置はE。

(3) 月の公転の向きは地球の自転の向きと同じ。

(4) 図4より，三日月は新月から3日後に見える月なので，月の位置はB。

このとき，地球から見た月の位置は太陽とほぼ同じ方向なので，太陽が西の空に沈む頃，月も同じように西の空に見ることができる。

(5) 月は地球の周りを約30日かけて1回転するので，1日では，$\dfrac{360°}{30\,(日)} = 12°$進む。地球は1時間に15°自転するので，

$1\,(時間) \times \dfrac{12°}{15°} = \dfrac{4}{5}\,(時間)$

より，月の南中時刻は1日に約48分遅くなる。

答 (1) ① A　② G　(2) E　(3) X　(4) ウ

(5) ① 50　② 遅く

2 問１．(ア)は恒星，(イ)は公転があてはまる。太陽は自転しながら，銀河系の中心のまわりを公転している。地球から観察すると，外惑星はほとんど満ち欠けしないが，内惑星は太陽との位置関係によって満ち欠けして見える。太陽系の惑星では水星と金星は衛星をもたないが，その他は衛星をもつ。

問２．

(1)　北極側から見ると地球は反時計回りに自転していて，太陽のまわりを反時計回りに公転している。

(2)　地球の地軸が傾いていることで太陽の南中高度が変化し，四季が見られ，北極や南極では１日中太陽の沈まない時期がある。地球の地軸がいつも垂直であると太陽の南中高度は変化せず，昼の長さは一定になる。

問３．

(2)　月食は満月のときに月が地球の影に入ることで起こる。

(3)　条件より，月の直径を x km とすると，月に映る地球の影の直径は $(12700-x)$ km と表すことができる。

$$\frac{x\ (\mathrm{km})}{(12700-x)(\mathrm{km})}=\frac{1}{3}\ \text{より},\ x=3175$$

答 問 1. ①　問 2. (1) ⑦　(2) ③

問 3. (1) ②　(2) ③　(3) ①

3 〔問３〕　月は地球の自転により，東からのぼり，南の空を通って，西の方向へ動いて見える。

〔問４〕　地球よりも太陽の近くを公転している惑星は，地球から見て太陽と反対の方向に位置することはなく，明け方か夕方に近い時間帯にしか観測できない。

〔問６〕　地球—太陽—金星をむすぶ角度が鈍角になっているので，金星の輝いて見える部分は，半月よりも大きい。

〔問７〕　金星がおよそ東の空に見える地球の場所から考えると，アでは，火星が東の地平線に沈んでおり，金星と同時に観測することができない。ウでは，火星が金星よりも東側に観測される。エでは，火星が西の地平線に沈んでおり，金星と同時に観測することができない。

答〔問 1〕恒星

〔問 2〕地球の影に入る（同意可）〔問 3〕エ

〔問 4〕水星・金星　〔問 5〕〔液体の〕水

〔問 6〕エ　〔問 7〕イ

4 問１・問２．月は約 30 日で地球のまわりを１回公転するので，１日に約，$\frac{360°}{30}=12°$ 移動する。

問４．図２より，５月の金星は地球から見て太陽の左側にある。図２で地球から見て太陽の左側にあるときは夕方の西の空に見え，太陽の右側にあるときは明け方の東の空に見える。

問５．金星は太陽のまわりを１日に，$\frac{1}{225}$ 周し，地球は１日に，$\frac{1}{365}$ 周するので，金星のほうが，$\left(\frac{1}{225}-\frac{1}{365}\right)$ 周先に進む。金星が１周して地球を追い抜くのにかかる日数は，

$$1\ (\text{周})\div\left(\frac{1}{225}-\frac{1}{365}\right)(\text{周})\fallingdotseq 587\ (\text{日})$$

よって，金星と地球が再び並ぶまで約 600 日かかる。

問６．図２より，７月の金星は地球から見て太陽の右側にあるので，図３は明け方の東の空を表している。東の空から出た金星はななめ上に動いて南の空を通る。

問７．図２より，７月の金星は地球から見て左側が光って見え，地球に近いので大きく欠けて見える。

答 問 1. ウ　問 2. エ　問 3. 惑星　問 4. エ

問 5. カ　問 6. エ　問 7. ア

問 8. 金星は太陽に対して地球よりも内側を公転しているから。

5 問１．地球から太陽までの距離は約１億 5000 万 km で，太陽の質量は地球の約 33 万倍。

問２．太陽の光はたいへん強く，目を傷めるため，直接見たり，レンズを通して見たりしない。

問３．太陽の像が記録用紙の円に対して西にずれているので，鏡筒を西に向けるように回転させる。

問４．太陽の日周運動は地球の自転による見かけの運動。

問５．直径が 10cm ＝ 100mm にうつる太陽が地

球の 109 倍にあたるので，2 mm の黒点は，

$$109\,(倍) \times \frac{2\,(\mathrm{mm})}{100\,(\mathrm{mm})} \fallingdotseq 2\,(倍)$$

問6．

い．地球は 1 年で 360° 公転するので，

28 日では，$360° \times \dfrac{28\,(日)}{365\,(日)} \fallingdotseq 28°$ 公転する。

う．$360° + 28° = 388°$

え．$28\,(日) \times \dfrac{360°}{388°} \fallingdotseq 26\,(日)$

答 問1．イ・エ　問2．エ　問3．ア　問4．ウ
問5．2（倍）
問6．あ．イ　い．28　う．388　え．26